21世纪高职高专计算机类专业规划教材

U0643207

Windows Server 2003服务器配置实用案例教程

■ 主　编　王　锋
■ 副主编　王　永
■ 参　编　桑世庆　张益先
　　　　　刘海明　曹彦婷

中国电力出版社

CHINA ELECTRIC POWER PRESS

内容简介

本书以案例形式详细介绍了如何利用 Windows Server 2003 操作系统架设各种服务器的方法。全书采用预备知识+技能目标+项目案例+教学内容+知识扩展+技能挑战+项目实训要求的形式进行编写，共分 16 章，主要内容包括 Windows Server 2003 的安装配置与管理、域控制器及活动目录、公司局域网常规应用、DNS 服务器、文件服务器、打印服务器、应用程序服务器、邮件服务器、DHCP 服务器、WINS 服务器、Windows Server 2003 安全设置、ASP. NET 动态网站、Exchange 等服务器的组建配置与管理等相关知识。

本书角度新颖，注重实践，体现了应用技术的重点与难点，能使学生的网络服务器建设、管理与维护等方面的综合素质得到全面提高。可作为高职高专、大中专相关院校和各级培训班计算机网络技术专业学生的教材，也是网络管理员、网络技术爱好者的一本难得的实用参考书。

图书在版编目（CIP）数据

Windows Server 2003 服务器配置实用案例教程 / 王锋主编. —北京：中国电力出版社，2007.9（2020.7 重印）
（21 世纪高职高专计算机类专业规划教材）
ISBN 978-7-5083-5664-8

I. W⋯　Ⅱ. 王⋯　Ⅲ. 服务器－操作系统（软件），Windows Server 2003－教材　Ⅳ. TP316.86

中国版本图书馆 CIP 数据核字（2007）第 103213 号

丛　书　名：21 世纪高职高专计算机类专业规划教材
书　　　名：Windows Server 2003 服务器配置实用案例教程
出版发行：中国电力出版社
地　　　址：北京市东城区北京站西街 19 号　　　　　　邮政编码：100005
印　　　刷：北京雁林吉兆印刷有限公司
开本尺寸：185mm×233mm　　　　印　张：21.75　　　字　数：490 千字
书　　　号：ISBN 978-7-5083-5664-8
版　　　次：2007 年 9 月北京第 1 版
印　　　次：2020 年 7 月第 11 次印刷
定　　　价：60.00 元

前　　言

　　随着互联网应用的广泛普及，网络用户对互联服务提出了更多、更高的要求。进入 21 世纪以后，全球性 IT 时代的显著特征就是网络经济已经逐渐成为新的经济热点和未来经济模式的发展方向。随着网络的迅猛发展，网络服务、网络管理、网络实施、网络控制、网络安全防范等各分支领域出现了大量专业网络人才的缺口。

　　从国内情况来看，加入 WTO 的内在要求必然使企业经营不仅要发展并优化 Intranet，更要连接到 Internet。在竞争环境日益激烈的情况下，许多企业都不可避免地要走外向型发展的道路，并逐步壮大成为全球性企业。而培养和储备网络方面的技术人才将对其产生持续的技术支撑作用，其影响力度对发展中国家的企业而言正越来越明显。可以预见，在环球经济对中国经济的催化中，网络人才将是下一轮市场经济中的主角。

　　近年来，国内许多高等院校相继开设了网络相关专业。但不可否认，从总体而言，本专科的层次分布处于不平衡状态，网络学科的办学存在着过于趋向理论性和系统化的倾向，其办学的特色不明，使培养的网络人才知识性有余而应用性和实际动手能力不足，难以适应用人单位对人才的切实需要。仅据江苏省人才市场的调研反馈就已经表明，能够胜任网络工作岗位上的"网络蓝领"在人才市场上比较紧俏和缺乏，尤其是集网络技能（如专用服务器搭建、网络建设、网络管理、网络控制、网络维护、网络安全等方面）和电子商务于一体的复合型人才。

　　高等职业技术学院在人才培养的模式上具有很大的灵活性，更在人才培养与输送上占据灵动的优势。所谓"英雄不问出处"，高职院校的师生没有门第观念，以社会需要、市场导向为方针，讲究实用与实效。高职院校许多毕业生具有动手能力强、敢于挑战、踏实工作、忠于企业的特点，这些已经给用人单位留下了很好的口碑。

　　本书正是基于高职院校具有特色的"蓝领技术骨干"培养要求进行编著的。教材的编写着重考虑培养目标，强调能力的提高，体现综合素质的提升，以案例开篇进行重点教学。编写过程中，编者力图摆脱传统的"师傅带徒弟"模式，取而代之的是更为现代的教学思想。在案例教学中，学生的角色意识发生了转变。他们不再只是课堂中的学生，而是更像 IT 企业中的技术工人。书中所学的案例，也相应转变成"客户"对他们所在公司提出的服务要求。学习的过程也就自然转变成是今后求职、工作的过程与体验，学生学习知识的动力完全发自内心。教师则转变成企业的技术主管或是扮演成具有明确要求的花钱买服务的挑剔用户，他们以新的形式履行教学义务与育人的重担。

　　本书以案例形式详细地介绍了如何利用 Windows Server 2003 操作系统架设当前最流行的各种服务器，编写角度新颖，注重实际应用，体现应用技术的重点，能使学生的网络服务器建设、管理与维护等方面的综合素质得到明显提高。本书各章全部采用具体实例进行讲解，力求减少实用性不强、晦涩枯燥的理论讲解，让学生体验形象直观、生动有趣的知识学习过程。书中每一章都给出该章学习的"预备知识"，确立明确的"技能目标"，结合"项目案例"进行分析讲解，注重实践、实用，基础理论适用、够用。每一章的后面还有"知识扩展"与"技能挑战"，为不同能力层次的学生铺设就业之路，体现了分层次教学的理念，也体现了因材施教、以人为本的教学思路。最后，提出针对性非常强的"项目实训要求"，提出具体实训项目的同时，更设计有实用性的思考题，能够满足实训的要求。

　　本书共分 16 章，从整体来看主要是从服务器的组建及安全管理来讲解的，具体内容包括服务器的基本知识、Windows Server 2003 安装配置与管理、Windows Server 2003 域控制器及活动目录、Windows Server 2003 公司局域网常规应用、DNS 服务器、文件服务器、打印服务器（共享及 Internet 打印服务）、应用程序服务器（Web 服务器、FTP 服务器）、邮件服务器、DHCP 服务器、WINS 服务器、远程访问/VPN 服务器、终端服务器、流媒体服务器及 Windows Server 2003 安全设置等。书中还讲解了 ASP 服务、ASP. NET 动态网站、Windows Server 2003 的 SP2 配置、FTP SERV-U、Exchange 等服务器的组建配置与管理等知识，紧密联系 Windows Server 2003 的发展，进行知识更新。编写体系完整，思路清晰，兼顾了 Windows Server 2003 操作系统与其他网络操作系统之间的联系。注意培养学生的职业素质，将系统安全理论渗透到每一章，介绍了如何进行 Internet 验证服务、远程桌面连接、配置系统注册表、保护 IIS 服务器的安全等知识，打造服务器的整体安全性。另外，本书各章节配有 PPT 文稿，方便教师备课及教学。

　　《Windows Server 2003 服务器配置实用案例教程》由苏州农业职业技术学院王锋老师担任主编，负责全书的统稿及部分编写任务。徐州工业职业技术学院王永老师担任副主编，负责全书的整理工作，同时承担编写任务。另外，嘉兴职业技术学院的桑世庆老师、浙江教育学院的张益先老师、苏州农业职业技术学院刘海明、曹彦婷老师参加了本书的编写工作。

　　具体任务如下：

章　名　称	承担人	工作单位及电子邮件
第 1 章　服务器基础	曹彦婷	苏州农业职业技术学院 cyt@mail.szai.com
第 2 章　网络操作系统 Windows Server 2003		
第 3 章　管理与使用 Windows Server 2003		
第 4 章　Windows Server 2003 中的域控制器与活动目录	王　锋	苏州农业职业技术学院 cfwf96@163.com
第 5 章　Windows Server 2003 公司局域网常规应用		
第 6 章　Windows Server 2003 的 DNS 服务器	王　永	徐州工业职业技术学院 wy_040618@163.com
第 7 章　Windows Server 2003 的文件服务器		
第 8 章　Windows Server 2003 的打印服务器	刘海明	苏州农业职业技术学院 hm_liu@mail.szai.com
第 9 章　Windows Server 2003 的应用服务器		
第 10 章　Windows Server 2003 的 Mail 服务器		

章 节 名 称	承担人	工作单位及电子邮件
第 11 章　Windows Server 2003 中的 DHCP 服务器	张益先	浙江教育学院 cjkzyx@gmail.com
第 12 章　Windows Server 2003 中的 WINS 服务器		
第 13 章　Windows Server 2003 中的终端服务器		
第 14 章　Windows Server 2003 中的远程访问/VPN 服务器	桑世庆	嘉兴职业技术学院 Ssq440@163.com
第 15 章　Windows Server 2003 中的流媒体服务器		
第 16 章　Windows Server 2003 中安全配置		

目　　　录

第1章 服务器基础

☆ 预备知识
  （1）服务器的组成
  （2）PC 工作原理
  （3）服务器在网络中的位置及作用

☆ 技能目标
  （1）掌握服务器的硬件组成
  （2）掌握选购网络服务器的方法

☆ 项目案例
  高科技园区一家服装公司，共有员工 240 人，管理层 32 人。现欲进行局域网建设，规划信息点 70 个（含车间管理、办公楼、销售处、设计科等处）。公司决策层委托新创网络公司进行规划建设，要求拿出一个合理的服务器采购方案。

1.1 服务器的概念

  服务器英文名称为 Server，它是网络上一种为客户端计算机提供各种服务的高性能计算机，在网络操作系统的控制下，它将与其相连的硬盘、打印机、Modem 及各种专用通信设备提供给网络上的客户站点共享，并能为网络用户提供集中计算、信息发布及数据管理等服务。它的高性能主要体现在高速度的运算能力、长时间的可靠运行、强大的外部数据吞吐能力等方面。

  服务器是安装有网络操作系统（如 Windows 2000 Server、Linux、Unix 等）和各种服务器应用系统软件（如 Web 服务、电子邮件服务）的计算机，客户端计算机主要指安装有 DOS、Windows 9x 和 Windows 2000/XP 等普通用户使用的操作系统的计算机。服务器是一种高性能计算机，作为网络的节点，存储、处理网络上 80% 的数据、信息，因此也被称为网络的灵魂。作一个形象的比喻：服务器就像是邮局的交换机，而客户端就如散落在家庭、各种办公场所、公共场所等处的电话机。我们与外界日常的电话交流、沟通必须经过交换机，才能到达目标电话；同样如此，网络终端设备如家庭、企业中的微机上网，获取资讯，与外界沟通、娱乐等，也必须经过服务器，因此也可以说是服务器在"组织"和"领导"这些设备。

1.2 服务器的类型

  到目前为止，适应各种不同功能、不同环境的服务器不断地出现，分类标准也多种多样。

1

1. 服务器网络规模分类

按应用层次分类的方法通常也称为"按服务器档次划分"或"按网络规模"分，可以划分为入门级服务器、工作组级服务器、部门级服务器和企业级服务器四类。

（1）入门级服务器。这类服务器是最基础的一类服务器，也是最低档的服务器。随着 PC 技术的日益提高，现在许多入门级服务器与 PC 机的配置差不多。这类服务器所包含的服务器特性并不是很多，通常只具备以下几个方面的特性：① 有一些基本硬件的冗余，如硬盘、电源、风扇等，但不是必需的；② 通常采用 SCSI 接口硬盘，现在也有采用 SATA 串行接口的；③ 部分部件支持热插拔，如硬盘和内存等，这些也不是必需的；④ 通常只有一个 CPU，但不是绝对，如 SUN 的入门级服务器有的就可支持 2 个处理器；⑤ 内存容量也不会很大，一般在 1GB 以内，但通常会采用带 ECC 纠错技术的服务器专用内存。

入门级服务器所连的终端比较有限（通常为 20 台左右），况且在稳定性、可扩展性以及容错冗余性能方面较差，仅适用于没有大型数据库数据交换、日常工作网络流量不大，无需长期不间断开机的小型企业。对于一个小部门的办公需要而言，服务器的主要作用是完成文件和打印服务，文件和打印服务是服务器的最基本应用之一，对硬件的要求较低，一般采用单颗或双颗 CPU 的入门级服务器即可。为了给打印机提供足够的打印缓冲区需要较大的内存，为了应付频繁和大量的文件存取要求有快速的硬盘子系统，而好的管理性能则可以提高服务器的使用效率。如图 1.1 是 HP Server TC2110 入门级服务器。

图 1.1　HP Server TC2110
入门级服务器

（2）工作组级服务器。工作组服务器是一个比入门级高一个层次的服务器，但仍属于低档服务器之列。通常只具备以下几方面的特性：① 通常仅支持单或双 CPU 结构的应用服务器（但也不是绝对的，特别是 SUN 的工作组服务器就有能支持多达 4 个处理器的工作组服务器，当然这类型的服务器价格方面也就有些不同了）；② 可支持大容量的 ECC 内存和增强服务器管理功能的 SM 总线；③ 功能较全面、可管理性强，且易于维护；④ 采用 Intel 服务器 CPU 和 Windows / NetWare 网络操作系统，但也有一部分是采用 UNIX 系列操作系统的；⑤ 可以满足中小型网络用户的数据处理、文件共享、Internet 接入及简单数据库应用的需求。

它只能连接一个工作组（50 台左右）的用户，网络规模较小，适用于为中小企业提供 Web、Mail 等服务，也能够用于学校等教育部门的数字校园网、多媒体教室的建设等。

图 1.2　联想万全 T200 工作组级服务器

如联想针对工作组以及其他小型应用环境推出如图 1.2 所示联想万全 T200 工作组级服务器，使用一块 Intel Xeon 2.4GHz 处理器，标准配置为 256MB 内存，配备了 4 个 120GB 7200 转 SATA（串行 ATA

接口，一种新的硬盘接口）硬盘，外插 4 口 SATA RAID 卡。可以提供多种 RAID 方式。

通常情况下，如果应用不复杂，例如没有大型的数据库需要管理，那么采用工作组级服务器就可以满足要求。目前，国产服务器的质量已与国外著名品牌相差无几，特别是在中低端产品上，国产品牌的性价比具有更大的优势，中小企业可以考虑选择一些国内品牌的产品。此外，HP 等大厂商甚至推出了专门为中小企业定制的服务器。但个别企业如果业务比较复杂，数据流量比较多，而且在资金允许的情况下，也可以考虑选择部门级和企业级的服务器来作为其关键任务服务器。目前 HP、DELL、IBM、浪潮都是较不错的品牌。

（3）部门级服务器。部门级服务器通常可以支持 2～4 个 PIII Xeon（至强）处理器，具有较高的可靠性、可用性、可扩展性和可管理性。首先，集成了大量的监测及管理电路，具有全面的服务器管理能力，可监测如温度、电压、风扇、机箱等状态参数。此外，结合服务器管理软件，可以使管理人员及时了解服务器的工作状况。同时，大多数部门级服务器具有优良的系统扩展性，当用户在业务量迅速增大时能够及时在线升级系统，可保护用户的投资。目前，部门级服务器是企业网络中分散的各基层数据采集单位与最高层数据中心保持顺利连通的必要环节。部门级服务器可连接 100 个左右的计算机用户，适用于对处理速度和系统可靠性高一些的中小型企业网络，其硬件配置相对较高，其可靠性比工作组级服务器要高一些，当然其价格也较高，适合中型企业。

由于这类服务器需要安装比较多的部件，所以机箱通常较大，一般采用机柜式的。例如，图 1.3 所示为方正的部门级服务器——圆明 MT100，其标准配置为 256MB 内存（最大可以扩充至 8GB 的内存），使用一颗 1.8GHz 的 Xeon 处理器（也可以根据用户的需要扩充为双 Xeon2.2GHz）。同时，通过板载芯片实现了对 Ultra 320 硬盘的支持，而且提供了 4 个热插拔硬盘舱。

图 1.3　方正圆明 MT100
部门级服务器

（4）企业级服务器。企业级服务器属于高档服务器，普遍可支持 4～8 个 PIII Xeon 或 P4 Xeon 处理器，拥有独立的双 PCI 通道和内存扩展板设计，具有高内存带宽，大容量热插拔硬盘和热插拔电源，具有超强的数据处理能力。企业级服务器产品除了具有部门级服务器全部服务器特性外，最大的特点就是它还具有高度的容错能力、优良的扩展性能、故障预报警功能、在线诊断，以及 RAM、PCI、CPU 等具有热插拔性能，支持系统连续较长时间地运行，能在很大程度上保护用户的投资。可作为大型企业级网络的数据库服务器。

企业级服务器用于联网计算机在数百台以上、对处理速度和数据安全要求非常高的大型网络（如金融、证券、交通、邮电、通信等行业）。可用于提供 ERP（企业资源规划）、电子商务、OA（办公自动化）等服务。企业级服务器的硬件配置最高，系统可靠性也最强。如图 1.4 所示的为 IBM RS/6000 S80 企业级服务器，它是第一个采用 RS64 III 微处理器的 RS 6000 平台机型，它的多处理器系统可以支持到 24 个对称处理器，而且该芯片是基于 IBM 出色的铜技术，使处理器的速度更快，可靠性更高。如图 1.5 所示的是 SUN 的一款 Fire TM 15K 的高档企业级服务器产品，可支持到 106 个 UltraSPARC III Cu 900 MHz 对称处理器，内存可达到 1/2TB。

这四种类型的服务器之间的界限并不是绝对的，并且会随着服务器技术的发展，各种层次的服务器技术也在不断地变化发展，也许目前在部门级才有的技术将来某一天在入门级服务器中也必须具备。而且这几类服务器在业界也没有一个硬性标准来进行严格划分，就多数来讲，它们是针对各自不同生产厂家的整个服务器产品线而言的。由于服务器的型号非常多，硬件配置也有较大差别，因此，不必拘泥于某级服务器，而是应当根据网络的规模和服务的需要，并适当考虑相对的冗余和系统的扩展能力来选购服务器。

图 1.4　IBM RS/6000 S80 企业级服务器　　　　　图 1.5　Fire TM 15K 企业级服务器

2．服务处理器架构分类

按服务器的处理器架构（也就是服务器 CPU 所采用的指令系统）来进行划分，可以把服务器分为 CISC 架构服务器、RISC 架构服务器和 VLIW 架构服务器。

（1）CISC 架构服务器。CISC 的英文全称为 Complex Instruction Set Computer，即"复杂指令系统计算机"，从计算机诞生以来，人们一直沿用 CISC 指令集方式。早期的桌面软件是按 CISC 设计的，并一直延续到现在，所以，微处理器（CPU）厂商一直在走 CISC 的发展道路，包括 Intel、AMD。还有其他一些现在已经更名的厂商，如 TI（德州仪器）、Cyrix 以及 VIA（威盛）等。在 CISC 微处理器中，程序的各条指令是按顺序串行执行的，每条指令中的各个操作也是按顺序串行执行的。顺序执行的优点是控制简单，但计算机各部分的利用率不高，执行速度慢。CISC 架构的服务器主要以 IA-32 架构（Intel Architecture，英特尔架构）为主，而且多数为中低档服务器所采用。

如果企业的应用都是基于 Windows NT 平台的，那么服务器的选择基本上就定位于 IA 架构（CISC 架构）的服务器。如果企业的应用主要是基于 Linux 操作系统的，那么服务器的选择也是基于 IA 结构的服务器。如果应用必须是基于 Solaris 的，那么服务器只能选择 SUN 服务器。如果应用基于 AIX（IBM 的 Unix 操作系统）的，那么只能选择 IBM Unix 服务器（RISC 架构服务器）。

（2）RISC 架构服务器。RISC 的英文全称为 Reduced Instruction Set Computing，中文即"精简指令集"，它的指令系统相对简单，它只要求硬件执行很有限且最常用的那部分指令，大部分复杂的操作则使用成熟的编译技术，由简单指令合成。目前在中高档服务器中普遍采用这一指令系统的 CPU，特别是高档服务器全都采用 RISC 指令系统的 CPU。在中高档服务器中采用 RISC 指令的 CPU 主要有 Compaq(康柏,即新惠普)公司的 Alpha、HP 公司的 PA-RISC、IBM 公司的 PowerPC、MIPS 公司的 MIPS 和 SUN 公司的 Spare。

(3)VLIW 架构服务器。VLIW 是英文 Very Long Instruction Word 的缩写,中文意思是"超长指令集架构",VLIW 架构采用了先进的 EPIC(清晰并行指令)设计,我们也把这种构架叫做"IA-64 架构"。每时钟周期例如 IA-64 可运行 20 条指令,而 CISC 通常只能运行 1~3 条指令,RISC 能运行 4 条指令,可见 VLIW 要比 CISC 和 RISC 强大得多。VLIW 的最大优点是简化了处理器的结构,删除了处理器内部许多复杂的控制电路,这些电路通常是超标量芯片(CISC 和 RISC)协调并行工作时必须使用的,VLIW 的结构简单,也能够使其芯片制造成本降低,价格低廉,能耗少,而且性能也要比超标量芯片高得多。目前基于这种指令架构的微处理器主要有 Intel 的 IA-64 和 AMD 的 x86-64 两种。

3. 服务器用途分类

按服务器按用途划分为通用型服务器和专用型服务器两类。

(1)通用型服务器。通用型服务器是没有为某种特殊服务专门设计的、可以提供各种服务功能的服务器,当前大多数服务器是通用型服务器。这类服务器因为不是专为某一功能而设计的,所以在设计时就要兼顾多方面的应用需要,服务器的结构相对较为复杂,而且要求性能较高,当然价格也相对高一些。

(2)专用型服务器。专用型(或称"功能型")服务器是专门为某一种或某几种功能专门设计的服务器。在某些方面与通用型服务器不同。如光盘镜像服务器主要是用来存放光盘镜像文件的,在服务器性能上也就需要具有相应的功能与之相适应。光盘镜像服务器需要配备大容量、高速的硬盘,以及光盘镜像软件。FTP 服务器主要用于在网上(包括 Intranet 和 Internet)进行文件传输,这就要求服务器在硬盘稳定性、存取速度、I/O(输入/输出)带宽方面具有明显的优势。而 E-mail 服务器则主要是要求服务器配置高速宽带上网工具,硬盘容量大等。这些功能型服务器的性能要求比较低,因为它只需要满足某些需要的功能应用即可,所以结构比较简单,采用单 CPU 结构即可;在稳定性、扩展性等方面要求不高,价格也便宜许多,相当于 2 台左右的高性能计算机价格。HP 的一款 Web 服务器 HP access server,采用的是 PIII 1.13G 左右的 CPU,内存标准配置也只有 128MB/256MB,与一台性能较好的普通计算机差不多,但在某些方面还是具有 PC 机无可替代的优势。

4. 服务器机箱结构分类

按服务器的机箱结构来划分,可以把服务器划分为"台式服务器"、"机架式服务器"和"机柜式服务器"三类。

(1)台式服务器。台式服务器也称为"塔式服务器"。有的台式服务器采用大小与普通立式计算机大致相当的机箱,有的采用大容量的机箱,像个硕大的柜子。低档服务器由于功能较弱,整个服务器的内部结构比较简单,所以机箱不大,都采用台式机箱结构,如图 1.6 所示为 DELL 塔式服务器。此处所说的台式机箱结构不是平时普通计算机中的台式机箱结构,立式机箱也属于台式机范围。目前,这类服务器在整个服务器市场中占有相当大的份额。

(2)机架式服务器。机架式服务器的外形看起来不像是计算机,而像是交换机,有 1U(1U=1.75 英寸)、2U、4U 等规格。机架式服务器安装在标准的 19 英寸机柜里面。这种结构的服务器多为功能型服务器，如图 1.7 所示为 DELL 机架式服务器。

图 1.6　DELL 塔式服务器

图 1.7　DELL 机架式服务器

对于信息服务企业（如 ISP\ICP\ISV\IDC）而言，选择服务器时首先要考虑服务器的体积、功耗、发热量等物理参数，因为信息服务企业通常使用大型专用机房统一部署和管理大量的服务器资源，机房通常要有严密的保安措施、良好的冷却系统、多重备份的供电系统，其机房的造价相当昂贵。如何在有限的空间内部署更多的服务器，直接关系到企业的服务成本，通常选用机械尺寸符合 19 英寸工业标准的机架式服务器。机架式服务器也有多种规格，例如 1U、2U、4U、6U、8U 等。通常 1U 的机架式服务器最节省空间，但性能和可扩展性较差，适合一些业务相对固定的应用领域。4U 以上的产品性能较高，可扩展性好，一般支持 4 个以上的高性能处理器和大量的标准热插拔部件。管理也十分方便，厂商通常提供相应的管理和监控工具，适合大访问量的关键应用。

（3）机柜式服务器。在一些高档企业服务器中，由于内部结构复杂、设备较多，有的还具有许多不同的设备单元或几个服务器都放在一个机柜中，这种服务器就是机柜式服务器，如图 1.8 所示为联想机柜式高性能服务器。

对于证券、银行、邮电等重要企业，则应采用具有完善的故障自修复能力的系统，关键部件应采用冗余措施，对于关键业务使用的服务器，也可以采用双机热备份、高可用系统或者是高性能计算机，这样的系统可用性就可以得到很好的保证。图 1.9 显示了一个标准网络机房中的服务器及相关设备的配置情况。

图 1.8　联想机柜式高性能服务器

图 1.9　网络中心服务器组及相关设备

1.3 PC 与服务器的比较

服务器可以支持多个 CPU、一般使用 SCSI 硬盘，可靠性高，运行服务器专用的网络操作系统；而 PC 一般使用单 CPU、IDE 硬盘和个人操作系统软件。PC 与服务器最大的差异就在于多用户、多任务环境下的可靠性方面。

1.3.1 服务器的 CPU、内存和总线

1. CPU

服务器没有高的连接和运算性能是无法承受的。为了实现高速，一般服务器是通过采用对称多处理器安装、插入大量的高速内存等方面来保证，这样也就决定服务器在硬件配置方面也与普通的计算机有着本质的区别。它的主板上可以同时安装几个甚至几十、上百个（如 SUN 的 Fire 15K 可以支持到 106 个 CPU）服务器专用 CPU。这些 CPU 与普通 PC 机中的 CPU 是完全一样的。普通 CPU 最重要的参数是主频，主频越高，运算速度越快，但在服务器 CPU 中却远不是这样的，通常服务器 CPU 的主频比较低，如现在 Intel 的服务器 CPU 主频通常在 P4 2.0GHz 左右，远低于 PC 机 CPU 接近 3.6GHz 的主频，其他品牌的服务器 CPU 主频则更低了，但这些服务器 CPU 都具有非常好的运算性能。一则 CPU 主频越高，工作时所散发的热量就越高，给服务器带来最大的不稳定因素；另一方面，服务器运算性能的提高，不是通过主频的提高来达到，而是在其他参数方面得到加强。多数中、高档服务器还可通过对称多处理器系统来大幅度提高服务器的整体运算性能，根本没必要在单个 CPU 中通过主频的提高来提高运算性能。在 CPU 配置方面还要注意的一点就是，服务器的 CPU 个数一定是双数，即"对称多处理器系统"。

2. 内存

在制约服务器性能的硬件条件中，内存可以说是重中之重！其性能和品质也是衡量服务器产品的一个重要方面。服务器内存也是内存（RAM），它与普通 PC（个人电脑）机内存在外观和结构上没有实质区别，但是普通 PC 机上的内存在服务器上一般是不可用的。服务器内存主要是在 PC 内存上引入了一些新的特有的技术，如 ECC、ChipKill、热插拔技术等，具有极高的稳定性和纠错性能。

服务器内存的主要技术如下。

（1）ECC。ECC（Error Checking and Correcting，错误检查和纠正）是一种广泛应用于各种领域的计算机指令中的指令纠错技术。ECC 和奇偶校验（Parity）类似。但它更先进的方面主要在于它不仅能发现错误，而且能纠正这些错误，经过内存的纠错，计算机的操作指令才可以继续执行。这在无形中也保证了服务器系统的稳定和可靠。但 ECC 技术只能纠正单比特的内存错误，当有多比特错误发生的时候，ECC 内存会生成一个不可隐藏（non-maskable interrupt）的中断（NMI），系统将会自动中止运行。

（2）Chipkill。Chipkill 技术是 IBM 公司为了解决目前服务器内存中 ECC 技术的不足而开发的，是一种新的 ECC 内存保护标准，但 ECC 内存只能同时检测和纠正单一比特错误，如果同时检测出两个以上比特的数据有错误，一般无能为力。

IBM 的 Chipkill 技术是利用内存的子结构方法来解决这一难题。内存子系统的设计原理是这样的，单一芯片，无论数据宽度是多少，只对于一个给定的 ECC 识别码，它的影响最多为一比特，采用这种内存技术的内存可以同时检查并修复 4 个错误数据位，服务器的可靠性和稳定性得到了更加充分的保障。

（3）Register。Register 即寄存器或目录寄存器，根据其在内存上的作用可以把它理解成书的目录。有了它，当内存接到读写指令时，会先检索此目录，然后再进行读写操作，这将极大地提高服务器内存工作效率。带有 Register 的内存一定带缓冲，并且目前能见到的寄存器内存也都具有 ECC 功能，其主要应用于中高端服务器及图形工作站上，如 IBM Netfinity 5000。

由于服务器内存在各种技术上相对兼容机来说要严格得多，它强调的不是内存的速度，而是纠错技术的能力和稳定性。在内存容量方面主要是考虑到服务器的用户访问速度要求，现在一般中小企业服务器都在 1GB 以上，一些高档的服务器可以支持到 TB 级内存容量。

3．总线

纵观当今数据网络的应用，在技术方面的最大挑战就是高速的数据交换能力。而这一能力突出表现在服务器的总线技术上。

20 世纪 70 年代，随着低端微处理器向高端超级小型机和大型计算机发展，处理技术有了明显地进步。然而，在计算机通信技术上却没有同样的发展。甚至到了 20 世纪 70 年代后期，大多数计算机间的通信用的还是 RS-232 串连，速度仅为 19.2kb/s。服务器主要采用 VME 工业总线标准。

20 世纪 90 年代，由于 PCI 总线的推出，32 位 33MHz 的总线带宽已经达到了 133MB/s，一般的桌面计算机都能轻易地为 10MB 的 LAN 提供足够的带宽，而支持多用户的服务器则需要更大的通信容量。因此 100MB 快速以太网发展起来，并且迅速流行，在那时，服务器主要采用 PCI 总线的派生产品——Compact PCI 总线，Compact PCI 可以支持 64 位的数据线，时钟频率达到了 33MHz，理论上的带宽达到了 266MB/s，依然可以满足处理器对 LAN 带宽的需求。

对于 10MB 桌面连接，使用 100MB 的主干网与服务器连接是合适的。随着桌面从 10MB 迁移到 100MB，千兆以太网甚至万兆以太网开始迅速崛起，以迎合高速发展的处理速度和日益见长的信息吞吐量。目前的处理器能处理的总线带宽已经超过了 20GB，主干网的网络带宽也已达到了 10GB，而连接它们之间的 I/O 总线，即使是使用最新的 PCI-X 总线，64 位的数据总线/133MHz 的时钟，其总线带宽也只能达到 1.08GB/s，依然不能满足处理带宽和通信带宽的需求。系统的 I/O 接口真正遇到了瓶颈。PCI 在过去的 10 年建立了一个辉煌的局部控制总线大厦，并被无数的 IT 人士奉为至尊标准，在它诞生起的 10 年里，一直占据着统治地位。随着处理器性能和网络通信性能的日益提高，PCI 总线已经越来越不适合用作背板总线。在各大企业联盟推出的最新总线标准中，以 Intel 为首的联盟推出 InfiniBand 互联技术为背板总线提供新的发展机遇。

1.3.2　服务器的存储系统

服务器的硬盘从接口方面，可分为 IDE 硬盘、SCSI 硬盘和 SATA。

1. IDE 硬盘

IDE 硬盘使用 IDE 数据线接口，是日常使用的硬盘。一般它最大数据吞吐量为每秒 100MB。它由于价格低且性能好，因此在 PC 上得到了广泛地应用，目前个人电脑上使用的硬盘绝大多数为此种类型的硬盘。

2. SCSI 硬盘

SCSI 即 Small Computer System Interface 小型计算机系统接口，SCSI 控制器本身就比 IDE 快，数据传输能够达到每秒 160～320MB。由于其性能好，因此被服务器普遍采用，但由于它的价格不菲，所以在普通 PC 上不常看到。

3. SATA（Serial ATA）

第一代 SATA——SATA-1 又称作 SATA-150，传输速度是 150MB/s（或者 1.5Gb/s）；新一代 SATA——SATA-2 也可以称作 SATA-300，传输速度高达 300MB/s（或者 3Gb/s）。

SATA 的优点：串行 I/O 传输协议所使用的上行、下行两对差分信号线意味着更简单的信号电缆、更小型化的接口，当然更少的线也就带来了更简单的主板设计、特别是更少的南桥芯片引脚，整个系统的成本也就得到了极大地降低。SATA 唯一需要克服的困难就是在比 PATA 高了数十倍的工作频率下如何能稳定地工作。

服务器要面对众多的用户，接受所有用户的请求，而且还必须安装、保存许多大容量的服务器专用系统、软件，以及其他一些数据库文件，所以要求服务器的硬盘容量要足够大。以前因为硬盘容量比较小（早期的才几百兆），所以通常采取磁盘阵列，在服务器的磁盘架上并列安装许多磁盘，用于提高整个服务器的磁盘容量，这在当时是提高磁盘容量的主要目的和实现手段。目前的硬盘容量有了非常大的提高，最高的已有 200GB 以上，所以目前一般的中小企业网络服务器，在容量上只需一块硬盘就足够了，采用磁盘阵列的主要目的是为了提高磁盘存取性能和安全恢复能力。当然对于大型的网络服务器，如一些门户网站服务器，其磁盘容量在目前来说仍不可能由一块硬盘来实现，因为这种服务器通常所需的磁盘容量都在 TB 级（1TB=1000GB），这时也可能采用多块磁盘，或者磁盘阵列。而且还要注意的是，为了提高磁盘的存取速度，服务器硬盘通常采用 SCSI 接口，并且转速在 10 000ppm 以上的快速硬盘。

1.3.3　磁盘阵列

RAID 是 Redundant Array of Inexpensive Disks 的缩写，翻译成中文即为廉价磁盘冗余阵列，或简称磁盘阵列。简单地说，RAID 是一种把多块独立的硬盘（物理硬盘）按不同方式组合起来形成一个硬盘组（逻辑硬盘），从而提供比单个硬盘更高的存储性能和提供数据冗余的技术。组成磁盘阵列的不同方式称为 RAID 级别（RAID Levels），可分为 JBOD（Just Bundle Of Disks）、RAID 0、RAID 1、RAID 5、RAID 10 和 RAID 50 等不同的级别。

1. JBOD

JBOD（Just Bundle Of Disks）译成中文可以是"简单磁盘捆绑"，通常又称为 Span。JBOD 不是标准的 RAID 级别，它只是在近几年才被一些厂家提出，并被广泛采用。但是实际上 JBOD 是控制器将机器上每颗硬盘都当作单独的硬盘处理，因此每颗硬盘都被当作单颗独立的逻辑盘使用。此外，JBOD 并不提供资料备余的功能。

2. RAID 0 Disk Stripping without Parity（常用）

又称数据分块，即把数据分成若干相等大小的小块，并把它们写到阵列上不同的硬盘上，这种技术又称 Stripping（即将数据条带化），这种把数据分布在多个盘上，在读写时是以并行的方式对各硬盘同时进行操作。从理论上讲，其容量和数据传输率是单个硬盘的 N 倍，N 为构成 RAID 0 的硬盘总数。当然，若阵列控制器有多个硬盘通道时，对多个通道上的硬盘进行 RAID 0 操作，I/O 性能会更高。因此常用于图像、视频等领域，RAID 0 I/O 传输率较高，但平均故障时间 MTTF 只有单盘的 N 分之一，因此 RAID 0 可行性最差。常用于图形、图像等方面的领域。

3. RAID 1 Disk Mirroring（较常用）

又称镜像。即每个工作盘都有一个镜像盘，每次写数据时必须同时写入镜像盘，读数据时只从工作盘读出，一旦工作盘发生故障立即转入镜像盘，从镜像盘中读出数据。当更换故障盘后，数据可以重构，恢复工作盘正确数据，这种阵列可靠性很高，但其有效容量减小到总容量一半以下，因此 RAID 1 常用于对容错要求极严的应用场合，如财政、金融等领域。

4. RAID 5 Striping with Floating Parity drive（最常用）

是一种旋转奇偶校验独立存取的阵列方式，也就是没有固定的校验盘，而是按某种规则把奇偶校验信息均匀地分布在阵列所属的硬盘上，所以在每块硬盘上，既有数据信息也有校验信息。这一改变解决了争用校验盘的问题，使得在同一组内并发进行多个写操作。所以 RAID 5 即适用于大数据量的操作，也适用于各种事务处理，它是一种快速、大容量和容错分布合理的磁盘阵列。当有 N 块阵列盘时，用户空间为 N-1 块盘容量。RAID 5 中，在一块硬盘发生故障后，RAID 组从 ONline 变为 Degradei 方式，但 I/O 读写不受影响，直到故障盘恢复。但如果 Degraded 状态下，又有第二块盘故障，整个 RAID 组的数据将丢失。

5. RAID 10/50

RAID 10/50 是逻辑驱动器跨越阵列而组成的。

1.3.4 服务器的网卡

平时所见到的 PC 机上的网卡主要是将 PC 机和 LAN（局域网）相连接，而服务器网卡，一般是用于服务器与交换机等网络设备之间的连接。

一般服务器网卡具有如下特点。

1. 网卡数量多

普通 PC 接入局域网或因特网时，一般情况下只要一块网卡就足够了。而为了满足服务器在网络方面的需要，服务器一般需要两块网卡或是更多的网卡。如 AblestNet 的 X5DP8 服务器主板上面内置了 Intel 的 82546EM 1000Mb/s 自适应网卡芯片，这款芯片可以向下兼容 10Mb/s、100Mb/s 的端口。

2. 数据传输速度快

目前，大约有 80%的网络是采用以太网技术的，现在最常见到的是以太网网卡。按网卡所支持带宽的不同可分为 10Mb/s 网卡、100Mb/s 网卡、10/100Mb/s 自适应以太网卡、1000Mb/s

网卡等几种。10Mb/s 网卡已逐渐退出历史舞台，而 100Mb/s 网卡与 10/100Mb/s 自适应网卡目前是普通 PC 上常用的以太网网卡。对于大数据流量网络来说，服务器应该采用千兆以太网网卡，这样才能提供高速的网络连接能力。谈到千兆以太网网卡，就不得不说一下新一代的 PCI 总线——PCI-X，它可为千兆以太网网卡、基于 Ultra SCSI 320 的磁盘阵列控制器等高数据吞吐量的设备提供足够高的带宽。由于服务器的 PCI 网络适配器一般都具备相当大的数据吞吐量，旧式的 32 位、33MHz 的 PCI 插槽已经无法为那些 PCI 网络适配器提供足够高的带宽了。而 PCI-X 可以提供相对于旧式 32 位、33MHz PCI 总线 8 倍高的带宽，这样就可以满足服务器网络适配器的数据吞吐量的要求了。如果主板中已经集成了两块 100Mb/s 的以太网网卡，可以在 BIOS 中屏蔽掉板载网卡，然后在 PCI-X 插槽中安装千兆以太网适配器，这样就能有效地增加网络带宽，极大地提高整个网络的数据传输速率。 AblestNet 的服务器系统都基本上所有的 Xeon 级系统都提供了 PCI-X。

3．CPU 占用率低

由于一台服务器可能要支持几百台客户端，并且还要不停地运行，因此对服务器网络性能的要求就比较高了。而服务器与普通 PC 工作站的最大不同之处在于，普通 PC 工作站 CPU 的空闲时间比较多，只有在工作站工作时才比较忙。而服务器的 CPU 则是不停地工作，处理着大量的数据。如果一台服务器 CPU 的大部分时间都在为网卡提供数据响应，势必会影响服务器对其他任务的处理速度。所以说，较低的 CPU 占用率对于服务器网卡来说是非常重要的。服务器专用网卡具有特殊的网络控制芯片，它可以从主 CPU 中接管许多网络任务，使主 CPU 集中"精力"运行网络操作和应用程序，当然服务器的服务性能也就不会再受影响了。

4．安全性能高

服务器不但需要有强悍的服务性能，同样也要具有绝对放心的安全措施。在实际应用中，无论是网线断了、集线器或交换机端口坏了，还是网卡坏了都会造成连接中断，当然后果是不堪设想的。影响服务器正常运行的因素很多，其中与外界直接相通的网卡就是其中很重要的一个环节。为此，许多网络硬件厂商都推出了各自的具有容错功能的服务器网卡。例如 Intel 推出了三种容错服务器网卡，它们分别采用了 Adapter Fault tolerance（AFT，网卡出错冗余）、Adapter Load Balancing（ALB，网卡负载平衡）、Fast Ether Channel（FEC，快速以太网通道）技术。AFT 技术是在服务器和交换机之间建立冗余连接，即在服务器上安装两块网卡，一块为主网卡，另一块作为备用网卡，然后用两根网线将两块网卡都连到交换机上。在服务器和交换机之间建立主连接和备用连接。一旦主连接因为数据线损坏或网络传输中断连接失败，备用连接会在几秒钟内自动顶替主连接的工作，通常网络用户不会觉察到任何变化。这样一来就避免了因一条线路发生故障而造成整个网络瘫痪的现象，可以极大地提高网络的安全性和可靠性。ALB 是让服务器能够更多、更快传输数据的一种简单易行的好方法。这项新技术是通过在多块网卡之间平衡数据流量的方法来增加吞吐量，每增加一块网卡，就增宽 100Mb/s 通道。另外，ALB 还具有 AFT 同样的容错功能，一旦其中一条链路失效，其他链路仍可保障网络的连接。当服务器网卡成为网络瓶颈时，ALB 技术无需划分网段，网络管理员只需在服务器上安装两块具有 ALB 功能的网卡，并把它们配置成 ALB 状态，便可迅速、简便地解决瓶颈问题。

FEC 是 Cisco 公司针对 Web 浏览及 Intranet 等对吞吐量要求较大的应用而开发的一种增大带宽的技术。FEC 同时也为进行重要应用的客户端/服务器网络提供高可靠性和高速度。AFT、ALB、FEC 用的是同一个驱动程序，一个网卡组只能采用一种设置。系统采用何种技术要视具体情况而定。

1.4　服务器在网络中的位置及作用

网络中的计算机又分为服务器和客户端，即计算机网络中的计算机要么是服务器，要么是客户端。其中，服务器是为计算机网络为其他设备提供共享资源并对这些资源进行管理的计算机。服务器是一种重型计算机，它包含通过网络可以"服务"或与其他计算机共享的文件和资源。如果用户上网冲浪，就会对服务器有所体验。每当用户坐在计算机前请求网页时，都将通过网络（称为 Internet）向 Web 服务器请求。然后，Web 服务器将为用户的计算机提供网页文件，用户的浏览器会将这些文件转换为网页。图 1.10 表现了服务器在网络中的作用。

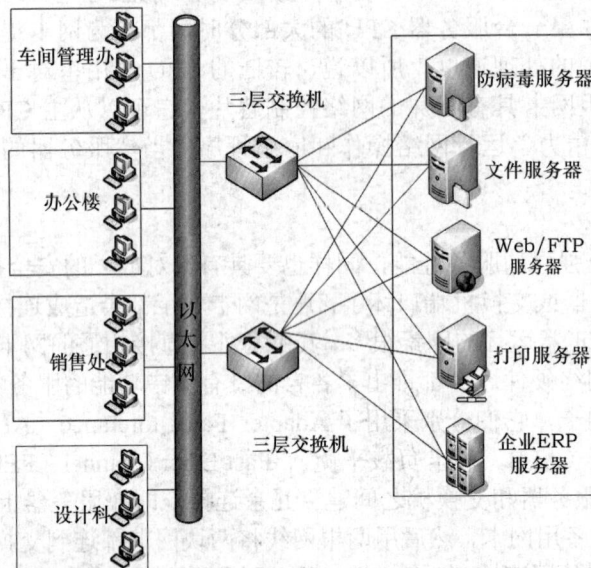

图 1.10　网络中服务器的位置与作用示意图

根据其具体作用，可以分为许多服务器类型，包括文件服务器、打印服务器、应用程序服务器、邮件服务器等，分别描述如下。

文件服务器：处理大量文档的企业可能使用文件服务器来在中心位置创建文档库以存储所有文件。当用户需要文件时，他们主要从文件服务器上选出文件，在其桌面上处理，然后再存回服务器。

打印服务器：打印服务器可以提供对一台或多台打印机的访问。有时，同一台服务器既可充当文件服务器，也可充当打印服务器。

应用程序服务器：和文件服务器一样，应用程序服务器也是一个信息存储库。例如，它可以存储数据库。但与文件服务器不同的是，应用程序服务器可以处理信息，并仅发送用户/客户端请求的特定数据。

邮件服务器：邮件服务器充当网络邮局，用于处理和存储电子邮件、向客户端 PC 发送消息或者保存电子邮件以便远程用户在方便时访问。

另外，还有传真服务器、通信服务器和备份服务器等等。

Web 服务器只是其中一类服务器，但服务器的运行方式基本如此，这也包括用户用于办公室的服务器。

服务器通常充当联网计算机网络的集线器，可以处理联网计算机发出的请求。这种形式通常称为 C/S（Client/Server）模式，即"客户端/服务器网络"模式。客户端表示可以连接至服务器并使用服务器控制的资源（例如，网页或其他文件、打印机连接、Internet 访问乃至电子邮件）的任何计算机。

部分小型企业出于方便、建立成本低等因素，采用对等网络替代客户端/服务器网络。正如其名，对等网络中的所有计算机都是对等的。对等网络中的用户控制其自身桌面设置和安全，并决定何时、以何种方式以及与谁共享其计算机中的资源。客户端/服务器网络中的客户端计算机通过电缆或无线连接连接至服务器；对等网络中的计算机则通过电缆或无线连接互相连接。

当要求成本更低、更方便建立时为何选择客户端/服务器网络呢？小型企业选择使用服务器的原因有很多，包括：①将重要数据保存在一个位置更便于控制和保护，②使用更强大的安全工具保护数据，可以减少来自黑客的威胁，③可以更轻松地备份和存储数据，④可以集中管理整个 IT 系统，⑤可以共享打印机、传真机和 Internet 连接，从而降低成本，⑥工作场所效率将会整体提升。

大多数人在谈论服务器时都会想到一台机器，其实，服务器软件才是服务器的核心。服务器软件使服务器能够执行需要的功能，例如，组织和处理数据、控制文件和资源的访问权限、提高网络运行效率以及管理备份。要提醒的是，用户可以在一台计算机上运行多种类型的服务器软件。

安全性要求较高的网络中，作为服务器的计算机都是由专用服务器来担任，如 HP 公司生产的 HP 服务器，IBM 公司生产的 Netfinity 服务器等，它们不仅具有大容量的硬盘和内存，并且都有双硬盘和处理数据速度快的 SICI 接口、SSA 接口，这些总线接口，其数据的处理速度是一般计算机的几倍甚至几十倍。

1.5 服 务 器 的 选 购

1.5.1 根据网络服务选购服务器

如果说到服务器到底在为谁服务，那么就看服务器所需要承担的主要工作是什么。不同应用模式对服务器的硬件需求也不相同,针对应用来对服务器进行合理地配置,不但可以节省大量经费,而且会使服务器的运行效率得到更好地提升。难题在于确定哪种服务器能够使企业运营得更好,然后确定可以实现此目的的功能和性能的服务器软件。事先确定服务器所要扮演的角色会使此后的购买决策变得更加顺畅。

域控制服务器:域控制器是网络、用户、计算机的管理中心,提供安全的网络工作环境。域控制器不但响应用户的登录需求,而且在服务器间同步和备份用户账号、WINS、DHCP 数据库等。它的系统瓶颈是内存,除了操作系统占用的内存外,每增加一个用户需占用 1KB 内存用于存储用户账号。

1. Web 服务器

Web 服务器是主要为用户提供各种 Web 应用的设备,对服务器性能的要求也主要取决于网站的内容。如果网站多以静态页面构成,那么在选择服务器的时候就要优先考虑磁盘系统的性能,采用高转速 SCSI 硬盘以及 RAID 卡。如果网站所提供的服务多为动态页面,那么在选择服务器时就要注意配备高性能的处理器以及大容量内存。

2. 文件服务器

如果想得到一台性能出色的文件服务器,首先需要注意的就是服务器的存储系统。现在的服务器都配备了千兆以太网接口,其网卡能够提供的数据带宽在 700Mb/s 左右。相对于网络速率,磁盘更容易成为文件服务器性能发挥的瓶颈。对于一台文件服务器,RAID 系统是必备的。如果采购资金充足,那么就选择 SCSI RAID 系统。

3. 数据库服务器

数据库服务是对服务器负载要求比较高的一种应用模式。无论是处理器子系统还是磁盘子系统,都应该配备最好的组件。对于一台数据库服务器,在处理器方面,通过采用多处理器可以在很大程度上提升数据库的运算效率。在保证内存容量的前提下,磁盘系统也需要额外注意。SCSI RAID 系统在性能上会远远超越任何单一硬盘存储模式,而且从数据安全存储的角度上考虑,RAID 系统也非常值得投资。

1.5.2 根据网络规模选购服务器

在采购服务器前,还要考虑网络的规模和用户的数量。显然,在一个对应用服务器要求不高的小型网络中和在一个有数百客户使用共享文件和打印机的大型网络中,后者文件服务器的性能通常要高出前者的应用服务。

小型应用环境因为网络规模小,任务关键程度低,任务负载集中,因此对服务器的价格较为敏感,对于服务器的性能要求较为宽松。一般要求服务器有一定的扩展能力,能与老的系统保持兼容,对安全性要求不高,要求数据备份,对容错要求不多,对服务器的可管理性要求也不高。

中型用户的网络规模较大,任务关键程度中等,任务负载较分散,因此对服务器性能的要求较高。从保护投资角度出发,要求服务器有较好的扩展能力,以便将来业务扩大、网络规模扩展时,已有的投资能满足更高的要求。另外,中型应用对服务器的安全要求较高,既要求有数据备份,也要求有数据容错,对其管理性要求较高,需要一些专用的管理和配置软件。

大型用户的网络规模很大，任务关键程度很高，且负载分散，网络管理工作繁重，因此对服务器的要求也非常高，同样要求服务器具有良好的扩展能力以保护已有的投资和满足业务增长后的需求。大型应用对数据存储和传输要求也很高，要求服务器不但应具有高速的 I/O 能力，而且应具有良好的容错能力。对服务器的可管理性和负载平衡要求也非常高，服务器厂商也都会提供专用的管理和配置软件。综上所述，用户应根据本身应用需求和将来的业务发展选择适当的服务器产品，以达到最优的性能价格比。

1.6　知　识　拓　展

服务器热门技术简介

1. 服务器的负载均衡

由于网络的数据流量多集中在中心服务器一端，所以现在所说的负载均衡，多指的是对访问服务器的负载进行均衡（或者说分担）措施。负载均衡，从结构上分为本地负载均衡和地域负载均衡（全局负载均衡），前一种是指对本地的服务器集群作负载均衡，后一种是指对分别放置在不同的地理位置、在不同的网络及服务器集群之间作负载均衡。

每个主机运行一个所需服务器程序的独立拷贝，诸如 Web、FTP、Telnet 或 E-mail 服务器程序。对于某些服务（如运行在 Web 服务器上的那些服务）而言，程序的一个拷贝运行在集群内所有的主机上，而网络负载均衡则将工作负载在这些主机间进行分配。对于其他服务（例如 E-mail），只有一台主机处理工作负载，针对这些服务，网络负载均衡允许网络通信量流到一个主机上，并在该主机发生故障时将通信量移至其他主机。

2. 代理服务器

使用代理服务器，可以将请求转发给内部的服务器，使用这种加速模式显然可以提升静态网页的访问速度。然而，也可以考虑这样一种技术，使用代理服务器将请求均匀转发给多台服务器，从而达到负载均衡的目的。

代理服务器本身虽然可以达到很高效率，但是针对每一次代理，代理服务器就必须维护两个连接，一个对外的连接，一个对内的连接，因此对于特别高的连接请求，代理服务器的负载也就非常之大。反向代理方式下能应用优化的负载均衡策略，每次访问最空闲的内部服务器来提供服务。但是随着并发连接数量的增加，代理服务器本身的负载也变得非常大，最后反向代理服务器本身会成为服务的瓶颈。

3. Windows 集群技术

集群服务是应用于 Microsoft Windows 2000 与 Microsoft Windows NT 产品家族的两项集群技术之一。基于 Windows 2000 和 Windows NT 且运行集群服务的服务器为需要高度可用性与数据完整性的后端应用和服务提供了故障应急支持。这些后端应用包括诸如数据库、文件服务器、企业资源计划（ERP）和消息系统等企业应用。集群服务最初是为 Windows NT Server 4.0 操作系统设计的，而该功能在 Windows 2000 Advanced Server 和 Windows 2000 DataCenter Server 操作系统中得到了充分改进。集群服务允许将多重服务器连接成服务器集群，以使数据和运行于集群内程序具有高度可用性和可管理性。

4. 双机热备

所谓双机热备，就是将中心服务器安装成互为备份的两台服务器，并且在同一时间内只有一台服务器运行。当其中运行着的一台服务器出现故障无法启动时，另一台备份服务器会迅速地自动启动并运行（一般为 2 分钟左右），从而保证整个网络系统的正常运行！双机热备的工作机制实际上是为整个网络系统的中心服务器提供了一种故障自动恢复能力。

5. C/S 技术与 B/S 技术

C/S（Client/Server）结构，即大家熟知的客户端和服务器结构。它是软件系统体系结构，通过它可以充分利用两端硬件环境的优势，将任务合理分配到 Client 端和 Server 端来实现，降低了系统的通信开销。目前大多数应用软件系统都是 Client/Server 形式的两层结构，由于现在的软件应用系统正在向分布式的 Web 应用发展，Web 和 Client/Server 应用都可以进行同样的业务处理，应用不同的模块共享逻辑组件；因此，内部和外部的用户都可以访问新的和现有的应用系统，通过现有应用系统中的逻辑可以扩展出新的应用系统。这也就是目前应用系统的发展方向。

B/S（Browser/Server）结构即浏览器和服务器结构。它是随着 Internet 技术的兴起，对 C/S 结构的一种变化或者改进的结构。在这种结构下，用户工作界面是通过 WWW 浏览器来实现，极少部分事务逻辑在前端（Browser）实现，但是主要事务逻辑在服务器端（Server）实现，形成三层结构。这样就极大地简化了客户端电脑载荷，减轻了系统维护与升级的成本和工作量，降低了用户的总体成本（TCO）。

以目前的技术看，局域网建立 B/S 结构的网络应用，并通过 Internet/Intranet 模式下数据库应用，相对易于把握、成本也是较低的。它是一次性到位的开发，能实现不同的人员，从不同的地点，以不同的接入方式（比如 LAN、WAN、Internet/Intranet 等）访问和操作共同的数据库；它能有效地保护数据平台和管理访问权限，服务器数据库也很安全。特别是在 JAVA 这样的跨平台语言出现之后，B/S 架构管理软件更是方便、快捷、高效。

1.7 技 能 挑 战

任务：做一份公司选购服务器计划书

在采购服务器上，对中小企业，采用企业的网络接点数来定义：少于 500 点的为中小型企业。大部分企业信息化的主要目标是用于满足企业内部的信息传递、分析和处理的需要，数据量不太大，一般都是应用于局域网。但随着 Internet 的迅猛发展，越来越多的中小企业创建基于 Internet 的系统建设，从而促进了其网络应用从文档、打印和数据访问等向着企业关键任务应用的发展。总的来说，具体针对中小企业的应用主要有以下几种：FTP、VOD、Mail、Web、数据库。

要求：

（1）计划书包含企业网络情况简介及使用需求。

（2）充分考虑采购成本。

（3）服务器性能、易操作性、可扩展性和可管理性分析。

（4）服务器的技术支持和售后服务。

1.8 项目实训要求

实训 服务器市场调研

［实训目的］

通过走访了解当地服务器当前市场的情况，通过网络了解全国服务器市场的情况，掌握服务器选购的技能。

［实训环境］

当地服务器销售商，IT专业市场。

［实训内容］

1．服务器各项硬件指标的掌握

2．服务器操作系统使用情况调查

3．中小企业服务器使用情况调查

［实现过程］

［实训总结］

［实训思考题］

1．本地服务器市场服务器销售量情况怎样，中小企业对何种服务器需求量较大？

2．中小企业网络操作系统中，何种操作系统使用量较多？

第2章 网络操作系统 Windows Server 2003

☆ **预备知识**

（1）Windows 系列操作系统基础，诸如文件操作、网络浏览、收发邮件等

（2）Windows 系统安装经验

☆ **技能目标**

（1）掌握安装 Windows Server 2003（企业版）的一般方法

（2）熟悉并掌握 Windows Server 2003 基本操作

（3）掌握 Windows Server 2003 有关网络的配置项目

☆ **项目案例**

你所在的公司新购置一台 IBM 服务器@server336，具体配置如下：

Xeon 2.8G/1M/512M×2/73.4G×3/DVD/RAID 7E/1000M×2/2U。

你是公司的网管，请在该服务器上安装公司所购的 Windows Server 2003 简体中文企业版，并完成相关配置。

2.1　网络操作系统简介

网络操作系统（NOS，Network Operating System），是网络的心脏和灵魂，是向网络计算机提供网络通信和网络资源共享功能的操作系统。它是负责管理整个网络资源和方便网络用户的软件的集合。由于网络操作系统是运行在服务器之上的，所以有时也把它称之为服务器操作系统。

网络操作系统是使网络中各计算机能方便而有效地共享网络资源，为网络用户提供所需的各种服务的软件和有关规则的集合。通常的操作系统具有处理器管理、存储器管理、设备管理及文件管理，而网络操作系统除了具有上述的功能外，还具有提供高效、可靠的网络通信能力和提供多种网络服务的功能。

网络操作系统与运行在工作站上的单用户操作系统（如 Windows 98 等）或多用户操作系统由于提供的服务类型不同而有差别。一般情况下，网络操作系统是以使网络相关特性最佳为目的的，如共享数据文件、软件应用以及共享硬盘、打印机、调制解调器、扫描仪和传真机等。一般计算机的操作系统，如 DOS 和 OS/2 等，其目的是让用户与系统及在此操作系统上运行的各种应用之间的交互作用最佳。

目前，局域网中主要存在以下几类网络操作系统。

1. Windows 类

对于这类操作系统相信用过电脑的人都不会陌生，这是全球最大的软件开发商——Microsoft（微软）公司开发的。微软公司的 Windows 系统不仅在个人操作系统中占有绝对优

势，它在网络操作系统中也是具有非常强劲的力量。这类操作系统配置在整个局域网配置中是最常见的，但由于它对服务器的硬件要求较高，且稳定性能不是很高，所以微软的网络操作系统一般只是用在中低档服务器中，高端服务器通常采用 UNIX、Linux 或 Solaris 等非 Windows 操作系统。在局域网中，微软的网络操作系统主要有：Windows NT 4.0 Server、Windows 2000 Server/Advance Server，以及最新的 Windows Server 2003 等，工作站系统可以采用任一 Windows 或非 Windows 操作系统，包括个人操作系统，如 Windows 9x/ME/XP 等。

Windows 类的网络操作系统，属于 Client/Server 模式（客户端/服务器模式）。所谓客户端/服务器运行模式是指服务器检查是否有客户要求服务的请求，在满足客户的请求后将结果返回；客户端（可以为一个应用程序或另一个服务器）如果需要系统的服务，就向服务器发出请求服务的信息，服务器根据客户请求执行相应的操作，并将结果返回给客户。它具有系统的高安全性、能够进行分布式处理、易扩充性好等优点。

2．NetWare 类

NetWare 操作系统虽然远不如早几年那么风光，在局域网中早已失去了当年雄霸一方的气势，但是 NetWare 操作系统仍以对网络硬件的要求较低（工作站只要是 286 机就可以了）而受到一些设备比较落后的中、小型企业，特别是学校的青睐。人们一时还忘不了它在无盘工作站组建方面的优势，还忘不了它那毫无过分需求的大度，且因为它兼容 DOS 命令，其应用环境与 DOS 相似，经过长时间的发展，具有相当丰富的应用软件支持，技术完善、可靠。目前常用的版本有 V3.11、V3.12 和 V4.10、V4.11，V5.0 等中英文版本，NetWare 服务器对无盘站和游戏的支持较好，常用于教学网和游戏厅。目前，这种操作系统有市场占有率呈下降趋势，这部分的市场主要被 Windows NT/2000 和 Linux 系统瓜分了。

3．Unix 系统

Unix 从诞生至今已有 28 年左右的历史了，它是一个多用户、多任务的网络操作系统。Unix 系统长期受到计算机界的支持和欢迎。20 世纪 80 年代，它在商业中也获得了成功。Unix 的确是一种优秀的网络操作系统，其内部采用的是一种层次结构。

Unix 网络操作系统不仅可在微型计算机上运行，而且也支持在大、中、小型机上运行。在微型计算机上运行主要采用的是 Unix System V 版本，而在大、中、小型机上运行主要采用 Unix BSD 版本。虽然从版本上看，Unix 只有两个重要的分支，但从实际的 Unix 产品来看，却有许多类型：Linux、Solaris、SCO Unix、Digital、Unix、HP Unix、IBM AIX、Reliant Unix 等。

Unix 系统的功能主要体现在：实现网络内点到点的邮件传送、文件管理、用户程序的分配和执行。正是 Unix 系统的强大功能和可依赖的稳定性，使得其在市场上一直占有主导地位。虽然 Internet 开始风靡于 1995 年，但是，Unix 正是 Internet 的起源，所以要建立 Internet/Intranet 应用项目，Unix 网络操作系统仍是主要的选择对象。

Unix 支持网络文件系统（NFS），对于熟悉 DOS、Windows 的用户来讲，必须购买并安装相应的 NFS 软件，才能透明、方便地访问 Unix 服务器上的目录资源。

目前常用的 Unix 系统版本主要有 Unix SUR4.0、HP-UX 11.0、SUN 的 Solaris 8.0 等。支持网络文件系统服务，提供数据等应用，功能强大，由 AT&T 和 SCO 公司推出。这种网络操作系统稳定和安全性能非常好，但由于它多数是以命令方式来进行操作的，不容易掌握，特别是初级用户。正因如此，小型局域网基本不使用 Unix 作为网络操作系统，Unix 一般用于大型的网站或大型的企、事业局域网中。Unix 网络操作系统历史悠久，其良好的网络管理功能已为广大网络用户所接受，拥有丰富的应用软件的支持。目前，Unix 网络操作系统的版本有 AT&T 和 SCO 的 UnixSVR3.2、SVR4.0 和 SVR4.2 等。Unix 本是针对小型机主机环境开发的操作系统，是一种集中式分时多用户体系结构。因其体系结构不够合理，Unix 的市场占有率呈下降趋势。

4. Linux

这是一种新型的网络操作系统，它的最大特点就是源代码开放，可以免费得到许多应用程序。目前也有中文版本的 Linux，如 RedHat（红帽子）、红旗 Linux 等。在国内得到了用户充分地肯定，主要体现在它的安全性和稳定性方面，它与 Unix 有许多类似之处。但目前这类操作系统目前仍主要应用于中、高档服务器中。

总的来说，对特定计算环境的支持使得每一个操作系统都有适合于自己的工作场合，这就是系统对特定计算环境的支持。例如，Windows 2000 Professional 适用于桌面计算机，Linux 目前较适用于小型的网络，而 Windows Server 2003 和 Unix 则适用于大型服务器应用程序。因此，对于不同的网络应用，需要有目的地选择合适的网络操作系统。

Linux 本身就是 Unix 的一个变体，它具有 Unix 系统的上述特性。它起源于芬兰赫尔辛基大学的学生 Linus Torvalds 的业余设计，当时他的想法就是要建立一个能够代替 Unix 的、用在基于 Intel 平台的个人计算机上的 Unix 类操作系统。Linux 是可以自由获得源代码的、32 位的、为 PC 机及兼容机硬件平台上的多个用户提供多任务功能的操作系统。

现在 Linux 已经出现了蓬勃发展的大好局面。全世界有成千上万的程序员或者仅仅是爱好者在不断地对这个生命力极其强大的操作系统进行升级、修改或开发应用程序。Linux 已经有了很多个不同的、各有所长的发行版本，比如著名的 Red Hat、SlackWare 等等。在中国，近两年来有越来越多的程序员投入到 Linux 的再开发中。让众多习惯了汉语的中国用户高兴的是，有众多优秀的中文 Linux 正式发行版本已经面世了，其中著名的有 Turbo Linux、红旗 Linux 和 Xteam Linux 等。

从使用费用上看，Linux 与其他操作系统的区别在于 Linux 是一种开放的、免费的操作系统，而其他操作系统都是封闭的，需要有偿使用。这一区别使得大家能够不用花钱就能得到很多 Linux 的版本以及为其开发的应用软件。当访问 Internet 时，会发现几乎所有可用的自由软件都能够运行在 Linux 系统上。有来自很多软件商的多种 Unix 实现，Unix 的开发、发展商以开放系统的方式推动其标准化，但却没有一个公司来控制这种设计。因此，任何一个软件商（或开拓者）都能在某种 Unix 实现中实现这些标准。OS/2 和 Windows NT 等操作系统是具有版权的产品，其接口和设计均由某一公司控制，而且只有这些公司才有权实现其设计，它们是在封闭的环境下发展的。

2.2 Windows Server 2003 简介

Windows Server 2003 是在 Windows 2000 经过考验的可靠性、可伸缩性和可管理性的基础上构建的，为加强联网应用程序、网络和 XML Web 服务的功能（从工作组到数据中心）提供了一个高效的结构平台。可为快速开发互连解决方案提供强大的应用程序平台，并为随时随地的增强通信和协作提供信息工作者基础结构。

    Windows Server 2003 是一个多任务操作系统，它能够按照用户的需要，以集中或分布的方式处理各种服务器角色。其中的一些服务器角色包括文件和打印服务器、应用程序服务器（Web 和 FTP 服务器）、邮件服务器、终端服务器、远程访问/虚拟专用网络（VPN）服务器、目录服务器、域名系统（DNS）、动态主机配置协议（DHCP）服务器和 Windows Internet 命名服务（WINS）以及流媒体服务器等。

    本部分阐释 Windows Server 2003 系列的基本情况。

1. Windows Server 2003 系列的优点

表 2.1   Windows Server 2003 系列的主要优点

优　势	描　　　述
可靠性	Windows Server 2003 是迄今为止最快、最可靠和最安全的 Windows 服务器操作系统。Windows Server 2003 用以下方式保证可靠性： ● 提供集成结构，用于帮助用户确保商业信息的安全性 ● 提供可靠性、实用性和可伸缩性，使用户可以提供用户需要的网络结构
高　效	Windows Server 2003 提供各种工具，允许用户部署、管理和使用网络结构以获得最大效率 Windows Server 2003 通过以下方式实现这一目的： ● 提供灵活易用的工具，有助于使用户的设计和部署与组织及网络的要求相匹配 ● 通过加强策略、使任务自动化以及简化升级来帮助用户主动管理网络 ● 通过让用户自行处理更多的任务来减少支付开销
连接性	连接 Windows Server 2003 可以帮助用户创建业务解决方案结构，以便与雇员、合作伙伴、系统和客户更好地连接。 Windows Server 2003 通过以下方式实现这一目的： ● 提供集成的 Web 服务器和流媒体服务器，帮助用户快速、轻松和安全地创建动态 Intranet 和 Internet Web 站点 ● 提供集成的应用程序服务器，帮助用户轻松地开发、部署和管理 XML Web 服务 ● 提供多种工具，使用户得以将 XML Web 服务与内部应用程序、供应商和合作伙伴连接起来
最经济	与来自 Microsoft 的许多硬件、软件和渠道合作伙伴的产品和服务相结合，Windows Server 2003 提供了有助于使用户的基础架构投资获得最大回报的选择 Windows Server 2003 通过以下方式实现这一目的： ● 为使用户得以快速将技术投入使用的完整解决方案提供简单易用的说明性指南 ● 通过利用最新的硬件、软件和方法来优化服务器部署，从而帮助用户合并各个服务器 ● 降低用户的所属权总成本（TCO），使投资很快就能获得回报

2. Windows Server 2003 家族成员

表 2.2　Windows Server 2003 家族成员简介

产　品	描　　　述
Windows Server 2003 标准版	Windows Server 2003 标准版是一个可靠的网络操作系统，可迅速方便地提供企业解决方案。这种灵活的服务器是小型企业和部门应用的理想选择 Windows Server 2003 标准版： • 支持文件和打印机共享 • 提供安全的 Internet 连接 • 允许集中化的桌面应用程序部署 • 上限为 4 的对称多处理方式 4GB 的最大内存支持
Windows Server 2003 企业版	Windows Server 2003 企业版是为满足各种规模的企业的一般用途而设计的。它是各种应用程序、Web 服务和基础结构的理想平台，它提供高度可靠性、高性能和出色的商业价值 Windows Server 2003 企业版： • 是一种全功能的服务器操作系统，支持多达 8 个处理器 • 提供企业级功能，如 8 节点群集、支持高达 32 GB 内存等 • 可用于基于 Intel Itanium 系列的计算机 将可用于能够支持 8 个处理器和 64 GB RAM 的 64 位计算平台
Windows Server 2003 数据中心 版	Windows Server 2003 数据中心版是为运行企业和任务所倚重的应用程序而设计的，这些应用程序需要最高的可伸缩性和可用性 Windows Server 2003 数据中心版： • 是 Microsoft 迄今为止开发的功能最强大的服务器操作系统 • 支持高达 32 路的 SMP 和 64 GB 的 RAM • 提供 8 节点集群和负载平衡服务是它的标准功能 将可用于能够支持 64 位处理器和 512 GB RAM 的 64 位计算平台
Windows Server 2003 Web 版	Windows 操作系统系列中的新产品，Windows Server 2003 Web 版用于 Web 服务和托管 Windows Server 2003 Web 版： • 用于生成和承载 Web 应用程序、Web 页面以及 XML Web 服务 • 其主要目的是作为 IIS 6.0 Web 服务器使用 • 提供一个快速开发和部署 XML Web 服务和应用程序的平台，这些服务和应用程序使用 ASP.NET 技术，该技术是.NET 框架的关键部分 • 便于部署和管理

2.3　Windows Server 2003 安装

2.3.1　安装要求

任何一个操作系统，在安装之前都必须要对其硬件需求有个了解，下表所为 Windows

Server 2003 安装的最低系统要求和建议的系统要求。

表 2.3　Windows Server 2003 安装的系统要求

	Windows Server 2003 系统要求			
要求	Standard Edition Enterprise	Edition Datacenter	Edition Web	Edition
最低 CPU 速度	133 MHz	基于 x86 的计算机：133 MHz；基于 Itanium 的计算机：733 MHz	基于 x86 的计算机：400 MHz；基于 Itanium 的计算机：733 MHz	133 MHz
推荐 CPU 速度	550 MHz	733 MHz	733 MHz	550 MHz
最小 RAM	128 MB	128 MB	512 MB	128 MB
推荐最小 RAM	256 MB	256 MB	1 GB	256 MB
最大 RAM	4 GB	基于 x86 的计算机：32 GB；基于 Itanium 的计算机：64 GB	基于 x86 的计算机 64 GB；基于 Itanium 的计算机：128 GB	2 GB
多处理器支持	1 或 2	多达 8	要求最少 8 最多 32	1 或 2
安装所需磁盘空间	1.5 GB	基于 x86 的计算机：1.5 GB；基于 Itanium 的计算机：2.0 GB	基于 x86 的计算机：1.5 GB；基于 Itanium 的计算机：2.0 GB	1.5 GB

2.3.2　从光盘安装 Windows Server 2003

1. 准备工作

（1）准备好 Windows Server 2003 Enterprise Edition 简体中文标准版安装光盘。系统安装推荐使用 Windows 2003 简体中文企业版。最好选择已经包含 Service Pack 1 补丁的光盘进行安装，可以减少后期所需安装的各种补丁的时间。安装好系统后，请将 I386 目录复制到硬盘上，便于以后的系统维护。

（2）可能情况下，在运行安装程序前用磁盘扫描程序扫描所有硬盘检查硬盘错误并进行修复，否则安装程序运行时如检查到有硬盘错误就会很麻烦。

（3）用纸张记录安装文件的产品密匙（安装序列号）。

（4）如果未安装过 Windows 2003 系统，而现在正使用 Windows XP/2000 系统，建议用驱动程序备份工具（如：驱动精灵 2004 V1.9 Beta.exe）将 Windows XP/2000 系统下的所有驱动程序备份到硬盘上（如：F:\Drive）。备份的 Windows XP/2000 系统驱动程序可以在 Windows 2003 系统下使用。

（5）如果想在安装过程中格式化 C 盘或 D 盘（建议安装过程中格式化用于安装 Windows

2003 系统的分区），请备份 C 盘或 D 盘有用的数据。

（6）导出电子邮件账户和通信簿。

将 C:\Documents and Settings\Administrator（或你的用户名）\中的"收藏夹"目录复制到其他盘，以备份收藏夹；可能的情况下将其他应用程序的设置导出。

（7）系统要求——对基于 x86 的计算机：建议使用一个或多个主频不低于 550 MHz（支持的最低主频为 133 MHz）的处理器。每台计算机最多支持 8 个处理器。建议使用 Intel Pentium/Celeron 系列、AMD K6/Athlon/Duron 系列或兼容的处理器。建议最少使用 128 MB 的 RAM，最大支持 32 GB。对基于 Itanium 体系结构的计算机：使用一个或多个主频不低于 733 MHz 的处理器。每台计算机最多支持 8 个处理器。RAM 最小为 1 GB，最大为 64 GB。硬盘可用空间，在基于 x86 的计算机上，该空间大约为 1.25 GB 到 2 GB，在基于 Itanium 体系结构的计算机上，该空间大约为 3 GB 到 4 GB，如果通过网络而不是 CD-ROM 运行安装程序，或者从 FAT 或 FAT32 分区执行升级（推荐使用 NTFS 文件系统），那么将需要更大的磁盘空间。

2. 用光盘启动系统

重新启动系统，进入 BIOS 把光驱设为第一启动盘，保存设置并重启。将 Windows 2003 安装光盘放入光驱，重新启动电脑，进入 Windows 2003 系统安装环境。

3. 安装

（1）用光盘启动系统，开始检测计算机硬件如图 2.1 所示，开始安装。

（2）加载必要的驱动之后，进入如图 2.2 所示的确认安装界面。

图 2.1 检测计算机硬件配置

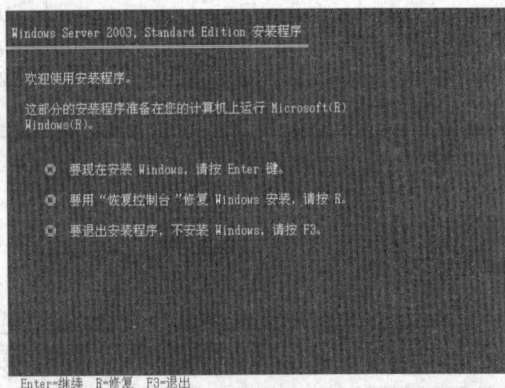

图 2.2 确认安装

（3）接着出现许可协议，如图 2.3 所示，按 F8 同意许可协议后才可以进行下一步操作。

（4）使用 Windows 2003 内置的分区功能对硬盘进行分区，如图 2.4 所示，这里，可以选择删除现有分区、创建分区等操作，最后在选定的安装目录的磁盘上按回车键确认安装。

首先让光标停留到空余空间上，按 C 键创建分区。系统会自动将其设置为主分区，并且激活，如图 2.5 所示。

（5）按回车键继续将系统安装到 C 盘，系统提示使用 NTFS 格式或者 FAT32 格式来格式化硬盘。这里必须使用 NTFS 来格式化所有硬盘，如图 2.6 所示。

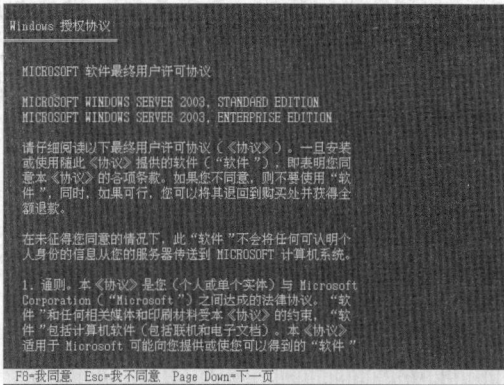

图 2.3　许可协议

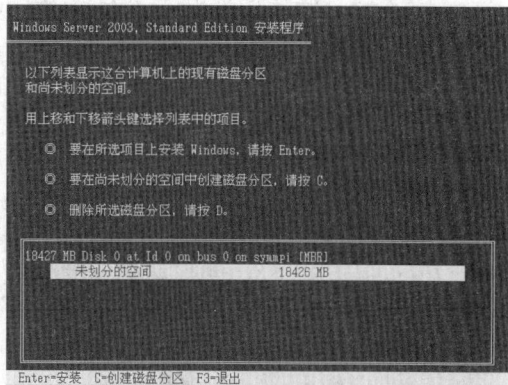

图 2.4　划分磁盘空间

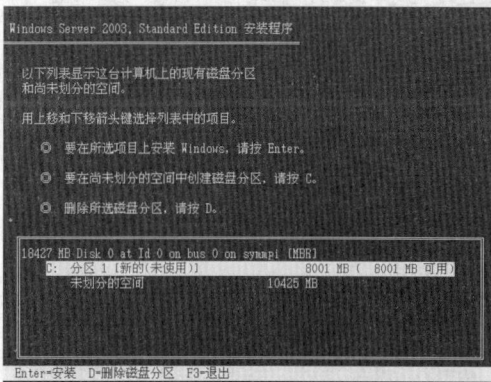

图 2.5　创建磁盘分区

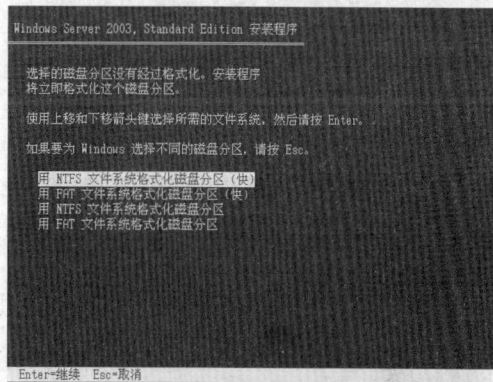

图 2.6　格式化磁盘

（6）然后格式化分区，如图 2.7 所示。

（7）Windows 安装程序开始复制安装必需的文件，如图 2.8 所示。

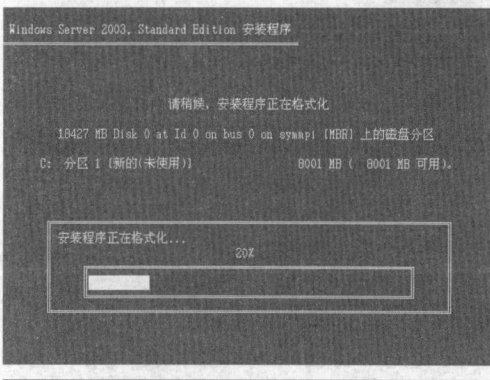

图 2.7　格式化分区

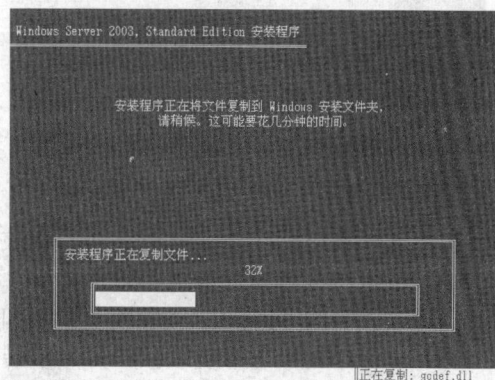

图 2.8　复制系统安装文件

（8）复制文件完毕后将提示正在初始化 Windows 的配置，然后提示重新启动，进入图形化安装界面，如图 2.9 所示。

（9）接着将出现全新的 Windows 安装界面，界面将会提示现在的 Windows 安装阶段，如图 2.10 所示。

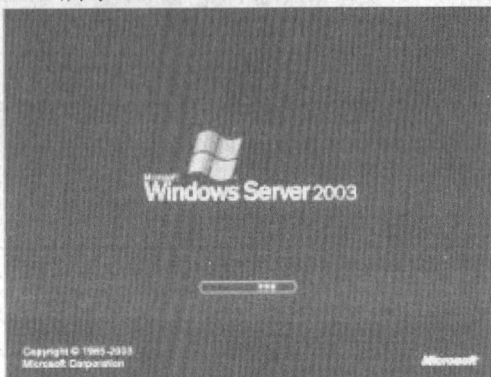

图 2.9　图形化安装—启动

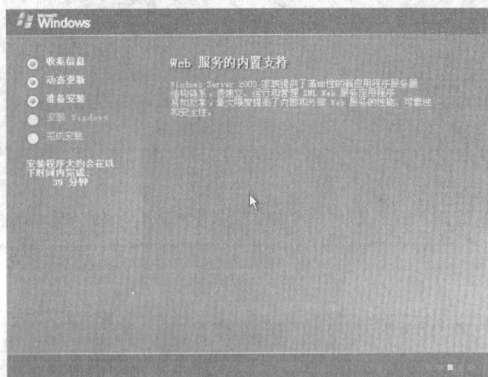

图 2.10　图形化安装—系统说明

（10）经过一段时间的等待，接着提示设置区域和语言选项，如果想更改区域设置，请单击"自定义"按钮，在弹出的窗口中选择想要的区域，确定退回到主安装界面。这里默认选择的就是"中国"，所以直接单击"下一步"按钮继续，输入单位信息，如图 2.11 所示。然后输入用户及单位名称，单击"下一步"按钮。

（11）输入产品序列号（请查看光盘封面上的序列号），再继续下一步，如图 2.12 所示。

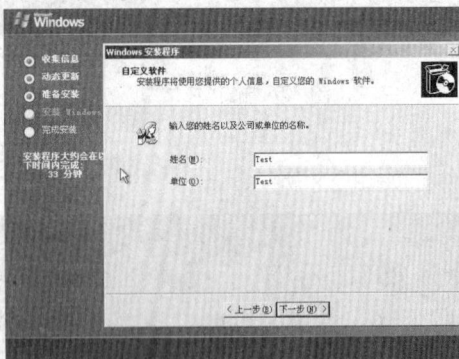

图 2.11　图形化安装—公司或单位名称

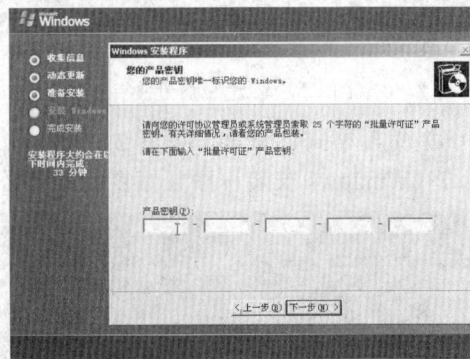

图 2.12　图形化安装—产品密钥

（12）选择授权模式为"每服务器"模式，单击"下一步"继续，如图 2.13 所示。

（13）输入主机名和管理员密码，如图 2.14 所示，单击"下一步"按钮继续。

（14）设置时间和时区，一般来说日期和时间都不用设置，如图 2.15 所示。

（15）直接单击"下一步"按钮开始安装网络，安装完毕将会跳出对话框提示用户进行网络设置，如图 2.16 所示。

（16）填写 IP 地址、子网掩码和默认路由，如图 2.17 所示。

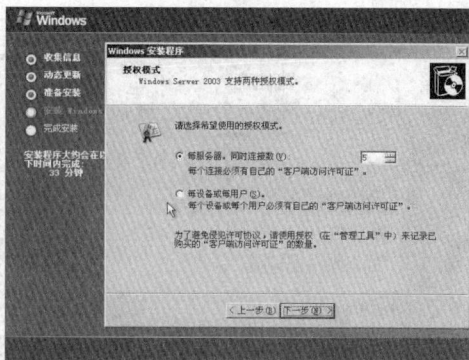

图 2.13　图形化安装—授权模式

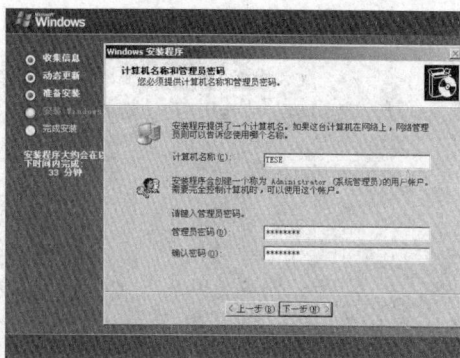

图 2.14　图形化安装—计算机名称和管理员密码

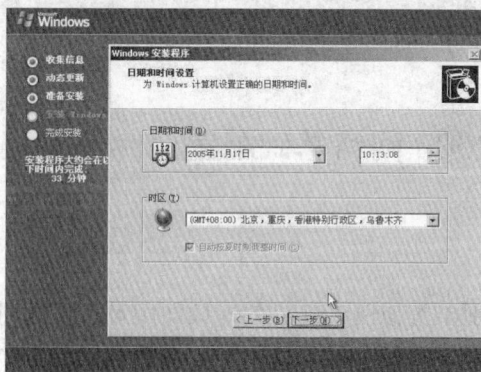

图 2.15　图形化安装—日期和时间设置

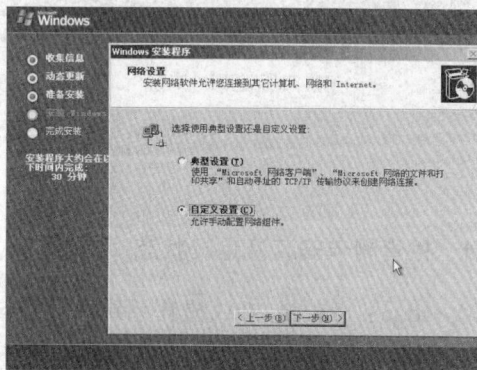

图 2.16　图形化安装—网络设置

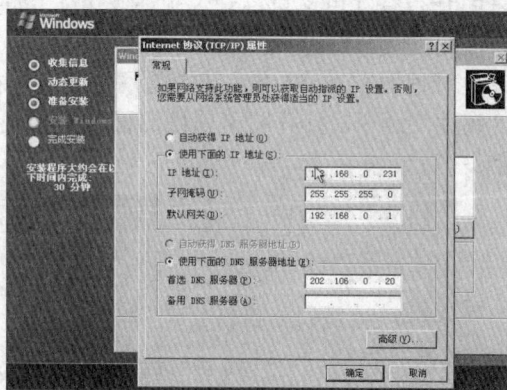

图 2.17　图形化安装—Internet 协议属性

　　完成后单击"确定"按钮回到主安装界面，单击"下一步"按钮设置域工作组。这里直接单击"下一步"即可，不用修改。

　　（17）接着计算机开始复制必要的网络组件文件，复制完后依次开始安装开始菜单程序项、注册组件、保存设置，如图 2.18 所示。

（18）然后会删除安装过程中的临时文件，接着重新启动之后，安装完成，如图 2.19 所示。

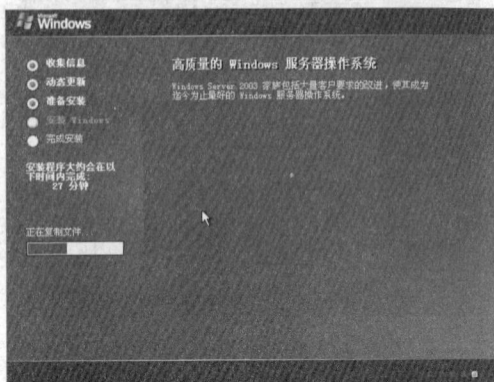

图 2.18　图形化安装—注册组件

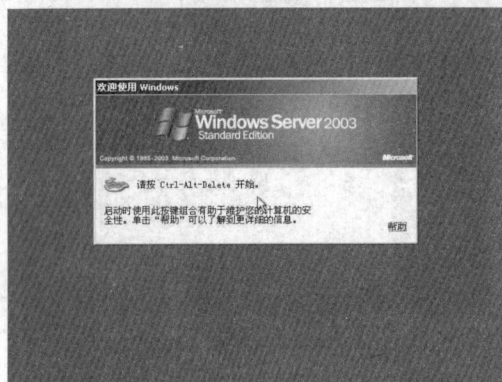

图 2.19　图形化安装—安装完成

2.4　Windows Server 2003 网络基础配置

2.4.1　检查网卡安装及运行状态

　　Windows Server 2003 操作系统往往会自动识别出类似网卡之类的即插即用设备，同时会为网卡之类的即插即用设备自动安装好驱动程序，但由于自动安装好的网卡驱动程序版本相对较低，可能会引起各种莫名其妙的上网故障。碰到这种故障时，检查一下系统托盘区域处的网络连接图标，看看该图标表面是否有红色叉号标记（见图 2.20），如果有的话就能断定网络时断时续故障多数是由于网卡没有安装牢靠或网线接触不良等引起的。

　　用户可以打开系统的设备管理器窗口，选中了其中的网卡设备，并用鼠标右键单击该设备，从弹出的右键菜单中执行"属性"命令，打开网卡属性界面的"常规"标签页面（见图 2.21），检查网卡工作状态是否正常。

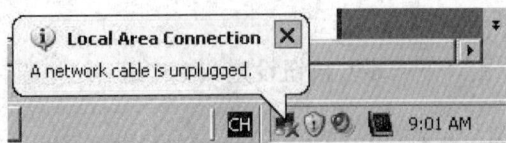

图 2.20　检查网卡连接状态

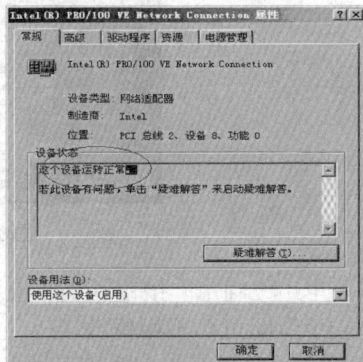

图 2.21　通过"设备管理器"检查网卡工作状态

2.4.2　配置网络协议和设置 IP 地址信息

在 Windows Server 2003 下实现和其他操作系统的连接与通信，以及配置各种专门功能的服务器（如 DNS 服务器、DHCP 服务器、IIS 服务器与终端服务器等）的过程中，TCP/IP 是使用最频繁的一个网络组件。

TCP/IP 已经成为一种标准协议，用于在许多不同类型的计算机之间进行互操作，允许这种互操作是 TCP/IP 的主要优势。大多数的网络支持 TCP/IP 作为一种协议。TCP/IP 还支持路由，通常是作为一种网络互联协议来使用的。

专门为 TCP/IP 所编写的其他协议包括：用于收发电子邮件的 SMTP 简单邮件传输协议、用来运行有 TCP/IP 的计算机之间交换文件的 FTP 文件传输协议以及用来网络管理的 SNMP 简单网络管理协议。为了设计成为可以路由的、强大的并且执行效率高的协议，TCP/IP 是由美国国防部作为一套广域网协议而开发的，目的是保持核战争中各站点之间的通信链路。

1．安装协议

单击"开始"→"控制面板"→"本地连接"，出现如图 2.22 所示的"本地连接 状态"对话框。

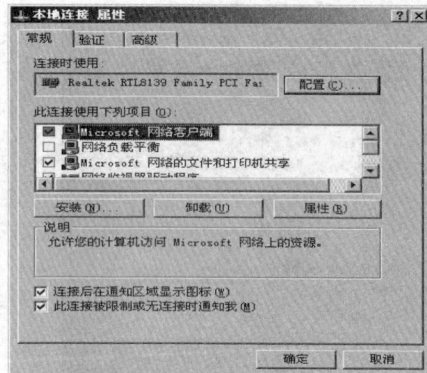

打开"支持"选项卡，可以查看目前的配置情况；单击"常规"选项卡上的"属性"按钮，出现如图 2.23 所示的对话框。

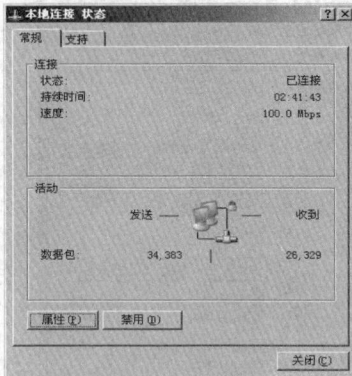

图 2.22　"本地连接状态"对话框

图 2.23　"本地连接属性"对话框

单击"安装"按钮，在图 2.24 中选取"协议"后单击"添加"，如图 2.25 所示的对话框中可以选择需要安装的协议。

2．配置 TCP/IP 协议

在如图 2.26 所示的对话框中选择"Internet 协议（TCP/IP）"后，单击"属性"按钮，出现如图 2.26 所示的对话框。

用户需要根据本地计算机所在网络的具体情况决定是否用网络中的动态主机配置协议（DHCP）自动配置服务器，如果是的话，就选定"自动获得 IP 地址"单选按钮，如果要手工输入 IP 地址，选定"使用下面的 IP 地址"单选按钮。

如果用户选择手工输入 IP 地址，就需要在"IP 地址"文本框中输入正确的 IP 地址。

在"子网掩码"文本框里输入正确的子网掩码。

在"默认网关"文本框里选择正确的本地路由器或网关 IP 地址。

在"首选 DNS 服务器"文本框中输入正确的数字地址。

在"备用 DNS 服务器"文本框中输入正确的备用 DNS 服务器地址。该服务器是为防止主 DNS 服务器无法正常工作时能代替主服务器为客户端提供域名服务。

在为本地服务器手动配置了 IP 地址或网管或 DNS 服务器，请单击"高级"按钮，打开"高级 TCP/IP 设置"对话框，如图 2.27 所示。

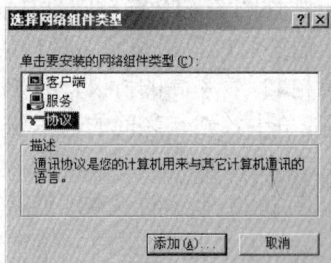

图 2.24 "选择网络组件类型"对话框　　　　图 2.25 "选择网络协议"对话框

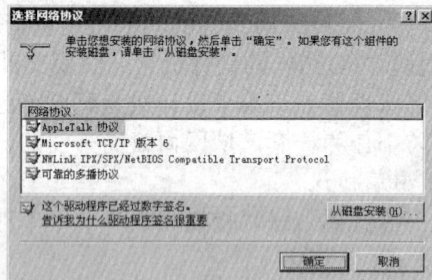

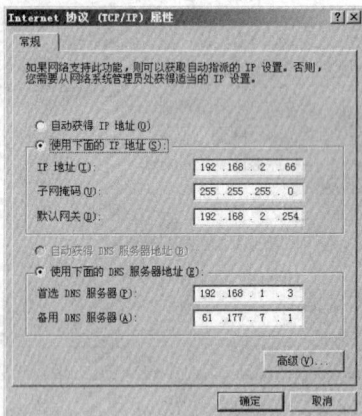

图 2.26 Internet 协议"常规"选项卡　　　　图 2.27 "高级 TCP/IP 设置"对话框

如果用户希望添加新的 IP 地址和子网掩码，请单击"IP 地址"选项区域中的"添加"按钮，打开如图 2.28 所示的"TCP/IP 地址"对话框。

用户可在"IP 地址"和"子网掩码"文本框中输入新的地址，然后单击"添加"，附加的地址和子网掩码将被添加到"IP 地址"列表中。用户最多可指定 5 个附加 P 地址和子网掩码，这对于多网卡连接多个逻辑 IP 网络的系统很有用。

如果用户希望对已指定的 IP 地址和子网掩码进行编辑，请单击"IP 地址"选项区域中的"编辑"按钮，打开"TCP/IP 地址"对话框。

在"默认网关"选项区域中可以对已有的网关地址进行编辑和删除，或者添加新的网关地址。对于多个网关，还得指定每个网关的优先权，这通过使它的 IP 地址在列表中变高或变低来相应地使它的优先权变高或变低。

选择 DNS 选项卡，可以添加更多的 DNS 服务器，并可以调节各 DNS 服务器的优先次序，如图 2.29 所示。

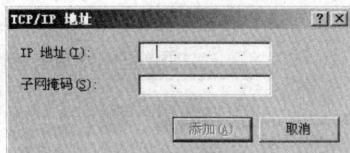

图 2.28　"TCP/IP 地址"对话框　　　　图 2.29　调节各 DNS 服务器的优先次序

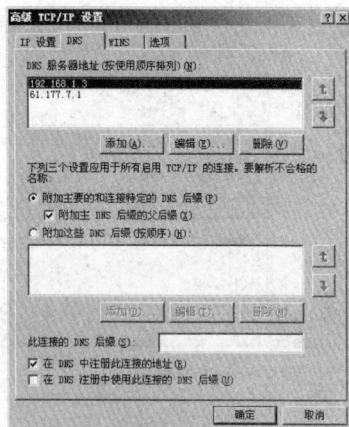

2.4.3　网络服务的添加与管理

Windows Server 2003 中全新设计了"管理您的服务器"向导，通过该向导，可以快速地启动各种服务器的相应管理工具，如图 2.30 所示。

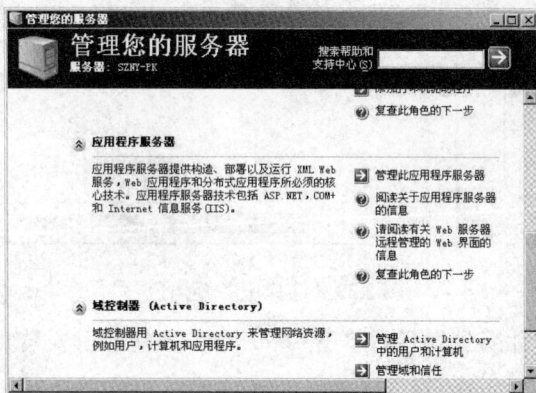

图 2.30　管理您的服务器向导

1. 管理现有的服务

已经安装了的服务会自动出现在左下方的列表中（注意，刚安装好的 Windows Server 2003 并没有安装任何服务器角色，因此此时的服务器角色列表是空的），如上图的"域控制器"和"DNS 服务器"，并且相应服务的常用管理模块也会出现在列表的相应项中。

单击"管理 Active Directory 中的用户和计算机",弹出相应的管理工具,如图 2.31 所示。

2. 安装新的服务

要安装新的服务,单击"添加或删除角色",弹出"配置您的服务器向导"对话框,如图 2.32 所示。

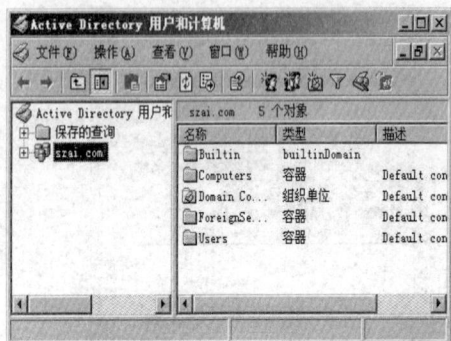

图 2.31 "Active Directory 用户和
计算机"窗口

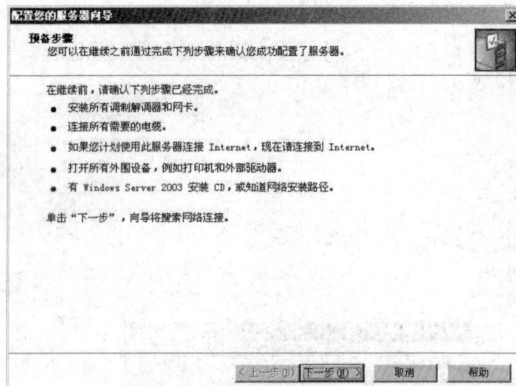

图 2.32 配置您的服务器向导

单击"下一步"按钮,监测网络设置后将会出现可选的服务器,如图 2.33 所示。

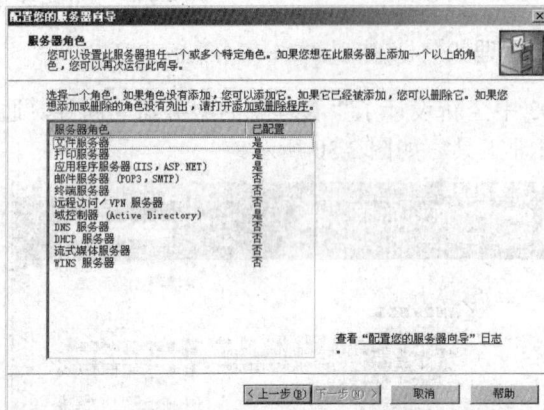

图 2.33 选择服务器角色

选择列表框中的特定服务器角色,单击"下一步"按钮即可安装相应的服务器,具体的服务器安装配置请参看相关章节。

2.5 使用控制面板

1. 概述

在"控制面板"中包含 Internet、电源选项、辅助功能选项、管理工具、键盘、区域选项、任务计划、日期/时间、扫描仪和照相机、声音和多媒体、鼠标、添加/删除硬件、添加/删除程序、文件夹选项、系统、显示、用户和密码、邮件、游戏控制器、字体及自动更新等诸多项目的设置与调整，如图 2.34 所示。

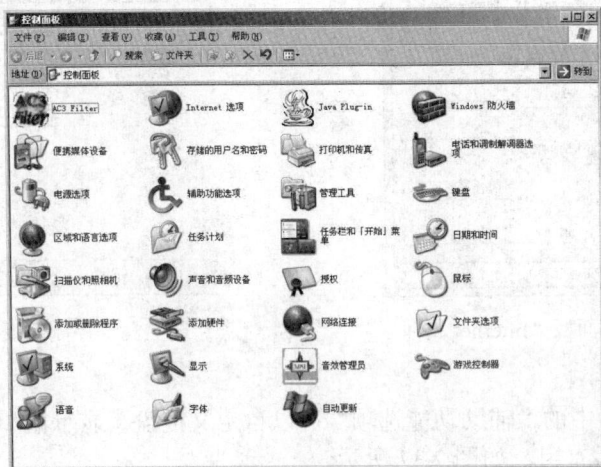

图 2.34　控制面板项目

2．Internet 选项

该"控制面板"组件打开"Internet 属性"对话框，在此处可以更改 Internet 属性。这些属性被组织在 7 个选项卡下："常规"、"安全"、"隐私"、"内容"、"连接"、"程序"和"高级"，如图 2.35 所示。

3．电源选项

使用"控制面板"中的"电源选项"，可以降低任意个计算机设备或整个系统的电耗。通过选择电源方案可以实现电源管理，电源方案就是计算机管理电源使用情况的一组设置。用户可以创建自己的电源使用方案，或者使用 Windows 2003 提供的方案。也可以调整电源方案中的单个设置。例如，根据硬件可以自动关闭监视器和硬盘以节省电能。

当计算机空闲时将其置于等待状态。想重新使用计算机时，它将快速退出等待状态，而且桌面精确恢复到进入等待时的状态。尤其对于保存便携机上的电池能量，等待功能非常有用。

使计算机进入休眠状态。休眠特性关闭监视器和硬盘，并将内存中的所有内容保存到硬盘，然后关闭计算机。重新启动计算机时，桌面精确地恢复为用户离开时的状态。计算机退出休眠状态比退出等待状态需要的时间长。

通常，关闭监视器或硬盘一段时间可以节省电源。如果想离开计算机较长时间，应使计算机进入等待状态，这样，整个系统将置于低能耗状态。

如果要离开计算机很长时间或一整夜，应该将计算机置于休眠状态。重新启动计算机时桌面将精确恢复为离开时的状态。

要使用"电源选项"，计算机必须支持这些特性（由生产商设置），如图 2.36 所示。

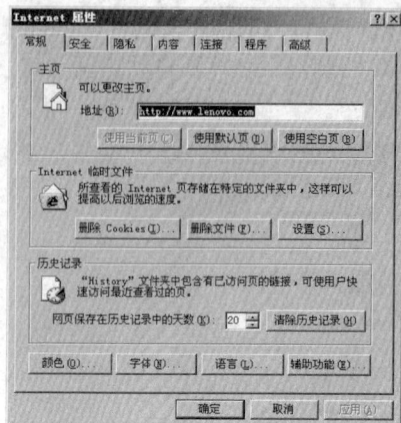

图 2.35　控制面板"Internet 属性"

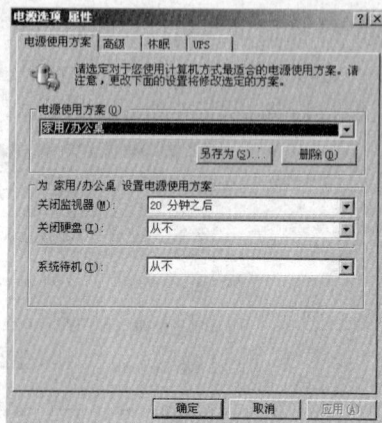

图 2.36　控制面板"电源选项属性"

4. 辅助功能选项

使用"控制面板"中的"辅助功能选项"可以自定义键盘、显示器和鼠标的功能。其中一些功能对残疾人士非常有用，如图 2.37 所示。

粘滞键：在一次只按一个键的情况下同时激活其他键。

筛选键：调整键盘的响应。

切换键：按某个锁定键时发出声音。

声音卫士：为系统声音提供可视警告。

声音显示：指导程序显示其发出的语音和声音的文字。

高对比度：使用其他颜色和字号改善屏幕对比度。

鼠标键：使键盘执行鼠标功能。

串行键：允许使用其他输入设备代替键盘和鼠标。

5. 键盘

在"控制面板"中打开"键盘"，如图 2.38 所示。

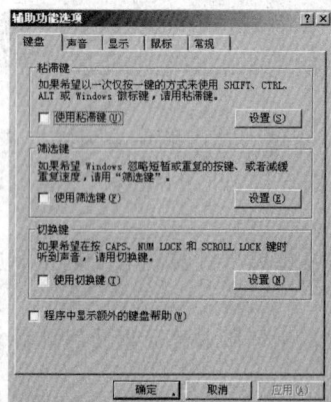

图 2.37　控制面板"辅助功能选项"

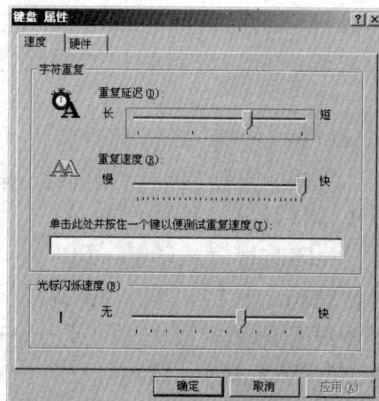

图 2.38　"键盘属性"对话框

进行如下更改：

（1）调整在按住一个键之后字符重复前的延迟时间，拖动"重复延迟"滑块。

（2）调整在按住一个键时字符重复的速率，拖动"重复率"滑块。

6．鼠标

切换到"控制面板"中的"鼠标键"选项，可以对鼠标进行设置与调整，如图 2.39 所示。

7．区域和语言选项

单击"开始"→"控制面板"→"区域和语言设置"，将弹出如图 2.40 所示的对话框。

在区域选项中用户可以进行如下操作：

（1）更改区域设置（位置）。

用户的区域设置影响程序日期、时间、货币和数字的显示方式。用户通常选择与其位置匹配的区域设置，例如英语（美国）或法语（加拿大）。

（2）将时钟更改为 24 小时格式。

通过选择 12 小时或 24 小时格式、时间分隔符以及 A.M.和 P.M.符号，可以自定义显示时间的方式。

（3）更改 Windows 2003 和其他程序解释两位数字年份的方式。

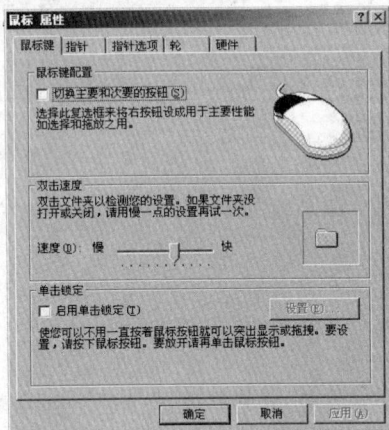

图 2.39　控制面板"鼠标键"选项　　　　　图 2.40　"区域选项"对话框

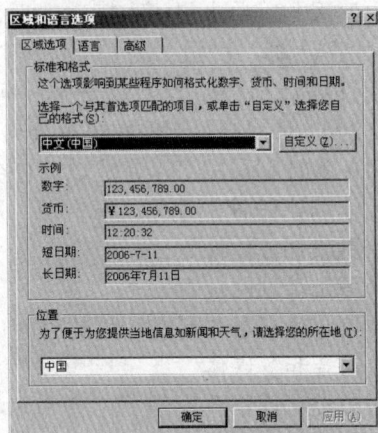

可以更改计算机解释两位数字年份的方式，还可以自定义长短日期格式。

（4）更改默认的货币符号。

可以选择用于表示货币的符号（例如 $ 或者新欧元符号&euro）、用于表示货币正负的默认格式、分隔货币单位的十进制符号，等等。

（5）添加输入法区域设置和键盘布局。

添加输入法区域设置，以指定语言和键盘布局或者用于键入的输入法。在添加输入法区域设置的同时也需要该语言的键盘布局和输入法。键盘布局和输入法将改变以容纳不同语言中使用的特殊字符和符号。

（6）切换到其他输入法区域设置。

使用多种语言编写文档时，用户可以使用任务栏指示器轻松地在输入法区域设置之间切换。

（7）更改已安装的输入法区域设置的键盘布局或输入法。

键盘布局和输入法将改变以容纳不同语言中使用的特殊字符和符号。更改键盘布局将影响按键盘上的键时所显示的字符。每种语言均有默认的键盘布局，但许多语言还有其他的布局。即使用户主要使用一种语言工作，也可能想要尝试其他的布局，例如 Dvorak 或 U.S.-International。

（8）选择另一个日历。

许多区域设置都有多个日历可供选择，可以选择最适合需要的日历。

8．日期/时间

Windows 使用日期设置来识别文件创建和修改的日期。

单击"开始"，指向"设置"，单击"控制面板"，然后双击"日期/时间"图标。在"时间和日期"选项卡下，选择要更改的项目。

要更改月份，单击月份列表，然后单击正确的月份。

要更改年份，单击年列表中的箭头。

要更改天数，单击日历上正确的天数。

9．任务计划

使用任务计划程序，可以安排任何脚本、程序或文档在最方便的时候运行。每次启动 Windows 2003 时，任务计划程序也会启动，并在后台运行。

使用任务计划程序可以完成以下任务：

（1）计划让任务在每天、每星期、每月或某些时刻（如系统启动时）运行。

（2）更改任务的计划。

（3）停止计划的任务。

（4）自定义任务如何在计划的时间内运行。

10．声音和多媒体

使用"控制面板"中的"声音和多媒体"可以将声音指派给某些系统事件。系统事件可以在很多情况下发生。例如：当计算机程序执行任务或遇到与执行任务有关的问题时；当最小化或最大化程序窗口时；或者如果尝试将文件复制到软盘，但是没有将磁盘插入到软盘驱动器。

声音范围从简单的蜂鸣声到一段简短的音乐。可以根据需要将这些声音指派给系统事件。例如，用户可以指派特定的声音，使 Windows 2003 在每次收到新电子邮件时播放该声音。也可以将所有声音分配作为声音方案保存。然后，可以将一整套不同的声音指派给系统事件，以新名称保存此方案，以及在新旧方案之间切换而不会丢失设置。

下列任务在自定义系统声音时经常使用。

（1）将声音指定给程序事件。

可以将声音指派给各种系统事件。例如，可以对 Windows 2003 进行配置，使之每次收到新电子邮件时都播放特殊的声音。

（2）创建声音方案。

可以自定义为各种系统事件播放的声音，并且将事件/声音关联作为声音方案保存。

（3）更改系统音量。

可以更改计算机的音量以及选择是否在任务栏上显示音量控件。

（4）调整多媒体录音设备的音量。

可以为多媒体录音设备调整音量，例如麦克风的输入音量。

（5）调整多媒体播放设备的音量。

可以调整多媒体播放设备的音量，例如扬声器。

11. 添加/删除程序

"添加/删除程序"可以帮助用户管理计算机上的程序，如图 2.41 所示。它提示用户通过必要的步骤添加新程序或更改、删除已有的程序。

可以使用"添加/删除程序"，来添加选中的不包括在初始安装中的 Windows 2003 组件（例如网络选项或"索引服务文件"）、程序（例如 Microsoft Excel 或 Word）或者 Internet 上的 Windows 更新和新特性。

（1）从光盘或软盘中添加程序。在"控制面板"中打开"添加/删除程序"，然后单击"添加新程序"→"光盘或软盘"。最后按屏幕的提示进行操作。

（2）从网络安装程序。在"控制面板"中打开"添加/删除程序"，单击"添加新程序"。

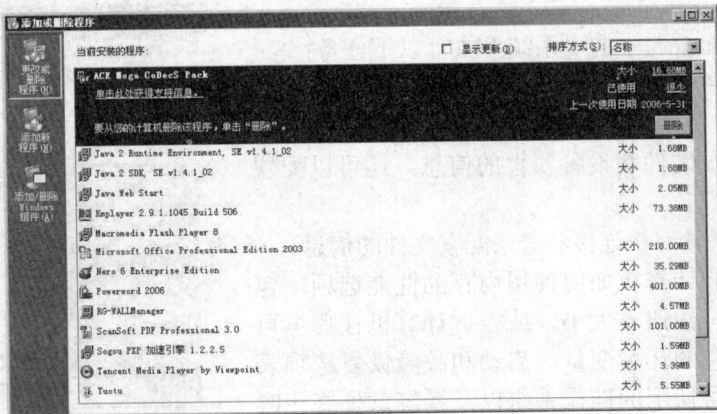

图 2.41　添加/删除程序

如果计算机连接到网络上，授权添加的程序将显示在屏幕底部。如果网络管理员将程序分类，用户需要在"类别"中选择不同的选项来查看要添加的程序。

选择要添加的程序，然后单击"打开"。

按屏幕的提示进行操作。

（3）更改或删除程序。在"控制面板"中打开"添加/删除程序"。单击"更改或删除程序"，然后单击想要更改或删除的程序。

要更改程序，单击"更改/删除"或"更改"。

要删除程序，单击"更改/删除"或"删除"。

（4）添加或删除 Windows 2003 组件。在"控制面板"中打开"添加/删除程序"。单击"添加/删除 Windows 组件"。按照"Windows 组件向导"中的指示进行操作。

12．文件夹选项

"文件夹选项"使用用户能够改变桌面和文件夹内容的外观，并可以指定打开文件夹的方式。例如，用户可以选择在打开所选文件夹内的文件夹时，是打开一个窗口还是层叠窗口。另外，用户可以指定文件夹的打开是通过单击鼠标还是双击鼠标来实现。

也可以使用"文件夹选项"打开"活动桌面"或在文件夹中显示超链接文本（"常规"选项卡）、更改打开某些类型文件（"文件类型"选项卡）的程序，或者在没有连接到网络时使文件可用（"脱机文件"选项卡）。

用户在"文件夹选项"中进行的更改会应用到"Windows 资源管理器"（包括"我的电脑"、"网上邻居"、"我的文档"和"控制面板"）窗口目录的外观。但是，"文件夹选项"设置不在文件夹工具栏中应用。

要配置文件夹选项设置，打开"控制面板"中的"文件夹选项"，或者单击"开始"，指向"设置"，单击"控制面板"，然后双击"文件夹选项"。或者，在"Windows 资源管理器"中，单击"工具"，然后单击"文件夹选项"。单击"Windows 资源管理器"中的"查看"菜单可以配置其他文件夹视图。

13．系统

使用"控制面板"中的"系统"执行以下任务：

（1）查看并更改控制计算机如何使用内存以及查找特定信息的设置。

（2）查找有关硬件和设备属性的信息，还可以配置硬件配置文件。

（3）查看有关计算机连接和登录配置文件的信息。

可以更改控制计算机如何使用内存的性能选项，包括页面文件大小、注册表大小，或告诉计算机在哪里可找到某些类型信息的环境变量。启动和故障恢复选项表示启动计算机时将使用的操作系统以及系统意外终止时将执行的操作，如图 2.42 所示。

图 2.42 "系统属性"设置对话框

有关硬件和设备的信息也可以在"系统"中找到。使用硬件向导安装、卸载，或配置硬件。设备管理器显示计算机上安装的设备并允许更改设备属性。还可以为不同的硬件配置创建硬件配置文件。

14．显示

使用"控制面板"中的"显示"可自定义桌面和显示设置。这些设置控制了桌面的外观和监视器显示信息的方式。

用户可以自定义屏幕上 Windows 中使用的颜色和字体。用户还可以将图片、图案或 HTML 文档设置为墙纸，或者设置带密码的屏幕保护程序来保护用户的工作。可以采用视觉效果平滑

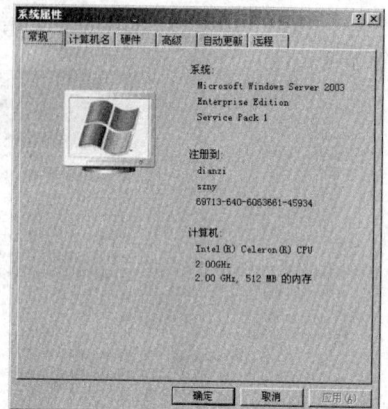

字体或者增强打开和关闭菜单、打开文件命令时的外观显示。

使用"显示"，用户还可以更改计算机的显示设置。用户可以指定监视器的颜色设置、更改屏幕分辨率以及设置刷新频率。如果用户正使用多个监视器，则可以为每个显示指定单独的设置。

Windows 2003 中的"活动桌面"功能可使用户桌面的外观和工作方式像一个 Web 页。使用"显示属性"对话框中的 Web 选项卡，用户可以添加要显示在屏幕上或要脱机使用的"活动桌面"项目。

用户必须作为管理员登录到本地计算机，才能在"显示"中进行一些更改。

15．字体

字体用于在屏幕上显示文本和打印文本。在 Windows 2003 中，字体是字样的名称。字体有如斜体、黑体和黑斜体等字形。

Windows 2000 提供 3 种基本字体技术：轮廓字体、矢量字体、光栅字体。

下面是将新字体添加到计算机的一般步骤：

（1）在"控制面板"中打开"字体"。

（2）在"文件"菜单上，单击"安装新字体"。

（3）在"驱动器"中，单击所需的驱动器。

（4）在"文件夹"中，双击包含要添加的字体的文件夹。

（5）在"字体列表"中，单击要添加的字体，然后单击"确定"按钮。

（6）要添加所有列出的字体，单击"全选"按钮，然后单击"确定"按钮。

2.6　使 用 管 理 工 具

Windows 2003 的管理工具包括组件服务、计算计管理、数据源（ODBC）、事件查看器、本地安全策略、性能、服务等，分别说明如下。

1．组件服务

系统管理员用于从图形用户界面部署和管理 COM+ 程序，或者用脚本或编程语言使管理任务自动化。软件开发人员可以使用"组件服务"来可视地配置例程组件和程序行为，例如安全性和参与事务，并且可以将组件集成到COM+ 程序中。

2．计算机管理

用于从单个的统一桌面实用程序管理本地或远程计算机。"计算机管理"将几个 Windows 2003 管理工具合并到了一个控制台树中，使得访问特定计算机的管理属性非常容易。

3．数据源（ODBC）

"开放式数据库连接"（ODBC）是一个编程接口，它允许程序访问使用结构化查询语言（SQL）作为数据访问标准的数据库管理系统中的数据。

4．事件查看器

用于查看和管理计算机上的系统日志、程序以及安全性事件。"事件查看器"搜集关于硬件和软件问题的信息，并监视 Windows 2003 安全性事件。

5. 本地安全策略

用于配置本地计算机的安全设置。这些设置包括密码策略、账户锁定策略、审核策略、IP安全策略、用户权利指派、加密数据的恢复代理以及其他安全选项。本地安全策略只有在不是域控制器的 Windows 2003 计算机时上才可用。如果计算机是域的成员，这些设置将被从域收到的策略替代。

6. 性能

用于收集和查看与内存、磁盘、处理器、网络以及图形、直方图或者报表中其他活动有关的实时数据。

7. 服务

用于管理计算机上的服务，设置要发生的恢复操作（如果服务失败）以及为服务创建自定义名字和描述，从而能够方便地识别它们。

2.7 知 识 拓 展

1. Linux 与 Windows Server 2003 的比较

简单地讲，Windows 简单、易用、界面华丽；Linux 简洁、安全、高效。

（1）免费。由于 Linux 是基于 GPL（General Public License）架构之下的，因此它是免费的，也就是任何人都可以免费地使用或者是修改其中的源代码的意思！这就是所谓的"开放性架构"，这对科学界来说是相当重要的！因为很多的工程师由于特殊的需求，常常需要修改系统的源代码，使该系统可以符合自己的需求。

（2）设备需求低廉。Linux 可以支持个人计算机的 x86 架构，系统资源不必像早先的 Unix 系统那样，仅适合于单一公司（例如 Sun）的设备。

（3）可选的 GUI。Linux 有图形组件。Linux 支持高端的图形适配器和显示器，完全胜任图形相关的工作。但是，图形环境并没有集成到 Linux 中，而是运行于系统之上的单独一层。因此可以只运行 GUI，或者在需要时才运行 GUI。

（4）文件管理。Linux 不使用文件名扩展来识别文件的类型。相反，Linux 根据文件的头内容来识别其类型。为了提高可读性，仍可以使用文件名扩展，但这对 Linux 系统来说，没有任何作用！

（5）注册表与配置文件。注册表是 Windows 的一个很大的特色，这是 Windows 的一个核心数据库，记录了系统的启动设置，服务选项，所有安装的硬/软件的启动、关联、删除等相关信息，以及所有的文件关联等。而 Linux 跟这种机制完全不同，它用的是配置文件，每个程序都有自己的配置文件，一般放在用户目录或文件安装目录下，它们都可以用文本编辑工具对其进行检查、编辑。

（6）重新引导。Linux 下 Shell 脚本占有很重要的地位，像启动等很多任务都通过脚本文件来完成。如果大家使用 Windows 已经很长时间了，可能已经习惯了出于各种原因而重新引导系统。而 Linux 一旦开始运行，它将保持运行状态，直到受到外来因素的影响，比如硬件的故障。所以除了 Linux 内核之外，其他软件的安装、启动、停止和重新配置都不用重新引导系统。

（7）独立作业。另外，由于很多的软件套件逐渐被这套操作系统所使用，而很多套件软件也都在 Linux 这个操作系统上面进行发展与测试，因此，Linux 近来已经可以独立完成几乎所有的工作站或服务器的服务了，例如 Web、Mail、Proxy、FTP 等。

2. Windows Server 2003 的 SP2 安全补丁

在现在这个病毒泛滥、木马横行的网络世界中，安全问题无疑已经成为了广大用户所关心的头等大事。Microsoft 微软于 2005 年 4 月 27 日发布 Windows Server 2003 的 Service Pack 1 官方简体中文正式版，正是基于对安全的考虑。在经过了数个测试版本的不断改进与完善后，微软官方发布了 Windows Server 2003 最新 Service Pack 2 官方简体中文正式版，通过它将为用户构筑安全的防护体系，就服务器信息安全而言，它象征着微软实现了服务器信息安全的一个巨大的飞跃。

Microsoft Windows Server 2003 Service Pack 2（SP2）是一个累积的 Service Pack，它包括最新的更新程序并且增强了安全性和稳定性。此外，它还在现有的 Windows Server 2003 功能和实用程序中添加了新的功能和更新程序。Microsoft Windows Server 2003 SP2 可以直接安装在下列操作系统上：

Windows Server 2003 Edition（所有 32 位 x86）、Windows Server 2003 R2 Edition、Windows Storage Server 2003 R2 Edition、Windows Small Business Server 2003 R2。

新版 Service Pack2 的主要特性有：① 安装此最新升级程序可以有助于保护服务器的安全并更好地防御黑客的攻击。② Windows Server 2003 SP2 通过提供诸如安全配置向导之类的新安全工具增强了安全基础结构，它有助于确保服务器的基于角色的操作的安全，通过数据执行保护，提高纵深防御能力，并通过后安装安全更新向导，提供安全可靠的第一次引导方案。③ Windows Server 2003 SP2 协助 IT 专业人员确保其服务器基础结构的安全并为 Windows Server 2003 用户提供增强的可管理性和控制。

2.8　技　能　挑　战

任务：以光盘启动方式完成 Windows Server 2003 英文企业版的安装。

进行安装之前，应进行充分的准备。例如，对系统硬件的了解，是否满足系统安装要求；进行 BIOS 设置，满足系统从光驱启动的条件；准备硬件驱动；准备好 Windows Server 2003 的系统安全补丁 SP2 等工作。

要求：

（1）操作系统安装在 C 分区，该分区的大小为 20GB。

（2）文件系统采用 NTFS。

（3）配置完成网络设置。

（4）完成系统所有设备驱动程序的安装。

（5）给操作系统打上 SP2 补丁。

（6）完成操作系统的安装。

2.9　项目实训要求

实训　安装、配置 Windows Server 2003 简体中文企业版

[实训目的]

掌握从光盘安装 Windows Server 2003 简体中文企业版的基本方法。

[实训环境]

硬件配置符合 Windows Server 2003 操作系统安装要求的 PC 机，最好是专业服务器，局域网环境。

[实训内容]

1．从光盘安装 Windows Server 2003 简体中文企业版

2．Windows Server 2003 简体中文企业版硬件驱动程序的安装

3．Windows Server 2003 简体中文企业版基本网络的配置

[实现过程]

[实训总结]

[实训思考题]

1．如何从硬盘安装 Windows Server 2003 简体中文企业版？

2．与 Red Hat9 相比，Windows Server 2003 企业版的优缺点有哪些？

第 3 章 管理与使用 Windows Server 2003

☆ 预备知识
  （1）掌握 Windows Server 2003 中有关系统属性配置的相关知识
  （2）掌握操作系统中用户和权限的基本概念
☆ 技能目标
  （1）掌握如何创建用户账户与设置账户属性
  （2）掌握如何创建组和添加组成员
  （3）掌握如何设置用户权限的方法
  （4）熟练掌握使用 MMC 和本地用户策略
☆ 项目案例
  在某台计算机上创建一系列账户，其中有一个系统管理员账户，分设 A、B、C、D 四个部门，每个组中有一个部门经理，不同的部门设置有不同的权限，同一个部门中的不同用户也有不同的权限，请根据公司的实际情况进行规划与设计。

3.1 Windows Server 2003 用户

作为多用户多任务的网络操作系统，拥有一个完备的账户系统是必不可少的。每个用户都必须有一个账户才能登录到某台计算机，然后访问该计算机内的资源，或者才能登录到域，访问网络上的资源。

3.1.1 用户的分类

1. 域用户

域用户账户是存储在域控制器的活动目录（Active Directory，具体内容将在下章介绍）数据库内的账户。当用户利用域用户账户登录时，这个账户数据（账户名和密码）将会被送往域控制进行验证，登录成功后，用户可以利用该域用户账户访问网络上的资源。

2. 本地用户

与域用户账户相比，本地用户账户并不是存储在域控制器的活动目录数据库内，而是存储在"本地安全账户数据库（SAM）"内。用户可以利用本地用户账户登录该账户所在的计算机，需要注意的是，该账户只能访问该计算机，并不能访问网络中的资源。如果需要访问网络中其他计算机内的资源，必须要输入被访问计算机"本地安全账户数据库"内的账户名和密码。本地用户账户只存在于相应的本地计算机内，当用户利用本地账户登录时，是由该账户所在计算机的"本地安全账户数据库"来进行验证的。

3.1.2　用权限来区分本地用户

1. Administrator 账户

即系统管理员账户，它拥有最高的权限。使用该账户可以管理 Windows Server 2003 系统和账户数据库。Administrator 账户是在安装系统时提示输入管理员账户名字和密码后创建的，系统管理员的默认名称是 Administrator。用户可以根据需要改变系统管理员的账户名，但是无法删除它。

2. Guest（客户）账户

Guest 是给用户临时使用的账户，Guest 账户也是在安装系统时自动生成的并且也不能删除，但是可以修改其名字。Guest 账户只有很少的权限。系统管理员可以改变 Guest 账户的权限。Guest 账户默认是禁止的，如果要使用该账户可以将其打开。

3.1.3　本地用户的管理

本地用户账户是创建在计算机的"本地安全账户数据库"内的用户，用户可以利用本地用户账户登录该账户所在的计算机，也只能够访问这台计算机内的资源，无法访问网络中其他计算机中的资源。

1. 创建本地用户账户

在 Windows Server 2003 中，创建本地用户账户的途径为：

（1）选择"开始"，右击"我的电脑"→"管理"或"开始"→"管理工具"→"计算机管理"，然后在如图 3.1 所示的窗口中右击"用户"，选择"新用户"。

（2）在图 3.2 所示的界面中输入相关信息后，单击"创建"即可，其中："用户名"代表登录时所使用的账户名称；"全名"代表用户的完整名称；"描述"用来描述此用户的说明文字；"密码"与"确认密码"用来输入用户账户的密码；选中"用户下次登录时需修改密码"代表用户在下次登录时，系统会显示一个用来强迫用户更改密码的对话框；选中"用户不能更改密码"，可以防止用户更改密码，如果多人共用一个账户，则可以选择该选项；选择"密码永不过期"，则系统永远不会要求该用户更改密码，而系统默认是 42 天必须更改密码；选择"账户已禁用"，可以防止用户利用该账户登录。如果单位某个员工请长假或者还没有报到，则可以选择此选项。

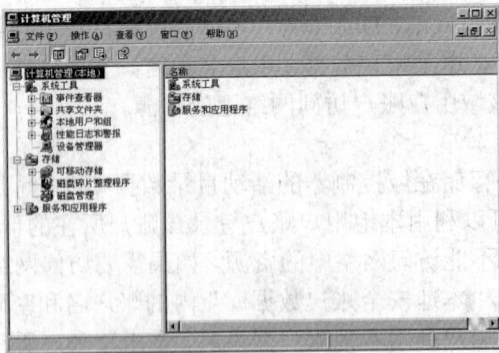

图 3.1　"计算机管理"对话框　　　　　　　　　图 3.2　创建新用户

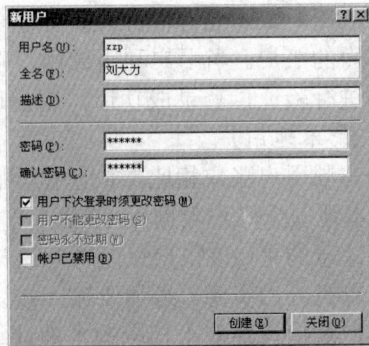

（3）创建完成后，从图 3.3 中可以看出，在右侧的列表框中多了一个名为 zzp 的账户。

2. 设置账户属性

要设置某一账户的属性，可以在图 3.3 的基础上右击相应的用户账户名称，在弹出的快捷菜单中选择"属性"，即可弹出如图 3.4 所示的对话框，图中可以有各种属性选项卡，可以根据需要为创建的账户设置各种属性。

3. 重设用户密码

为了维护系统的安全性，需要定期地修改用户的密码，重设用户密码的具体步骤为右击账户名称，选择"设置密码"即可。

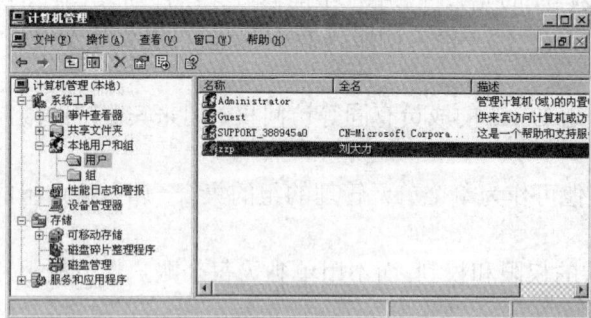

图 3.3　用户管理

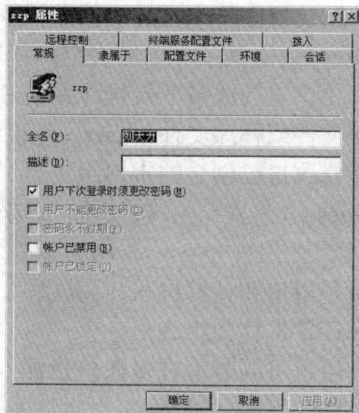

图 3.4　用户属性设置

4. 禁用和启用用户账户

如果某个员工在相当长的一段时间内未来上班，为了保证其账户不被其他人盗用，可以先将该用户的账户禁用，等该员工回来后再重新启用即可。设置的方法同样是右击相应的账户名称，选择"启用账户"或"禁用账户"即可。

3.2　用 户 组 管 理

3.2.1　用户组简介

在 Windows Server 2003 中，组可以用来管理用户和计算机对共享资源的访问。引入组的概念是为了方便管理、访问权限相同的一系列用户账户。同属于同一个组的所有用户账户都具有相同的权限，如果拥护将某成员加入到一个组中，那么该组所具有的权限也将赋予给该用户。如果能够很好地利用组来管理用户账户，那么将极大减轻许多网络管理的负担。例如，当针对"人事部"组设置权限后，"人事部"内的所有用户都会自动拥有该权限，不需要单独设置每个用户。

Windows Server 2003 里，用户被分成许多组，组和组之间都有不同的权限。当然，一个组的用户和用户之间也可以有不同的权限。

Administrators（管理员组）：默认情况下，Administrators 中的用户对计算机/域有不受限

45

制的完全访问权。分配给该组的默认权限允许对整个系统进行完全控制。所以，只有受信任的人员才可成为该组的成员。

Power Users（高级用户组）：Power Users 可以执行除了为 Administrators 组保留的任务外的其他任何操作系统任务。分配给 Power Users 组的默认权限允许 Power Users 组的成员修改整个计算机的设置。但 Power Users 不具有将自己添加到 Administrators 组的权限。在权限设置中，这个组的权限是仅次于 Administrators 的。

Users（普通用户组）：这个组的用户无法进行有意或无意的改动。因此，用户可以运行经过验证的应用程序，但不可以运行大多数旧版应用程序。Users 组是最安全的组，因为分配给该组的默认权限不允许成员修改操作系统的设置或用户资料。

Users 组提供了一个最安全的程序运行环境。在经过 NTFS 格式化的卷上，默认安全设置旨在禁止该组的成员危及操作系统和已安装程序的完整性。用户不能修改系统注册表设置、操作系统文件或程序文件。Users 可以关闭工作站，但不能关闭服务器。Users 可以创建本地组，但只能修改自己创建的本地组。

Guests（来宾组）：按默认值，来宾跟普通 Users 的成员有同等访问权，但来宾账户的限制更多。

组是用户和计算机账户、联系人以及其他可作为单个单元管理的组的集合。属于特定组的用户和计算机称为组成员。

使用组可同时为许多账户指派一组公共的权限和权利,而不用单独为每个账户指派权限和权利,这样可简化管理。

3.2.2　用户组的分类

与用户账户相同，用户还可以分别在本地与域中创建组账户：

1. 本地组

创建在本地计算机中的组账户称为本地组，这些账户被存储在"本地安全账户数据库"内，本地组只能够在本地计算机中使用，也就是它们只能够访问本地计算机内的资源，也就是说无法设置其他计算机内的本地组账户权限。

2. 域组

创建在域控制器计算机中的组称为域组，这些账户被存储在活动目录数据库内。这些组能够被使用在整个域目录林的所有计算机上，也就是它们能够访问所有计算机的资源。具体内容将在下章介绍。

3.2.3　用户组的管理

本节将以本地组为例，来介绍用户组的管理。

1. 创建本地组账户

创建本地组账户的方法为 "开始"→"管理工具"→"计算机管理"，在出现如图 3.5 所示的窗口中，右击"组"→"新建组"。然后在图 3.6 所示的窗口中输入组名，如"电子系"，单击"创建"按钮即可。

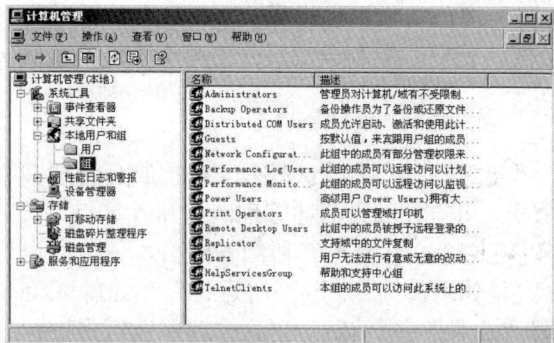

图 3.5 组管理

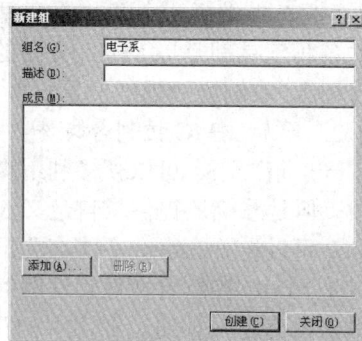

图 3.6 新建组

2. 添加组成员

用户组创建完毕之后，可以向组内添加用户，具体办法可以在图 3.6 中直接单击"添加"按钮，然后选择"高级"→"立即查找"的途径来添加该用户的成员。如图 3.7 所示，完成后直接单击"确定"按钮即可。

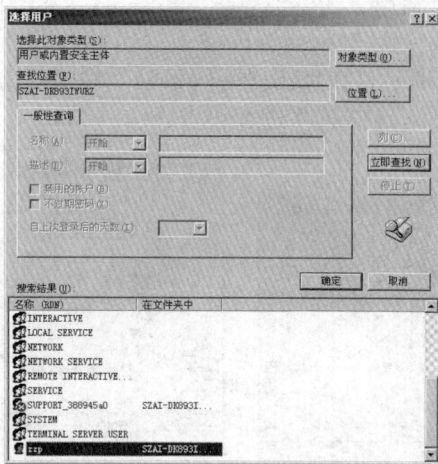

图 3.7 立即查找用户

3.3 用户管理与安全配置

3.3.1 利用微软控制台 MMC

1. MMC 控制台简介

Windows Server 2003 具有完成的集成管理工具的特性，允许管理员为本地和远程的计算机创建自定义的管理工具。通过这些管理工具，系统管理员可以根据具体情况和特定需要来灵活完成管理任务。MMC 为系统提供了基本管理工具的接口。

MMC 提供了一个统一的管理界面，使得管理员工作更加容易，在"开始"→"管理工具"中的各种工具都是以 MMC 界面的形式存在的。MMC 控制台窗口分为两个窗格，左侧为"控制台树"，右侧为"详细信息窗格"。

2. 添加 MMC 控制台文件

一般情况下，可以直接利用"开始"→"管理工具"内默认的 MMC 控制台管理网络或计算机，但是系统还提供了自定义 MMC 的功能，可方便、灵活地管理网络和计算机。自定义的 MMC 可以设置存盘（后缀名为.msc），可以将这个文件交给其他的管理员，使他们也可以通过这个 MMC 控制台文件管理网络或计算机。具体步骤为"开始"→"运行"，然后输入"MMC"，再单击"确定"按钮，在出现的窗口中选择"文件"→"添加/删除管理单元"来进行选择添加，在此就不再赘述，请读者自行完成。

3.3.2 本地安全策略

通过"本地安全策略"可以增加计算机的安全。用户可以在非域控制器的计算机上，通过"开始"→"管理工具"→"本地安全策略"的途径进行设置，如图 3.8 所示，然后选择"账户策略"和"本地策略"进行讲解。

1. 账户策略的设置

（1）密码策略。如图 3.9 所示，在单击"密码策略"后，可以在图中的右方找到多项与密码相关的策略，可以通过双击对这些策略进行设置。

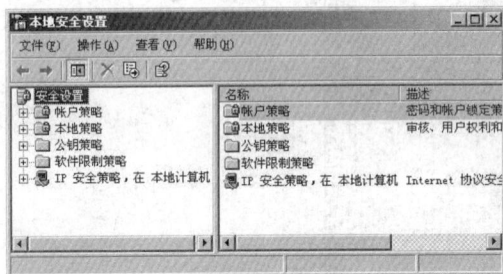

图 3.8　安全设置

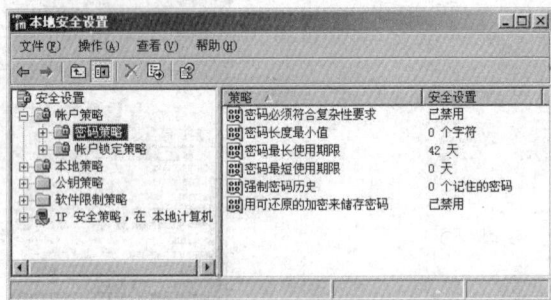

图 3.9　密码策略

密码复杂性要求：如果启用该设置，用户密码应满足以下要求：密码长度最少为 6 个字符；密码至少包含以下大写英文字符（A~Z）、小写英文字符（a~z）、阿拉伯数字（0~9）、非字母数字字符（例如：!、$、# 或 %）4 种字符中的 3 种；密码不能包含用户账户名称中的 3 个或 3 个以上字符，在更改密码或创建新密码时，将强制实施这些复杂性要求。建议用户启用该设置。

密码长度最小值：用来确定密码的最少字符数，虽然 Windows 2000、Windows XP 以及 Windows Server 2003 支持长达 28 个字符的密码，但是该设置的值只能在 0 和 14 之间。如果将该值设置为 0，则允许用户使用空白密码，因此不应将其设置为 0。建议将该值设置为 8 个字符。

密码最长使用期限：确定在要求用户更改密码之前可以使用它的天数。该设置的值可以在 0 和 999 之间；如果将其设置为 0，密码将永不过期。如果将该值设置得太低，则可能会给用户带来不必要的麻烦；如果设置得过高或将其禁用，黑客就会有更充足的时间来破解密码。对于大多数组织，应该将该值设置为 42 天。

密码最短使用期限：确定在用户可以更改新密码前必须将其保持的天数。该设置旨在与"强制密码历史"设置搭配使用，以使用户不能快速将密码重设所需的次数，然后改回其旧密码。该设置的值可以在 0～999 之间；如果将其设置为 0，则用户可以立即更改新密码。建议将该值设置为 2 天。

强制密码历史：确定在用户可以重用旧密码前必须使用唯一新密码的数量。该设置的值可以在 0 和 24 之间；如果将其设置为 0，则禁用强制密码历史。对于大多数组织，应该将该值设置为 24 个密码。

用可还原的加密来存储密码，可以为以下应用程序提供支持：所使用的协议要求知道用于身份验证的用户密码。用可还原的加密来储存密码与存储纯文本密码版本基本相同。为此，除非应用程序要求的重要性超过保护密码信息需求，否则，切勿启用该策略。

（2）账户锁定策略。在图 3.10 中可以看出，账户锁定策略中主要包括复位账户锁定计数器、账户锁定时间、账户锁定阈值 3 种设置方式。

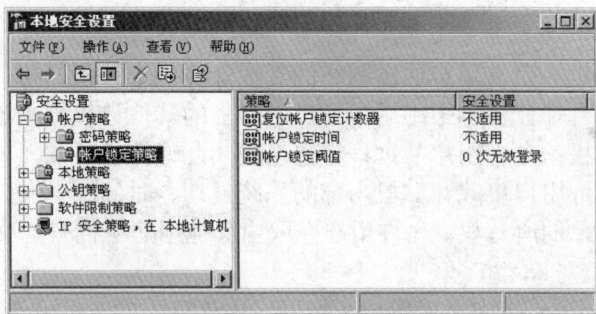

图 3.10　账户锁定策略

账户锁定阈值：用来设置在用户登录多次失败后，就将该用户账户锁定，在未被解锁之前，用户无法再利用该账户登录，此值可为 0～999 之间，如果设置为 0，则表示账户永远不会被锁定。

账户锁定时间：用来设置账户锁定的时间长度，时间过后自动解除，其值范围为 0～99999 分钟，如果设置为 0，表示该账户将被永久锁定，不会被自动解除，此时必须由系统管理员手工解除。

复位账户锁定计数器："账户锁定计数器"是用来记录用户登录失败的次数，起始值为 0，如果登录失败，起始值自动加 1，如果登录成功，则计数器会被自动清 0，如果连续登录失败的次数达到了规定的次数，则用户账户将被自动锁定。

2. 本地策略

（1）用户权限分配。可以利用图 3.11 的"用户权限分配"途径，将执行特殊任务的权限分配给用户和组，要分配图 3.11 右方任何一个权限时，只要双击该权限，然后单击"添加用户或组"按钮将要赋予该权限的用户或组加入即可。

允许本地登录：授权用户可以直接在本地计算机上按 Ctrl+Alt+Del 登录。

拒绝本地登录：拒绝用户直接在本地计算机按 Ctrl+Alt+Del 登录。这个权限优先于"允许在本地登录"的权限。

关闭系统：允许用户关闭该计算机。

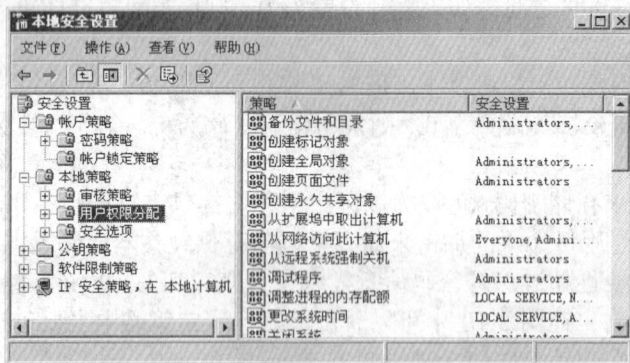

图 3.11　用户权限分配

从网络访问此计算机：允许用户通过网络的其他计算机来连接、访问该计算机中的资源。

拒绝从网络访问这台计算机：拒绝用户通过网络上的其他计算机来连接访问该计算机。

从远程系统强制关机：允许用户从远程计算机关闭此计算机。

更改系统时间：允许用户更改计算机内部的系统日期、时间。

取得文件或其他对象的所有权：允许用户夺取由其他用户所拥有的文件、文件夹或其他对象的所有权。

（2）安全选项。从图 3.12 中可以看出，可以启用计算机的一些安全设置。

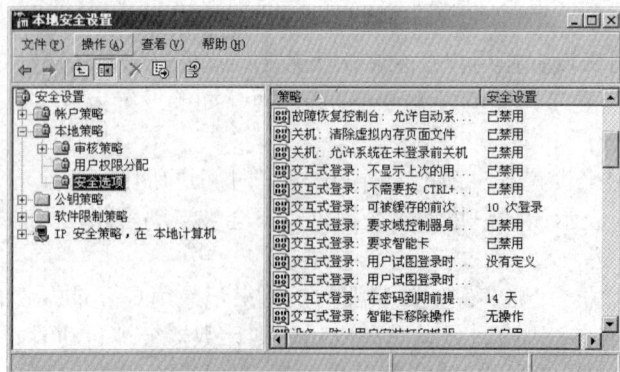

图 3.12　安全选项

交互式登录：不需要按 Ctrl+Alt+Del 键，设置在计算机启动后，直接出现"登录 Windows"

的窗口，不需要再按 Ctrl+Alt+Del 键。

交互式登录：不显示上次的用户名，通过启用该功能，可以在登录时不显示上次登录的用户名称。

关机：允许系统在未登录前关机，让按 Ctrl+Alt+Del 后所出现"登录 Windows"窗口中的"关机"按钮可以选用，以便在不需要登录的情况下就可以将计算机关闭。

3.4　知　识　拓　展

1. 用命令行方式创建/删除本地用户

众所周知，在 Windows 2000/XP/Server 2003 中提供了 net user 命令，该命令可以添加、修改用户账户信息，其语法格式为：

net user [UserName [Password　*] [options]] [/domain]

net user [UserName {Password　*} /add [options] [/domain]

net user [UserName [/delete] [/domain]]

恶意的攻击者非常喜欢使用克隆账号的方法来控制计算机。他们采用的方法就是激活一个系统中的默认账户，但这个账户是不经常用的，然后使用工具把这个账户提升到管理员权限，从表面上看来这个账户还是和原来一样，但是这个克隆的账户却是系统中最大的安全隐患。恶意的攻击者可以通过这个账户任意地控制用户的计算机。为了避免这种情况，可以用很简单的方法对账户进行检测。

首先在命令行下输入"net user"，查看计算机上有些什么用户，然后再使用"net user+用户名"查看这个用户是属于什么权限的，一般除了 Administrator 是 Administrators 组的，其他都不是!如果发现一个系统内置的用户是属于 Administrators 组的，那几乎可以肯定该电脑被入侵了，而且别人在该计算机上克隆了账户。

现在以创建本地用户 zhang3 为例，来说明用命令行方式管理用户的步骤。

（1）单击"开始"，在"运行"中输入"cmd"，然后单击"确定"按钮，启动命令行模式。

（2）键入"net user zhang3 123456 /add"命令，意思为添加用户 zhang3，并将该用户的口令设置为"123456"。若想在此添加一个新用户（如用户名为 abcdef，口令为 123456）的话，请输入"net user abcdef 123456 /add"。要注意的是，如果用户已经存在，则会出现错误提示。

（3）如果想删除 zhang3 用户，则使用命令："net user zhang3 /delete"，此时不需要输入密码。

（4）重新启动计算机，选择正常模式下运行，就可以用更改后的口令 123456 登录 zhang3 用户了。

需要说明的是，用户需要具有管理员权限才能进行用户增加及删除的操作。

2. 用命令行方式创建/删除本地用户组及本地更改用户权限

不同的用户组意味着用户拥有不同的权限。Net localgroup 命令可以添加、显示或更改本地组。

命令格式：net localgroup groupname/add /comment: "text" | /delete/domain

参数：

（1）键入不带参数的 net localgroup 显示服务器名称和计算机的本地组名称。

（2）groupname 要添加、扩充或删除的本地组名称。

（3）/comment "text" 为新建或现有组添加注释。

（4）name……列出要添加到本地组或从本地组中删除的一个或多个用户名或组名。

（5）/domain 在当前域的主域控制器中执行操作，否则仅在本地计算机上执行操作。

（6）/add 将全局组名或用户名添加到本地组中。

（7）/delete 从本地组中删除组名或用户名。

例：net localgroup administrators zhang3 /add

注释：将名为 zhang3 的用户添加到本地管理员组中。命令将用户提升为系统管理组 Administrators 的用户，并使其具有超级权限。

图 3.13　将名为 zhang3 的用户添加到本地管理员组中

3.5　技　能　挑　战

任务：在 Windows Server 2003 中创建永远隐藏的账户。在搞清 Windows Server 2003 用户账户与注册表键值关系的基础上，利用命令行完成这一任务。掌握这一技能可以防范非法用户对系统的入侵。

要求：

（1）了解注册表中 HKEY_LOCAL_MACHINE \ SAM \ SAM 中相关键值的作用，了解 SAM 保存用户账号的作用。

（2）认识注册表中的账号分类。

（3）利用 net user 命令创建账号，并进行多账号权限复制。

（4）掌握导出注册表值的方法。

3.6　项 目 实 训 要 求

实训　Windows Server 2003 管理与使用

[实训目的]

掌握 Windows Server 2003 中本地用户账户管理与使用的方法。

［实训环境］

装有 Windows Server 2003 操作系统的计算机，局域网环境。

［实训内容］

1．Windows Server 2003 本地用户和组的管理（包括创建、删除、禁用、启用等）

2．用命令行模式进行以上操作

3．MMC 与本地安全策略

［实现过程］

［实训总结］

［实训思考题］

1．结合实际需要，写出一个安全性高的 Windows Server 2003 本地用户和组管理方案。

2．本地安全设置包括哪些项目？如何进行设置？

第 4 章　Windows Server 2003 中的域控制器与活动目录

☆ 预备知识
1. 名字空间
2. 用户账户
3. Internet
4. IP 地址与 DNS

☆ 技能目标
1. 理解活动目录的逻辑和物理结构、创建和管理用户账号和组资源
2. 实现和使用组策略
3. 维护和恢复活动目录数据库
4. 设计活动目录的命名策略以及设计活动目录支持组策略

☆ 项目案例

若为科技园区某高新企业的网管，该企业共有企划部、人事部、工程部、财务部、广告部、网络部 6 个部门，计算机接入点 80 个。公司的领导共有 6 人，要求"7×24"（即每周 7 天，每天 24 小时）都能访问公司服务器。中层干部，即每个部门的领导拥有同样的权限。所有部门员工只准每周一至周五的早上 9 点至下午 5 点可以访问公司站点服务器。其中财务部的 4 名员工还允许在每周一至周五的早上 9 点至下午 5 点使用局域网共享打印机。公司的域名设计为 szai.com。请网络管理员根据以上要求完成服务器的相关配置，并检测实施效果。

4.1　Windows Server 2003 活动目录

众所周知，Windows 2000 系统最大的突破和成功之一就在于它全新引入的"活动目录（Active Directory，AD）服务"，使得 Windows 2000 系统与 Internet 上的各项服务和协议联系更加紧密，因为它对目录的命名方式成功地与"域名"的命名方式一致，然后通过 DNS 进行解析，使得与在 Internet 上通过 WINS 解析取得一致的效果。活动目录是 Windows Server 2003 可扩展和调整的目录服务。它存储有关网络对象的信息并使管理员和用户可以方便地查找和使用该信息。本章对活动目录的各个主要方面做一个详尽地分析，希望给那些对 Windows Server 2003 的活动目录还存有畏惧心理的新手一个全面认识的机会。

54

4.1.1　活动目录中的基本概念

活动目录是为 Microsoft Networks 而设的目录服务（Directory Service，DC）。Active Directory 是面向 Windows Standard Server、Windows Enterprise Server 以及 Windows Datacenter Server 的目录服务（Active Directory 不能运行在 Windows Web Server 上，但是可以通过它对运行 Windows Web Server 的计算机进行管理）。Active Directory 存储了有关网络对象的信息，并且让管理员和用户能够轻松地查找和使用这些信息。活动目录具有信息安全性、基于策略的管理、可扩展性、可伸缩性、信息的复制、与 DNS 集成、与其他目录服务的互操作性、灵活查询等优点。

Windows Server 2003 对于活动目录进行了许多地改善，使得它功能更强大，更可靠也更经济。Windows Server 2003 中的活动目录提供了如下特性。

（1）更易于部署和管理。Windows Server 2003 增强了管理员的能力以使其即使在包含多个森林、域及站点的大企业中也能有效地配置和管理活动目录。改进的迁移和管理工具连同重命名域的功能，使得部署活动目录任务明显简化。工具也提供了更加人性化的拖曳、多对象的选择以及保存和重用查询的功能。另外，对组策略进行了改进以使其能够更加简单和有效地在活动目录环境中对大量用户和计算机进行管理。

（2）更加安全。额外的安全特性使得管理多森林和跨域信任关系更加容易。跨森林的信任关系是有别于现有 Windows 信任关系的新类型，它可以管理两个森林间的安全关系——极大地简化了跨森林的安全管理以及验证。用户可以在不用牺牲单一登录功能的情况下，访问其他森林的资源，并且由于只需在用户所在的森林中维护它的用户 ID 和口令，因此管理也被极大地简化了。这对于一些需要在某些分公司或区域拥有自己森林的场景提供了更好的灵活性，同时也有利于对活动目录的维护。此外，Windows Server 2003 提供了一个新的凭证管理器来放置用户的凭证以及 X.509 证书。软件控制策略使得管理员可以阻止用户在网络中安装不被允许的程序。

（3）改进的性能与可靠性。Windows Server 2003 能够更加有效地管理活动目录的复制与同步。不管是在域内还是在域间管理员都可以更好地控制需要在域控制器间进行同步的信息类型。此外，活动目录提供了许多技术可以智能地选择，只将那些发生了更改的信息进行复制，而不是机械地复制整个目录数据库。

活动目录的逻辑结构非常灵活，它为活动目录提供了完全的树状层次结构视图，逻辑结构与讨论过的名字空间有直接的关系。逻辑结构为用户和管理员查找、定位对象提供了极大的方便。活动目录中的逻辑单元包括：域、组织单元（Organizational Unit，OU）、域树、域森林，如图 4.1 所示。

1. 域（Domain）

域既是 Windows 网络系统的逻辑组织单元，也是 Internet 的逻辑组织单元，在 Windows Server 2003 系统中，域是安全边界。域管理员只能管理域的内部，除非其他的域显式地赋予他管理权限，他才能够访问或者管理其他的域。每个域都有自己的安全策略，以及它与其他域的安全信任关系。

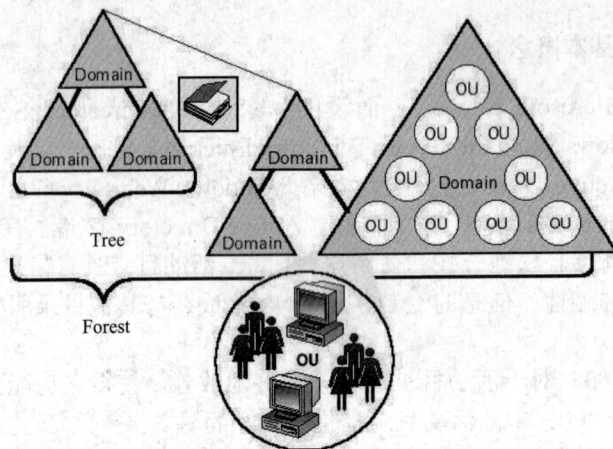

图 4.1 活动目录的组成

2. OU（Organizational Unit）

OU 是一个容器对象，可以把域中的对象组织成逻辑组，所以 OU 纯粹是一个逻辑概念，它可以帮助我们简化管理工作。OU 可以包含各种对象，比如用户账户、用户组、计算机、打印机，甚至可以包括其他的 OU。所以可以利用 OU 把域中的对象形成一个完全逻辑上的层次结构，对于一个企业来讲，可以按部门把所有的用户和设备组成一个 OU 层次结构，也可以按地理位置形成层次结构，还可以按功能和权限分成多个 OU 层次结构。由于 OU 层次结构局限于域的内部，所以一个域中的 OU 层次结构与另一个域中的 OU 层次结构完全独立，如图 4.2 所示。

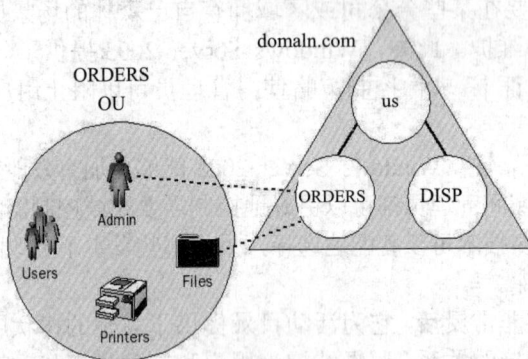

图 4.2 OU 结构

3. 树

当多个域通过信任关系连接起来之后，所有的域共享公共的表结构（schema）、配置和全局目录（global catalog），从而形成域树。域树由多个域组成，这些域共享同一个表结构和配置，形成一个连续的名字空间。树中的域通过信任关系连接起来。活动目录包含一个或多个域树如图 4.3 所示。

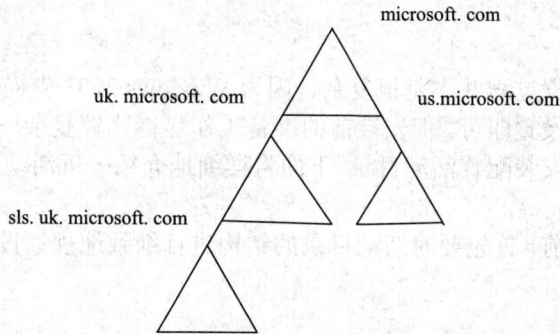

图 4.3　域树结构

4. 森林

域森林是指一个或多个没有形成连续名字空间的域树。域林中的所有域树共享同一个表结构、配置和全局目录。域林中的所有域树通过 Kerberos 信任关系建立起来，所以每个域树都知道 Kerberos 信任关系，不同域树可以交叉引用其他域树中的对象，如图 4.4 所示。

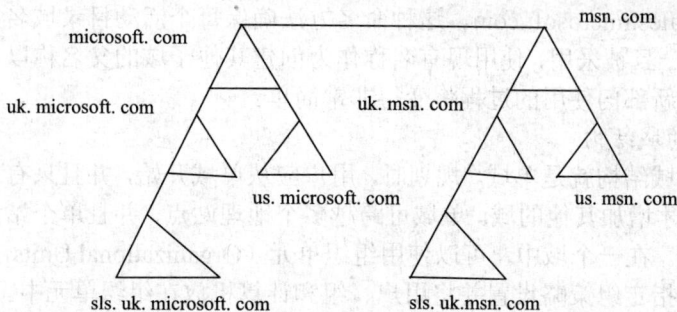

图 4.4　域森林

物理结构用来设置和管理网络流量。活动目录的物理结构由域控制器和站点组成。

活动目录复制：多主复制模式（Multi-Master Replication Model）和活动目录的物理结构决定复制在什么时候发生和如何发生。

单主操作：对从森林中添加/删除域这样的操作，不适合用多主复制的模式，需要单主复制，执行单主操作的计算机称为操作主机。

5. 站点（Sites）

（1）站点由一个或多个高速连接的 IP 子网构成。

（2）站点是网络的物理结构，站点和域没有必然联系，一个站点可包含多个域，一个域也可跨多个站点。

（3）创建站点的主要理由是为了优化复制流量和使用户能够用可靠的高速线路连接到域控制器。

4.1.2 活动目录的规划

活动目录的安装配置过程并不是很复杂，因为 Windows 2003 中提供了安装向导，只需按照提示逐步按系统要求设置即可。但安装前的准备工作显得比较复杂，只有充分理解了活动目录的前提下才能正确地安装配置活动目录。下面将详细地介绍一下活动目录的安装与配置及其准备工作。

在安装活动目录之前，首先要对活动目录的结构进行细致地规划设计，让用户和管理员在使用时更为方便。

1. 规划 DNS

如果用户准备使用活动目录，则需要首先规划名称空间。当 DNS 域名称空间可在 Windows 2003 中正确执行之前，需要有可用的活动目录结构。所以，从活动目录设计着手并用适当的 DNS 名称空间支持它。

在 Windows 2003 中，用 DNS 名称命名活动目录域。选择 DNS 名称用于活动目录域时，以保留在 Internet 上使用的已注册 DNS 域名后缀开始（如 microsoft.com），并将该名称和单位中使用的地理（部门）名称结合起来，组成活动目录域的全名。例如，microsoft 的 sales 组可能称他们的域为 sales.microsoft.com。这种命名方法确保每个活动目录域名是全球唯一的。而且，这种命名方法一旦被采用，使用现有名称作为创建其他子域的父名称以及进一步增大名称空间以供单位中的新部门使用的过程将变得非常简单。

2. 规划用户的域结构

最容易管理的域结构就是单域。规划时，用户应从单域开始，并且只有在单域模式不能满足用户的要求时，才增加其他的域。单域可跨越多个地理站点，并且单个站点可包含属于多个域的用户和计算机。在一个域中，可以使用组织单元（Organizational Units，OU）来实现这个目标。然后，可以指定组策略设置并将用户、组和计算机放在组织单元中。

3. 规划用户的委派模式

用户可以将权限下派给单位中最底层的部门，方法是在每个域中创建组织单元树，并将部分组织单元子树的权限委派给其他用户或组。通过委派管理权限，用户不再需要那些定期登录到特定账户的人员，这些账户具有对整个域的管理权。尽管用户还拥有带整个域的管理授权的管理员账户和域管理员组，可以仍保留这些账户以备少数管理员偶尔使用。

4.1.3 活动目录的安装

运行活动目录安装向导将 Windows 2003 计算机升级为域控制器，会创建一个新域或者向现有的域添加其他域控制器。

1. 安装前的准备工作

首先，也是最重要的一点，就是必须有安装活动目录的管理员权限，否则无法安装。在安装活动目录之前，要确保系统盘为 NTFS 分区。同时，已做好了 DNS 服务器的解析，如 szai.com。

2. 安装域控制器

在安装活动目录前首先确定 DNS 服务正常工作，下面来安装根域为 szai.com 的域控制器。

（1）依次单击"开始"→"设置"→"控制面板"菜单项，在"控制面板"对话框中双击"管理工具"项，然后在出现的对话框中双击"管理您的服务器"向导选项，启动配置向导。单击"添加或删除角色"选项，单击"下一步"按钮，如图 4.5～图 4.7 所示。

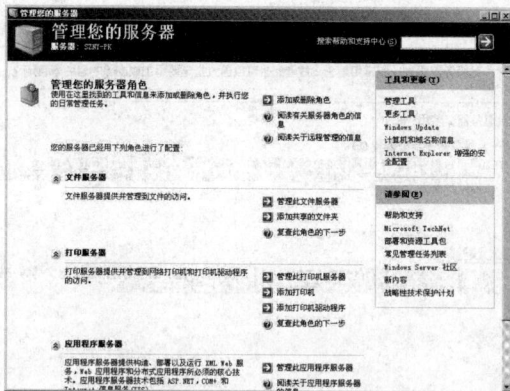

图 4.5　管理您的服务器

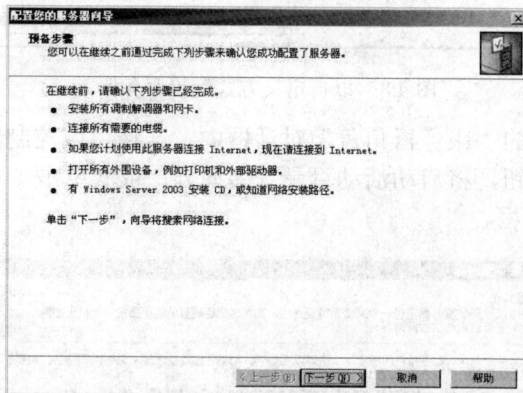

图 4.6　配置服务器的必备工作列表

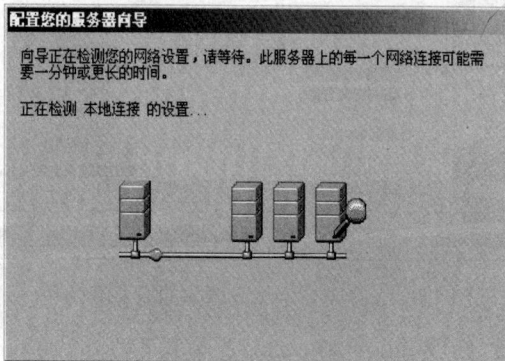

图 4.7　检测服务器网络设置

（2）在如图 4.8"配置选项"对话框中，选择"自定义配置"选项，单击"下一步"按钮。

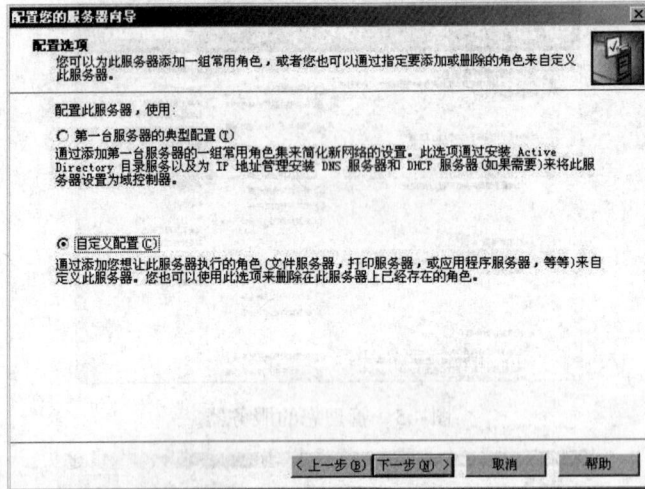

图 4.8　以自定义方式配置服务器

（3）在如图 4.9 所示的"服务器角色"对话框中，选择"域控制器（Active Directory）"选项，单击"下一步"按钮，将启动活动目录安装向导，依次单击"下一步"按钮，弹出如图 4.10～图 4.12 所示的对话框。

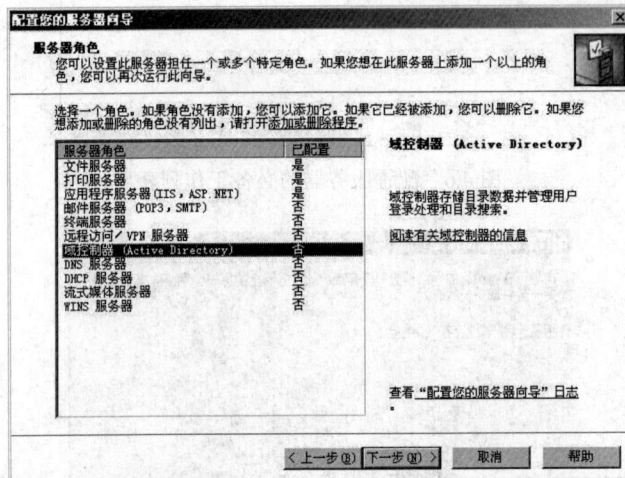

图 4.9　选择需要添加或删除的服务器角色

注意：也可以运行位于 C:\Windows\system32 目录下的 dcpromo.exe 文件，启动活动目录安装向导。

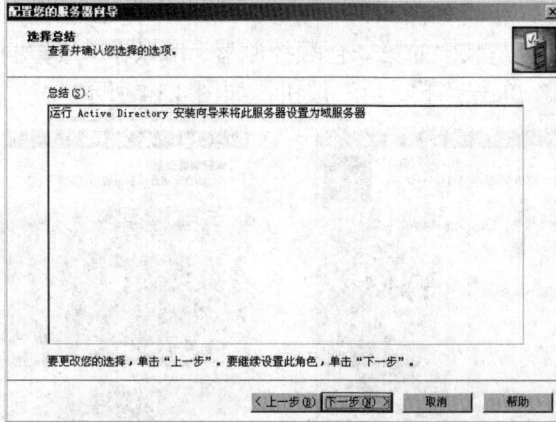

图 4.10　对安装 Active Directory 进行确认

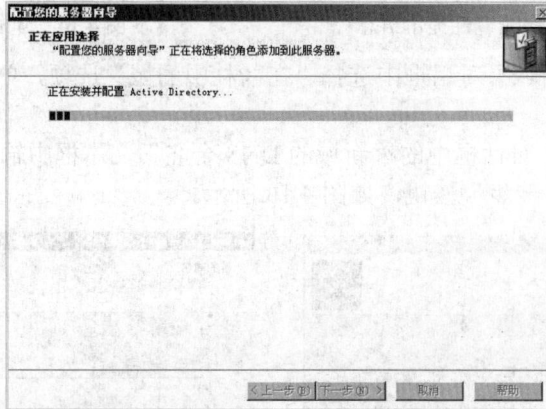

图 4.11　安装进程

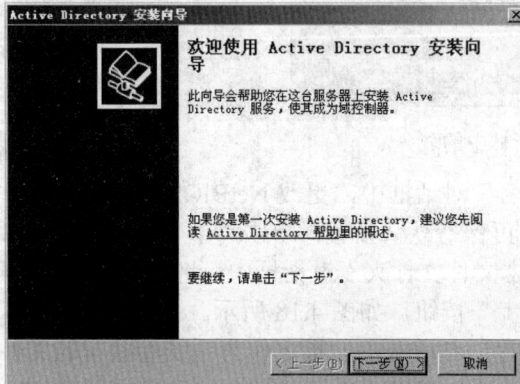

图 4.12　进入 Active Directory 安装向导

单击"下一步"按钮，出现如图 4.13 所示的对话框，提示操作系统的兼容性信息。

（4）由于用户所建立的是域中的第一台域控制器，所以在"域控制器类型"对话框中选择"新域的域控制器"选项，单击"下一步"按钮，如图 4.14 所示。

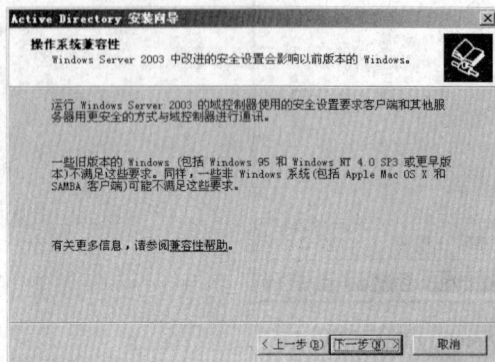

图 4.13　操作系统兼容性提示信息

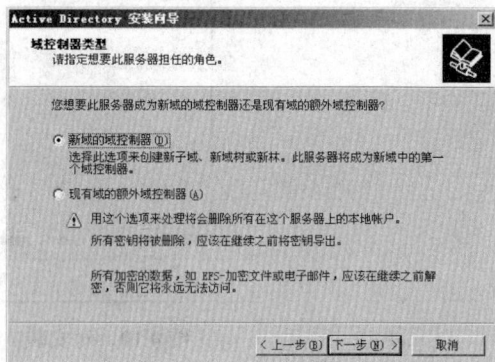

图 4.14　建立新域的域控制器

（5）在"创建一个新域"对话框中选择"在新林中的域"选项，单击"下一步"按钮，如图 4.15 所示。

（6）在"新的域名"对话框中的"新域的 DNS 全名"文本框中输入需要创建的域名，这里是 szai.com，单击"下一步"按钮，如图 4.16 所示。

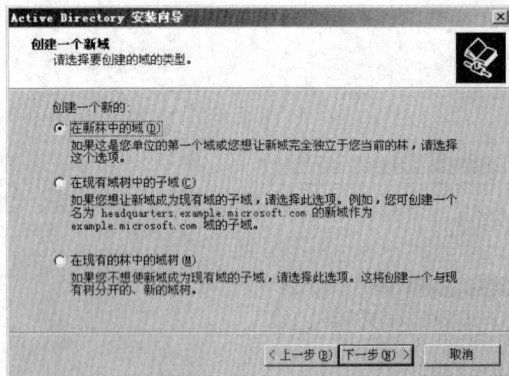

图 4.15　建立新林中的域

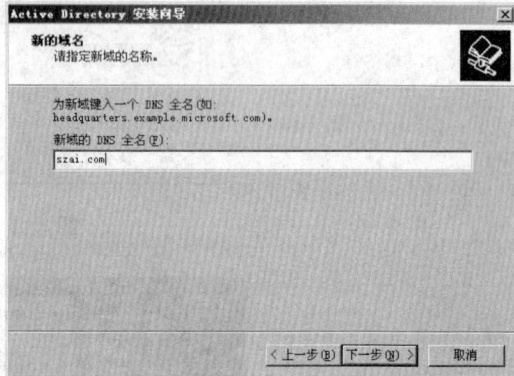

图 4.16　输入 DNS 全名

（7）在"NetBIOS 域名"对话框中，更改 NetBIOS 名称。运行非 Windows 操作系统客户端将使用 NetBIOS 域名。可保持默认设置，单击"下一步"按钮，如图 4.17 所示。

（8）在"数据库和日志文件文件夹"对话框中，将显示数据库、日志文件的保存位置，一般不做修改，单击"下一步"按钮，如图 4.18 所示。

（9）在"共享的系统卷"对话框中，指定作为系统卷共享的文件夹。SYSVOL 文件夹存放域的公用文件的服务器副本。SYSVOL 广播的内容被复制到域中的所有域控制器，其文件夹位置一般不做修改，单击"下一步"按钮，如图 4.19 所示。

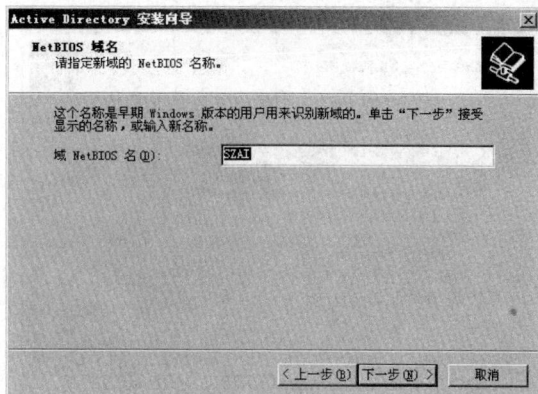

图 4.17　指定域的 NetBIOS 名

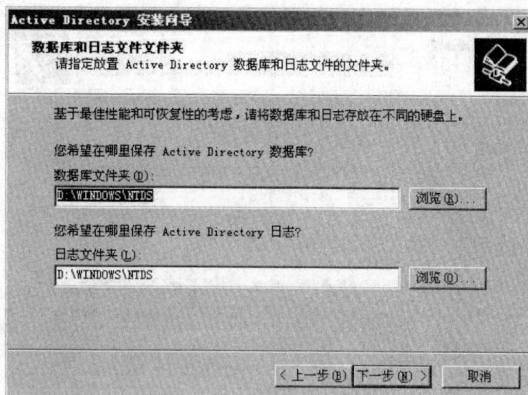

图 4.18　为 AD 数据库和 AD 日志选择保存位置

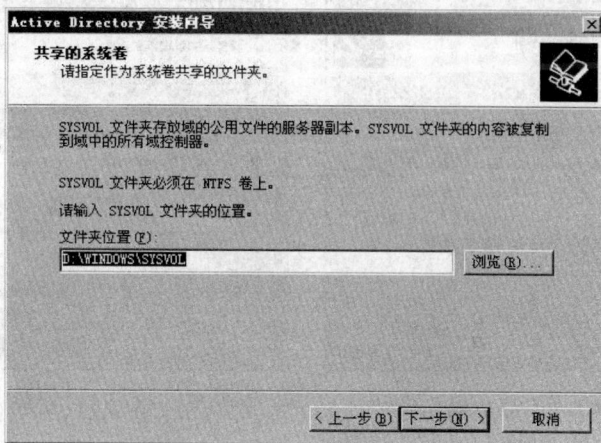

图 4.19　为 SYSVOL 文件夹选择存放位置

　　（10）在"DNS 注册诊断"对话框中，选择第二项，单击"下一步"按钮（如果在安装活动目录之前未配置 DNS 服务器，可在此让安装向导配置 DNS，推荐使用这种方法），如图 4.20 所示。

　　（11）在"权限"对话框中为用户和组选择默认权限，考虑到现在大多数网络环境中仍然需要使用 Windows 2003 以前的操作系统，所以选择"与 Windows 2000 之前的服务器操作系统兼容的权限"选项，单击"下一步"按钮，如图 4.21 所示。

　　（12）在"目录服务还原模式的管理员密码"对话框中输入以目录恢复模式下的管理员密码，单击"下一步"按钮，如图 4.22 所示。

　　此时，安装向导将显示安装摘要信息。单击"下一步"按钮即可开始安装，如图 4.23～图 4.25 所示，安装完成之后，重新启动计算机即可，如图 4.26 所示。

　　提示重启计算机以使更改生效，如图 4.27 所示。

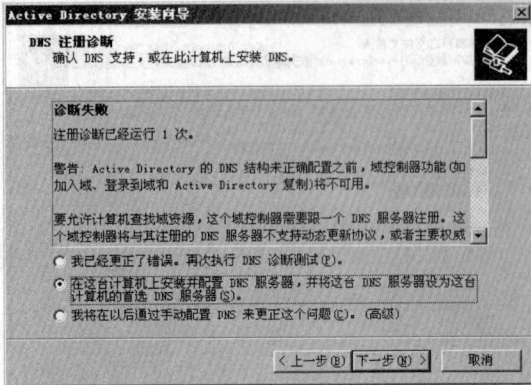

图 4.20　安装 DNS 服务器

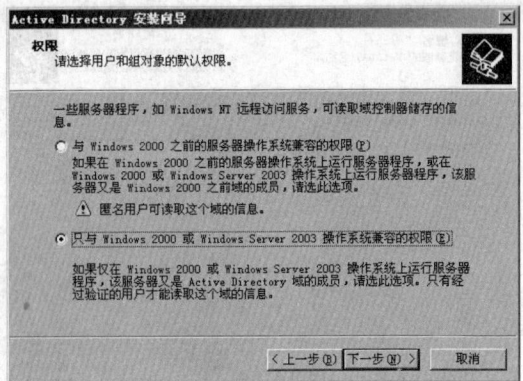

图 4.21　设置权限

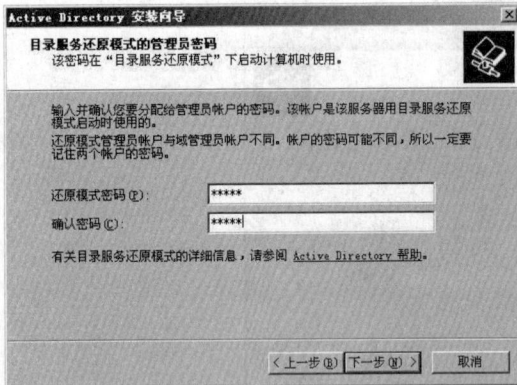

图 4.22　设置目录还原密码

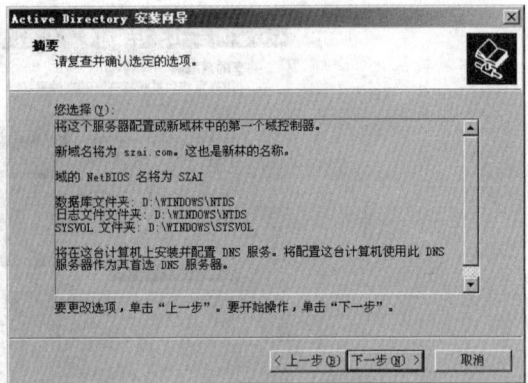

图 4.23　摘要信息显示

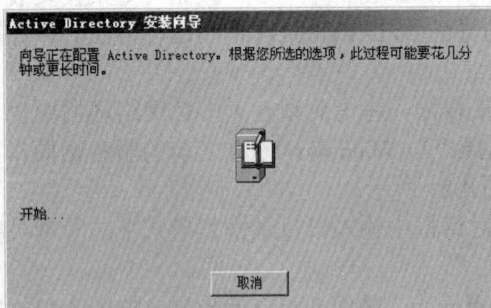

图 4.24　配置 AD

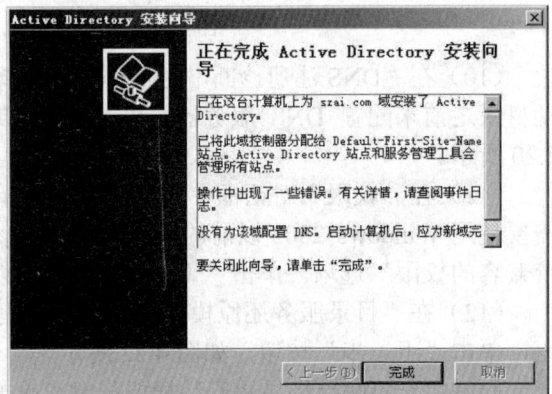

图 4.25　完成安装过程

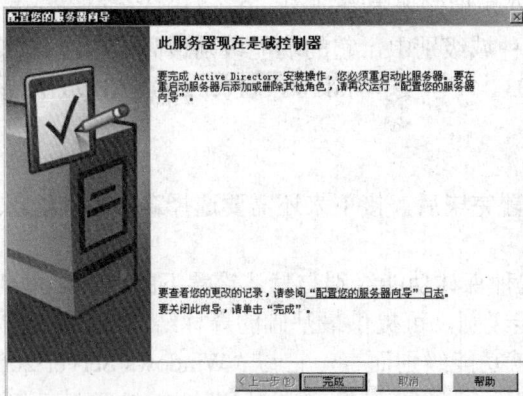

图 4.26　此服务器现在是域控制器

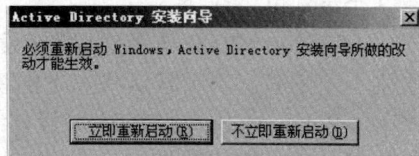

图 4.27　重新启动对话框

4.1.4　活动目录功能级别和级别修改

为了顺应时代的发展，目前有许多公司纷纷将内部服务器的 Windows NT 域升级为更高的版本，这就牵涉到 AD 迁移的问题。更高级的域环境具备哪些优势呢？以 Windows 2000 AD 域为例，它提供了可扩展的数据库架构、多主域的域控制器、自动双向传递的信任关系，等等。如果将 AD 迁移至 Windows Server 2003 域，可享受到更多的增强性能和可伸缩性，比如说它可提供目录信息的逻辑分层组织，方便管理员更加灵活地设计、部署和管理组织的目录。

1．域级别

如果已经部署了 Windows 2000 Active Directory，那么对域模式的概念一定很熟悉。使用 Windows 2000 Active Directory，有两种域模式可供选择。

（1）混合模式（默认设置）。其网络配置使用 Windows 2000 和 Windows NT 的任意组合系统。Windows 2000 域控制器和 Windows NT 4.0 备份域控制器可以在同一个域中无缝共存而不会出现任何问题。

（2）本机模式。域中的域控制器只能运行 Windows 2000 系统。在这种模式下，可享受到一些附加功能，比如说组嵌套特性和所有的目录服务功能。

一旦升级为 Windows Server 2003，域模式的种类将会变得更加丰富。除了包含与 Windows 2000 的两种域模式相似的功能级别外，另外新增的两个域功能级别更能体现 Windows Server 2003 域控制器的优势（注：Windows Server 2003 的"域功能级别"与 Windows 2000 的"域模式"是一个概念）。Windows Server 2003 AD 域共有 4 种域级别可供选择。

（1）Windows 2000 混合域级别（默认设置）。顾名思义，它的功能级别与 Windows 2000 的"混合模式"几乎一模一样，唯一不同的是，除了 Windows 2000 和 Windows NT 之外，它也适合于 Windows Server 2003 域控制器。

（2）Windows 2000 本机域级别。它的功能级别类似于 Windows 2000 的"本机模式"，两者唯一的不同就是，域中所有的域控制器都可运行 Windows Server 2003 或 Windows 2000。

（3）Windows Server 2003 过渡域级别。允许 Windows Server 2003 域控制器与 Windows NT 4

域控制器的混合使用，但不能与 Windows 2000 域控制器混合使用。

（4）Windows Server 2003 域级别。在 4 种域级别中，它的功能级别最高，不过，域中所有的域控制器都只能运行 Windows Server 2003。可享受 Windows Server 2003 AD 域所提供的完整特性和功能。

2．森林级别

域中的 Windows Server 2003 域控制器部署完毕后，接下来还需要选择森林的功能级别，共有 3 个级别可供选择。

（1）Windows 2000 林级别（默认设置）。这种森林功能级别与默认设置下的"Windows 2000 域级别"差不多。属于默认状态下的森林功能级别，可提供最基础的森林结构特性与功能。

（2）Windows Server 2003 过渡林级别。就功能级别而言，它与"Windows Server 2003 域级别"差不多。也就是说，只能将 Windows Server 2003 域控制器和 Windows NT 域控制器加入到森林中。可享受到全局编录服务器所提供的复制改进和新属性。

（3）Windows Server 2003 林级别。这是功能级别最高的一种森林配置，可享受到全部的特性和功能，包括跨森林信任在内。被加入到森林中的域控制器只能运行 Windows Server 2003，而且，森林中所有的域都必须被设置为功能级别最高的"Windows Server 2003 域级别"。

3．企业的网域适合采用的功能级别

下面列举出了 4 种域功能级别的优缺点，可根据本公司自身的需求加以选择。

（1）Windows 2000 混合域级别。对于那些并没有完全淘汰 Windows NT 域控制器的企业而言，这种域级别显然是最佳选择。它最大的缺点是：自 2004 年年底起，微软公司正在慢慢削减对 Windows NT 的支持服务。

（2）Windows 2000 本机域级别。如果已经部署了从 Windows NT 到 Windows 2000 的 AD 迁移，那么，这个功能级别显然是最适合的。它最大的特点是，只适合于从 Windows NT 环境升级到 Windows 2000 Active Directory 的情况。

（3）Windows Server 2003 过渡域级别。事实证明，Windows Server 2003 是一套性能非常稳定的操作系统，如果想一步到位，直接将 Windows NT 环境升级为 Windows 2003 Active Directory，应该选择这种域级别。它最大的特点是域中不允许 Windows 2000 域控制器的存在。

（4）Windows Server 2003 域级别。对于一些小型的公司或企业，如果打算在转换林之前先将信号域转换为 Windows 2003 功能级别，那么，最适合选择这种域功能级别。它只有一个小小的缺陷：要求整个森林中，每一个域中的域控制器都只能运行 Windows Server 2003。

无论是 Windows 2000 Active Directory 还是 Windows Server 2003 Active Directory，域和森林的功能级别都拥有较大的选择余地。在做出决定之前，首先应该根据本公司目前及日后可能的需求，选择最适合自己的操作系统版本。然后，再参照以上关于功能级别的介绍来设置域和森林。

4.2　域控制器与域用户管理

域控制器：域控制器是使用活动目录安装向导配置的 Windows Server 2003 的计算机。活动目录安装向导安装和配置为网络用户和计算机提供活动目录服务的组件供用户选择使用。域控制器存储着目录数据并管理用户域的交互关系，其中包括用户登录过程、身份验证和目录搜索，一个域可有一个或多个域控制器。为了获得高可用性和容错能力，使用单个局域网（LAN）的小单位可能只需要一个具有两个域控制器的域。具有多个网络位置的大公司在每个位置都需要一个或多个域控制器，以提供高可用性和容错能力。

4.2.1　域控制器及管理

域（Domain）是活动目录的分区，定义了安全边界，在没经过授权的情况下，不允许其他域中的用户访问本域中的资源。活动目录可由一个或多个域组成，每一个域可以存储上百万个对象，域之间还有层次关系，可以建立域树和域林，进行无限的域扩展。

在活动目录中，目录存储只有一种形式，即域控制器（Domain Controller），包括了完整的域目录的信息。因此，每一个域中必须有一个域控制器，否则域也就不存在了。Windows 2000 的活动目录不再有主域控制器和备份域控制器的区别，所有的域控制器在用户访问和提供服务方面都是相同的。

对于用户来说，域控制器管理是最重要的工作。因为域控制器的运行状态直接关系到网络的正常运行。下面就从域与域控制器的关系、设置域控制器属性、查找目录内容、连接到其他域及域控制器等几个方面介绍域控制器的管理。

设置域控制器属性

在公司网络中，特别是在单域网络中，域控制器是网络正常运作中心，所起到的网络控制作用是非常重要的。因此，用户必须根据网络运行情况合理地设置域控制器的属性。下面就来介绍域控制器属性的设置过程。要设置域控制器属性，可参照下面的步骤。

（1）选择"开始"→"程序"→"管理工具"，选择"Active Directory 用户和计算机"窗口，如图 4.28 所示。

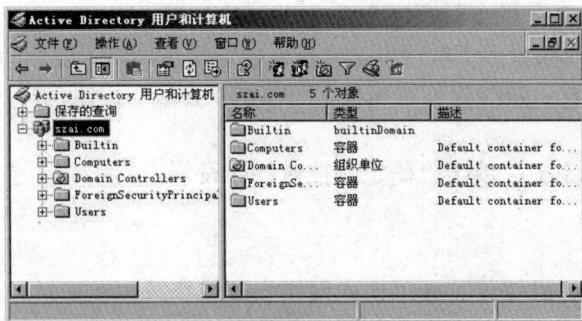

图 4.28　"Active Directory 用户和计算机"窗口

（2）在控制台目录树中，单击之后再双击域节点，展开该节点。再单击 Domain Computers 子节点，使详细资料窗格中列出相关内容。在详细资料窗格中，右击要设置属性的域控制器，从弹出的快捷菜单中选择"属性"命令，打开该控制器的"属性"对话框，如图 4.29 所示。

（3）在"常规"选项卡中，在"描述"文本框中输入对域控制器的一般描述；如果不希望域控制器的可受信任用来作为委派,可禁用"计算机可受信任用来作为委派"复选框。

(4)要查看域控制器的操作系统,可打开"操作系统"选项卡。在该选项卡中将显示出操作系统的名称和版本,系统管理员只能查看但不能修改这些内容,如图 4.30 所示。

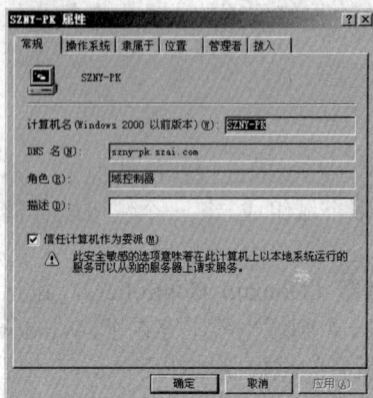

图 4.29 域控制器的"属性"对话框

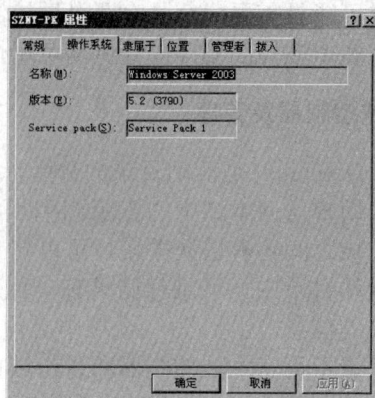

图 4.30 "操作系统"选项卡

(5)要为域控制器添加隶属对象,可打开"隶属于"选项卡,单击"添加"按钮,打开"选择组"对话框为域控制器选择一个要添加的组;要删除某个已经添加的组,在"成员属于"列表框中选择该组,然后单击"删除"按钮即可,如图 4.31 所示。

(6)当管理员为域控制器添加多个组时,还可为域控制器设置一个主要组。要设置主要组,在"成员属于"列表框中选择要设置的主要组,一般为 Domain Controllers ,也可为 Cert Publishers,然后单击"设置主要组"按钮即可。

(7)选择 "位置"选项卡,在"位置"文本框中输入域控制器的位置;或者单击"浏览"按钮选择路径。

(8)选择如图 4.32 所示的"管理者"选项卡,要更改域控制器的管理者,可单击"更改"按钮,打开"选择用户或联系人"对话框,选择新的管理者即可。要删除管理者,可单击 "清除"按钮来删除;要查看和修改管理者属性,可单击"查看"按钮,打开该管理者属性对话框来进行操作。

(9)域控制器设置完毕,单击"确定"按钮保存设置。

4.2.2 域用户分类

用户账号可为用户提供登录到域以访问网络资源或登录到计算机以访问该机资源的能力。定期使用网络的每个人都应有一个唯一的用户账号。

Windows Server 2003 提供两种主要类型的用户账号:本地用户账号和域用户账号。除此之外,Windows Server 2003 系统中还有内置的用户账号。

1. 本地用户账号(Local User Account)

本地用户账号只能登录到账号所在计算机并获得对该资源的访问。当创建本地用户账号后,Windows Server 2003 将在该机的本地安全性数据库中创建该账号,本地账号信息仍为本地，不会被复制到其他计算机或域控制器。当创建一个本地用户账号后，计算机使用本地安全性数据库验证本地用户账号，以便让用户登录到该计算机。

注意：不要在需要访问域资源的计算机上创建本地用户账号，因为域不能识别本地用户账号，也不允许本地用户访问域资源。这部分知识已在上一章进行了讲解。

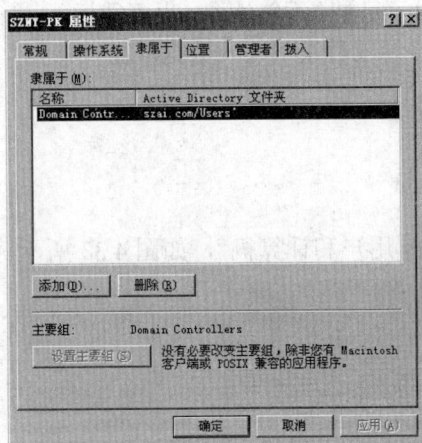

图 4.31　添加成员组

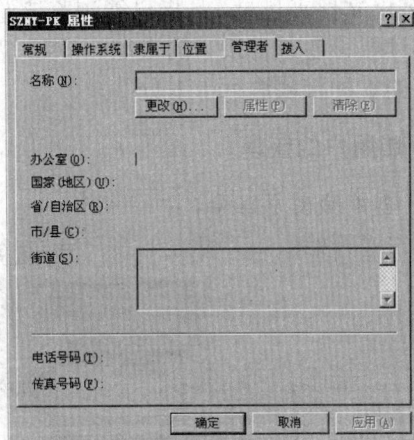

图 4.32　指定域控制器的管理者

2．域用户账号（Domain User Account）

域用户账号可让用户登录到域并获得对网络上其他地方资源的访问。域用户账号是在域控制器上建立的，作为 AD 的一个对象保存在域的 AD 数据库中。用户在从域中的任何一台计算机登录到域中的时候必须提供一个合法的域用户账号，该账号将被域的域控制器所验证。

当在一个域控制器上新建一个用户账号后，该用户账号被复制到域中所有其他计算机上，复制过程完成后，域树中的所有域控制器就都可以在登录过程中对用户进行身份验证。

3．内置用户账号（Built-in User Account）

Windows Server 2003 自动创建若干个用户账号，并且赋予了相应的权限，称为内置账号。内置用户账号不允许被删除。

最常用的两个内置账号是 Administrator 和 Guest。使用内置 Administrator（管理员）账号管理计算机和域配置。Guest（来客）账号一般被用于在域中或计算机中没有固定账号的用户临时访问域或计算机时使用。

4.2.3　用权限来区分域用户

可以通过"控制面板"→"管理工具"→"计算机管理"→"用户和用户组"来查看用户组及该组下的用户。

用鼠标右键单击一个 NTFS 卷或 NTFS 卷下的一个目录，选择"属性"→"安全"就可以对一个卷，或者一个卷下面的目录进行权限设置。此时会看到以下 7 种权限：完全控制、修改、读取和运行、列出文件夹目录、读取、写入和特别的权限。

"完全控制"就是对此卷或目录拥有不受限制的完全访问。地位就像 Administrators 在所有组中的地位一样。选中了"完全控制",下面的 5 项属性将被自动选中。

"修改"则像 Power users,选中了"修改",下面的 4 项属性将被自动选中。下面的任何一项没有被选中时,"修改"条件将不再成立。"读取和运行"就是允许读取和运行在这个卷或目录下的任何文件,"列出文件夹目录"和"读取"是"读取和运行"的必要条件。

"列出文件夹目录"是指只能浏览该卷或目录下的子目录,不能读取,也不能运行。"读取"是能够读取该卷或目录下的数据。"写入"就是能往该卷或目录下写入数据。而"特别"则是对以上的 6 种权限进行了细分。

4.2.4　域用户的管理

1. 创建域用户账号

单击"开始"→"管理工具"→"Active Directory 用户和计算机",如图 4.33 所示。

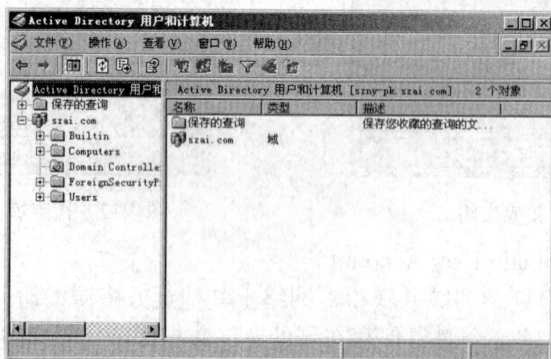

图 4.33　"Active Directory 用户和计算机"界面

在希望添加用户的域上右击,在弹出的菜单中选择"新建"中的"用户"命令,如图 4.34 所示,弹出如图 4.35 所示的"新建对象-用户"对话框。

填写好该对话框中的各项内容后,单击"下一步"按钮,在如图 4.36 所示的对话框中设置密码相关信息,单击"下一步"按钮,最后单击"完成"按钮,域用户新建完成。

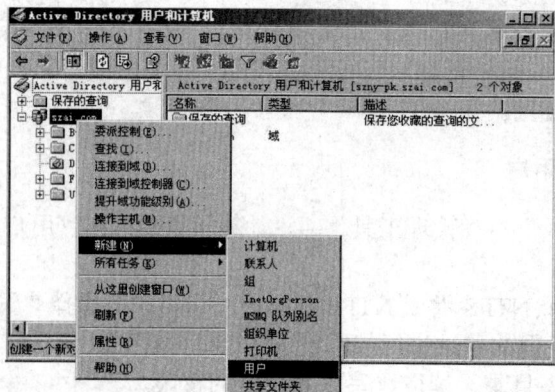

图 4.34　新建用户—对象

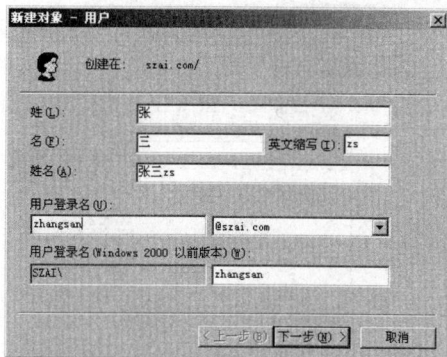

图 4.35　"新建对象—用户"对话框

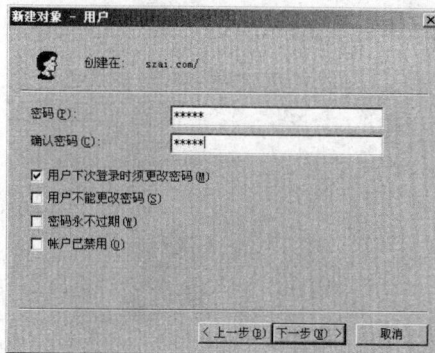

图 4.36　设置密码对话框

2. 设置域用户账号属性

在"Active Directory 用户和计算机"界面上的相应域中找到域用户账号，并在账号上右击，在弹出的菜单中选择"属性"命令后将出现如图 4.37 所示的"属性"对话框。

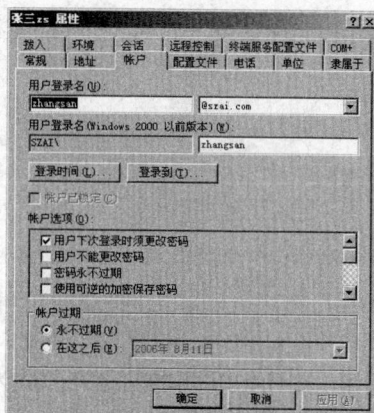

设置用户个人信息：在"常规"选项卡上设置用户的姓名和基本联系信息等；在"地址"选项卡上设置具体的邮政地址信息；在"电话"选项卡上设置各种电子通信联络方式；在"单位"选项卡上设置用户的工作单位相关信息。

设置账户信息：可以在图 4.38 "账户"选项卡上设置或更改该用户账号的名称、密码以及一些基本的账户选项。

单击图 4.38 "账户"选项卡上的"登录时间"按钮，将出现如图 4.39 所示的"登录时间"对话框。

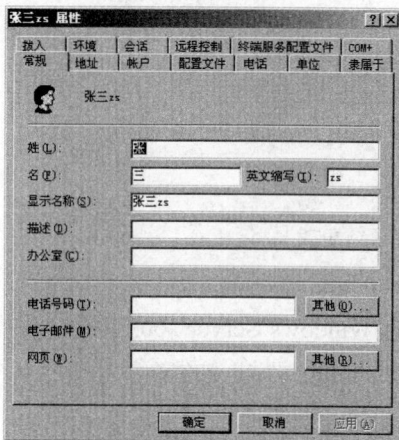

图 4.37　"属性"对话框

图 4.38　设置或更改该用户账号信息

另外，用户在默认状态下可以从任意计算机上登录到域。如果只允许该用户从某些计算机上登录，则可以单击图 4.38 中"登录到"按钮，并在随后弹出的"登录工作站"对话框中进行设置，如图 4.40 所示。

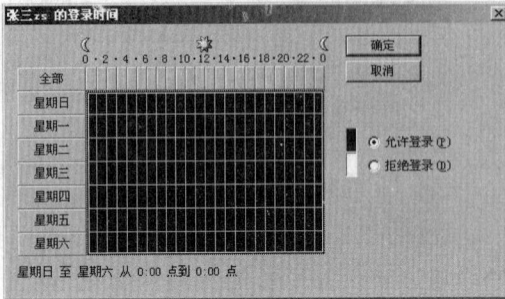

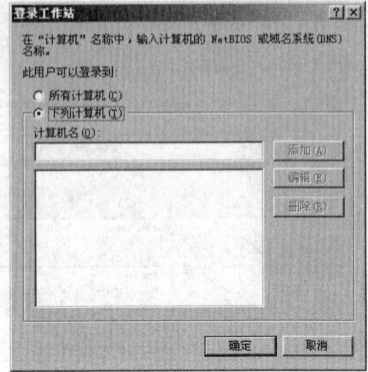

图 4.39 "登录时间"对话框   图 4.40 "登录工作站"对话框

3. 维护用户账号

在 "Active Directory 用户和计算机" 界面中找到并右击希望更改的用户账号，如图 4.41 所示。可以 "禁用账号" 和 "启用账号"，可以为用户账号重命名和重新设置密码；如果用户账户处于锁定状态，可以为账号解除锁定；也可以删除该用户账号。

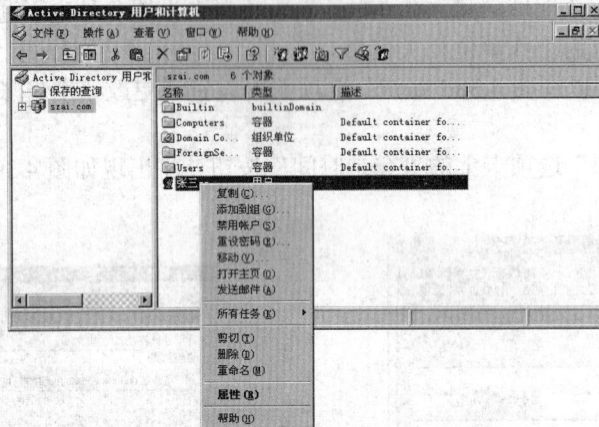

图 4.41 对用户账号进行设置或更改

需要注意的是，当用户账号被删除后，重新添加一个同名的用户账号，计算机并不会认为这个新账号与原来被删除的同名账号有什么关系。因为 Windows Server 2003 为每一个用户账号设置一个安全识别号码：SID。就像人们使用的身份证一样，两个人姓名完全相同也不会被公安局搞错，因为他们使用身份证号码来区别一个人。因此，新建的这个同名用户账号并不会继承原有同名账号的任何权限属性。

4.3 OU 与 对 象

组织单元（OU）是一个容器对象，它也是活动目录逻辑结构的一部分，可以把域中的对象组织成逻辑组，也可以简化管理工作。OU 可以包含各种对象，比如用户账户、用户组、计算机、打印机等，甚至可以包括其他的 OU，所以可以利用 OU 把域中的对象形成一个完全逻辑上的层次结构。

对于企业来讲，可以按部门把所有的用户和设备组成一个 OU 层次结构，也可以按地理位置形成层次结构，还可以按功能和权限分成多个 OU 层次结构。很明显，通过组织单元的包容，组织单元具有很清楚的层次结构，这种包容结构可以使管理者把组织单元切入到域中以反应出企业的组织结构并且可以委派任务与授权。

对象是活动目录中的信息实体，也就是通常所见的"属性"，但它是一组属性的集合，往往代表了有形的实体，比如用户账户、文件名等。对象通过属性描述它的基本特征，比如，一个用户账号的属性中可能包括用户姓名、电话号码、电子邮件地址和家庭住址等。

4.4　组策略编辑器与域安全策略

4.4.1　组策略优点、类型、功能与结构

组策略用于从一个单独的点对多个 Microsoft Active Directory 目录服务用户和计算机对象进行配置。在默认情况下，策略不仅影响应用该策略的容器中的对象，还影响子容器中的对象。

1. 组策略管理系统的优点

用组策略来管理整个系统，具有以下优点。

（1）创建可以管理的桌面配置，使之适合用户工作职责和经验水平。

（2）对特定用户实现组策略设置，结合 NTFS 文件系统的权限和系统的其他特性可以防止用户访问未授权的程序和数据，还可以防止用户删除影响应用程序或操作系统正常发挥作用的重要文件。

（3）可以增强用户的配置和安全性。

（4）当用户登录、退出及计算机启动时自动执行任务和程序。

2. 组策略功能类型

（1）软件设置：影响用户可以访问的应用程序。

（2）应用程序自动安装的策略有两种实现方法：①指派应用程序，组策略直接在用户计算机上安装或升级应用程序，或为用户提供应用程序的连接，指派的应用程序用户无法删除；②发布应用程序，组策略管理员通过活动目录服务发布应用程序。应用程序出现在用户的控制面板的"添加/删除程序"的安装组件列表中。用户可以卸载这些应用程序。

（3）脚本：组策略管理员可以设定脚本和批处理文件在指定时间运行。脚本可以自动执行重复性任务。

（4）安全设置：组策略管理员可以限制用户访问文件和文件夹。

（5）管理模板：包括基于注册表的组策略，可以利用它来强制注册表设置，控制桌面的外观和状态，包括操作系统组件和应用程序。

（6）远程安装服务（RIS）：当运行用户安装向导时，控制显示给用户的 RIS 安装选项。

（7）文件夹重定向：可以重定向 Windows Server 2003 指定的文件夹从用户配置文件默认位置到另一个网络位置，从而对这些文件夹集中管理。

3．组策略结构

组策略是应用到活动目录存储中的一个或多个对象的配置设置的集合。这些设置包含在组策略对象（GPO）中。

组策略对象在两个位置存储组策略的信息：组策略容器（GPC）和组策略模板（GPT）。

（1）组策略对象（GPO）。GPO 中包含作用于站点、域和 OU 的组策略设置。一个或多个 GPO 可以应用于站点、域或 OU。存储在 GPC 中的组策略数据很少并且不经常改变，而存储在 GPT 中的组策略数据很多并经常改变。

（2）组策略容器（GPC）。组策略容器（GPC）是存储 GPO 属性并包含计算机和用户组策略信息子容器的活动目录对象。GPC 中包含信息的版本来确保 GPC 中的信息同 GPT 中的信息同步。GPC 还包含用于识别 GPO 是否启动的状态信息。

GPC 存储用于配置应用程序的 Windows Server 2003 类存储信息。类存储是一个作用于应用程序、接口和 API 的基于服务器的存储库，提供应用程序指派和发布功能。

（3）组策略模板（GPT）。组策略模板（GPT）是包含在域控制器的%systemroot%\SYSVOL\sysvol\ <domain_name> \Policies 文件夹下的文件夹结构。GPT 是存储管理模板、安全设置、脚本文件和软件设置的组策略设置信息的容器。

4.4.2　组策略应用

1．创建 GPO

（1）单击"开始"→"管理工具"→"Active Directory 站点和服务"，右击 Default-First-Site-Name 属性，如图 4.42 所示。

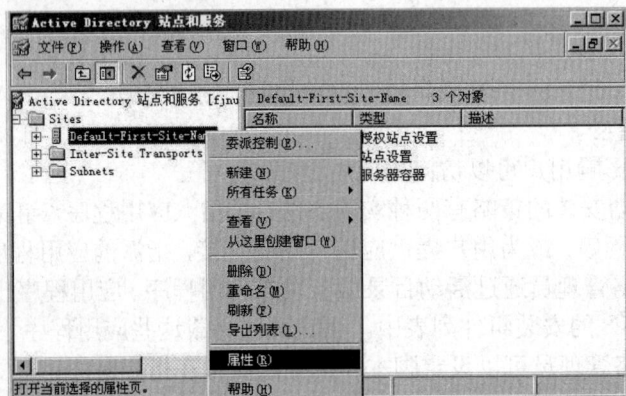

图 4.42　"Active Directory 站点和服务"对话框

（2）选择"组策略"选项卡，如图 4.43 所示，单击"新建"选项，如图 4.47 所示可以直接创建一个新的组策略对象。通过单击"选项"按钮可打开"选项"对话框进行相关组策略对象替代控制；通过单击"删除"可从容器中清除或删除组策略对象；通过单击"编辑"将打开组策略对象编辑器来编辑组策略对象；通过单击"属性"可打开"属性"对话框进行属性设置；通过单击"向上"和"向下"可以修改组策略对象的优先级。

（3）在图 4.44 中单击"添加"按钮，可打开"添加组策略对象连接"对话框，其中有"域/OU"、"站点"和"全部"3 个选项卡。"域/OU"和"站点"指定了链接到每个对象的组策略对象。"全部"选项卡允许创建和指定组策略对象，如图 4.45 所示。

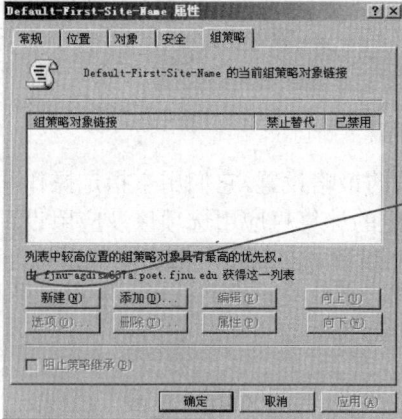

图 4.43　"组策略"选项卡　　　　　　　图 4.44　"新建组策略"选项

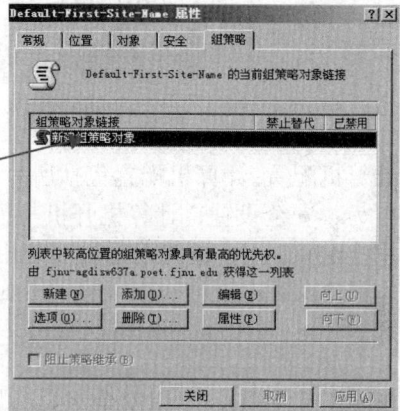

（4）选择"全部"选项卡，单击工具栏上在 3 个按钮中居中的"创建新的组策略对象"按钮，会在"存储在本域中的所有组策略对象"文本框中出现一个新的组策略对象，输入新组策略对象的名称后单击"确定"按钮即可，如图 4.46 所示。

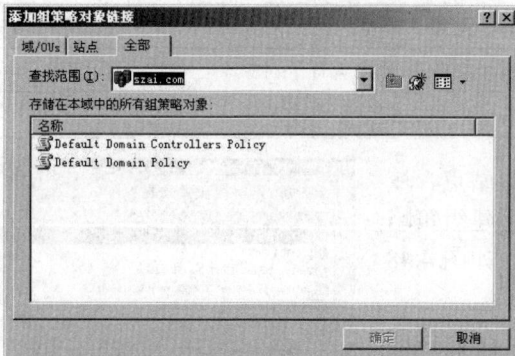

图 4.45　组策略创建的"全部"选项卡　　　　　图 4.46　新建组策略

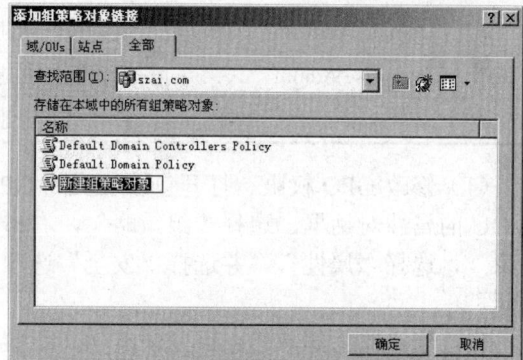

（5）完成新建组策略之后，返回到"组策略"选项卡，必须从中指定要管理的组策略。后面将会具体介绍如何应用组策略。

2．使用组策略管理器

组策略编辑器，如图 4.47 所示，包括计算机配置节点和用户配置节点，每个节点下包括：软件配置、Windows 设置和管理模板。

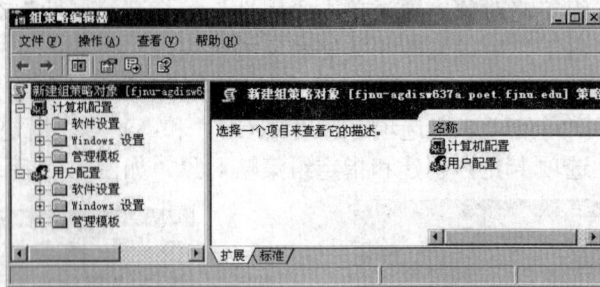

图 4.47 "组策略编辑器"窗口

计算机配置：计算机配置包括所有与计算机相关的策略设置，它们用来指定操作系统行为、桌面行为、安全设置、计算机开机与关机脚本、指定的计算机应用选项以及应用设置。

用户配置：用户配置包括所有与用户相关的策略设置，它们用来指定操作系统行为、桌面设置、安全设置、指定和发布的应用选项、应用设置、文件夹重定向选项、用户登录与注销脚本等。

3. GPO 权限

创建一个 GPO，一组安全组会添加到这个对象并且每个安全组被配置一组属性。

表 4.1 安 全 组 属 性 配 置

安 全 组	默 认 设 置
Authenticated Users	读和应用组策略
Creator Owner	为 GPO 中的子对象和属性分配 Special Object 和 Attribute 权限
Domain Admins	读、写、创建所有子对象、删除所有子对象
Enterprise Admin	读、写、创建所有子对象、删除所有子对象
System	读、写、创建所有子对象、删除所有子对象

（1）修改 GPO 权限。打开包含相应的 GPO 的站点、域或 OU 的属性对话框，选择"组策略"，右击"新建组策略对象"，选择"属性"，并选择"安全"选项卡，如图 4.48 所示。

（2）组策略的继承性。通常情况下，组策略从父容器向子容器向下继承。如果在高层的父容器上设定组策略，这个组策略将作用于父容器下面的所有子容器，包括每一个容器中的用户和计算机对象。但是，如果明确在子容器指定组策略设置，子容器的组策略设置覆盖父容器的组策略设置。

4. 管理组策略

使用组策略可以集中管理软件分发。可以为一组用户或计算机安装、指派、发布、升级、修复和卸载软件。

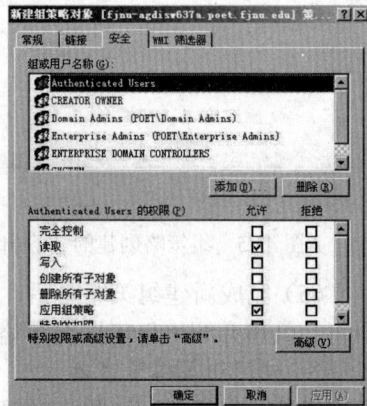

图 4.48 "安全"选项卡

在使用组策略管理器配置软件之前，要求应用程序具有 Microsoft Windows Installer（.msi）软件包。可以为计算机和用户指派应用程序，也可以为用户发布应用程序。

（1）指派应用程序。在指派应用程序到用户时，应用程序向下次登录到工作站上的用户广播。应用程序跟随用户进行广播而不管用户实际使用的物理计算机。该应用程序在用户第一次触发计算机上的应用程序时进行安装，这种触发可以是在"开始"菜单中选择该应用程序，或是激活与该应用程序相关的文档。在指派应用程序给计算机时，应用程序广播并在安全的情况下执行安装。一般情况下在计算机启动时进行，从而计算机上没有竞争的进程。

（2）发布应用程序。在发布应用程序到用户时，应用程序在用户的计算机上不显示为安装。在桌面和"开始"菜单中没有快捷方式可见，用户计算机的本地注册表没有修改。相反，发布的应用程序在活动目录保存发布属性。然后，应用程序名称和文件触发的信息对活动目录容器中的用户可见。所以用户可以使用控制面板中的"添加/删除程序"安装应用程序或通过单击与应用程序相关的文件触发安装。

指派或发布应用程序的步骤：

（1）首先创建一个共享文件夹并将应用程序文件和软件包文件复制到该文件夹下。打开组策略编辑器，新建程序包如图 4.49 所示。

（2）选择要指派的软件包，如图 4.50 所示。

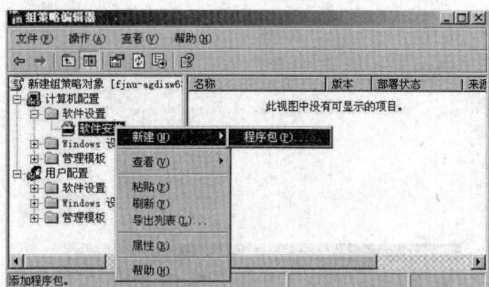

图 4.49　添加程序包

图 4.50　查找指派软件包对话框

（3）部署软件，如图 4.51 所示。

最后，组策略编辑器里可以看到指派的程序，如图 4.52 所示。

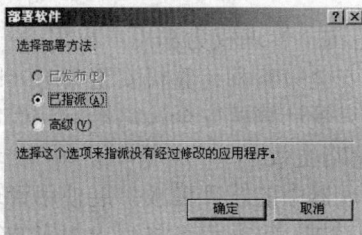

图 4.51　"部署软件"对话框

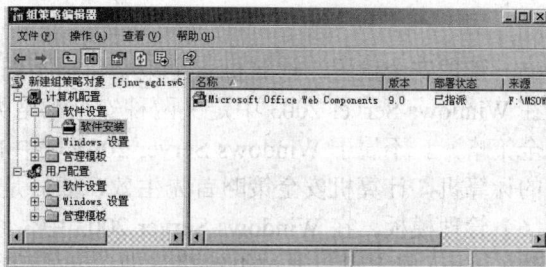

图 4.52　显示已指派的程序

（4）管理脚本。Windows Server 2003 组策略在指定脚本时有很大的灵活性。可以为计算机指派启动和关机脚本，在 Windows Server 2003 启动和关机时执行。还可以为用户指派登录和注销脚本，Windows Server 2003 在用户登录或注销时执行。

可以使用的脚本包括 Windows NT 批处理文件（.bat 或 . cmd）、Windows Scripting Host 的 VBScript（.vbs）或 JScripts（.js）文件。

单击"脚本"，出现如图 4.53 所示的窗口。

双击右栏的"启动"，如图 4.54 所示。单击"添加"按钮，如图 4.55 所示，填写具体的信息。

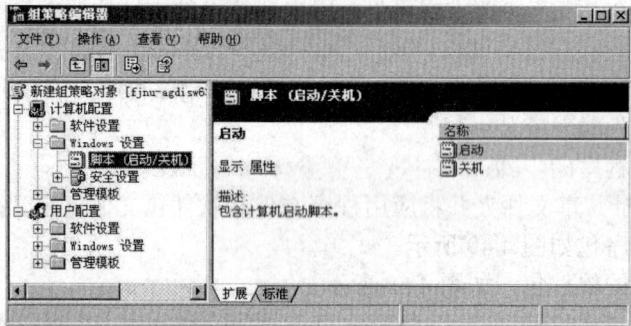

图 4.53 "脚本"窗口

图 4.54 "启动属性"对话框

图 4.55 "添加脚本"对话框

（5）管理安全设置。计算机安全策略包括不同的策略范围、管理权力和用户权限。

在 Windows Server 2003 中定义两种安全策略类型：域安全策略和计算机安全策略（即本地安全策略）。不属于 Windows Server 2003 域中的计算机只受计算机安全策略影响。而对于域中的计算机，计算机安全策略首先生效，然后是域安全策略生效。

（6）管理模板。在 Windows Server 2003 中，组策略管理器中的管理模板扩展使用管理模板文件（.adm）指定可以通过组策略管理单元修改的注册表设置。每一个策略列出相应的策略设置，作用于相应的站点、域或 OU。

在管理模板下面列出的策略表示基于注册表的组策略设置。管理模板可以控制 Windows Server 2003 操作系统及其应用程序、组件的多种行为。这些设置写入到注册表数据库的 HYEY_LOCAL_MACHINE 或 HKEY_CURRENT_USER 部分。

4.4.3　域安全策略与域控制器安全策略

1. 域安全策略的设置

在 Windows Server 2003 域控制器上单击"开始"→"管理工具"→"域安全策略",出现如图 4.56 所示的窗口。

域安全策略的具体设置方法与本地安全策略大同小异,这里不具体介绍。

2. 域安全策略的应用

当域安全策略被修改后,新的修改并不是立即应用到域中的计算机,有如下 3 种方法将新的域安全策略应用于域中的计算机。

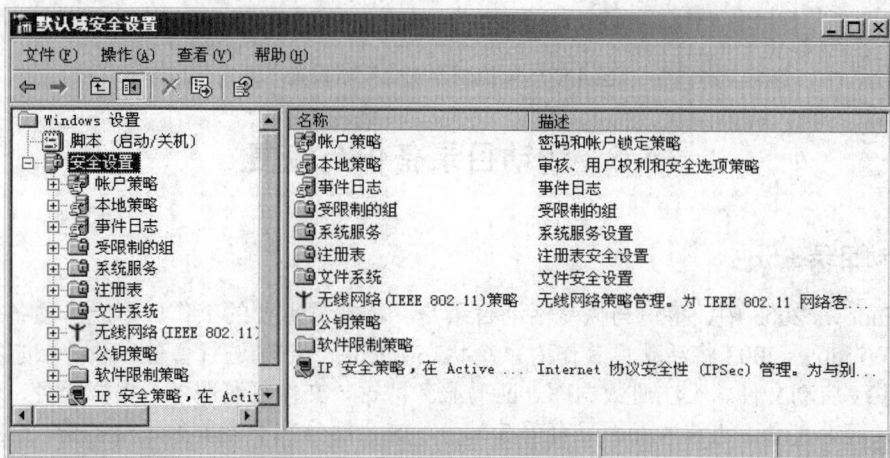

图 4.56　域安全策略设置

（1）立刻自动应用。重新启动域中的计算机。

（2）等待自动应用。域控制器每隔 5 分钟自动应用,Windows Server 2003 和 Windows XP Professional 每隔 90~120 分钟自动应用一次,所有计算机每隔 16 小时自动重新应用域安全策略。

（3）手动应用。使用 GpUpdate 命令。

3. 域控制器安全策略

"域控制器安全策略"和"本地安全策略"不同,并不是针对本地这一台计算机的安全设置,而是针对域中所有域控制器的安全设置。

"域控制器安全策略"和"本地安全策略"没有相互交织的地方,所以不存在冲突的可能,但是"域控制器安全策略"和"本地安全策略"却存在不少的冲突可能,当两者发生冲突时,以"域控制器安全策略"为准进行应用。

在任意一台域控制器上单击"开始"→"管理工具"→"域控制器安全策略",将出现如图 4.57 所示的窗口。

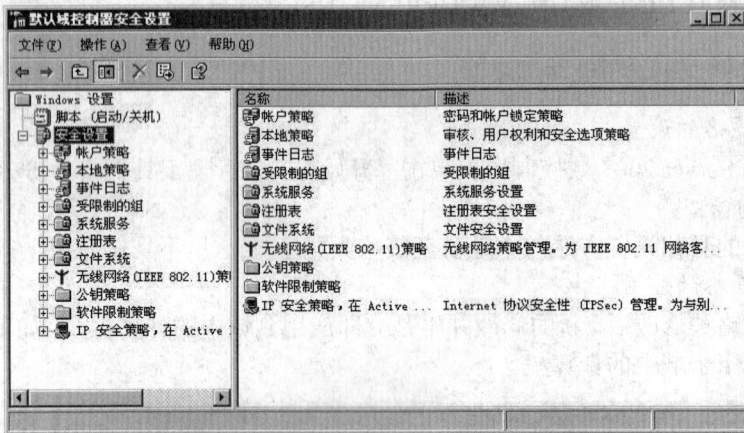

图 4.57　域控制器安全策略设置

4.5　活动目录备份与恢复

4.5.1　活动目录备份

在 Windows 2003 中,备份与恢复活动目录是一项非常重要的工作。不能单独备份活动目录,因为 Windows 2003 将活动目录作为系统状态数据的一部分进行备份。系统状态数据包括注册表、系统启动文件、类注册数据库、证书服务数据、文件复制服务、集群服务、域名服务和活动目录等 8 部分,通常情况下只有前 3 部分。这 8 部分都不能单独进行备份,必须作为系统状态数据的一部分进行备份。

如果一个域内存在不止一台域控制器,当重新安装其中的一台域控制器时,备份活动目录并不是必需的,你只需要将其中的一台域控制器从域中删除,重新安装,并使之回到域中即可,那么另外的域控制器自然会将数据复制到这台域控制器上。如果一个域内只有一台域控制器,那就有必要对活动目录进行备份。

(1)单击"开始"→"程序"→"附件"→"系统工具"→"备份"菜单项,以启动备份或还原向导。单击"高级模式"选项,打开"备份工具"对话框,单击"备份向导"按钮进行备份,然后单击"下一步"按钮。

(2)在"要备份的内容"对话框中,选择"只备份系统状态数据"选项,再单击"下一步"按钮。

(3)在"备份类型、目标和名称"对话框中,输入备份数据文件名,单击"下一步"按钮,完成备份向导。

在选择软件备份方法及使用的硬件设备时,可以考虑以下几种情况。

（1）服务器镜像。一种实时备份，可以在备份硬件上建立完全相同的数据。可通过 RAID1 系统完成，或用完整的镜像服务器硬件设备。这种实时备份通常在本地进行。在主系统受到破坏时，通过镜像可迅速进行故障切换，使用备份设备。

（2）电子链接。该备份方法是定期将改变的文件传送到异地，也称为批处理。这种异地备份不是实时的，在主系统受到严重破坏时，它为恢复 AD 网络提供了较合适的方法。

（3）远程日志。这种实时的异地备份传送的是增量（改变的元素）而不是整个变化的文件。在主系统受到严重破坏时，它是恢复 AD 网络非常可靠的途径。

（4）数据库映像。服务器镜像与远程日志的结合，可建立多种本地及异地备份。这种实时备份可以在本地，也可以在异地进行。该方法花费高昂，但当域控制器受到影响时，它是恢复 AD 的最优选择。

无论选用何种方法，都必须保证备份媒介，包括磁带、光纤和硬盘驱动器，有足够满足当前及短期内需要的能力。AD 数据库的规模每周都会增加，所以要提前计划，以充分利用备份媒介的存储空间。同时也要保证主数据资源与备份媒介中的连接线足够支持备份数据的传送。实时备份需足够的带宽以保证 100% 的可行性及正常运行时间，从而进行即时变化信息的传送。备份有时会干扰到网络的容量。这需要部署具备份功能的第二个网络，尤其是在拥有高级别 AD 交互作用的全天候工作的网络中。

4.5.2　活动目录恢复

有两种办法可以恢复活动目录。

第一种方法是从域的其他域控制器上恢复数据，前提是域内必须还有一台域控制器是可用的，这时当损坏的域控制器重新安装并加入到它原来的域时，域控制器之间会自动进行数据复制，活动目录也会随之恢复。

另一种方法就是从备份介质进行恢复。通常情况下，整个网络环境中只有一台域控制器，因此从介质恢复活动目录是经常遇到的事情。

4.6　知　识　拓　展

1．活动目录改名

关于域的重命名也是很多网络管理人员近几年遇到的比较多的一个现象，往往是由于公司内部或外部的一些原因而导致公司的名称发生变化，那么公司的域名也要发生相应地变化，但是由于域构架的特殊性，所以对域进行重命名可不像修改计算机的主机名这么简单。

在 Windows NT4 时代，域是可以更名的，但在域更名后，所有的客户机要重新执行加入域的操作。

在 Windows 2000 的 AD 时代，出现一个情况：活动目录一旦被命名，就不能更改，如果因为一开始域命名的不规范导致后期想要更改的话，唯一的办法就是推倒重来。

到了 Windows 2003，域的重命名总算有了一个比较可行的方法，用户可以通过 domain rename 工具，对活动目录中的域进行更名。在更名后，客户机只要重新启动就可以工作正常，而无需重新加入域的操作。

2. 组策略管理控制台（GPMC）

Microsoft 组策略管理控制台（GPMC）是一种用以帮助用户通过更具成本效益的方式对企业进行管理的新型组策略管理解决方案。它由一个 Microsoft 管理控制台（MMC）插件以及一套支持脚本编程方式的组策略管理接口所构成。GPMC 将作为一种独立的 Windows Server 2003 组件予以提供。

GPMC 的设计意图在于通过提供对组策略核心领域进行管理的统一场所来简化组策略管理方式。可以将 GPMC 视为一种管理组策略所需的一站式资源。GPMC 能够满足客户所提出的顶级组策略部署需求，是因为它具备以下特性：① 能够简化组策略使用方式的用户界面（UI），② 组策略对象（GPO）的备份与恢复，③ 组策略对象的导入/导出、复制/粘贴以及 Windows 管理规范（WMI）过滤器，④ 得以简化的组策略相关安全性管理方式，⑤ 针对 GPO 设置与策略结果集（RSoP）数据的 HTML 报表生成功能。

在 GPMC 出现之前，系统管理员必须同时使用几种不同的 Microsoft 工具来管理组策略。GPMC 将这些工具所包含的现有组策略管理功能集成到一种统一控制台中，并且提供了以上所列出的新增功能特性。

GPMC 下载地址：http://www.microsoft.com/downloads/details.aspx? FamilyId = 0A6D4C24-8CBD-4B35-9272-DD3CBFC81887&displaylang=en

4.7 技 能 挑 战

任务：
（1）活动目录备份与恢复
（2）组策略应用与 GPMC 的使用
要求：
（1）在掌握活动目录的设计与规划要求的基础上，与企业实际应用相结合首先完成活动目录创建。
（2）掌握活动目录的部署方法，掌握活动目录备份的一般方法。
（3）进一步了解掌握组策略应用与 GPMC 的使用。

4.8 项 目 实 训 要 求

实训　域控制器、活动目录的创建与管理

[实训目的]
掌握 Windows Server 2003 中的域控制器、活动目录的创建与管理的常规操作。
[实训环境]
装有 Windows Server 2003 操作系统计算机，局域网环境。

［实训内容］

1. Windows Server 2003 中的活动目录创建
2. Windows Server 2003 中的域控制器管理
3. 组策略
4. 域控制器与域用户管理
5. 域安全策略与域控制器安全策略

［实现过程］

［实训总结］

［实训思考题］

1. 如何为一个拥有 40 个用户，6 个部门的 IT 企业设计出一个活动目录规划方案？
2. 组策略的优点有哪些？

第 5 章　Windows Server 2003 公司局域网常规应用

☆ **预备知识**

（1）IPv4 与 IP 地址分类

（2）公网 IP 地址与内网 IP 地址

（3）动态 IP 与静态 IP

（4）硬件安装

（5）局域网组成知识（网络硬件与软件）

☆ **技能目标**

（1）掌握在局域网中通过"网上邻居"进行文件资源共享的方法

（2）掌握办公室局域网中安装、配置与使用共享打印机的技能

（3）了解办公室局域网中安装、配置与使用共享传真机的方法

（4）掌握中小型企业办公局域网中使用 ADSL 宽带共享上网的安装、配置与使用的技能

（5）掌握远程管理 Windows Server 2003 服务器的方法

☆ **项目案例**

案例一：若为某小型高科技企业的网络管理员，总经理安排设计并提出一个办公室局域网打印机、传真以及文件资源进行方便共享的方案。要求该方案切实可行又投入较少，方便办公室成员工作的同时又要尽量减少办公成本。

案例二：某软件销售企业驻沪办事处，因为刚刚成立，所以在组网的时候，要求尽量降低成本。该公司已经申请了 ADSL 接入服务，要实现所有办公计算机共享 ADSL 上网，要求安装防火墙。请帮助该公司设计一个合理的方案，公司已提供网络拓扑图如图 5.1 所示。

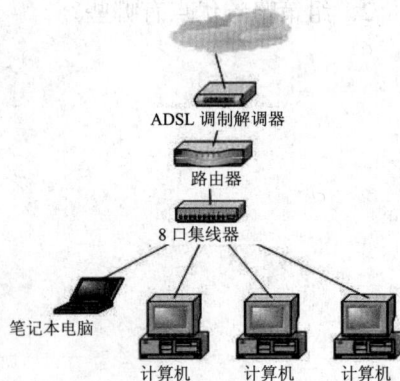

图 5.1　小型企业 ADSL 共享上网拓扑图

5.1　网上邻居与资源共享

5.1.1　了解自己的网络身份

网络中的计算机靠 IP 地址来进行身份识别，换句话说 IP 地址相当于计算机在网络中存在

的身份证。

IP 地址就是相当于电话号码一样的标识地址，一个地区没有两个相同的电话号码，而因特网上也没有两个相同的 IP 地址。电话号码是一个电话用户的地址，而 IP 地址就是计算机的地址，通过计算机的 IP 地址可以查询到该计算机的详细资料。IP 地址是由 32 位二进制数组成的，而且在 Internet 范围内是唯一的，IP 地址是网络中用数字表示主机的唯一标识符。通过 IP 地址最终可以在两个主机间实现端到端的通信。

在 Windows Server 2003 中查询本机 IP 地址的基本方法是：单击"开始"→"运行"命令，在"运行"对话框中输入"cmd"，单击"确定"按钮后便启动到命令提示符模式，在该窗口中输入"ipconfig /all"并按回车，便可出现本机 IP 地址相关的参数显示。

一般来讲，在因特网的计算机上有两种 IP 形式。一种是动态 IP，就是指 ISP（Internet 服务商，指专门为用户提供 Internet 接入的服务商）为用户临时分配的 IP 地址。一般通过拨号上网的计算机的 IP 地址就是动态 IP 地址，这样可以节约 IP 资源，每次所拨号的 IP 不相同。不过这一类 IP 地址有一个规律，就是在用户所在的地区不变的情况下，每次拨号的 IP 地址的前面两段不变，改变的只是后面两段，例如在同一个地区，第 1 次拨号的 IP 是 202.100.0.2，第 2 次拨号的 IP 是 202.100.12.19。

如果用户所在的网络有"动态主机配置协议"（DHCP）服务器，则会自动分配 IP 地址，否则您可以指定 IP 地址。在命令提示符下，键入"ipconfig /release"，然后按 Enter 键。键入"ipconfig /renew"，然后按 Enter 键。DHCP 服务器就会给网络适配器分配一个 IP 地址。图 5.2 显示了本机动态获得 IP 地址的情形。

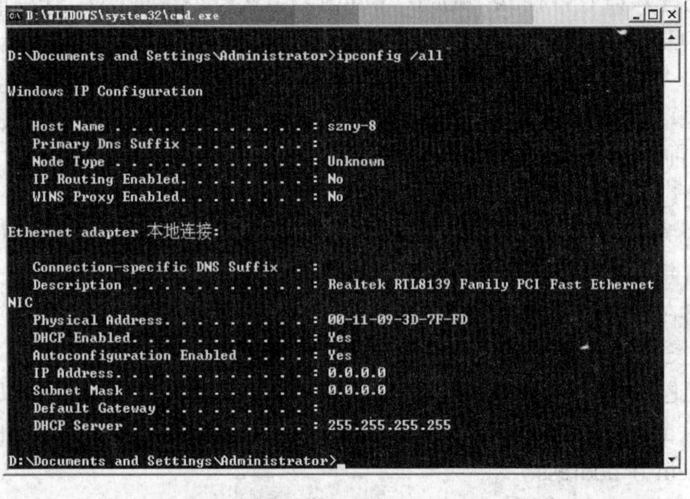

图 5.2　使用命令行查看本机动态 IP 地址

另一种 IP 是静态 IP 地址。这一类 IP 地址在因特网上是固定不变的，比如一个网站、一个企业、一个网吧，静态 IP 地址主要分配给 DDN、ADSL 等网络接入。

图 5.3 显示了本机配有静态 IP 地址的情形。

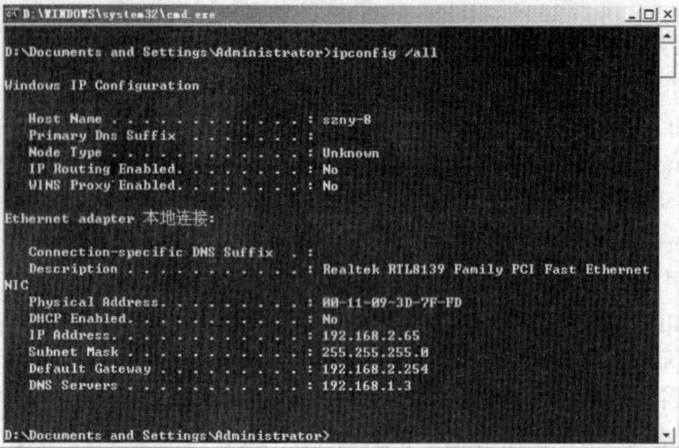

图 5.3　使用命令行查看本机静态 IP 地址

5.1.2　网络问题的简单判断

1.　网络不通的简单判断与解决

在局域网中，通常会出现网络不通的情况。出现此情况时，应先了解用户或想想自己最近都进行了哪些操作，然后再采用以下所介绍的简单方法，通常能找到问题所在并加以解决。

第一步，首先进入命令行模式，通过 "ping 127.0.0.1" 来判断 TCP/IP 协议是否安装成功，不通则重新安装 TCP/IP 协议，如果通则进入下一步。

第二步，输入 "ipconfig" 获得本机 IP 地址及网关地址，通过 "ping 本机 IP 地址" 来判断网卡是否有问题，如果 Ping 不通，则需要重新安装网卡驱动程序，如果通则进入下一步。

第三步，通过前两步已经能够判断出本机网络协议和网卡工作是否正常，下面就要看问题是出在网线，还是远程服务器或路由器链路上了。

执行 "ping 网关 IP 地址"，如果不通则说明问题基本出在网线上，这时应该查看 RJ45 水晶头上是否有线扭断，或换根网线测试一下，如果通则说明从本机到服务器或路由器远程链路连接正常，问题出在服务器或路由器上的设置，与本机无关。

2.　IP 地址冲突的解决方法

如果尝试分配已被占用的 IP 地址，也就是 IP 地址有冲突，就会看到以下错误信息：

The static IP address that was just configured is already in use on the network.Please reconfigure a different IP address.

此时，用户的计算机无法连接到网络上的其他计算机。解决方法只需要重新更改 IP 地址。

5.1.3　找到网上邻居

说到 "网上邻居"，需要联系一下生活中的例子：比如 UU 要拜访一个远方的朋友——PP，要去他的家里，那么应该怎么样做呢？答案是先找到 PP 的家，然后再确定 PP 让不让 UU 进他的家里。"网上邻居"的工作机制就是这样的。

在一个局域网中，只要双击桌面的"网上邻居"，就能看到所在网络中的所有用户，这一切似乎都顺理成章。要在"网上邻居"中看到自己和别人，必须在 TCP/IP 协议上选中"文件及打印机共享"这个选项。

"网上邻居"是微软的 Windows 系统所独有的，它在日常所进行的网络操作中应用最为频繁，几乎成为网络访问的必经之路。可是由于各种原因，可能在实际的网络配置或操作中出现各种与"网上邻居"有关的问题，严重影响了正常的网络访问。

"网上邻居"实际上是 Web 服务器上的一个文件夹。查看 Web 服务器上文件夹的方法与查看网络服务器上的文件夹一样。然而，将文件保存到网上邻居时，文件实际被保存在 Web 服务器上，而不是计算机的硬盘中。可以使用"添加网上邻居向导"创建网上邻居，该向导在"网上邻居"中。网上邻居只在支持"Web 扩展器客户端（WEC）"、FrontPage 扩展和"分布式授权和版本控制（DAV）"协议的 Web 服务器上可用。

其实微软 Windows 的"网上邻居"自 Windows 95 以来，其工作原理也发生几次大的变迁，主要体现在计算机名称注册、解析方式的不同和所需协议的配置不同几个方面。还有一个重要方面就是这些 Windows 之所以可以在"网上邻居"上看到其他计算机，就是因为它们都有一个称之为"计算机浏览器（Computer Browser）"的服务，而计算机要把自己的共享文件向其他计算机发布，也需要专门的服务，那就是"服务器服务（Server Service）"。

在 Windows 2000 以后的系统版本中，计算机浏览器服务的配置又不一样了。它需要在网络连接属性对话框中安装"Microsoft 网络的文件和打印机共享"选项。同时，需要在"服务"管理工具对话框中正确启动"计算机浏览器服务（Computer Browser Service）"，当然也是要求以"自动"启动方式随系统的启动而启动，这个在 Windows Server 2003 系统中同样需要，如图 5.4 所示。

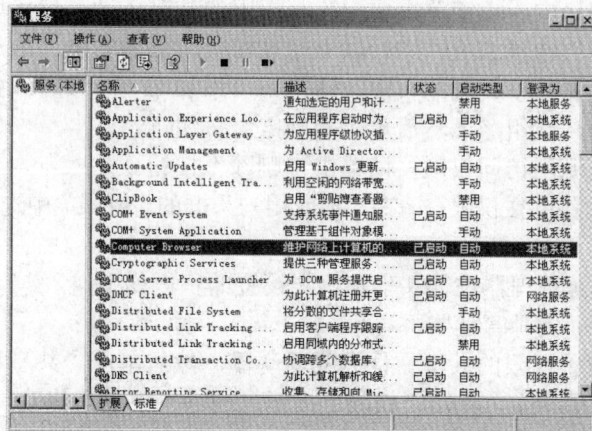

图 5.4　Services 中的 Computer Browser 进程

认识微软的"网上邻居"，了解其工作原理、网络配置需求和典型故障分析，会为日后的网络维护和正常工作带来方便。

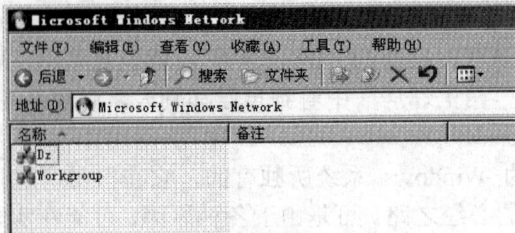

图 5.5　查看网上邻居

5.1.4　实现资源共享

建立共享文件夹

使用"共享文件夹"可以查看本地和远程计算机的连接和资源使用情况的摘要。主要功能可以实现创建、查看和设置共享资源的权限；查看通过网络连接到计算机的所有用户列表，并断开一个或全部用户；查看由远程用户打开的文件列表，并关闭一个或全部打开的文件等。

建立"共享文件夹"的步骤如下：

（1）打开"计算机管理"。

（2）在控制台树中，单击"共享"。

（3）在"操作"菜单上，单击"新建共享"。

按照"共享文件夹向导"的步骤进行操作，然后单击"完成"按钮。

设置共享资源权限的步骤如下：

（1）打开"计算机管理"。

（2）在控制台树中，单击"共享"。

（3）在详细信息窗格中，右键单击要配置其权限的共享资源，然后单击"属性"。

（4）在"共享权限"选项卡上，进行以下任意修改，然后单击"确定"按钮。

若要为用户或组指派共享资源的权限，请单击"添加"。在"选择用户、计算机或组"对话框中，查找或输入用户或组名，然后单击"确定"按钮。

若要撤销对共享资源的访问权限，请单击"删除"按钮。

若要为用户或组设置单独权限，请在"组或用户"框的"权限"中选择"允许"或"拒绝"复选框。

使用 Windows 资源管理器进行共享及权限设置的步骤如下：

（1）打开 Windows 资源管理器。

（2）右键单击要设置权限的共享文件夹或驱动器，然后单击"共享和安全"。

（3）在"共享"选项卡上，单击"权限"按钮，进行以下任意修改，然后单击"确定"按钮。

若要为用户或组指派共享资源的权限，请单击"添加"按钮。在"选择用户、计算机或组"对话框中，查找或输入用户或组名，然后单击"确定"按钮。

若要撤销对共享资源的访问权限，请单击"删除"按钮。

　　若要为用户或组设置单独权限，请在"组或用户"框的"权限"中，选择"允许"或"拒绝"复选框。

5.1.5　共享权限与共享资源安全

　　共享资源提供对应用程序、数据或用户个人数据的访问。可对每个共享资源指派或拒绝权限。在 Windows Server 2003 家族中，当创建新的共享资源时，自动指派 Everyone 组为读取权限。这种权限是最受限制的权限。

　　可通过多种方法来控制对共享资源的访问。可以使用共享权限，这样易于应用和管理。或者，可以使用 NTFS 文件系统上的访问控制，这样可以对共享资源及其内容进行更详细地控制，也可以将这些方法结合起来使用。如果将这些方法结合起来使用，将应用更为严格的权限。例如，如果共享权限设置为"Everyone = 读取"（默认值）并且 NTFS 权限允许用户更改共享文件，则将应用共享权限，不允许用户更改文件。

　　不必显示拒绝共享资源的权限。通常，只有在想要覆盖已指派的特定权限时，才有必要拒绝权限。

　　可对共享文件夹或驱动器指派下列类型的访问权限。

　　读取："读取"权限是指派给 Everyone 组的默认权限。"读取"权限允许查看文件名和子文件夹名、查看文件中的数据和运行程序文件。

　　更改："更改"权限不是任何组的默认权限。"更改"权限除允许所有的"读取"权限外，还具有添加文件和子文件夹、更改文件中的数据和删除子文件夹和文件的权限。

　　完全控制：完全控制权限是指派给本机上的 Administrators 组的默认权限。"完全控制"权限除允许全部读取及更改权限外，还具有更改权限（仅适用于 NTFS 文件和文件夹）。

　　使用语法为 drive letter$ 的形式（如 C$或 D$），将自动共享计算机上固有的磁盘驱动器（如驱动器 C 或驱动器 D）。这些驱动器不会显示"我的电脑"或"Windows 资源管理器"中表示共享的手形图标，并且当用户远程连接到您的计算机时它们也会隐藏。

　　如果计算机没有防火墙的保护，并且有人知道 Administrators 组、Backup Operators 组或 Server Operators 组的任一成员的用户名和密码，此人就能以管理员的身份访问该计算机。

　　要保持驱动器的安全，请对所有的账户使用强密码。

　　为获得最高的安全性，也可以重命名 Administrator 账户。

　　如果要更改特殊共享资源的权限（例如 ADMIN$），则当终止并重新启动服务器服务或重新启动计算机时，将恢复默认设置。请注意，这种情况并不适用于那些由用户创建的共享名以 $结尾的共享资源。

5.1.6　从命令行管理共享文件夹

　　要显示有关本地计算机上共享资源的信息，输入："net share"

　　要使用共享名 DataShare 共享计算机的 C:\Data 目录并包括注释，输入："net share DataShare=c:\Data /remark:"For department 123.""

　　要停止上例中创建的 DataShare 文件夹共享，输入：

"net share DataShare /delete"

要使用共享名 List 共享计算机的 C:\Art Lst 目录，输入：

"net share list='c:\art lst'"

使用命令行停止共享，需要输入：

"net share sharename /delete"

5.2 Internet 连接共享

5.2.1 Internet 连接共享

ADSL 作为一种较为成熟的宽带接入技术，凭着传输速度快、安装使用简便、节省投资，同时实现"上网"和"通话"，以及可以实现网络的高速互联和共享等诸多优点被越来越多的用户所接受。提到共享上网，可以使用带路由功能的 ADSL Modem，用 Windows 系统提供的共享上网的功能，轻松实现多用户的接入。

使用 ADSL 进行 Internet 连接共享的步骤介绍如下：

（1）搭好公司局域网。组建局域网，然后将每台安装有网卡的计算机通过双绞线与 Hub 或交换机相连，开机后 Hub 或交换机上相应的指示灯亮起就表示网络连通了。

（2）设置网上邻居。在用来连接 ADSL Modem 的那台电脑上安装双网卡并驱动，然后执行"Internet 连接共享"的安装：依次打开"我的电脑"→"控制面板"→"添加/删除程序"→"Windows 安装程序"→"Internet 工具"，单击详细资料并选中"Internet 连接共享"，按"确定"按钮。在弹出的"Internet 连接共享向导"对话框中单击"下一步"按钮，正确选择网络适配器。最后单击"完成"按钮，重新启动计算机。

（3）修改连 ADSL 的主机网络属性。打开"网上邻居"属性，打开连接 Hub 的那块网卡的 TCP/IP 设置（我的电脑上为 1#适配器），给其指定 IP 地址（例如 192.168.0.1）。

（4）修改客户机网络属性。打开每台客户机的 TCP/IP 设置，选"自动获取 IP 地址"，打开网关选项卡，为其新增网关 192.168.0.1。重新启动计算机后整个安装过程就算完成了。确认主机已联网，再打开客户机的 IE 浏览器，就可以进行网络访问了。

需要注意：主机上安装"Internet 连接共享"时指定的网络适配器是用来连接 ADSL 的那块网卡，指定本地 IP 地址的是连局域网的那块网卡；客户机网关地址一定要设置与主机上连接局域网网卡的 IP 地址相同且客户机网卡不能指定 IP 地址。

5.2.2 Windows Server 2003 中 ICS 的配置

Windows Server 2003 标准版和 Windows Server 2003 系列的其他成员共享很多功能，这些功能有助于提高企业和职员的工作效率。Windows Server 2003 通过增强的系统管理和存储功能，为管理员和用户都带来了更高的工作效率。Internet 连接共享（ICS）/Internet 连接防火墙（ICF）服务的这个子组件对允许网络协议通过防火墙并在 Internet 连接共享后面工作的插件提供支持。

由于 Windows 2003 默认安装是没有为 ICS 配置客户端计算机的，因此需要进行配置，才能使客户端计算机访问 Internet，配置的方法如下。

（1）插入 Windows Server 2003 Standard Edition 或 Windows Server 2003 Enterprise Edition 光盘。

（2）"欢迎"屏幕出现后，单击"执行其他任务"，然后单击"浏览光盘内容"。

（3）在目录"SUPPORT\TOOLS"，找到 netsetup.exe，双击运行它。

（4）按屏幕上的指示进行操作，重新启动机器即可。

这种情况下默认会启用网桥。

安装 Active Directory（以将运行 Windows Server 2003 Service Pack 1 的计算机配置为域控制器）之后，Internet 连接共享并不显示在活动网络连接的属性中。安装 Windows Server 2003 Internet 连接共享补丁这一更新程序可以解决这一问题。安装本更新程序之后，可能需要重新启动计算机。

该补丁需要 Windows Server 2003 Service Pack 1。

5.3　远程管理的配置与实现

5.3.1　远程管理

随着网络规模的扩大和网络间互联的普及，远程网络管理已作为一种必备手段在各种网络管理系统中广泛应用。Windows Server 2003 作为微软的最新、也是目前功能最强大的网络操作系统，它的远程管理功能相对前一版的网络操作系统 Windows 2000 Server 系统更加强大了。

（1）管理远程桌面。"管理远程桌面"功能属于改进型的远程管理功能，它在原来的 Windows 2000 Server 系统"远程管理"模式中称为"终端服务"。这一远程管理功能可以提供到任何运行 Windows Server 2003 家族操作系统的计算机桌面的远程访问，并允许从网络中的任一虚拟计算机上管理用户的服务器。通过管理远程桌面，几乎可以实现从网络上的任何计算机对其他计算机进行管理。管理远程桌面基于终端服务技术，是为进行服务器管理而专门设计的。

（2）远程协助。"远程协助"功能虽然自 Windows XP 系统就开始有了。用户可以使用"远程协助"来邀请受信任的个人来聊天、观察用户的工作屏幕，并在得到用户的许可后远程控制用户的计算机。也可使用"远程协助"来远程管理计算机。如果用户有邀请，则"远程协助"是从运行 Windows XP 或 Windows Server 2003 家族中任何产品的计算机连接到远程计算机的方便途径。连接之后，即可查看远程计算机的屏幕而且可进行实时聊天。如果请求协助的人允许，甚至可以使用鼠标和键盘在远程计算机上进行操作。

（3）远程管理的 Web 界面。仅限于 Windows Server 2003 Web Edition 版本。这也是 Windows Server 2003 系统新增的一项远程管理功能。在 Windows Server 2003 Web Edition 上，用于远程管理的 Web 界面是基于超文本标记语言（HTML）的应用程序，用于从远程客户端配置和管理服务器。单个的服务器、整个服务器场和每个服务器的多个站点都可以从单个远程工作站进行管理。

（4）远程安装服务的改进功能。"远程安装服务"（RIS）是 Windows 2000 系统就开始提供的，但在 Windows Server 2003 家族系统中又对这项远程管理功能进行了一些必要改进。在这一系统中，对远程安装服务的增强功能包括对 Windows Server 2003 家族和 Windows XP 产品安装的支持；对用于 RIS 安装的应答文件处理有更强的控制，以及对恢复模式下的网络文件的访问。

运行 Windows Server 2003 Web Edition 操作系统的计算机不包括该功能。

使用 Windows Server 2003 家族操作系统光盘中包含的工具，可以远程管理运行 Windows 2000 和 Windows Server 2003 家族操作系统的服务器系统；也可以从使用 Windows XP Professional 的计算机远程管理 Windows Server 2003 家族操作系统计算机。

下表描述了 Windows Server 2003 家族操作系统可执行的远程管理任务及说明。除非另外指明，否则这些工具都可用于 Windows Server 2003 家族操作系统，并在某些情况下，也用于 Windows XP Professional。

表 5.1　　Windows Server 2003 家族操作系统远程管理任务表

任　　务	远程管理基本方法	说　　明
通过执行相似任务管理多个服务器	（1）Microsoft 管理控制台 （2）创建 MMC 控制台文件 （3）使用 MMC 和保存的控制台文件	可使用适当保存的 MMC 控制台，也可为频繁委派或执行的任务创建自定义 MMC 控制台
远程登录到一台计算机，并像在本地一样管理该计算机	远程桌面连接	除 Windows Server 2003 家族操作系统之外，还可将此功能用于 Windows 2000 Server。必须在远程计算机上启用"远程桌面"功能
在要远程登录的多个计算机之间进行切换	远程桌面管理单元	除 Windows Server 2003 家族操作系统之外，还可将此功能用于 Windows 2000 Server。必须在远程计算机上启用"远程桌面"功能
从网络上任意计算机管理运行 Windows Server 2003 的服务器	管理远程桌面	除 Windows Server 2003 家族操作系统之外，还可将此功能用于 Windows 2000 Server。必须在远程计算机上启用"远程桌面"功能
从 Windows XP Professional 管理服务器	（1）Windows Server 2003 管理工具包； （2）远程桌面连接	必须在 Windows XP Professional 上安装 Windows Server 2003 管理工具包，才可以使用这些工具管理服务器。必须在服务器上启用"远程桌面"，才能使用"远程桌面连接"
使用 Web 浏览器在远程计算机上管理 Web 服务器	远程管理 Web 界面	使用 Internet Explorer 6 或更新版本，以使用"Web 界面"进行远程管理。默认情况下，没有安装用于 Web 服务器的"Web 界面"

续表

任　务	远程管理基本方法	说　明
实时协助运行 Windows Server 2003 家族操作系统、Windows XP Professional/Home Edition 远程计算机上的操作员	管理远程协助	"远程协助"连接需要获得被连接用户的明确许可,且两个计算机都必须运行 Windows XP Professional 或 Windows Server 2003 家族操作系统
当该计算机由于硬件或软件故障而无法访问网络或正常工作时,可将它连接到远程计算机	Telnet	所有命令都必须通过命令行输入。功能受到限制,而且安全性最小
通过把文件复制到磁带库或光盘库,管理服务器上的磁盘空间	远程存储	有些Windows组件在使用之前需要进行配置,并将在"控制面板"中"添加或删除程序"的"添加/删除 Windows 组件"中显示。远程存储需要另外安装后才能使用

从表中可以看出,在 Windows Server 2003 家族操作系统中,进行远程管理的方法是多种多样的,主要包括:MMC(微软管理控制台)法、远程桌面连接法、管理远程桌面(终端服务)法、管理工具包法、远程协助法、Telnet 法、远程管理 Web 法和远程存储法等。当然这么多种不同的远程管理方法都有其适用的范围,并不是任何一种方法都适用于所有远程管理领域。

5.3.2　远程操作实现

1．远程桌面的启动与连接

1)远程桌面的启动

Windows Server 2003 中打开远程桌面的方法和 XP 类似,步骤如下。

(1)在桌面"我的电脑"上单击鼠标右键,选择"属性"。

(2)在弹出的系统属性窗口中选择"远程"标签。

(3)在远程标签中找到"远程桌面",在"允许用户连接到这台计算机"前打上对勾后确定即可完成 Windows Server 2003 下远程桌面连接功能的启用。

2)远程桌面连接

"远程桌面连接"是为 Windows Server 2003 系统提供的一种连接远程工作站的远程管理工具,在 Windows XP 系统中也可使用。安装了终端服务器的 Windows 2000 Server 计算机也具有此项功能。除此之外,安装了其他版本 Windows 系统的计算机不具有此项功能。

在 Windows Server 2003 中使用远程桌面连接,用户可以将其他位置的计算机连接到本地计算机的桌面,执行本地计算机中的程序或使用本地计算机连接到其他位置的计算机桌面,执行其他计算机上的程序,非常方便和实用。

设置远程桌面连接,用户先要与 Internet 建立连接或在局域网中设置终端服务器。在进行远程桌面连接之前,用户需要先对远程桌面连接进行一些设置,具体操作如下

(1)单击"开始"按钮,选择"所有程序"→"附件"→"通信"→"远程桌面连接"命令。

(2)打开"远程桌面连接"对话框,如图 5.6 所示。打开后即弹出一个对话框,要求输入

要远程连接的计算机名或 IP 地址。

（3）单击"选项"按钮，展开全部对话框。

（4）选择"常规"选项卡，如图 5.7 所示。

图 5.6　远程桌面连接

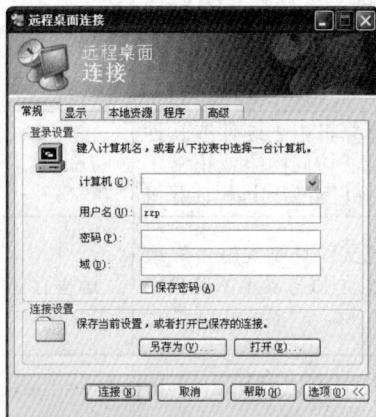

图 5.7　远程桌面连接"常规"

（5）在"登录设置"选项组的"计算机"文本框中输入要进行远程桌面连接的计算机的名称；在"用户名"文本框中输入登录使用的用户名；在"密码"文本框中输入用户的登录密码；在"域"文本框中输入要登录的域名称；若用户要保存密码，可选中"保存密码"复选框。

（6）在"连接设置"选项组中单击"另存为"按钮，可将当前的设置信息保存下来，保存过后，用户可直接单击"打开"按钮，打开已保存的设置。

（7）单击"连接"按钮，即可进行远程桌面连接。

（8）这时将弹出"登录到"对话框，如图 5.8 所示。

（9）在该对话框的"用户名"文本框中输入登录用户的名称；在"密码"文本框中输入登录密码；在"登录到"下拉列表中选择登录的域。

（10）单击"确定"按钮，即可登录到该计算机桌面，如图 5.9 所示。

图 5.8　Windows 2000 Server 远程桌面连接

图 5.9　远程桌面

（11）在登录成功后，用户就可以使用该远程桌面中的程序进行各项操作了。

2．设置远程桌面连接的显示方式

在默认状态下，远程桌面连接以全屏方式显示，用户可以自行更改其显示大小，让其以 800×600 像素显示或以 640×480 像素显示，也可以更改远程桌面的颜色显示方式，其操作如下。

（1）单击"开始"按钮，选择"所有程序"→"附件"→"通信"→"远程桌面连接"命令，打开"远程桌面连接"对话框。

（2）单击"选项"按钮，展开该对话框。

（3）选择"显示"选项卡，如图 5.10 所示。

（4）在"远程桌面大小"选项组中拖动滑块，即可改变远程桌面的大小。将滑块拖到最右边，可以全屏显示；将滑块拖到中间，可以以 800×600 像素显示；将滑块拖到最左边，可以以 640×480 像素显示。

（5）在"颜色"选项组中，单击"颜色"下拉列表可选择远程桌面的颜色显示方式。例如用户可选择 256 色，增强色（16 位）或真彩色（24 位）等色彩显示方式，在下面的"预览"框中可看到所选颜色方式的预览效果。

图 5.10　远程桌面显示设置

（6）若选中"全屏显示时显示连接栏"复选框，则在全屏显示时会显示连接栏。

3．远程修改注册表

Windows Server 2003 的远程桌面功能为网管维护系统提供了方便。通常情况下，需要在 Windows Server 2003 服务器上才能打开远程桌面功能，这种方法相当麻烦。其实也可以使用远程修改注册表的方法，在客户端远程打开 Windows Server 2003 服务器的远程桌面。

（1）在客户机系统中，单击"开始"→"运行"，在"运行"对话框中输入"regedit"命令，进入注册表编辑器。接着在主菜单栏中单击"文件"→"连接网络注册表"，弹出"选择计算机"对话框，在"输入要选择的对象名称"栏中填入要打开远程桌面功能的 Windows Server 2003 服务器的机器名（如 SERVER1），最后单击"确定"按钮，打开 Windows Server 2003 服务器注册表。在注册表编辑器中依次展开 server1\HKEY_LOCAL_MACHINE\SYSTEM\CurrentControlSet\Control\Terminal Server 项目，然后在右栏中找到 fDenyTSConnections 键，双击打开后将该键值修改为"0"，单击"确定"按钮，最后关闭注册表编辑器。

（2）远程重启 Windows Server 2003 服务器。虽然通过远程修改注册表打开了 Windows Server 2003 远程桌面，但这时修改还没有生效，需要重新启动 Windows Server 2003 服务器。

在客户机中，单击"开始"→"运行"，在"运行"对话框中输入"CMD"命令，进入命令提示符窗口。输入"shutdown –r -m \\SERVER1"命令，重新启动 Windows Server 2003 服务器（SERVER1 为 Windows Server 2003 服务器的机器名）。

完成了以上两个步骤的设置，就打开了 Windows Server 2003 服务器的远程桌面，网络管理员就可以在客户端使用"远程桌面连接"维护 Windows Server 2003 服务器了。

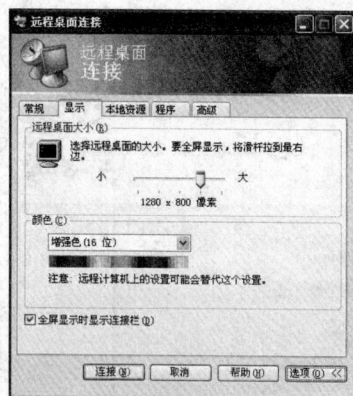

提示：在客户端使用的域用户账号具有远程修改注册表和远程重启 Windows Server 2003 服务器的权限，一般域用户无此权限。

4．Telnet

Telnet 是一种流行的用于通过 Internet 登录到远程计算机的协议。Telnet 服务器软件包为远程登录主机提供了支持。要通过 Telnet 协议与另一台主机通信，可以使用名称或 Internet 地址格式（如 192.168.1.10）与主机联系。

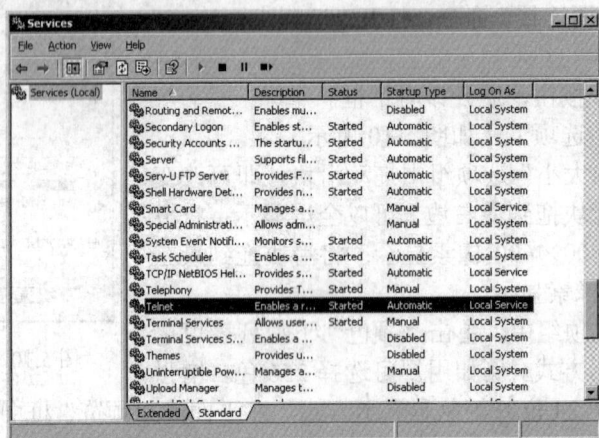

图 5.11　启动 Telnet 服务

1）启动 Telnet 服务

安装 Windows 2000 Server 时 Telnet 服务的启动类型被设为手动。

（1）手动启动 Telnet 服务。可以使用下面任一方法手动启动 Telnet 服务。

① 在命令提示符下键入"net start telnet"。

② 单击"开始"→"程序"→"管理工具"，然后单击 Telnet 服务器管理。在命令提示符下输入"4"启动 Telnet 服务。

③ 单击"开始"→"程序"→"管理工具"，单击"服务"，右键单击 Telnet 服务，然后单击"启动"。

④ 单击"开始"→"程序"→"管理工具"，单击"服务"，右键单击 Telnet 服务，单击"属性"，然后单击"启动"。

（2）自动启动 Telnet 服务。可以按如下步骤设置 Telnet 服务让其自动启动。

① 单击"开始"→"程序"→"管理工具"，然后单击"服务"。

② 右键单击 Telnet 服务，然后单击"属性"。

③ 在启动类型框中单击"自动"。

④ 单击"确定"按钮。

2）使用 Telnet 服务

要开始使用 Telnet 服务，输入如下命令以连接到远程服务器

"telnet ip_address / server_name"。

其中 ip_address 是服务器的 IP 地址，server_name 是服务器的名称。

备注：默认情况下，服务器使用 NTLM 身份验证，并提示输入用户名和密码。

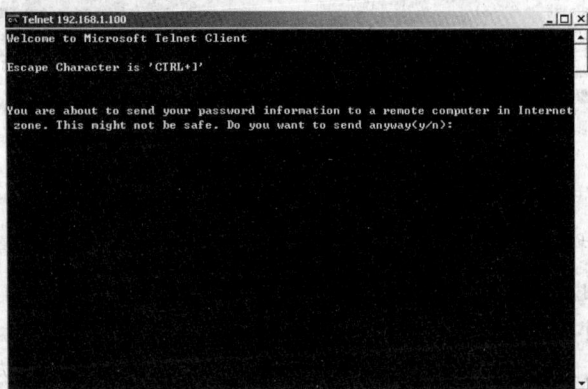

图 5.12　进行 Telnet 登录

5.4　办公室局域网共享打印机与传真机

5.4.1　共享打印机安装

安装打印机共享服务具体的操作步骤如下。

（1）安装打印共享服务。从"控制面板"→"网络连接"中打开 "本地连接属性"窗口，检查相关计算机上是否已安装了"Microsoft 网络的文件与打印机共享服务"，这里应该已被激活。如果没有找到这一项的话，请单击"安装"按钮进入下一窗口，选择"服务"项，然后单击"添加"按钮，找到"Microsoft 网络的文件与打印机共享服务"项，并单击"确定"按钮即可将它添加到系统中。

（2）增添打印机的共享功能。

从"控制面板"→"打印机和传真"中找到要共享的打印机，右键选择"共享"命令，打开对话框，选中"共享这台打印机"项，至于共享名不用更改，使用默认名称即可，单击"确定"按钮后会看到打印机图标较以前增加了一只"小手"，这表示已激活共享。

如果你不希望公开这台共享打印机，可以在共享打印机的共享名后面附加一个美元标志$，这样它就不会在"网络邻居"中出现了。用户使用时必须输入共享打印机的网络路径才可行。

（3）客户端安装网络打印机。从客户机控制面板中打开"打印机和传真"窗口，选择"添加打印机"任务，当出现对话框时，注意选择"网络打印机，或连接到另一台计算机的打印机"项，然后在"添加打印机向导"对话框中选择"浏览打印机"，系统会自动搜索网络上所有可用的打印机。当然，如果知道共享打印机具体路径的话，可以直接输入其名称或内部 IP 地址。

接下来会有一个搜索打印机的过程，如果网络畅通的话，可以在对话框中看到这台已共享出来的打印机，选中后单击"下一步"按钮，系统会自动安装相应的驱动程序，当看到完成窗口时，即说明打印机添加成功，注意要将它设置为默认打印机。

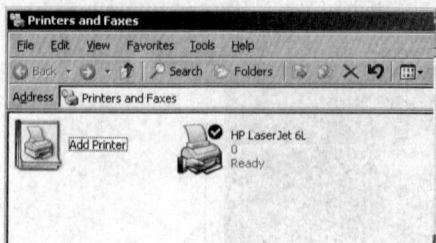

图 5.13　完成打印机共享设置

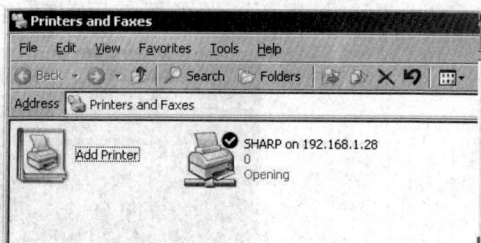

图 5.14　客户端增添网络打印机

（4）试用共享打印机及权限设置。现在，就可以使用这台已添加的共享打印机了。不过，如果同时有多位用户对共享打印机发出了打印命令，打印机会根据先后次序进行排队。

打印机激活共享后，默认设置下所有用户均有权限访问，如果希望为不同用户设置不同级别的访问权限，可以通过"安全"标签页进行设置。可以添加允许访问共享打印机的组或用户，并且还可以为之分别设置不同的访问权限，一般情况下只需给予"打印"权限即可，至于管理打印机、管理文档、特别的权限等一概取消。

5.4.2　传真机的安装、配置与使用

传真在现代办公中应用极为广泛，随着电脑的普及，可用电脑方便地进行传真的收发。在 Windows 98/me 系统中通常需要第三方软件管理，但在 Windows 2000 后的系统都包含有传真的功能。Windows Server 2003 系统可以安装并配置传真机，但要求用户首先要正确安装了调制解调器，并确保调制解调器支持传真功能。

1）安装传真组件

（1）依次单击"开始"→"控制面板"，然后单击"添加或删除程序"。单击"添加/删除 Windows 组件"。在"Windows 组件向导"中，选中"传真服务"复选框，完成后查找"通信"→"传真"→"传真服务管理器"，如图 5.15 所示。

（2）当安装了"传真"，系统将自动创建一个代表本地传真设备的本地传真打印机（如图 5.16 所示）。

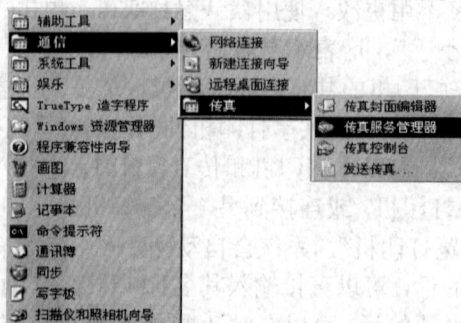

图 5.15　安装传真服务管理器

图 5.16　安装传真机

2）配置本地传真设备

（1）安装传真组件之后，默认情况下，计算机上连接的本地传真设备可以发送传真，但不能接收传真。

（2）依次单击"开始"→"所有程序"→"附件"→"通信"→"传真"→"传真服务管理器"，然后在"传真服务管理器"左边窗口选择"设备"，并在右边窗口双击列出的调制解调器设备，打开其属性进行设置，设置完毕点击"下一步"，弹出"发件人信息"页面，如图 5.17 所示。

（3）在调制解调器设备的属性对话框中"接收传真"默认是没有选中的，选中它，并确定采用"自动应答"还是"手动应答"，建议选"手动应答"，以方便接听电话。

3）传真的发送和接收

（1）在任何一个有打印功能的应用程序中都可以发送传真。以 Word 为例，当编辑好文章后，单击"文件"→"打印"，在打印机名称位置选中传真机。

（2）"确定"后，将出现"传真发送向导"，按传真发送向导填写"收件人"和"传真号码"，选择是否使用"传真封面"和"传真计划"后即可完成"传真发送向导"，如图 5.18 所示，此时最好先"预览传真"后单击"完成"按钮。

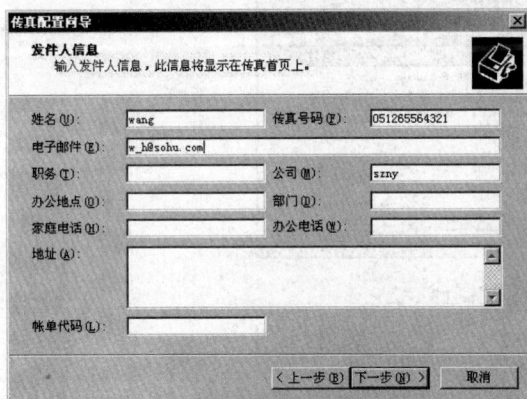

图 5.17　配置传真服务管理器　　　　　　图 5.18　传真发送向导

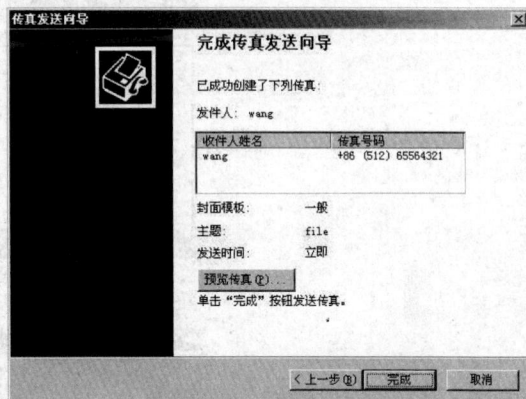

（3）传真过程可通过传真监视器看到，如图 5.19 所示。

（4）当有传真来时，出现响铃提示。

（5）接收传真后，可在传真控制台的"收件箱"中见到已收的传真，双击可阅读传真或打印，如图 5.20 所示。

4）传真的共享

（1）在 Windows 服务器版中可设置传真共享，以方便局域网中其他机器使用。

（2）在服务器中设置好可使用共享传真的用户。

（3）在服务器"打印和传真"中右击传真机，并选中"共享这台打印机"，特别注意在"其他驱动程序"中选择不同 Windows 系统中的驱动程序，以便用户连接时可以自动下载传真驱动程序，如图 5.21 所示，同时在"安全"中配置好用户权限。

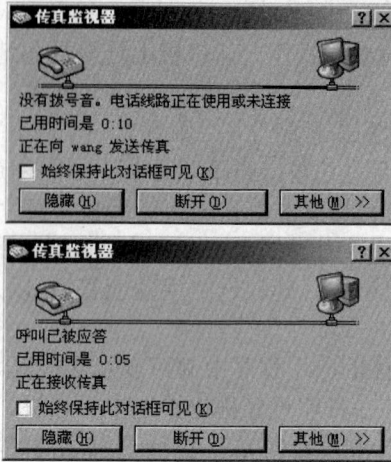

图 5.19　传真监视器及完成响应

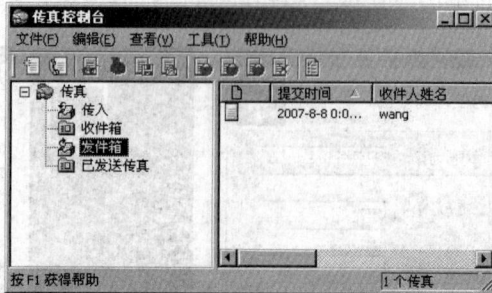

图 5.20　传真控制台

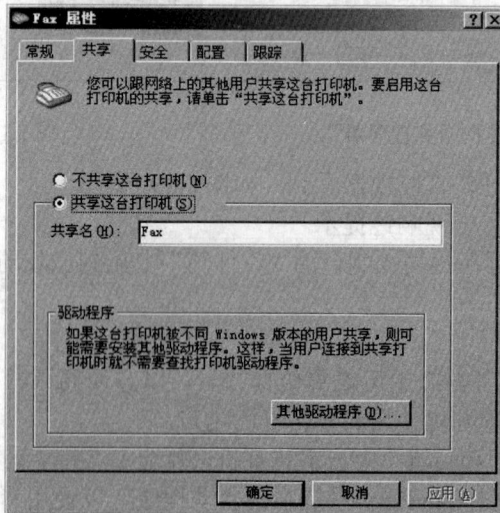

图 5.21　配置传真共享

（4）在工作站中添加网络打印机，并选中服务器共享出的传真打印机，如图 5.22 所示，驱动程序安装完后即可像本地一样使用传真了。

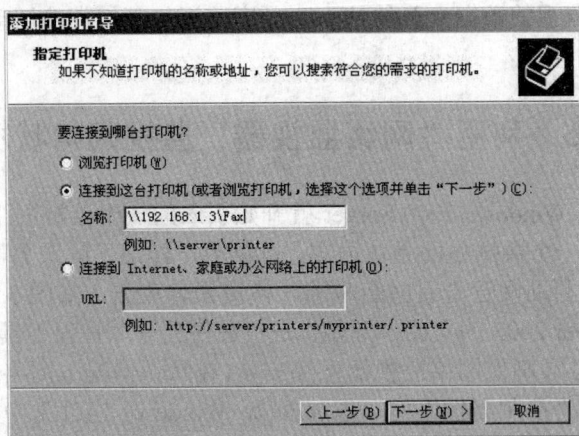

图 5.22　传真共享设置

5.5　查看服务器的性能与工作状态

由于 Windows Server 2003 是微软为服务器设计的操作系统，系统内的默认性能选项都将侧重于服务功能。因此，个人用户使用 Windows Server 2003 时，要将性能选项改回来。

具体的操作步骤是，单击"开始"→"控制面板"→"系统"，在"系统属性"对话框中单击"高级"选项卡，再单击"设置"按钮，然后在新弹出的"性能选项"对话框中单击"高级"选项卡，分别选择"处理器计划"和"内存使用"中的"程序"，这样就可以让系统在分配处理器和内存资源时以前台程序为重而不是保留资源给后台服务程序。

Windows Server 2003 中的程序从对象、计数器和实例三个方面来定义它收集的性能数据。性能对象是可以测量的任何资源、程序或服务。可以使用"系统监视器"和性能日志以及警报来选择性能对象、计数器和实例，以便收集和显示系统组件或安装的软件的性能数据。

可以在计数器上设置警报，这样，当选定计数器的值超过或低于指定设置时就可以发送消息，启动程序或启动日志。

向系统监视器中添加计数器的步骤如下：

（1）单击"开始"→"管理工具"，然后单击"性能"选项。

如果选择远程计算机上的对象，当"系统监视器"刷新列表以反映计算机中的现有对象时，可能会有短暂的延迟。

（2）右键单击"系统监视器"的"详细信息"窗格，然后单击"添加计数器"。

要监视正在运行监视控制台的任何计算机，请单击"使用本地计算机计数器"。或者，如果要监视某一特定计算机而不管监视控制台在哪里运行，单击"从计算机选择计数器"，然后指定计算机名称。

（3）在"性能对象"下，单击要监视的对象。默认情况下选中的是处理器对象。

（4）单击所有计数器 ，或者单击从列表中选择计数器，然后单击某一个列表项，再单击"添加"按钮。选择要监视的数据，开始按下列顺序监视如下组件的活动：内存、处理器、磁盘、网络。

5.6 利用"网络监视器"监视网络状况

"网络监视器"是从 Windows 2000 Server 就开始引入的一个监视网络通信状况的服务器组件，它可以细致到监视一个数据包的具体内容，以供用户详细了解服务器的数据流动情况，使用"网络监视器"可以帮助网管查看网络故障，检测黑客攻击，如图 5.23 所示。

单击 Windows Server 2003 的桌面"开始"→"程序"→"管理工具"中的"网络监视器"（运行网络监视器之前必须确保网络监视器已经安装，在默认情况下网络监视器作为 2003 的组件没有被安装，需要在"控制面板"的"添加/删除 Windows 组件"中添加"网络监视器"）来启动"网络监视器"。

进入监视器的主菜单后，单击工具栏中的三角形（类似[Play]）按钮，就开始监视指定网卡的通信了。网络监视器提供了"网络利用率"、"每秒帧数"、"每秒字节数"、"每秒广播数"等网络通信监控功能，这些参数对于网络故障的排除和网络监控具有非常重要的作用。

其中，"网络利用率"是网络当前负载与最大理论负载量的比率。以使用共享式以太网为例，它的最大网络利用率不过在 50%左右，如果超过这个数值，网络就饱和了，网络速度会非常慢；交换式以太网（采用交换机）的最大利用率则可达 80%左右。"每秒广播数"是被监视的网卡发出和接收到的广播帧的数量，正常情况下，每秒广播帧数是比较少的，它视网络上的电脑数量而定；而在发生"广播风暴"时，每秒广播帧数非常多，高达 1000 帧/秒以上。

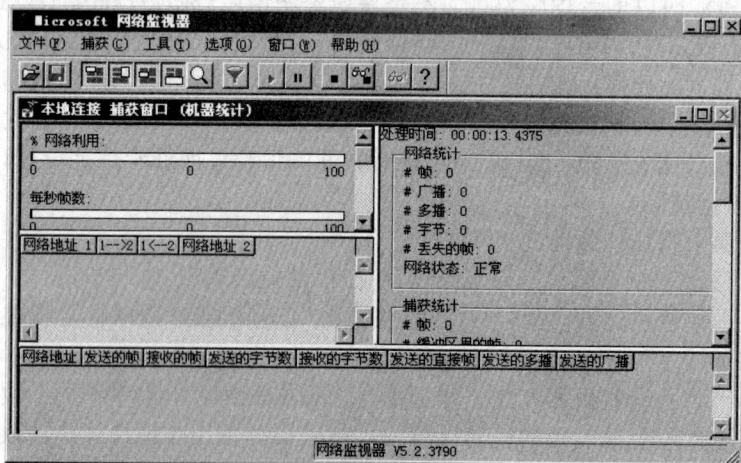

图 5.23　网络监视器

5.7　知　识　拓　展

ADSL 接入

1. 所需要的网络硬件

ADSL 接入所需的网络硬件如下:

①网卡;②ADSL Modem;③滤波器;④交叉网线;⑤带水晶头的电话线,其长度依据安装环境。

2. 连接步骤

在设备安装前需要做些必要的准备工作,一般情况下,电信是不提供网卡的,所以需要准备一块 RJ-45 的网卡,建议选择 PCI 的 100Mb/s 网卡。

如果不使用电信的 ADSL 设备,那还需准备 ADSL 设备。ADSL 分为内置和外置两种,其两者没有什么本质上的区别,内置的可以省去网卡,但安装调试较麻烦,建议选择外置,安装比较方便,并且面板上有指示灯,可以从这些指示灯来判断 ADSL 的使用状态,电信部门提供的也大多是外置的。

外置 ADSL 设备主要包括以下几个部件:滤波器,使上网和打电话互不干扰;ADSL Modem,数据传输设备;交叉网线,用于连接 ADSL Modem 和网卡;用户光盘,包括使用说明和拨号的软件。

(1) 安装网卡。网卡在这里起到了数据传输的作用,所以只有正确地安装,才能使用好 ADSL。现在的网卡一般都符合即插即用的标准,所以只要将网卡插到主板上,让系统自己寻找。在安装过程中可能会提示用户插入网卡的驱动程序光盘,按照提示指定驱动程序的位置即可。

(2) 滤波器的安装。滤波器有 3 个接口,分别为外线输入、电话信号输出、数据信号输出。输入端接入户线,如果家里有分机的话,千万不能在分线器后面接入滤波器。电话信号输出接电话机,这样可以在上网的同时进行通话。

(3) 安装 ADSL Modem。通上电源后,将数据信号输出接到 ADSL Modem 的电话 Link 端口,当正确连接后,其面板上面的电话 Link 指示灯会亮,说明已正确连接。用交叉网线将 ADSL Modem 和网卡连接起来,一端接到网卡的 RJ-45 口上,另一端接到 ADSL Modem 的 Ethernet 口上,当 ADSL Modem 前面板的网卡 Link 灯亮了就可以了。

3. 软件设置

一般电信局都会提供一个工具盘,里面有 ADSL 拨号专用的软件。因为 ADSL 不同于普通 Modem 和 ISDN,它没有确实的通信实体,只能依靠软件建立一个提供拨号的实体。软件的安装很简单,运行其安装程序即可完成安装。

现在要做的事情是建立一个新的连接,双击 Create New Profile,会出现 Connection Name 的窗口,要输入连接的名称,可以随便输入一个,比如 ADSL。接下来的是 User Name and Password,要输入电信提供的用户名和密码,密码需要重复无误地输入两次。紧接着是 Servers 提示,如果硬件连接都没有问题,直接进入到下一步就可以了。

双击"连接",就开始连接,当连接成功后,会在任务栏中出现连接的小图标,一黄一绿两个闪动的小电脑。双击这个图标会显示连接的信息,单击其中的 Details 还可以看到更详细的信息,包括 IP 地址、DNS 地址等等。其实将鼠标移到小图标的上面就可以看到 IP 等基本信息。由于各地情况不同,有的还需设置 DNS 服务器地址,具体情况请查询当地电信部门。

5.8 技 能 挑 战

任务:某外资企业驻沪办事处已经申请了 ADSL 接入服务,要实现所有办公计算机共享 ADSL 上网,要求安装防火墙。

要求:

(1)请参照公司提供的网络拓扑图进行方案的初步设计,拓扑图如图 5.24 所示。

(2)方案中应体现硬件的购置方案。本项目涉及到 ADSL 调制解调器、路由器和集线器等网络硬件设备。

(3)网络拓扑图中的无线网络进行配置说明。

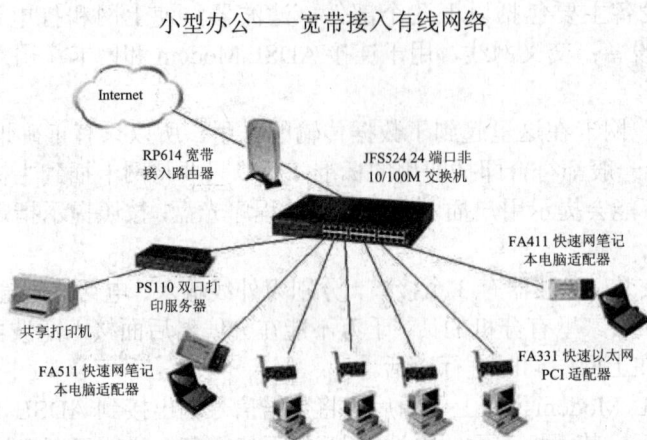

小型办公——宽带接入有线网络

图 5.24　ADSL 接入共享局域网拓扑图

5.9 项 目 实 训 要 求

实训　基于 Windows Server 2003 的局域网应用

[实训目的]

掌握利用 Windows Server 2003 进行局域网应用的常规操作。

[实训环境]

装有 Windows Server 2003 操作系统的计算机、局域网环境、电话线、打印机、传真机。

［实训内容］

1. 局域网文件共享
2. 局域网共享打印机安装与配置
3. 局域网共享传真机安装与配置
4. 远程桌面与网络性能监视

［实现过程］

［实训总结］

［实训思考题］

1. 如何利用 ICS 的功能实现局域网共享上网？
2. 举出基于 Windows Server 2003 局域网应用的其他实例。

第6章　Windows Server 2003 的 DNS 服务器

☆ **预备知识**

（1）活动目录与 DNS 的关系

（2）IP 地址与 ISP

（3）电子邮件地址

（4）统一资源定位符 URL 和超文本传输协议 HTTP

☆ **技能目标**

（1）掌握 DNS 相关的概念

（2）了解 DNS 工作的原理

（3）掌握安装与配置 DNS 服务器的方法

（4）实际架设公司局域网中的 DNS 服务器

☆ **项目案例**

越来越多的企业将企业内部局域网通过光缆、交换机等高速互联设备连接起来,形成较大规模的中型网络，网络上的主机和用户也随之日渐增多。作为 Internet 的缩影，企业内部网上的各类服务器（如 WWW 服务器、FTP 服务器、E-mail 服务器及各种备份服务器）也会随着业务量的增加而迅速增多，有些企业甚至给其内部的用户提供 WWW 虚拟主机服务。这样，系统的维护工作会越来越繁琐，大批 IP 地址让人无法记忆。此时，作为公司的网络管理员就应当考虑给公司内部网建一个域名服务器（DNS）了。

假设你要在公司内部网络中提供以下服务器的域名解析：

WWW 服务器：www.szai.com

192.168.0.6

域名服务器：dns.szai.com

192.168.0.1

FTP 服务器：files.szai.com

192.168.0.2

Email 服务器：mail.szai.com

192.168.0.3

请在 Windows Server 2003 服务器上建立域名服务器，实现公司内部网络中各类服务器的域名解析。

6.1 DNS 基 础

6.1.1 了解域名系统

在国际互联网（Internet）上有成千上万台主机（host），为了区分这些主机，人们给每台主机都分配了一个专门的"地址"作为标识，称为 IP 地址，它就像用户在网上的身份证。各主机间要进行信息传递必须要知道对方的 IP 地址。

每个 IP 地址的长度为 32 位（bit），分 4 段，每段 8 位（1 个字节），常用十进制数字表示，每段数字范围为 1～254，段与段之间用小数点分隔。每个字节（段）也可以用十六进制或二进制表示。每个 IP 地址包括两个 ID（标识码），即网络 ID 和宿主机 ID。同一个物理网络上的所有主机都用同一个网络 ID，网络上的一个主机（工作站、服务器和路由器等）对应有一个主机 ID。这样把 IP 地址的 4 个字节划分为 2 个部分，一部分用来标明具体的网络段，即网络 ID；另一部分用来标明具体的节点，即宿主机 ID。

由于 IP 地址全是数字，为了便于用户记忆，Internet 上引进了域名服务系统 DNS（Domain Name System）。当输入某个域名的时候，这个信息首先到达提供此域名解析的服务器上，再将此域名解析为相应网站的 IP 地址。完成这一任务的过程就称为域名解析。域名解析的过程是：当一台机器 a 向其域名服务器 A 发出域名解析请求时；如果 A 可以解析，则将解析结果发给 a，否则，A 将向其上级域名服务器 B 发出解析请求，如果 B 能解析，则将解析结果发给 a，如果 B 无法解析，则将请求发给再上一级域名服务器 C……如此下去，直至解析到为止。域名简单地说就是 Internet 上主机的名字，它采用层次结构，每一层构成一个子域名，子域名之间用圆点隔开，自左至右分别为：计算机名、网络名、机构名、最高域名。Internet 域名系统是一个树型结构。

以机构区分的最高域名原来有 7 个：com（商业机构）、net（网络服务机构）、gov（政府机构）、mil（军事机构）、org（非盈利性组织）、edu（教育部门）、int（国际机构）。1997 年又新增 7 个最高级标准域名：firm（企业和公司）、store（商业企业）、web（从事与 Web 相关业务的实体）、arts（从事文化娱乐的实体）、REC（从事休闲娱乐业的实体）、info（从事信息服务业的实体）、nom（从事个人活动的个体、发布个人信息）。这些域名的注册服务由多家机构承担，CNNIC 也有幸成为注册机构之一；按照 ISO-3166 标准制定的国家域名，一般由各国的 NIC（Network Information Center，网络信息中心）负责运行。

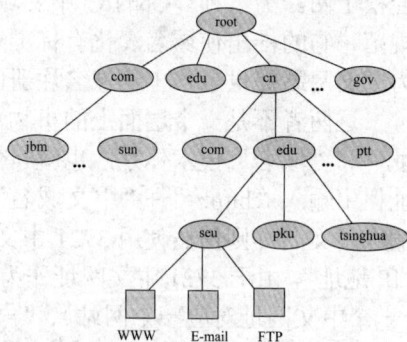

图 6.1 域名的层次结构示意图

以地域区分的最高域名：AQ（南极洲）、AR（阿根廷）、AT（奥地利）、AU（澳大利亚）、BE（比利时）、BR（巴西）、CA（加拿大）、CH（瑞士）、CN（中国）、DE（德国）、DK（丹麦）、ES（西班牙）、FI（芬兰）、FR（法国）、GR（希腊）、IE（爱尔兰）、IL（以色列）、IN

（印度）、IS（冰岛）、IT（意大利）、JP（日本）、KR（韩国）、MY（马来西亚）、NL（荷兰）、NO（挪威）、NZ（新西兰）、PT（葡萄牙）、RU（俄罗斯）、SE（瑞典）、SG（新加坡）、TH（泰国）、TW（中国台湾）、UK 或 GB（英国）、US（美国）（一般可省略）等。

我国域名体系分为类别域名和行政区域名两套。类别域名有 6 个，分别依照申请机构的性质依次分为：AC－科研机构；COM－工、商、金融等专业；EDU－教育机构；GOV－政府部门；NET－互联网络、接入网络的信息中心和运行中心；ORG－各种非盈利性的组织。

行政区域名是按照我国的各个行政区划分而成的，其划分标准依照国家技术监督局发布的国家标准而定，包括"行政区域名"34 个，适用于我国的各省、自治区、直辖市，分别为：BJ－北京市；SH－上海市；TJ－天津市；CQ－重庆市；HE－河北省；SX－山西省；NM－内蒙古自治区；LN－辽宁省；JL－吉林省；HL－黑龙江省；JS－江苏省；ZJ－浙江省；AH－安徽；FJ－福建省；JX－江西省；SD－山东省；HA－河南省；HB－湖北省；HN－湖南省；GD－广东省；GX－广西壮族自治区；HI－海南省；SC－四川省；GZ－贵州省；YN－云南省；XZ－西藏自治区；SN－陕西省；GS－甘肃省；QH－青海省；NX－宁夏回族自治区；XJ－新疆维吾尔自治区；TW－台湾；HK－香港；MO－澳门。CN 域名除 edu.cn 由 Cernet（教育网）运行外，其他均由 CNNIC 运行。

传统的域名和网址是一个技术层面上的事物，并有着严格的规定，上述几个部分组成了一个完整的"网址"（URL），有的 URL 中还包含了数据库、密码等内容。近来出现了中文域名，如"3721 中文网址"是一种架设在 IP 地址和域名技术之上的"应用和服务"，它不需改变现有的网络结构和域名体系，将一个复杂的 URL 转换为一个直观的中文词汇，实现中文用户的轻松上网。另一种"CNNIC 中文域名"则突出网络的概念和技术，因为它是一个技术标准和规范，它的推出使域名汉化有标准可循，充分体现了 CNNIC 作为中国域名管理机构的身份，为中文网站提供了本土化域名注册的服务。

这两者不是一个层面上的事物，因此完全不冲突，而且 3721 中文网址支持传统的"IP 地址"和"域名"技术体系，也就自然支持 CNNIC"中文域名"，3721 的用户只要在浏览器地址栏中输入"http://"＋"中文域名"就可以使用 CNNIC 中文域名系统，如果按照老习惯直接输入中文名称则仍然使用 3721 中文网址服务。一般每个"域名"或"中文域名"只对应一个"IP 地址"，由于 3721 中文网址作为一种架设在上层的应用，3721 中文网址可以实现"一对一"（一个中文网址对应一个网站）、"一对多"（一个中文网址对应多个镜像站点）、"多对一"（多个中文网址对应一个中文网站）、"多对多"等不同形式。可以将整个 URL（包括深层目录）转换成一个简单直观的中文词汇。

在 Internet 上，另一类地址——电子邮件的地址，即 E-mail 地址。E-mail 地址具有以下统一的标准格式：用户名@主机域名，用户名就是在主机上使用的用户码，@符号是使用的计算机域名。@可以读成"AT"，也就是"在"的意思。

6.1.2　网络中 DNS 的概念与功能

DNS 是域名系统（Domain Name System）的缩写，该系统用于命名组织到域层次结构中的计算机和网络服务。域名系统（DNS）是一种分层的分布式数据库，它包含从 DNS 域名到各种数据类型（例如 IP 地址）的映射。DNS 可以用来按友好用户名称查找计算机和服务的位置，也可以用来发现存储在数据库中的其他信息。

DNS 命名用于 Internet 等 TCP/IP 网络中，通过用户友好的名称查找计算机和服务。当用户在应用程序中输入 DNS 名称时，DNS 服务可以将此名称解析为与之相关的其他信息，如 IP 地址。

例如，多数用户喜欢使用友好的名称（如 example.microsoft.com）来查找计算机，如网络上的邮件服务器或 Web 服务器。友好名称更容易了解和记住。但是，计算机使用数字地址在网络上进行通信。为更容易地使用网络资源，DNS 等命名系统提供了一种方法，将计算机或服务的用户友好名称映射为数字地址。

图 6.2 显示了 DNS 的基本用途，即根据计算机名称查找其 IP 地址。

本例中，客户端计算机查询 DNS 服务器，要求获得某台计算机（已将其 DNS 域名配置为 host-a.example.microsoft.com）的 IP 地址。由于 DNS 服务器能够根据其本地数据库应答此查询，因此，它将以包含所请求信息的应答来回复客户端，即一条主机（A）资源记录，其中含有 host-a.example.microsoft.com 的 IP 地址信息。

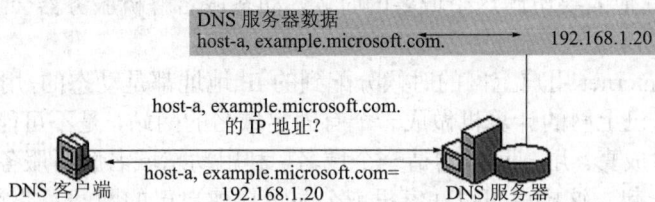

图 6.2　DNS 的作用

域名管理系统 DNS 在互联网的作用是把域名转换成为网络可以识别的 IP 地址。比如：上网时输入的"www.163.com"会自动转换成为 202.108.42.72。

6.1.3　Windows Server 2003 中 DNS 相关概念

1. 泛域名解析

泛域名解析定义为：客户的域名 a.com 之下所设的*.a.com 全部解析到同一个 IP 地址上去。比如，客户设 b.a.com 就会自己自动解析到与 a.com 同一个 IP 地址上去。

2. A 记录

A（Address）记录是用来指定主机名（或域名）对应的 IP 地址记录。用户可以将该域名下的网站服务器指到自己的 Web Server 上，同时也可以设置二级域名。

3. NS 记录

NS（Name Server）记录是域名服务器记录，用来指定该域名由哪个 DNS 服务器来进行解析。

4. 别名记录（CName）

也被称为规范名字。这种记录允许将多个名字映射到同一台计算机。通常用于同时提供

WWW 和 Mail 服务的计算机。例如,有一台计算机名为 host.szai.com(A 记录)。它同时提供 WWW 和 Mail 服务,为了便于用户访问服务。可以为该计算机设置两个别名(CName):WWW 和 Mail。这两个别名的全称就是 www.szai.com 和 mail.szai.com。实际上它们都指向 host.mydomain.com。

5. MX 记录

MX(Mail Exchanger)记录是邮件交换记录,它指向一个邮件服务器,用于电子邮件系统发邮件时根据 收信人的地址后缀来定位邮件服务器。例如,当 Internet 上的某用户要发一封信给 user@mydomain.com 时,该用户的邮件系统通过 DNS 查找 mydomain.com 这个域名的 MX 记录,如果 MX 记录存在,用户计算机就将邮件发送到 MX 记录所指定的邮件服务器上。

6. 动态域名

Internet 上的域名解析一般是静态的,即一个域名所对应的 IP 地址是静态的,长期不变的。也就是说,如果要在 Internet 上搭建一个网站,需要有一个固定的 IP 地址。动态域名的功能,就是实现固定域名到动态 IP 地址之间的解析。用户每次上网得到新的 IP 地址之后,安装在用户计算机里的动态域名软件就会把这个 IP 地址发送到动态域名解析服务器,更新域名解析数据库。Internet 上的其他人要访问这个域名的时候,动态域名解析服务器会返回正确的 IP 地址给它。

因为绝大部分 Internet 用户上网的时候分配到的 IP 地址都是动态的,用传统的静态域名解析方法,用户想把自己上网的计算机做成一个有固定域名的网站,是不可能的。而有了动态域名,这个美梦就可以成真。用户可以申请一个域名,利用动态域名解析服务,把域名与自己上网的计算机绑定在一起,这样就可以在家里或公司里搭建自己的网站,非常方便。

7. 子域名与二级域名

子域名是个相对的概念,是相对父域名来说的。域名有很多级,中间用点分开。例如公司的顶级域名是以 com 结尾的,所有以 com 结尾的域名便都是它的子域。例如:www.1234.net 便是 1234.net 的子域,而 1234.net 是 net 的子域。

6.2 DNS 工作原理与工作过程

6.2.1 DNS 查询的工作过程

当 DNS 客户端需要查询程序中使用的名称时,它会查询 DNS 服务器来解析该名称。客户端发送的每条查询消息都包括 3 条信息,指定服务器回答的问题。

指定的 DNS 域名,规定为完全合格的域名(FQDN);指定的查询类型,可根据类型指定资源记录,或者指定为查询操作的专门类型。

DNS 域名的指定类别:对于 Windows DNS 服务器,它始终应指定为 Internet(IN)类别。

例如,指定的名称可以是计算机的 FQDN,例如,host-a.example.microsoft.com,而指定的查询类型可以是通过该名称搜索地址(A)资源记录。将 DNS 查询看做客户端向服务器询问由两部分组成的问题,例如"您是否拥有名为 'hostname.example.microsoft.com' 的计算机的 A 资源记录？"当客户端收到来自服务器的应答时，它将读取并解释应答的 A 资源记录，获取根据名称询问的计算机的 IP 地址。

　　DNS 查询以各种不同的方式进行解析。有时，客户端也可使用从先前的查询获得的缓存信息就地应答查询。DNS 服务器可使用其自身的资源记录信息缓存来应答查询。DNS 服务器也可代表请求客户端查询或联系其他 DNS 服务器，以便完全解析该名称，并随后将应答返回至客户端，这个过程称为递归。

　　另外，客户端自己也可尝试联系其他的 DNS 服务器来解析名称。当客户端这么做的时候，它会根据来自服务器的参考答案，使用其他的独立查询，该过程称作迭代。

　　总之，DNS 查询过程按两部分进行：名称查询从客户端计算机开始，并传送至解析程序即 DNS 客户服务程序进行解析；不能就地解析查询时，可根据需要查询 DNS 服务器来解析名称。

　　下面将更加详细地解释这两个过程。

　　1. 本地解析程序

　　图 6-3 显示了完整的 DNS 查询过程的概况。

　　如查询过程的初始步骤所示，DNS 域名由本机的程序使用。该请求随后传送至 DNS 客户服务，以便使用本地缓存信息进行解析。如果可以解析查询的名称，则应答该查询，该处理完成。

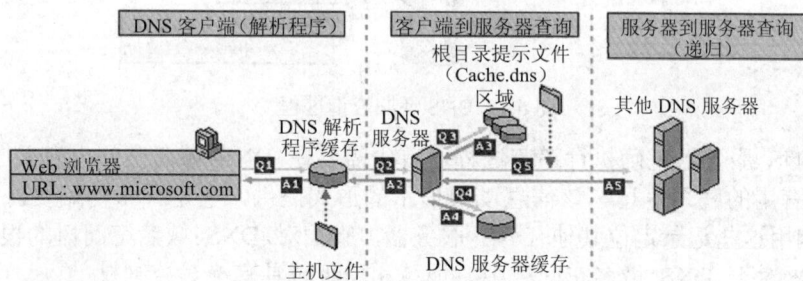

图 6.3　DNS 查询过程示意图

　　本地解析程序的缓存可包括从两个可能的来源获取的名称信息：如果本地配置主机文件，则来自该文件的任何主机名称到地址的映射，在 DNS 客户服务启动时将预先加载到缓存中。

　　从以前的 DNS 查询应答的响应中获取的资源记录，将被添加至缓存并保留一段时间。如果此查询与缓存中的项目不匹配，则解析过程继续进行，客户端查询 DNS 服务器来解析名称。

　　2. 查询 DNS 服务器

　　如图 6.4 所示，客户端将查询首选 DNS 服务器。在此过程的初始客户/服务器查询部分中使用的实际服务器，选自全局列表。有关如何编译和更新该全局列表的详细信息。当 DNS 服务器接收到查询时，首先检查它能否根据在服务器的本地配置区域中获取的资源记录信息作出权威性的应答。如果查询的名称与本地区域信息中的相应资源记录匹配，则使用该信息来解析查询的名称，服务器作出权威性的应答。

如果区域信息中没有查询的名称，则服务器检查它能否通过来自先前查询的本地缓存信息来解析该名称。如果从中发现匹配的信息，则服务器使用该信息应答查询。接着，如果首选服务器可使用来自其缓存的肯定匹配响应来应答发出请求的客户端，则此次查询完成。

6.2.2 递归查询与迭代查询

1. 递归查询

如果无论从缓存还是从区域信息，查询的名称在首选服务器中都未发现匹配的应答，那么查询过程可继续进行，使用递归来完全解析名称。这涉及来自其他 DNS 服务器的支持，以便帮助解析名称。在默认情况下，DNS 客户端服务要求服务器在返回应答前使用递归过程来代表客户端完全解析名称。在大多数情况下，DNS 服务器被默认配置为支持递归过程，如图 6.4所示。

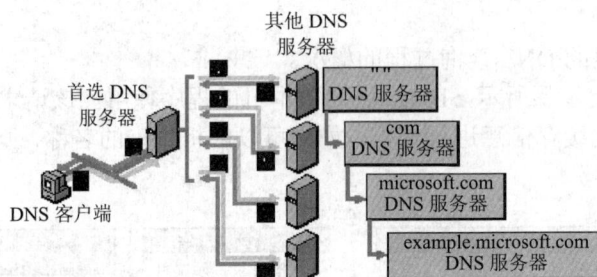

图 6.4 DNS 递归查询过程

为了使 DNS 服务器正确执行递归过程，首先需要在 DNS 域名空间内有关于其他 DNS 服务器的一些有用的联系信息。该信息以根提示的形式提供，它是一张初始资源记录列表，DNS 服务可利用这些记录定位其他 DNS 服务器，它们对 DNS 域名空间树的根具有绝对控制权。根服务器对于 DNS 域名空间树中的根域和顶级域具有绝对控制权。

使用根提示查找根服务器，DNS 服务器可完成递归的使用。理论上，该过程启用 DNS 服务器，以便那些对域名空间树的任何级别使用的任何其他 DNS 域名具有绝对控制权的服务器。

例如，当客户端查询单个 DNS 服务器时，请考虑使用递归过程来定位名称 host-b.example.microsoft.com。在 DNS 服务器和客户端首次启动，并且没有本地缓存信息可帮助解析名称查询，就会进行上述过程。根据其配置的区域，它假定由客户端查询的名称是域名，该服务器对该域名没有本地知识。

首先，首选服务器分析全名，并确定它需要对顶级域 com 具有权威性控制的服务器的位置。随后，对"com" DNS 服务器使用迭代查询，以便获取"microsoft.com"服务器的参考信息。接着，来自 microsoft.com 服务器的参考性应答，传送到 example.microsoft.com 的 DNS 服务器。

最后，与服务器 example.microsoft.com 联系上。因为该服务器包括作为其配置区域一部分的查询名称，所以它向启动递归的源服务器作出权威性地应答。当源服务器接收到表明已获得对请求查询的权威性应答的响应时，它将此应答转发给发出请求的客户端，这样递归查询过程就完成了。

　　尽管执行上述递归查询过程可能需要占用大量资源，但对于 DNS 服务器来说它仍然具有一些性能上的优势。例如，在递归过程中，执行递归查询的 DNS 服务器，获得有关 DNS 域名称空间的信息。该信息由服务器缓存起来并可再次使用，以便提高使用此信息或与之匹配的后续查询的应答速度。虽然打开与关闭 DNS 服务时，这些缓存信息将被清除，但是随着时间的推移，它们会不断增加并占据大量的服务器内存资源。

　　2．迭代查询

　　迭代是在以下条件生效时 DNS 客户端和服务器之间使用的名称解析类型：

　　（1）客户端申请使用递归过程，但在 DNS 服务器上禁用递归。

　　（2）查询 DNS 服务器时客户端没有申请使用递归。

　　来自客户端的迭代请求告知 DNS 服务器：客户端希望直接从 DNS 服务器那里得到最好的应答，无需联系其他 DNS 服务器。

　　使用迭代时，DNS 服务器根据它自身对与查询的名称数据有关的名称空间的特定知识应答客户端。例如，如果 Intranet 上的 DNS 服务器从本地客户端对 www.microsoft.com 查询，那么它可能会从其名称缓存返回应答信息。如果查询的名称当前未存储在服务器的名称缓存中，那么服务器可能会提供参考信息对客户端作出响应，即提供一张与客户端所查询的名称比较接近的其他 DNS 服务器的 NS 和 A 资源记录列表。

　　在形成参考性信息的时候，假定 DNS 客户端负责向其他配置的 DNS 服务器继续进行递归查询，以便解析该名称。例如，在大多数情况下，DNS 客户端可能会将其搜索一直扩展到 Internet 上的根域服务器，努力定位对于 com 域具有权威性控制的 DNS 服务器。一旦联系上 Internet 根服务器，它就会从这些 DNS 服务器得到进一步的递归响应，指向实际 Internet DNS 服务器，查找 microsoft.com 域。当客户端收到这些 DNS 服务器的记录时，可以向 Internet 上的外部 Microsoft DNS 服务器发送其他迭代查询，它们可以提供肯定和权威性的应答。

　　使用迭代时，除了向客户端提供自己最好的应答外，DNS 服务器还可在名称查询解析中提供进一步的帮助。对于大部分迭代查询，如果它的主 DNS 不能辨识该查询，那么客户端使用本地配置的 DNS 服务器列表，在整个 DNS 名称空间中联系其他名称服务器。

6.2.3　DNS 中的缓存

　　DNS 服务器采用递归或迭代来处理客户端查询时，它们将发现并获得大量有关 DNS 名称空间的重要信息。然后这些信息由服务器缓存。

　　缓存为 DNS 解析流行名称的后续查询提供了加速性能的方法，同时极大减少了网络上与 DNS 相关的查询通信量。

　　当 DNS 服务器代表客户端进行递归查询时，它们将暂时缓存资源记录（RR）。缓存的 RR 包含从 DNS 服务器获得的信息，对于在进行迭代查询以便搜索和充分应答代表客户端所执行的递归查询过程中所获知的 DNS 域名而言，此信息具有绝对的权威性。稍后，当其他客户端发出新的查询，请求与缓存的 RR 匹配的 RR 信息时，DNS 服务器可以使用缓存的 RR 信息来应答它们。

当信息缓存时，存在时间（TTL）值适用于所有缓存的 RR。只要缓存 RR 的 TTL 没有到期，DNS 服务器就可继续缓存并再次使用 RR 来应答与这些 RR 相匹配的客户端提出的查询。在大部分区域配置中由 RR 所使用的缓存 TTL 值，指定为"最小的（默认）TTL"，它被设置为用于区域的起始授权机构（SOA）资源记录。在默认情况下，最小的 TTL 为 3600 秒（1 小时），但是可以进行调整，也就是说，如果需要可以在每个 RR 上分别设置各自的缓存 TTL。

6.3 安装 DNS 服务

默认情况下 Windows Server 2003 系统中没有安装 DNS 服务器，可以通过管理工具查看系统是否安装过了 DNS 服务器。DNS 服务器详细安装步骤如下。

（1）依次单击"开始/管理工具/管理您的服务器"，启动"管理您的服务器"向导，如图 6.5、6.6 所示。

图 6.5　启动管理您的服务器

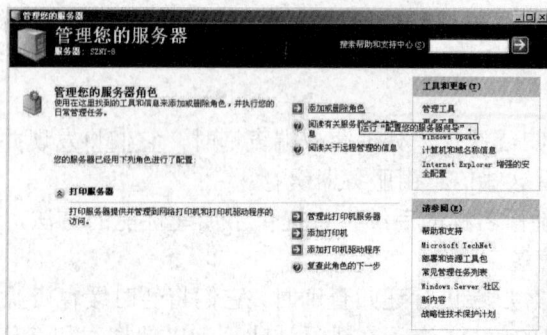

图 6.6　管理您的服务器角色

（2）系统进行 DNS 相关网络设备及配置检查，如图 6.7 所示。

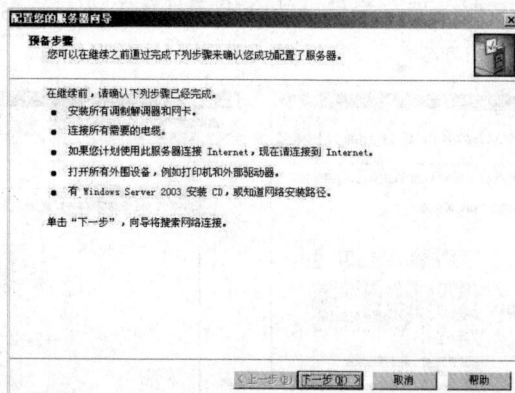

图 6.7　配置您的服务器向导——预备步骤

（3）配置服务器向导对本地连接等项目进行检查。如果该服务器当前配置为自动获取 IP 地址，则"Windows 组件向导"的"正在配置组件"页面就会出现，提示用户使用静态 IP 地址配置 DNS 服务器，如图 6-8 所示。

（4）在打开的向导页中依次单击"下一步"按钮。配置向导自动检测所有网络连接的设置情况，若没有发现问题则进入"配置选项"向导页，如图 6.9 所示。

如果是第一次使用配置向导，则还会出现一个"配置选项"向导页，单击"自定义配置"单选框即可。

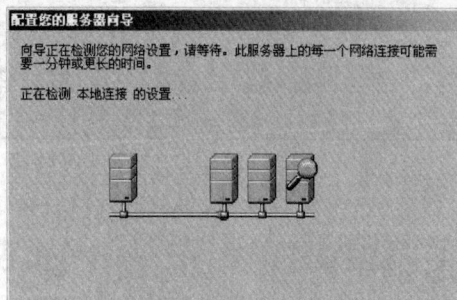

图 6.8　服务器向导检查本地网络配置

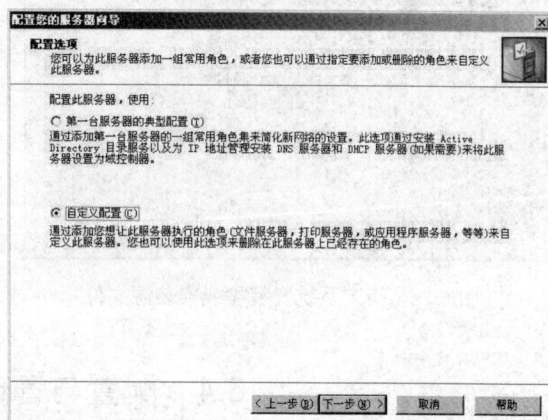

图 6.9　选择"自定义配置"进行 DNS 配置

（5）在"服务器角色"列表中单击"DNS 服务器"选项，并单击"下一步"按钮。打开"选择总结"向导页，如果列表中出现"安装 DNS 服务器"和"运行配置 DNS 服务器向导来配置 DNS"，则直接单击"下一步"按钮，否则单击"上一步"按钮重新配置，如图 6.10

所示。

（6）向导开始安装 DNS 服务器，并且可能会提示插入 Windows Server 2003 的安装光盘或指定安装源文件，如图 6.11 所示。

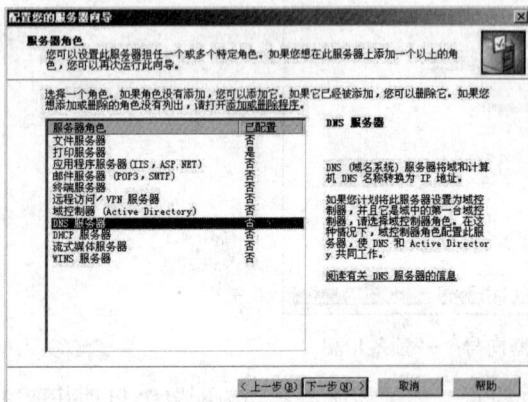

图 6.10 选择 DNS 服务器

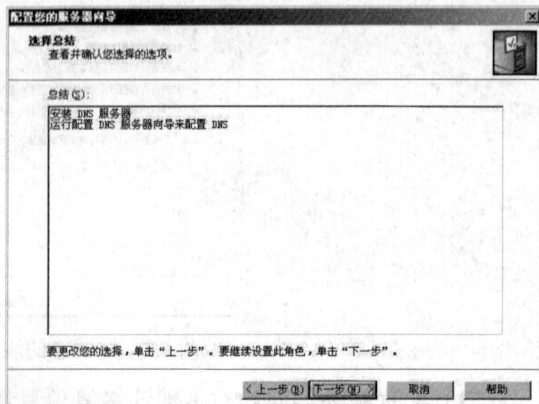

图 6.11 "选择总结"页面

（7）完成安装 DNS 服务器的界面，如图 6.13 所示。

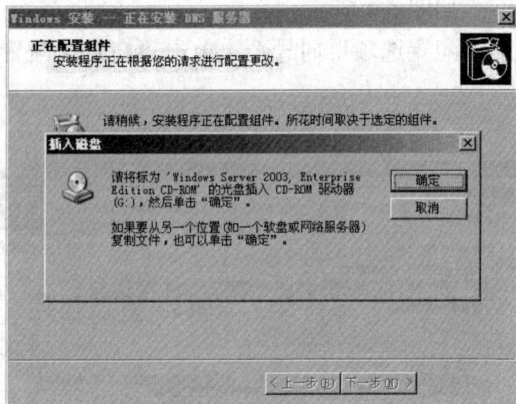

图 6.12 指定系统安装盘或安装源文件

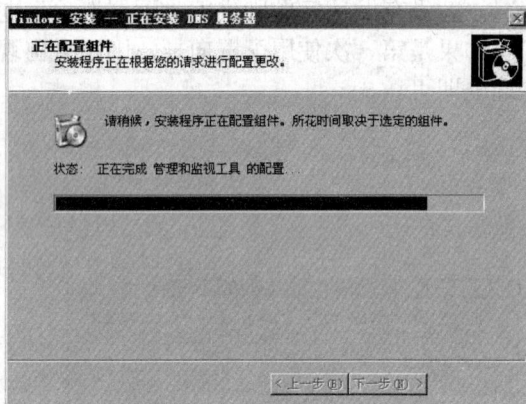

图 6.13 完成 DNS 服务器安装

6.4 配置与管理 DNS 服务器

6.4.1 DNS 服务器区域创建基础

Windows Server 2003 的 DNS 服务器中有两种类型的搜索区域："正向搜索区域"和"反向搜索区域"。其中"正向搜索区域"用来处理正向解析，即把主机名解析为 IP 地址；而"反向搜索区域"用来处理反向解析，即把 IP 地址解析为主机名。无论是"正向搜索区域"还是"反向搜索区域"都有三种区域类型，分别为："标准主要区域"、"标准辅助区域"和"Active Directory 集成的区域"。

由于区域类别、区域类型的不同，在 DNS 服务器上创建区域时的操作也不同。

在创建 DNS 区域时可以先创建一个"标准主要区域"，"标准主要区域"中的区域记录是自主生成的，是可读可写的，也就是说，该 DNS 服务器既可以接受新用户的注册，也可以给用户提供名称解析服务。"标准主要区域"是以文件的形式存放在创建该区域的 DNS 服务器上。维护"标准主要区域"的 DNS 服务器称为该区域的"主 DNS 服务器"。

如果一个 DNS 区域的客户端计算机非常多，为了优化对用户 DNS 名称解析的服务，可以在另外一台 DNS 服务器上为该区域创建一个"标准辅助区域"。"标准辅助区域"中的区域记录是从"标准主要区域"复制而来的，是只读的，也就是说，该 DNS 服务器不能接受新用户的注册请求，只能为已经注册的用户提供名称解析服务。"标准辅助区域"也是以文件的形式存放在创建该区域的 DNS 服务器上。维护"标准辅助区域"的 DNS 服务器称为该区域的"辅助 DNS 服务器"。

由于"辅助 DNS 服务器"的区域记录是从"主 DNS 服务器"复制而来的，所以"主 DNS 服务器"又称为"辅助 DNS 服务器"的"Master 服务器"。但并不是说只有"主 DNS 服务器"才能充当"Master 服务器"。如果一台"辅助 DNS 服务器"的区域记录是从另外一台"辅助 DNS 服务器"复制而来的，那么第一台"辅助 DNS 服务器"称为该区域的"一级辅助"，而这台 DNS 服务器称为该区域的"二级辅助"，则"一级辅助"就称为"二级辅助"的"Master 服务器"。

在"标准主要区域"的区域属性中可以设置"是否允许动态更新"。"允许动态更新"的含义是：当该区域的客户端计算机的 IP 地址或主机名发生变化时，这种改变可以动态地在 DNS 区域记录中进行更改，而无需管理员手工更改。

"Active Directory 集成的区域"只存在于域控制器（DC）上，而且该类型的区域不是以文件的形式存在的，而是存在于活动目录中的。"Active Directory 集成的区域"不会发生区域复制，而是随着活动目录的复制而复制的，因此这种区域类型避免了 DNS 服务器单点失败的现象。在"Active Directory 集成的区域"的区域属性中除了可以设置"是否允许动态更新"外，还可以设置"仅安全更新"。

"仅安全更新"的含义是在动态更新的基础上保证安全。那么设置为"仅安全更新"的 DNS 区域是如何实现安全性的呢？经常讲的一句话就是"域是安全的最小边界"，"仅安全更新"的区域将只接受已经加入到该域的计算机账号的主机名和 IP 地址的变化，而当那些不属于该域的计算机账号的主机名和 IP 地址发生变化时是不会在区域记录中动态改变的，但是这些计算机仍然可以利用该 DNS 服务器进行名称解析服务。

DNS 的区域类型是可以改变的，可以把一个"标准主要区域"类型更改为"标准辅助区域"，或者为了加强安全性把它更改为"Active Directory 集成的区域"。不过一般来说，对于活动目录的 DNS 区域类型最好采用"Active Directory 集成的区域"，而且设置区域属性为"仅安全更新"，不要把它更改为"标准主要区域"类型。

6.4.2 创建正向查找区域

由于正向区域存储区域数据位置的不同（标准主要区域和活动目录集成主要区域），创建时的步骤也不同。右击正向查找区域，选择新建区域，如图 6.14 所示。

在弹出的欢迎使用新建区域向导页，单击"下一步"按钮

（1）创建标准主要区域。在区域类型页，选择主要区域，单击"下一步"按钮；注意看，下步的在 Active Directory 中存储区域（只有 DNS 服务器是域控制器时才可用）选项不可用，因为这台 DNS 服务器不是域控制器；此时，创建的主要区域即为标准主要区域，如图 6.15 所示。

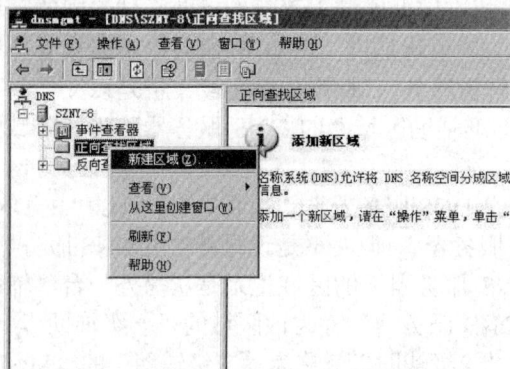

图 6.14　新建正向查找区域

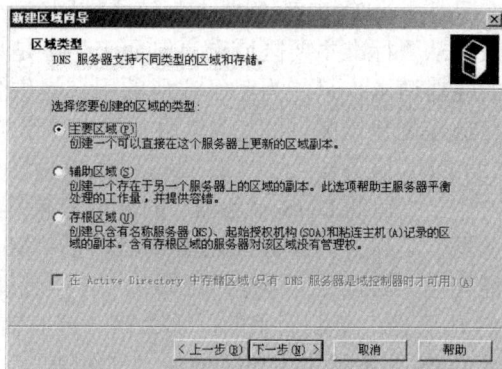

图 6.15　新建主要区域

（2）在区域名称页，输入 DNS 区域名称，本例中命名为 szai.com，单击"下一步"按钮。

（3）在区域文件页，接受默认的区域文件名，单击"下一步"按钮；标准主要区域的区域文件为文本文件格式，存放在%systemroot%system32dns 目录下，如图 6.17 所示。

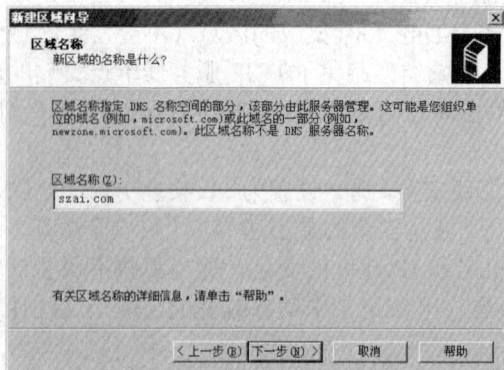

图 6.16　填写区域名称

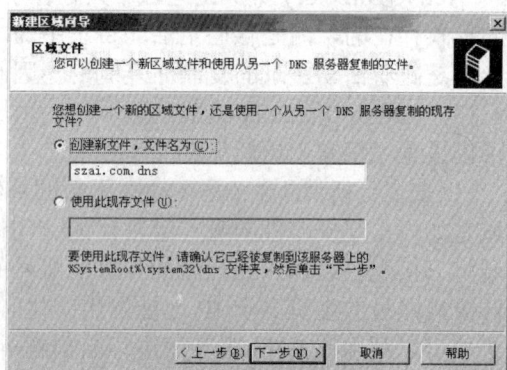

图 6.17　创建区域文件

（4）在动态更新页，选择需要的动态更新方式，在此接受默认的选择"不允许动态更新"，单击"下一步"按钮。

（5）在正在完成新建区域向导页，单击"完成"按钮，如图 6-19 所示，此时，标准的正向主要区域就创建好了。

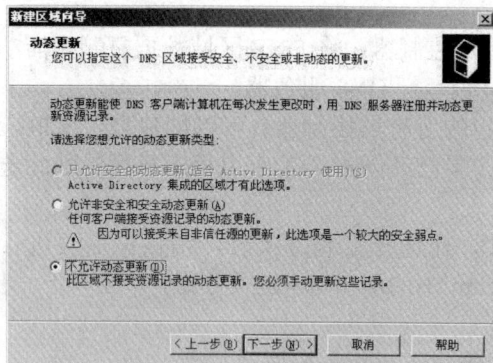

图 6.18 更新模式选择

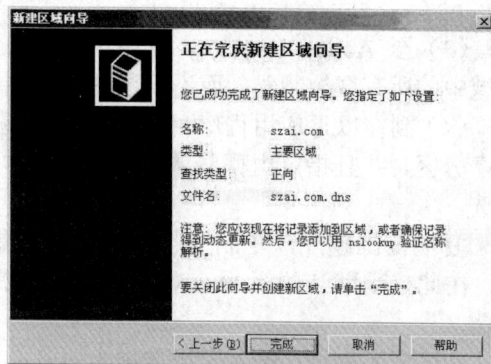

图 6.19 完成主要区域创建

6.4.3 创建活动目录集成主要区域

在区域类型页，选择主要区域，由于此 DNS 服务器是域控制器，所以下部的在 Active Directory 中存储区域（只有 DNS 服务器是域控制器时才可用）可选并且默认已经选择，此时，创建的主要区域即为活动目录集成区域，单击"下一步"按钮，如图 6.20 所示。

在 Active Directory 区域复制作用域页，选择 DNS 区域数据复制的方式，它们之间的区别如下。

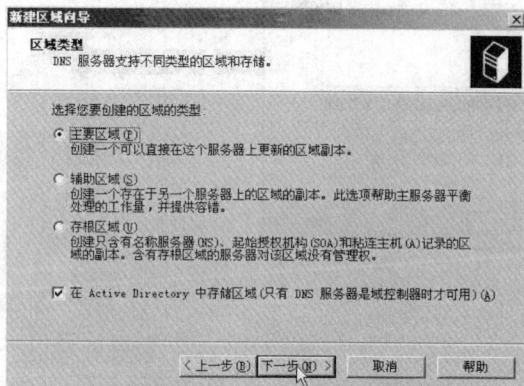

图 6.20 进行活动目录主要区域创建

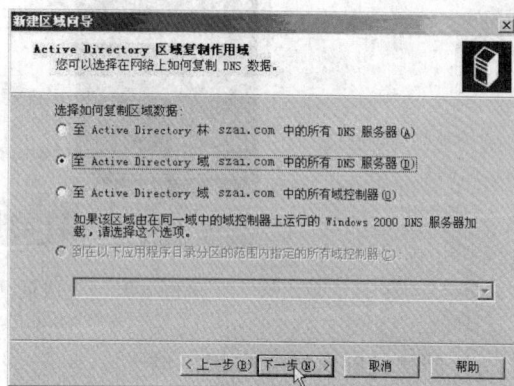

图 6.21 活动目录复制区域选择

（1）至 Active Directory 林 szai.com 中所有 DNS 服务器。将 DNS 区域数据复制到活动目录森林中的所有运行在域控制器上的 DNS 服务器。此选项会将 DNS 区域数据存储到活动目录中预定义的 ForestDnsZones 应用程序分区中，并且在活动目录林中进行复制，复制范围最广。

（2）至 Active Directory 域 szai.com 中的所有 DNS 服务器。将 DNS 区域数据复制到活

动目录域中的所有运行在域控制器上的 DNS 服务器。此选项是默认选项，会将 DNS 区域数据存储到活动目录中预定义的 DomainDnsZones 应用程序分区中，它只会在域范围中进行复制。

（3）至 Active Directory 域 szai.com 中的所有域控制器：将 DNS 区域数据复制到活动目录域中的所有域控制器，而不管这些域控制器上是否运行 DNS 服务器。

（4）到在以下应用程序目录分区的范围内指定的所有域控制器。可以创建自定义的应用程序分区，并且指定由哪些域控制器进行复制。如果已经创建好了应用程序分区，则此选项可选。

复制范围越广，复制引起的网络流量就越大，在选择复制方式时，请根据需要进行选择。在此接受默认的至 Active Directory 域 szai.com 中的所有 DNS 服务器，单击"下一步"按钮。

在区域名称页，输入区域名称为 szai.com，单击"下一步"按钮。

在动态更新页，接受默认的只允许安全的动态更新（适合 Active Directory 使用），这样 DNS 服务器只允许 A 记录的拥有者修改此 A 记录，单击"下一步"按钮。

在正在完成新建区域向导页，单击"完成"按钮，此时，活动目录集成区域就创建好了。

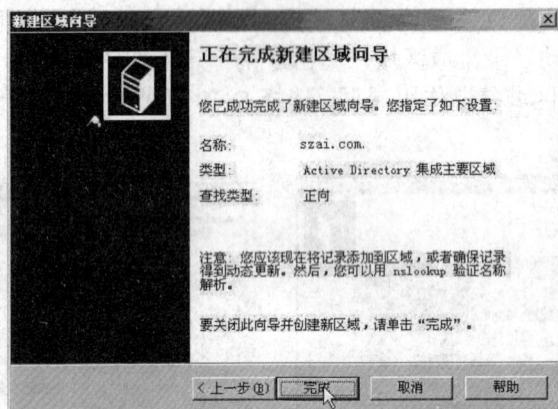

图 6.22　完成活动目录主要区域的创建

6.4.4　创建辅助区域和存根区域

除了辅助区域数据不能和活动目录集成外，辅助区域和存根区域的创建步骤是一样的。活动目录集成存根区域和标准存根区域的区别，如活动目录集成主要区域和标准主要区域，下面以创建辅助区域为例进行说明。

右击正向查找区域，选择新建区域，在弹出的欢迎使用新建区域向导页，单击"下一步"按钮。

在区域类型页，选择辅助区域，单击"下一步"按钮。注意看，下步的在 Active Directory

中存储区域（只有 DNS 服务器是域控制器时才可用）选项不可用，因为辅助区域不能与活动目录集成。

在区域名称页，输入辅助区域名称，在此命名为 szai.com，单击"下一步"按钮。

在主 DNS 服务器页，输入获取区域数据的源 DNS 服务器（称为主服务器）的 IP 地址，此主服务器可以由管理此主要区域的主 DNS 服务器或者其他管理相同辅助区域的辅助 DNS 服务器来担任，可以输入多个主服务器，在此输入主 DNS 服务器的 IP 地址 10.1.1.2，单击"添加"按钮后再单击"下一步"按钮。

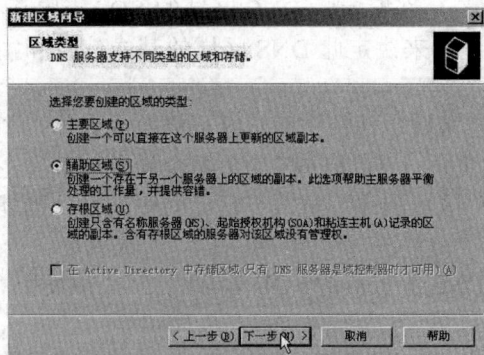

图 6.23 进行辅助区域创建

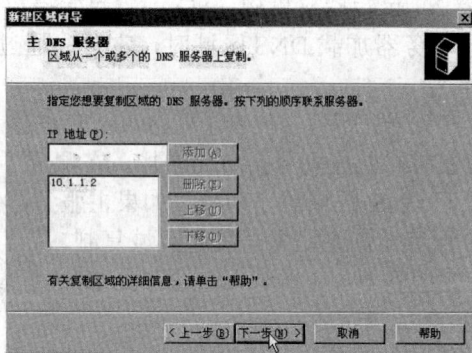

图 6.24 填写主 DNS 服务器地址

在正在完成新建区域向导页，单击"完成"按钮，此时，辅助区域就创建好了。

6.4.5 管理正向区域

根据区域类型和区域存储方式的不同，管理 DNS 区域的方式也不同，在此根据区域类型来进行介绍。

主要区域

活动目录集成主要区域和标准主要区域相比，常规选项不同，并且具有安全标签。

（1）常规。在活动目录集成主要区域的常规标签，可以暂停和开始区域的运行，并且可以修改区域类型、复制方式和动态更新方式。

而在标准主要区域的常规标签，你可以暂停和开始区域的运行，并且可以修改区域类型、区域数据存储的文件名和动态更新方式，但是不支持安全动态更新。

单击"老化"按钮可以进入区域老化/清理属性设置，此设置必须和 DNS 服务器清理设置共同使用方可生效。

当启用老化时，对于每个动态更新记录，会基于当前的 DNS 服务器时间创建一个时间标记，当 DHCP 客户端服务或者 DHCP 服务器为此区域中的 A 记录进行动态更新时，会刷新时间标记。手动创建的资源记录会分配一个为 0 的时间标记记录，代表它们将不会老化。

无刷新间隔：无刷新间隔是在上次时间戳刷新后，DNS 服务器拒绝再次进行刷新的时间周期，这阻止 DNS 服务器进行没有必要的刷新和减少了没有必要的区域传输流量。默认情况下，无刷新间隔为 7 天。

刷新间隔：刷新间隔是在无刷新间隔后的时候，在这段时间周期内允许 DNS 客户端刷新资源记录的时间标记，并且资源记录不会被 DNS 服务器清理。当无刷新间隔和刷新间隔之后，如果资源记录没有被 DNS 客户端进行刷新，则此资源记录将会被 DNS 服务器清除掉。默认情况下刷新间隔是 7 天，这意味着默认情况下动态注册的资源记录将会在 14 天后被清理掉。

如果需要修改这两个参数，请记住以下原则：刷新间隔应该大于或等于无刷新间隔设置的时间。

（2）起始授权机构（SOA）。起始授权机构标签允许配置此 DNS 区域的 SOA 记录。当 DNS 服务器加载 DNS 区域时，它首先通过 SOA 记录来决定此 DNS 区域的基本信息和主服务器。

序列号：序列号代表了此区域文件的修订号。当区域中任何资源记录被修改或者单击了增量按钮时，此序列号会自动增加。在配置了区域复制时，辅助 DNS 服务器会间歇地查询主服务器上 DNS 区域的序列号，如果主服务器上 DNS 区域的序列号大于自己的序列号，则辅助 DNS 服务器向主服务器发起区域复制。

主服务器：主服务器包含了此 DNS 区域的主 DNS 服务器的 FQDN，此名字必须使用"."结尾。

负责人：指定了管理此 DNS 区域的负责人的邮箱，可以修改为在 DNS 区域中定义的其他 RP（负责人）资源记录，此名字必须使用"."结尾。

刷新间隔：此参数定义了辅助 DNS 服务器查询主服务器以进行区域更新前等待的时间。当刷新时间到期时，辅助 DNS 服务器从主服务器上获取主 DNS 区域的 SOA 记录，然后和本地辅助 DNS 区域的 SOA 记录相比较，如果值不相同则进行区域传输。默认情况下，刷新间隔为 15 分钟。

重试间隔：此参数定义了当区域复制失败时，辅助 DNS 服务器进行重试前需要等待的时间间隔，默认情况下为 10 分钟。

过期时间：此参数定义了当辅助 DNS 服务器无法联系主服务器时，还可以使用此辅助 DNS 区域答复 DNS 客户端请求的时间，当到达此时间限制时，辅助 DNS 服务器会认为此辅助 DNS 区域不可信。默认情况下为 1 天。

最小（默认）TTL：此参数定义了应用到此 DNS 区域中所有资源记录的生存时间（TTL），默认情况下为 1 小时。此 TTL 只是和资源记录在非权威的 DNS 服务器上进行缓存时的生存时间，当 TTL 过期时，缓存此资源记录的 DNS 服务器将丢弃此记录的缓存。

注意：增大 TTL 可以减少网络中 DNS 解析请求的流量，但是可能会导致修改资源记录后 DNS 解析时延的问题。一般情况下无需对默认参数进行修改。

此记录的 TTL：此参数用于设置此 SOA 记录的 TTL 值，这个参数将覆盖最小（默认）TTL 中设置的值。

（3）名称服务器。名字服务器标签允许配置 DNS 区域的 NS 资源记录，NS 记录用于指定此 DNS 区域中的权威 DNS 服务器，默认情况下会包含此 DNS 区域的主服务器，并且一个区域至少必须具有一个 NS 资源记录。

和 SOA 记录一样，只能在区域属性中对 NS 记录进行修改，不能创建 NS 记录。

（4）WINS。可以在 WINS 标签配置 DNS 服务器使用 WINS 查找，此时，当 DNS 服务器无法解析某个 FQDN 时，将会使用配置的 WINS 服务器来查询此 FQDN 的主机名；对于正向区域是查询 WINS 服务器的正向记录，对于反向区域是查询 WINS 服务器的反向记录；如果在 WINS 服务器上查询到对应的记录，则 DNS 服务器会将此记录复制到此区域中，可以勾选不复制此记录来让 DNS 服务器不复制从 WINS 服务器获得的记录。

（5）区域复制。可以在区域复制标签中配置是否允许此区域进行区域复制，以及区域复制到的对象，它们之间的区别在于：① 到所有服务器：所有服务器都可以从此 DNS 服务器获取此区域的区域数据；② 只有在 "名称服务器" 选项卡中列出的服务器：只有在名称服务器标签中列出的 DNS 服务器才能从此 DNS 服务器获取区域数据；③ 只允许到下列服务器：只允许在下面列表中指定的 DNS 服务器从此 DNS 服务器获取区域数据；④ 在 Windows 2000 中，默认情况下是允许区域复制到所有服务器，这个选项具有安全隐患，所以在 Windows Server 2003 中，对于标准主要区域，默认情况下只是允许区域复制到名称服务器中所定义的 DNS 服务中，而对于活动目录集成主要区域，由于通过活动目录进行复制，默认情况下是不允许区域复制的。

可以单击 "通知" 按钮来配置通知辅助 DNS 服务器接收区域更新，默认情况下此 DNS 区域更新时，主服务器会通知名称服务器标签中的所有 DNS 服务器。

当某个标准区域产生以下事件时，将进行通知或初始化区域复制：① 主 DNS 区域的 SOA 记录的刷新间隔过期；② 辅助 DNS 服务器启动；此时辅助 DNS 服务器会联系主服务器获取 SOA 记录，然后比较本地的 SOA 记录来决定是否需要区域复制；③ 主服务器上对区域数据进行了修改，则主服务器按照配置来通知辅助 DNS 服务器。

当初始化区域复制时，辅助 DNS 服务器可以从主服务器执行增量区域传输（IXFR）或者完全区域传输（AXFR），运行在 Windows Server 2003 上的 DNS 服务器支持 IXFR 和 AXFR。默认情况下，运行在 Windows 2000 服务器和 Windows Server 2003 系统上的 DNS 服务器从主服务器进行区域复制时执行 IXFR，此时，只有更新数据才会进行传输；Windows NT 服务器不支持 IXFR，只能执行 AXFR，此时，将会对所有区域数据进行传输。

（6）安全。当在域控制器上安装 DNS 服务器时，DNS 区域的属性中会具有安全标签，用于控制用户对于此 DNS 区域及所属子对象的权限。

6.4.6　区域管理任务

1. 主要区域管理

主要区域的管理任务如图 6.25 所示。

更新服务器数据文件：同 DNS 服务器的更新服务器数据文件管理任务。

重新加载：重新从本地的区域文件或者活动目录中加载此 DNS 区域。

新建主机（A）：在此 DNS 区域中新建主机（A）记录，如图 6.26 所示。

其中创建相关的指针（PTR）记录要求本地 DNS 服务器上具有对应网络 ID 的反向查找区域，否则会创建失败。

新建别名（CNAME）：在此 DNS 区域中新建别名（CNAME）记录；在创建别名记录之前，必须已经为需要创建别名的主机创建了 A 记录。

新建邮件交换器（MX）：新建邮件交换器（MX）记录在创建邮件交换器记录之前，必须已经为此 MX 记录所对应的邮件服务器创建了 A 记录；在主机或子域中输入邮件域名，如果不输入则代表此 DNS 区域；可以针对相同的 DNS 域配置多个 MX 记录，但是邮件服务器优先级数值越低的 MX 记录具有越高的优先级。

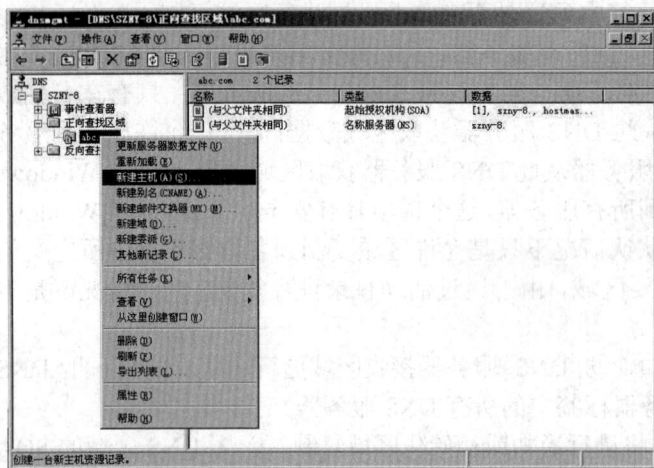

图 6.25　主要区域管理任务　　　　　图 6.26　主要区域管理任务—新建主机

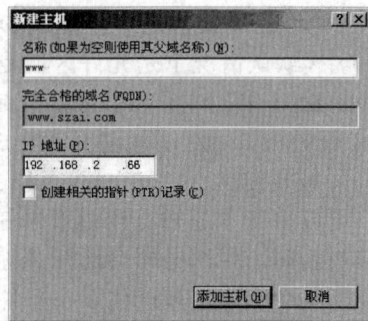

新建域：新建一个子区域后，可以在子区域中创建其他资源记录包括子区域，和父 DNS 区域中一样。

新建委派：新建一个区域委派，单击后弹出新建委派向导页面，在欢迎使用新建委派向导页，单击"下一步"按钮；在受委派域名页，输入需要委派的子域，然后单击"下一步"按钮；在名称服务器页，输入被委派到的 DNS 服务器的 FQDN 和 IP 地址，然后单击"下一步"按钮；被委派的 DNS 服务器上必须具有以被委派的子区域（在此是 tech.szai.com）为域名的主要区域，否则不能正常完成此子区域的 DNS 解析；在正在完成新建委派向导页，单击"完成"按钮。此时，可以在 DNS 管理控制台中看到新建了一个区域委派（灰色目录）。除了修改此委派区域的名称服务器外，不能对委派区域进行任何操作。

除了上述常用的资源记录外，还可以单击其他记录来创建其他的资源记录类型，选择记录类型后单击"创建记录"即可。

需要注意的是，此时本地 DNS 服务器会联系主 DNS 服务器进行区域复制获取 DNS 区域数据，必须在主 DNS 服务器上允许到此 DNS 服务器的区域复制，否则此 DNS 区域无法正常工作。

2. 辅助区域

辅助区域和主要区域的属性基本相同，在此着重介绍不同之处：

（1）常规。在常规标签，可以暂停和开始区域的运行，并且可以修改区域类型和用于复制区域数据的主服务器地址。主服务器上必须允许了区域复制到此辅助 DNS 服务器。

辅助区域不能和活动目录集成，因此复制选项不可用，并且也不支持动态更新，因为辅助区域是只读的。

（2）起始授权机构（SOA）。对于辅助区域而言，起始授权机构（SOA）记录是只读的，因此不能在起始授权机构（SOA）标签中进行任何配置。

（3）名称服务器。和起始授权机构（SOA）记录一样，NS 记录是只读的，因此不能在辅助 DNS 服务器上修改名字服务器。

（4）WINS。可以在 WINS 标签配置辅助 DNS 服务器使用 WINS 查找，但是由于辅助 DNS 区域是只读的，所以对于从 WINS 服务器获得的记录，只能缓存在本地，而不能将其复制到 DNS 区域中。

（5）区域复制。可以在区域复制标签配置将此辅助 DNS 区域复制到其他辅助 DNS 服务器，但是默认情况下是不会配置辅助区域的区域复制的。

当在域控制器上安装 DNS 服务器时，辅助 DNS 区域的属性中会具有安全标签，用于控制用户对于此 DNS 区域及所属子对象的权限。

和主要区域相比，辅助区域的管理任务只有三项：① 重新加载，重新从本地的区域文件中加载此 DNS 区域；② 从主服务器复制，本地辅助 DNS 服务器获取主服务器的 SOA 记录，然后和本地的 SOA 记录比较序列号，如果不同则从主服务器进行区域复制；③ 从主服务器重新加载，本地辅助 DNS 服务器直接从主服务器进行区域复制，而不管 SOA 记录的序列号是否相同。

3．存根区域

存根区域除了区域中包含的资源记录更少外，和辅助区域非常相似,管理任务都是相同的，属性设置中的几个不同之处是：① 存根区域的数据可以存放在活动目录中；② 存根区域不能执行 WINS 查找和区域复制。

6.4.7　创建反向查找区域

1．创建反向主要区域

创建反向主要区域同样由于存储区域数据位置的不同(标准主要区域和活动目录集成主要区域），创建时的步骤也不同。

（1）右击反向查找区域，选择"新建区域"选项，如图 6.27 所示，在弹出的欢迎使用新建区域向导页，单击"下一步"，按钮。

（2）创建活动目录集成主要区域。在区域类型页，选择主要区域，单击"下一步"按钮，由于这台 DNS 服务器是域控制器，所以下步的在 Active Directory 中存储区域（只有 DNS 服务器是域控制器时才可用）选项默认启用；此时，创建的主要区域即为活动目录集成主要区域。

在 Active Directory 区域复制作用域页，选择 DNS 区域数据复制的方式，它们之间的区别如正向查找区域中的描述，接受默认选择后单击"下一步"按钮。

（3）在"反向查找区域名称"页，输入想创建 DNS 区域的网络 ID。DNS 服务器根据网络 ID 来存储反向查找区域和进行 DNS 记录解析的，最小支持 C 类网络，不过可以输入 A 类网络。输入本地子网 ID "192.168.2" 如图 6.28 所示，单击"下一步"按钮，进入创建反向查找区域文件页。

（4）由于是活动目录集成主要区域，所以在动态更新页默认选择为"安全更新"，单击"下一步"按钮，如图 6.29 所示。

（5）最后在"正在完成新建区域向导"页单击"完成"按钮，如图 6.30 所示，此时活动目录集成的反向主要区域就创建好了。

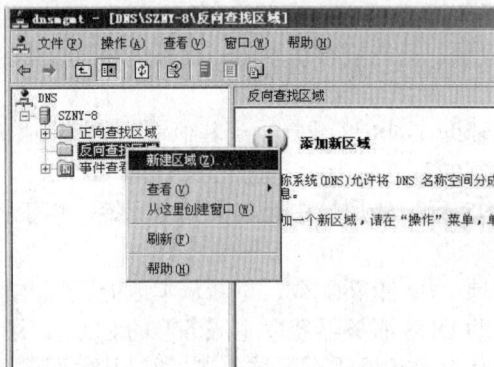

图 6.27　新建反向查找区域

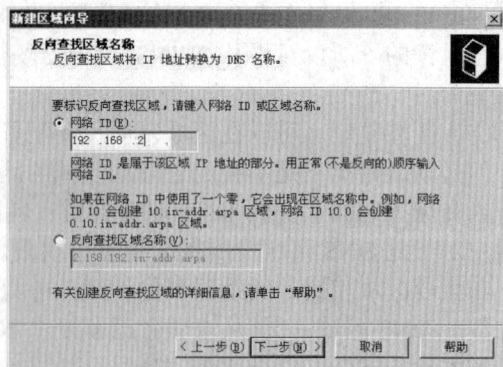

图 6.28　填写反向查找区域名称

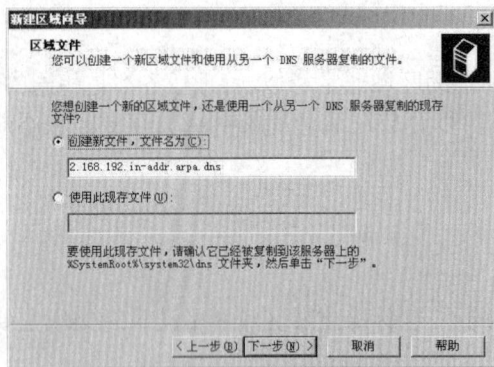

图 6.29　创建反向查找区域文件

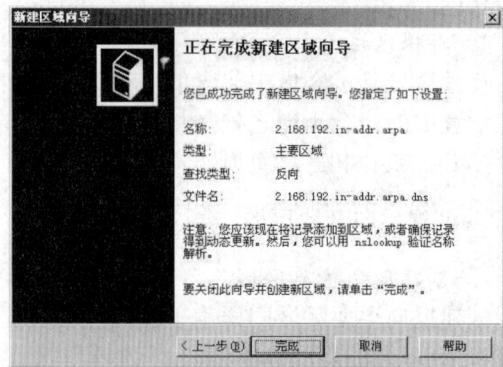

图 6.30　完成反向查找区域的创建

2．创建标准主要区域

（1）在区域类型页，选择主要区域，单击"下一步"按钮。注意，下步的在 Active Directory 中存储区域（只有 DNS 服务器是域控制器时才可用）选项不可用，因为这台 DNS 服务器不是域控制器，此时，创建的主要区域即为标准主要区域。

（2）在反向查找区域名称页，输入网络 ID，在此输入本地子网 ID "192.168.2"，单击"下一步"按钮。

（3）在区域文件页，接受默认创建的区域文件名，单击"下一步"按钮。

126

（4）在动态更新页，安全更新方式不可选，接受默认设置，单击"下一步"按钮。

（5）最后在正在完成新建区域向导页，单击"完成"按钮，此时标准反向主要区域就创建好了。

6.4.8　管理反向查找区域

反向主要区域的管理任务如图 6.31 所示，仅介绍一下主要不同之处——新建指针（PTR）。

指针（PTR）记录用于 IP 地址到主机名的映射，可以认为它是和 A 记录相对的。单击新建指针，弹出"新建资源记录"对话框。

首先，在"主机 IP 号"栏输入主机的 IP 地址，然后在"主机名"栏输入主机的 FQDN；如果需要任何经过身份验证的用户修改此 PTR 记录，则勾选底部的选项，最后单击"确定"按钮，此时，PTR 记录就创建好了。

图 6.31　反向区域管理任务

在创建 A 记录时，可以附带创建对应网络 ID 的反向查找区域中的 PTR 记录，并且每次修改 A 记录时，可以同时修改此 PTR 记录。

当执行 NsLookup 命令行工具时，它会先对配置的 DNS 服务器执行反向查找，如果没有找到对应的 PTR 记录则发出警告；当配置 PTR 指针后，就可以消除此警告。

6.4.9　创建邮件交换（MX）记录

邮件交换（MX，Mail Exchange）记录用于指出某个 DNS 区域中的邮件服务器的主机名（A 记录），它相当于一个指针，因此在创建 MX 记录之前，必须已经为邮件服务器创建了 A 记录；可以针对相同的 DNS 域配置多个 MX 记录，但是邮件服务器优先级数值越低的 MX 记录具有越高的优先级。

首先了解一下邮件的传送过程，其传送过程如下。

（1）邮件客户端 sender01@szai.com 连接到 szai.com 域的邮件服务器 mail.szai.com，然后告诉 mail.szai.com，说有一封邮件要发送至 receive01@163.com；如果 mail.szai.com 允许这种行为，那么，邮件客户端 sender01@szai.com 将完整的邮件信息发送给 mail.szai.com，此时，邮件客户端 sender01@szai.com 将会提示用户邮件发送成功。注意，这仅仅代表从本地到邮件服务器发送成功，并不代表对方成功接收到所发送的邮件。

（2）mail.szai.com 向自己的 DNS 服务器发起 MX 记录查询请求，查询目的邮件域 163.com 的 MX 记录：如果查询到单个 MX 记录指向某个邮件服务器主机，例如 MX 记录指向邮件服务器的主机 mail.szai.com，则连接此邮件服务器；如果具有多个 MX 记录指向不同的邮件服务器主机，则按照优先级顺序从高到低进行连接，直到连接成功为止；如果没有查询到 MX 记录，根据邮件服务器配置的不同，mail.szai.com 的行为可以分为以下两种：① 终止邮件发送，返回给用户邮件发送失败信息；② 查询邮件域名（在此是 szai.com）的 A 记录，然后连接对应的主机。这就是为什么有时就算没有 MX 记录也能接收到邮件的原因，但是，这不是标准

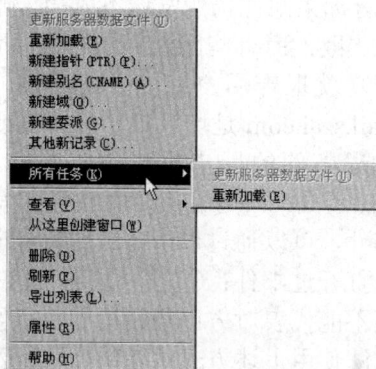

的行为，并且只有部分邮件服务器支持这种行为。

（3）mail.szai.com 连接对应的邮件服务器，然后发送邮件信息。如果连接不成功，mail.szai.com 会按照一定的时间间隔进行重试，直到某个时间周期为止（通常为 1 天），此时，如果邮件仍然发送不成功，邮件服务器将终止邮件发送并向发送邮件的用户报告邮件发送失败，而有些比较高级的邮件服务器支持在一定时间周期内（例如 30 分钟）邮件发送不成功就报告用户；如果连接成功但是被对方邮件服务器因为某种原因拒绝，例如认为mail.szai.com 是垃圾邮件服务器或者发送到的邮箱不存在等等，那么 mail.szai.com 会立即向发送邮件的用户报告邮件发送失败并告知原因；如果连接成功并且邮件发送成功，mail.szai.com 通常不会再次通知发送邮件的用户。因此，如果要想确认对方成功收到发送的邮件，可以通过以下方式进行：① 要求已读回执，这是推荐使用的方式，可以确认对方已经打开过邮件；② 查看邮件服务器日志，只能表示发送的邮件成功到达对方邮件服务器，但不能代表对方已经阅读邮件；③ 等待 1 天后（或更长）没有邮件发送失败的提示，仅在无法使用上述方式时使用，只能表示发送的邮件应该成功地到达了对方邮件服务器，但不能代表对方已经阅读邮件。

因此，MX 记录是非常重要的，应该总是为邮件服务器创建 MX 记录。以在 Windows Server 2003 的 DNS 服务器中为 szai.com 域创建一个 MX 记录指向邮件服务器 mail.szai.com 为例，介绍一下如何创建 MX 记录。

（1）首先，针对邮件服务器主机名创建一个 A 记录 mail.szai.com，在 DNS 管理控制台中展开对应的区域，然后右击域 szai.com，选择新建主机（A）。

（2）在弹出的新建主机对话框中输入主机名为"mail"，可以使用其他名字，但是，建议使用易于分辨的名字，例如 mail、email 之类；然后输入对应的 IP 地址。建议总是勾选创建相关的指针记录，这是因为有些邮件服务器为了阻止垃圾邮件，在接收邮件时会对发送邮件的邮件服务器进行反向域名查询，如果不匹配则拒绝其邮件发送；下部的允许所有经过身份验证的用户用相同的所有名称来更新 DNS 记录选项，是因为此区域是活动目录集成区域，支持动态更新，但是对于这种重要的 DNS 资源记录，永远不要使用动态更新。最后单击"添加主机"按钮即可。此时，此 A 记录就创建好了。

（3）现在，再来添加 MX 记录，右击域 szai.com，选择新建邮件交换器（MX），弹出"新建资源记录"对话框。

（4）在主机或子域栏输入邮件域的域名，留空则代表父区域。邮件域代表"@"后的域名后缀，例如@szai.com 的邮件域是 szai.com，而@mail.szai.com 的邮件域是 mail.szai.com。此处是针对邮件域 szai.com 创建 MX 记录的，因此留空（代表父域名 szai.com），如果要针对邮件域 mail.szai.com 创建 MX 记录，则输入"mail"，在下面的完全合格的域名（FQDN）文本框会显示出当前邮件域的域名。

（5）然后在邮件服务器的完全合格的域名（FQDN）中，输入邮件服务器的完整主机名，需要注意的是，可以输入不属于 szai.com 的其他域名，例如 mail.szai.com，但是必须确保此DNS 服务器可以正确解析这个域名。强烈建议不要使用这种配置，这样会带来管理上的混乱；在此输入邮件服务器的完整 FQDN mail.szai.com。

在邮件服务器优先级文本栏，输入邮件服务器的优先级数值，默认是 10。需要注意的是，邮件服务器优先级数值越低的 MX 记录具有越高的优先级。

（6）单击"确定"按钮，此时 MX 记录就创建好了。

最后，需要测试此 MX 记录能够被客户正确查询，在 DNS 客户端上运行 NsLookup 来查询此邮件域的 MX 记录，解析正常，此时，MX 记录就创建好了。

6.4.10　删除根 DNS 区域

运行 Windows Server 2003 的 DNS 服务器，在它的名称解析过程中遵循特定的步骤。DNS 服务器首先查询它的高速缓存，然后检查它的区域记录，接下来将请求发送到转发器，最后使用根服务器尝试解析。

默认情况下，Microsoft DNS 服务器连接到 Internet 以便用根提示进一步处理 DNS 请求。当使用 Dcpromo 工具将服务器提升为域控制器时，域控制器需要 DNS。如果在提升过程中安装 DNS，会创建一个根区域。这个根区域向 DNS 服务器表明它是一个根 Internet 服务器。因此，DNS 服务器在名称解析过程中并不使用转发器或根提示。

单击"开始"按钮，指向管理工具，然后单击 DNS。

展开 Server Name，其中 Server Name 是服务器的名称，单击"属性"按钮，然后展开正向搜索区域。

右击"."区域，然后单击"删除"按钮进行删除。

6.5　设置 DNS 客户端

尽管 DNS 服务器已经创建成功，并且创建了合适的域名，可是如果在客户机的浏览器中却无法使用 www.szai.com 这样的域名访问网站。这是因为虽然已经有了 DNS 服务器，但客户机并不知道 DNS 服务器在哪里，因此不能识别用户输入的域名。用户必须手动设置 DNS 服务器的 IP 地址才行。在客户机"Internet 协议（TCP/IP）属性"对话框中的"首选 DNS 服务器"编辑框中设置刚刚部署的 DNS 服务器的 IP 地址。

然后再次使用域名访问网站，就可以正常访问了。

6.6　知识拓展

花生壳是完全免费的桌面式域名管理和动态域名解析（DDNS）等功能为一体的客户端软件。花生壳客户端向用户提供全方位的桌面式域名管理以及动态域名解析服务。用户无需通过 IE 浏览器，直接通过客户端使用 www.oray.net 所提供的各项服务，包括花生护照注册、域名查询、域名管理、IP 工具以及自诊断等各种服务；且通过树状结构方式可使用户对多达上百个域名进行方便管理，也可自主添加二级域名，自由设置 A 记录（IP 指向）、MX 记录、CName（别名）、URL 重定向等，用户操作界面清晰、简单。

花生壳动态域名解析（DDNS）服务支持包括 Modem、ISDN、ADSL、有线电视网络、双绞线到户的宽带网和其他任何能够提供互联网真实 IP 的接入服务线路，无论连接获得的 IP 属于动态还是静态，都可根据自己的需求选择合适的系统平台、数据库平台以及站点运营模式，并且可避免在转换服务商时，因受制域名解析服务商而忍受效率低下的修改过程，全面利用花生壳来建立拥有自主域名和最大自主权的互联网主机。

1. 个人用户

随着宽带接入的普及和个人用户技术水平的提高，越来越多的个人用户已不满足上网仅仅就是浏览网页和收发邮件，他们希望利用自己的电脑，建立一些应用以对外提供服务，如 Web、FTP、电子邮件、BBS、聊天室、流媒体播放、游戏网站、点对点传输、远程控制等。

"花生壳"动态域名解析服务为每一个希望在家里建立网站的个人用户带来实现梦想的机会。拥有一个真正属于自己的域名，而无需理会每次接入互联网后 IP 都会发生的变化。"花生壳"动态域名解析服务支持所有能够为计算机分配公网 IP 的接入方式，从传统的 Modem、ISDN、DDN，以及 xDSL、有线电视网络、双绞线到户等宽带接入方式。

2. 中小型企业

传统上，中小型企业建立企业站点的主流方式是利用虚拟主机服务商提供的虚拟主机空间。因为，无论利用托管主机，还是申请专线并自建机房来建立企业站点，对中小型企业而言，成本确实太高了。

利用能够分配公网 IP 的接入方式，把网站架设在公司里，"花生壳"动态域名解析服务为每一个希望降低成本，同时对服务器拥有最大自主权的中小企业带来新的选择。

最终，在实现低成本建立网站的目标的同时，中小型企业无需担心因为虚拟主机服务商的工作效率导致企业业务受到任何的人为影响。在最大程度上实现资金、人员的自由分配，再不需要受到各种各样的约束和限制，在保密方面也比利用虚拟主机服务商提供的虚拟主机服务更加安全和放心。

6.7　技能挑战与项目实现

任务：如果一个小型企业或小型事业单位的信息主管主要构建小型局域网，主要考虑以下四个方面的内容。

（1）申请域名。
（2）申请接入因特网的线路。
（3）局域网布线。
（4）服务器的安装及设置。

要求：

（1）确定公司域名并完成域名服务器的安装。
（2）掌握域名申请、注册与使用的常规步骤。
（3）掌握网络拓扑结构设计、局域网布线的一般要求。
（4）完成所配置的 DNS 服务器的检测工作。

6.8 项 目 实 训 要 求

实训 架设 DNS 服务器

[实训目的]
掌握架设 DNS 服务器的方法。

[实训环境]
装有 Windows Server 2003 操作系统的计算机，局域网环境，广域网环境。

[实训内容]
1．DNS 服务器的安装与配置
2．完成 WWW、FTP、Mail 等三类服务器的域名解析配置与检测
3．邮件交换服务器的配置

[实现过程]

[实训总结]

[实训思考题]
1．个人架设 Internet 服务器需要哪些步骤或需要做哪些工作？
2．花生壳软件与所学 DNS 服务器之间的异同点有哪些？

第 7 章　Windows Server 2003 的文件服务器

☆ **预备知识**

（1）"管理您的服务器"的启动与使用

（2）"计算机管理"的启动

（3）FAT 文件系统相关知识

☆ **技能目标**

（1）掌握文件服务器的安装和配置

（2）掌握设置资源共享的四种方法及应用

（3）理解 NTFS 文件系统的特点，掌握设置 NTFS 权限的方法

（4）理解磁盘配额的相关知识，掌握设置与管理磁盘配额的方法

☆ **项目案例**

两人之间共享文件，可按"网上邻居法"设置共享目录；如果共享文件给多个人，可效仿"FTP 法"建立一个简单的 FTP 服务器。难道掌握了这些本领，我们真的就高枕无忧了吗？

要回答上面的问题，先来看看下面几种情况：如果权限分配出现失误，文件的普通访问者变成了控制者；如果好意提供给别人的上传空间时，很可能就会感染活动猖獗的蠕虫病毒；如果办公室里有很多人都想共享自己的文件，难道每个人都在自己的电脑上建立共享目录或者 FTP 服务器？

说到这里，也就明白在力求工作效率与计算机安全的办公环境中，"网络邻居法"与"FTP 法"都远远不及"专职"文件服务器——一台安装了 Windows Server 2003 操作系统，而且随时听候调用的服务器。

7.1　文件服务器与资源共享

在日常的工作中，文件服务器是与用户经常打交道的对象，通过文件服务器可以有效地管理磁盘空间。文件服务器中央储存重要的可共享的文件，当用户需要访问别人共享的一份重要文件的时候，它只需访问文件服务器中相关的共享文件夹，而不需访问对方的机器。

文件服务器提供网络上的中心位置，可供您集中存储文件并通过网络与用户共享文件。当用户需要重要文件（比如项目计划、软件安装程序等）时，他们可以访问文件服务器上的文件，而不必在各自独立的计算机之间传送文件。

文件服务器可提供和帮助用户管理文件访问权限。如果计划使用本计算机上的磁盘空间存储、管理和共享信息，如文件和应用程序，则需要将该计算机配置为文件服务器。文件服务器往往配有 RAID 卡和高速的大容量硬盘，这样，既能避免由于硬盘损坏而造成的数据丢失，又

设置有严格的权限策略，能有效地保证数据的访问安全。

7.1.1　文件服务器的安装

使用文件服务器前首先要做的工作是在 Windows 2003 上安装与配置文件服务器，在此基础上进行文件服务与资源共享，通过资源访问权限的控制，确保文件服务器上数据的访问安全，然后可以设置磁盘配额来有效地管理有限的磁盘空间。

文件服务器并不是 Windows Server 2003 默认的安装组件，所以需要手工添加安装该服务。在文件服务器的安装过程中，将设置磁盘的配额以及添加一个共享文件夹，并简单设置该共享文件夹的权限。文件服务器要求必须被安装在 NTFS 文件系统分区上。

将计算机配置为文件服务器之前，请验证以下几点：

（1）是否正确配置了操作系统？在 Windows Server 2003 家族产品中，文件服务依赖于操作系统及其服务的适当配置。如果大家的 Windows Server 2003 操作系统采用的是全新安装，则可以使用默认服务设置。没有必要执行进一步地操作。

（2）计算机是否作为成员服务器加入 Active Directory 域中？成员服务器是加入到域中但不是域控制器的服务器，成员服务器通常作为文件服务器、应用程序服务器、数据库服务器、Web 服务器或远程访问服务器。如果希望验证客户端的身份，或者将共享文件夹发布到 Active Directory，文件服务器就必须加入到域中。通过将计算机加入 Active Directory 域可以提高安全性和改进用户身份验证。如果不需要执行这两个任务，文件服务器就不需要加入到域中。

（3）是否分配所有可用磁盘空间？如果未分配所有可用磁盘空间，可以使用"磁盘管理"或 Diskpart.exe 从未分配的空间中创建新分区或逻辑驱动器。

（4）现有的所有磁盘卷是否都使用 NTFS 文件系统？FAT32 卷安全性不好，而且不支持文件和文件夹压缩、磁盘配额、文件加密或单个文件权限。因此，建议将所有磁盘分区使用 NTFS 文件系统。因为在文件服务器的安装过程中，将设置磁盘的配额以及添加一个共享文件夹，并简单设置该共享文件夹的权限，所以，在确认以上信息后，在添加文件服务器角色之前还必须明确以下信息：① 确定是否要配置磁盘配额。使用磁盘配额跟踪和控制 NTFS 卷的以卷为单位的磁盘空间使用情况。配额可防止用户由于在超过指定的磁盘空间限制值时记录事件而超出设定的磁盘空间。② 确定是否要使用"索引服务"。索引服务可以创建本地硬盘驱动器以及共享网络驱动器上的文档的内容和属性索引。这些索引可允许用户执行更快速、更便捷的搜索。索引服务可能会降低服务器的运行速度，因此，只有在用户要经常搜索该服务器上的文件内容时才使用它。③ 确定要在计算机上共享的文件夹，并指定文件夹名称和说明。用户根据文件名查看该文件服务器上的共享资源。建议创建容易记住并能说明文件夹内容的共享名称。例如，假设向用户各自提供 1 GB 的空间，用于在文件服务器上存储其私有信息。可以将文件服务器上的顶层文件夹命名为"Personal Folders"，然后根据用户的域名来命名每个子文件夹。④ 确定要在文件夹上设置什么类型的权限。确定需指派的最具限制的权限，该权限仍允许用户执行需要的任务。NTFS 文件系统上的访问控制比单独的共享权限要提供更多的安全性。

以上准备工作完成后，接下来开始安装和配置文件服务器。要配置文件服务器，请通过完成下面的两种操作方法中任一方法来启动"配置您的服务器向导"。

（1）Windows Server 2003 的管理工具中有一项功能叫做"管理您的服务器"，启动该工具之后，可以看到当前服务器上启用的所有服务，并可对这些服务进行管理。从"管理您的服务器"中，单击"添加或删除角色"，就可以启动"配置您的服务器向导"。默认情况下，"管理您的服务器"会在用户登录时自动启动。要手动打开"管理您的服务器"，请依次单击"开始"和"控制面板"，然后单击"管理工具"，再双击"管理您的服务器"。

（2）要打开"配置您的服务器向导"，请依次单击"开始"和"控制面板"，然后单击"管理工具"，再双击"配置您的服务器向导"。

（3）启动"配置您的服务器向导"后，连续单击"下一步"按钮直到进入"服务器角色"页面，在"服务器角色"页面上，在 Windows Server 2003 支持的角色列表中选择"文件服务器"选项，如图 7.1 所示。

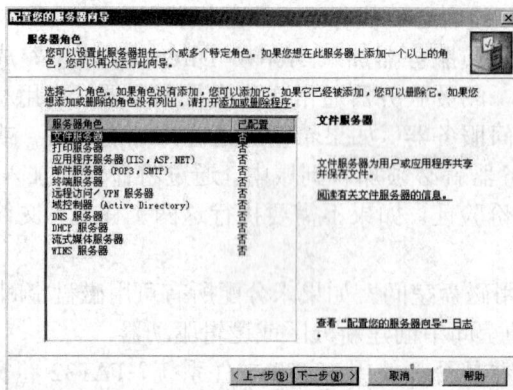

图 7.1　服务器角色

（4）选择"文件服务器"，单击"下一步"按钮，在出现的"文件服务器磁盘配额"页面上，可以设置磁盘配额来跟踪和控制各个用户在 NTFS 卷上以卷为单位的磁盘空间的使用情况。"配置您的服务器向导"会自动将磁盘配额应用到所有 NTFS 文件系统的新用户，使用的是磁盘空间配置已经应用的。只要用户想防止服务器占用一定数量的磁盘空间或者如果用户的磁盘空间数量是有限的，就需要更改"文件服务器磁盘配额"页面上的信息。大多数情况下，可以接受默认系统设置。

如果用户想在其他用户超过指定的磁盘空间限制值或者当前用户超过指定磁盘空间的警告级别（即用户接近其配额限制值时）时记录事件，可以在该页面上对其进行指定。

手动配置选项的含义如下。

（1）为此服务器的新用户设置默认磁盘空间配额。如果管理员想启用磁盘配额，以便限制和跟踪该文件服务器上磁盘空间的使用情况，请选中该复选框。

如果管理员选择启用磁盘配额，就需要设置磁盘空间限制值。建议为所有用户账户设置适当限制的默认限度，然后修改此限度允许使用大文件的用户占有更多的磁盘空间。例如，处理扫描照片或艺术作品的用户可能会要求大量的磁盘空间。

另外，也可以设置警告级别，以便用户在超过指定的磁盘空间限制值时得到通知。如果不想使用警告级别，就将该数字设置为高于磁盘空间限制值。

（2）拒绝将磁盘空间给超过配额限制的用户。如果管理员想限制文件服务器上磁盘空间的使用，请配置该设置。如果管理员只想跟踪每个用户磁盘空间的使用情况，就请将该设置留空。

（3）当用户超过了下列情况之一，记录一个日志事件。

如果管员想在用户超过指定的磁盘空间限制值或警告级别时记录系统事件，请配置这些设置。可以使用事件查看器查看系统事件。要打开"事件查看器"，请依次单击"开始"、"控制面板"，双击"管理工具"，然后双击"事件查看器"。

根据系统提示进行配额设置，磁盘配额功能可以限制用户对磁盘空间的使用，方便对磁盘空间进行管理。例如可将磁盘空间限制设置为 300MB，将警告设置为 260MB，并勾选"拒绝将磁盘空间给超过配额限制的用户"这一选项。这种情况下用户将无法使用超过 300MB 以上的硬盘空间，并且当用户使用的空间达到设置的 260MB 的警戒线时记录一个系统事件，如图 7.2 所示。

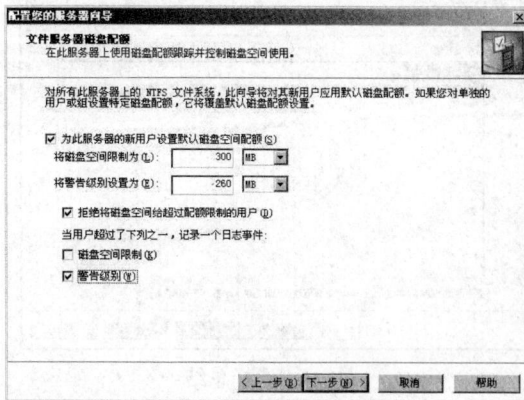

图 7.2　文件服务器磁盘配额

（4）在完成"文件服务器磁盘配额向导"页面设置后，单击"下一步"按钮。此时，会进入"文件服务器索引服务"界面，如图 7.3 所示。在"文件服务器索引服务"页面上，完成下列操作之一：

①如果用户定期对服务器上的文件内容进行搜索，请单击"是，启用索引服务"。

②如果用户想保留 CPU 和内存资源，请单击"不，不启用索引服务"，索引服务可能会降低服务器的性能。

默认的选项是不启用索引服务。索引服务为用户提供了搜索本地或网络上的信息的快速、方便和安全的方式。用户可以通过"开始"菜单上的"搜索"命令或者浏览器上的 HTML 页面搜索不同格式和语言的文件。虽然索引服务可以加快文件检索的速度，但是由于它要消耗不少的服务器资源，所以如果不需要很频繁地检索文件的话，建议保留默认的设置。如果用户需要经常在该服务器上搜索文件,请启用此选项。完成后请单击"下一步"按钮。

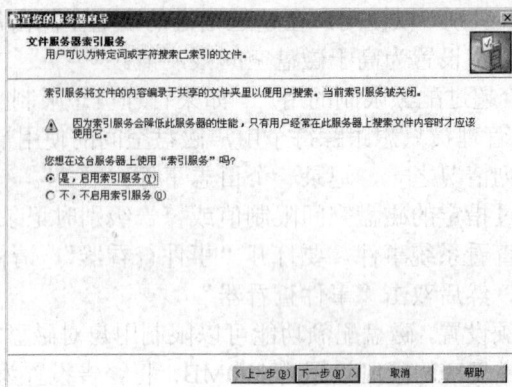

图 7.3   文件服务器索引服务

(5)单击"下一步"按钮后,会弹出"选择总结"对话框,如图 7.4 所示。

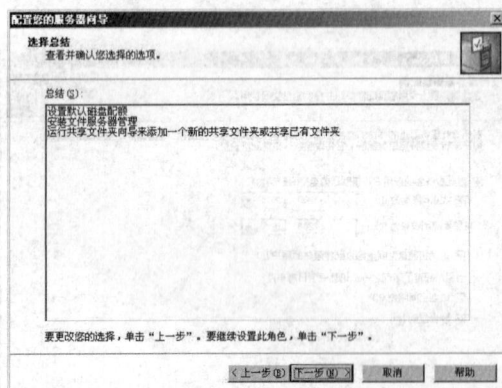

图 7.4   选择总结

请在"选择总结"页面上查看和确认已经选择的选项。如果管理员在"服务器角色"页面上选择了"文件服务器",就会出现以下内容:

①安装文件服务器管理。

②运行共享文件夹向导来添加一个新的共享文件夹或共享已有文件夹。

要应用"选择总结"页面上显示的选择,请单击"下一步"按钮。

(6)在确认以上设置单击"下一步"按钮后,"配置您的服务器向导"会自动启动"共享文件夹向导",管理员可以使用它来配置共享文件夹。将资源共享后,网络上的其他用户就可以使用了,如图 7.5 所示。

注意:将包含系统文件和资源的文件夹共享时,要使用警告信息。确保指定的文件夹或资源不包含不希望用户访问的信息。

(7)单击"下一步"按钮,会弹出"文件夹路径"对话框,在"文件夹路径"页面上,指定希望共享的文件夹的路径。要搜索文件夹,请单击"浏览"按钮,如图 7.6 所示。

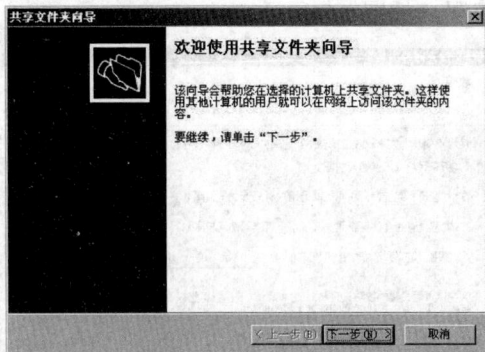

图 7.5　共享文件夹向导　　　　　　　　　　　　　　　　　图 7.6　文件夹路径

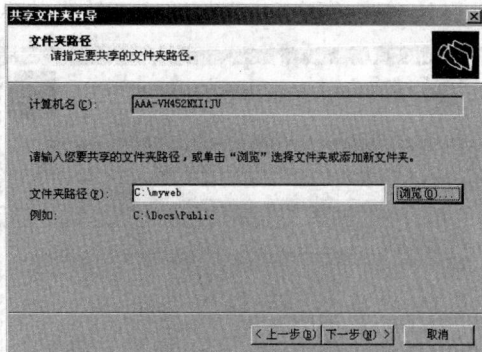

首先需要选择共享文件夹的路径，例如 C:\myweb，然后单击"下一步"按钮。

（8）此时，进入"名称、描述和设置"对话框。此界面用于维护共享名和关于该共享描述的，通常情况下维持默认设置即可，如图 7.7 所示。

在"名称、描述和设置"页面上，指定有关共享文件夹的以下信息：

①在"共享名"中，输入要用于共享资源的名称。共享名是必需的。选择简短且具有说明性的名称，以便于用户识别。

②在"描述"框中，输入对共享资源的说明。描述是可选的。如果要共享若干个资源，说明就可能有助于组织和标识这些资源。所输入的说明显示在"文件服务器管理和共享文件夹"的"描述"列中。

③在"脱机设置"中，指定希望以何种方式让用户在不与网络连接时能够使用共享文件夹中的内容。如果希望由用户来控制哪些文件可以脱机使用，就可以接受默认设置。若要更改脱机设置，请单击"更改"按钮。请使用以下表格中的信息来决定要用于脱机文件的设置，如表7.1 所示。

表7.1　脱 机 设 置

脱机设置	注　释
只有用户指定的文件和程序才能在脱机状态下可用	如果希望由用户来控制哪些文件可以脱机使用，请单击该选项
用户从该共享打开的所有文件和程序将自动在脱机状态下可用	如果希望允许用户从共享文件夹中打开的所有文件都自动地在脱机状态下可用，请单击该选项。如果选择"已进行性能优化"复选框，则所有程序都会自动缓存，以便用户能在本地运行它们。该选项对于宿主应用程序的文件服务器特别有用，因为它会减少网络流量并改进服务器的可伸缩性
该共享上的文件或程序将在脱机状态下不可用	如果希望防止用户在脱机状态下存储文件，请单击该选项

（9）单击"下一步"按钮，开始为共享设置权限，如图 7.8 所示。

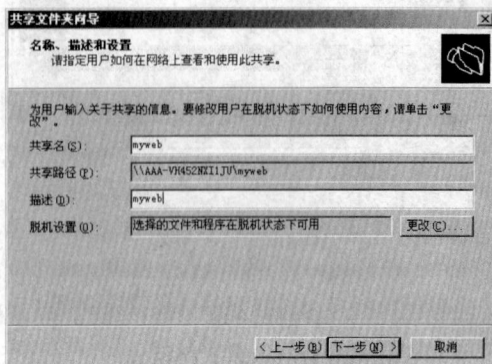

图 7.7　名称、描述和设置　　　　　　　图 7.8　"权限"设置界面

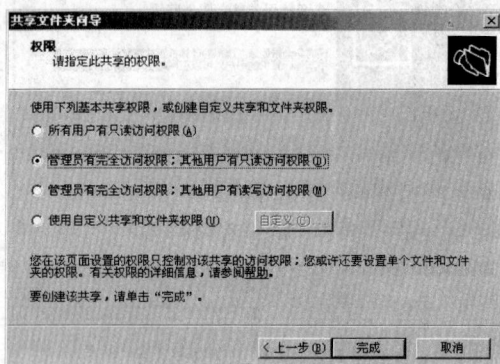

在"权限"页面上，指定共享文件夹的共享权限。为确保只有授权用户可以访问文件夹中的信息，用户必须对已创建的文件夹进行权限设置。共享权限仅应用于通过网络访问资源的用户。它们不应用于那些能够访问在存储资源计算机上的资源的用户。请使用表 7.2 来决定适当的共享权限。

表7.2　共　享　权　限

共享权限	注　　　释
所有用户有只读访问权限	若要将所有访问权限都限制为只读的，请单击该选项
管理员有完全访问权限；其他用户只读访问权限	如果希望用户查看位于共享资源中的文件和运行其中的程序，请单击该选项。只有 Administrators 组的成员可以更改、添加或删除文件。此外，只有 Administrators 组的成员可以更改共享资源上的 NTFS 文件权限
管理员有完全访问权限；其他用户有读写访问权限	如果希望将访问权限限制为对 Administrators 组成员以外的所有用户是可以读和写的，请单击该选项
使用自定义共享和文件夹权限	如果希望对指定用户或组授予或拒绝访问权限，请单击该选项。应指派限制性最强但又允许用户执行必要功能的权限

基本的权限包括了完全访问和读写权限。选择"使用自定义共享和文件夹权限"，单击"自定义"按钮之后弹出"自定义权限设置"界面。在这里可以根据需要对不同用户设置不同的权限，例如可以对 Administrators 用户组设置"完全控制"以赋予所有管理员对该共享文件夹的全部管理权限，为 Guest 用户设置"读取"权限，使匿名用户可以下载该文件夹中的文件，同时取消选择原有的 Everyone 选项，以屏蔽所有其他用户权限。

（10）权限设置完成后，单击"完成"按钮，会弹出如图 7.9 所示的"共享成功"页面。在"共享成功"页面上，"共享文件夹向导"会显示选定内容的状态和总结信息。如果希望将另一个文件夹共享，请勾选"当单击'关闭'时，再次运行该向导来共享另一个文件夹"复选框。完成文件夹的共享后，单击"关闭"按钮完成设置。

至此就完成了基本的共享设置，如果还有其他文件夹需要设置成共享，可以在关闭该向导之前勾选"关闭后再次运行该向导"的选项继续进行下一个共享的设置。结束所有向导之后，可以看到"管理您的服务器"界面中多了一项文件服务器的内容，单击"管理此文件服务器"链接就可以打开文件服务器管理界面，在此可以进行各种文件服务的管理。

完成"共享文件夹向导"后，"配置您的服务器向导"会显示"此服务器现在是一个文件服务器"页面，如图 7.10 所示。要审阅由"配置您的服务器向导"对服务器所做的所有更改，或者要确保新的角色已成功安装，请单击"'配置您的服务器向导'日志"。"配置您的服务器向导"日志位于 systemroot\Debug\Configure Your Server.log。要关闭"配置您的服务器向导"，请单击"完成"按钮。

图 7.9　共享成功

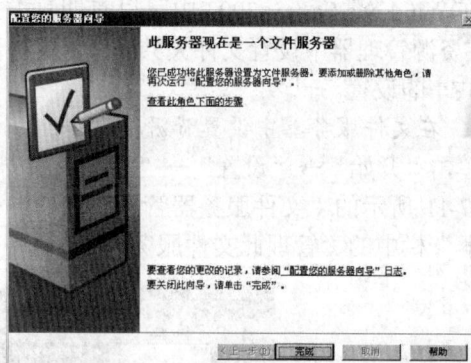

图 7.10　此服务器现在是一个文件服务器

完成"配置您的服务器向导"后，计算机就可以用作基本文件服务器了，它可以存储、管理和共享信息（例如文件和应用程序）。表 7.3 列出了可以在文件服务器上执行的一些其他任务。

表 7.3　文件服务器任务

任　　务	任　务　目　的
保护文件服务器的安全	确保文件服务器是安全的
实施加密文件系统（EFS）	增强文件服务器上的文件和资源的安全性
在共享文件和文件夹上设置权限	保护文件服务器上的资源，防止非授权访问。NTFS 文件系统上的访问控制比起单独的共享权限要提供更多的安全性
让共享资源在脱机状态下可用	允许用户存储共享资源的本地副本，以便他们可以在不与网络连接时访问这些资源
启用共享文件夹的卷影副本	启用共享文件夹的卷影副本，以提供网络共享上的文件的适时副本
设置分布式文件系统（DFS）	使用户更容易访问和管理以物理方式分布在网络上的文件
确保文件服务器的备份正确	保护数据，以防在系统遇到硬件或存储媒体故障时意外丢失
使用文件压缩	通过压缩文件、文件夹和程序来节省存储空间

7.1.2 设置资源共享

由于出于安全性的考虑，默认状态下服务器中所有的文件夹都没有被共享。因此若要授予用户某种资源的访问权限时，必须先将该文件夹设置为共享。然后再赋予授权该用户以相应的访问权限。如果创建不同的用户组，并将拥有相同访问权限的用户加入到同一用户组中，会使用户权限的分配变得简单而快捷。

系统管理员只能够设置共享文件夹，不能够设置共享单一文件，如果要让其他人可以通过网络访问某个文件，必须先将该文件放到某个文件夹中，然后将该文件夹设置为共享文件夹。同时，并非每个账户都能够设置共享文件夹，要共享文件夹和驱动器，用户必须作为以下任一组的成员登录：Administrators、Server Operators、Power Users。

在 Windows Server 2003 中可以有四种方式设置资源共享，即在文件服务器中设置资源共享、在资源管理器中设置文件夹共享、在控制台树中设置文件夹共享以及 Windows Server 2003 Web 共享的设置。

1. 在文件服务器中设置资源共享

单击"开始"→"设置"→"控制面板"→"管理工具"，双击"文件服务器管理"，打开如图 7-11 所示的"文件服务器管理"窗口；也可以在"管理您的服务器"窗口中单击"文件服务器"栏中的"管理此文件服务器"，也可以打开如图 7.11 所示的窗口。

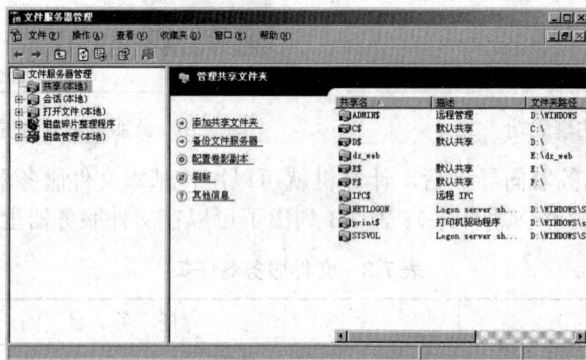

图 7.11　文件服务器窗口

在显示的窗口中选择左侧控制台树中的"共享"，在右侧的列表框中会出现已经被共享的文件夹名称、描述、路径等详细信息，用户在右侧列表框中单击鼠标右键，在弹出的快捷菜单中选择"新建共享"，会显示如图 7.12 所示的"共享文件夹向导"窗口，按照提示信息设置共享文件夹即可。

2. 在资源管理器中设置文件夹共享

单击"开始"，选择"Windows 资源管理器"，然后打开"Windows 资源管理器"，在显示的窗口中找到希望共享的文件夹或驱动器等资源的位置，在选择的资源上单击鼠标右键，在弹出的快捷菜单中选择"共享和安全"选项，会弹出如图 7.13 所示的资源属性窗口，在"共享"选项卡中，选择"共享此文件夹"，然后输入共享名和注释。

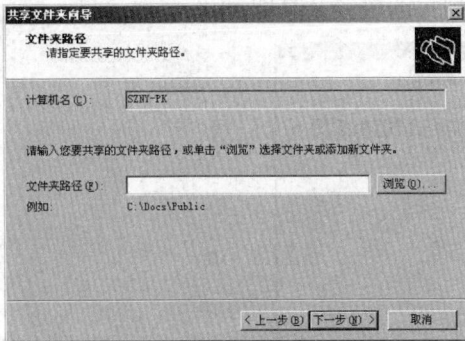

图 7.12　共享文件夹向导

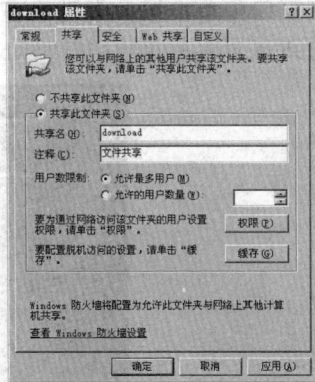

图 7.13　文件夹共享与安全

要更改共享文件夹或驱动器的共享名称，请在"共享名"框中输入一个新的名称。当其他用户连接到此共享文件夹或驱动器时，将会看到该新名称。文件夹或驱动器的实际名称并没有更改。要添加有关共享文件夹或驱动器的注释，请在"注释"框中输入文本。

如果要限制可以同时连接到共享文件夹或驱动器的人数，则单击"用户数限制"下的"允许的用户数量"，然后输入用户数量。

如果要设置共享文件夹或驱动器的共享文件夹权限，则单击"权限"按钮，弹出如图 7.14 所示的对话框。默认状态下，网络内的所有用户都享有对该文件夹的读取权限。这时，可根据需要，针对不同用户或用户组设置相应的访问权限，如完全控制、更改、读取等的允许或拒绝。

全部设置完成后，单击"确定"按钮。

3. 在控制台树中设置文件夹共享

单击"开始"→"设置"→"控制面板"，选择"管理工具"，单击"计算机管理"，打开"计算机管理"窗口，在左侧目录树中，单击"共享文件夹"，然后在展开的分支中单击"共享"，会出现如图 7.15 所示的窗口。右侧的窗口显示了有关本地计算机上的所有共享信息，包括共享名、文件夹路径、类型等。

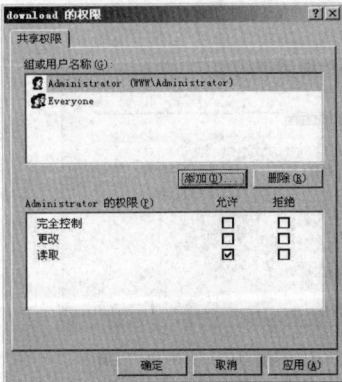

图 7.14　共享文件夹权限

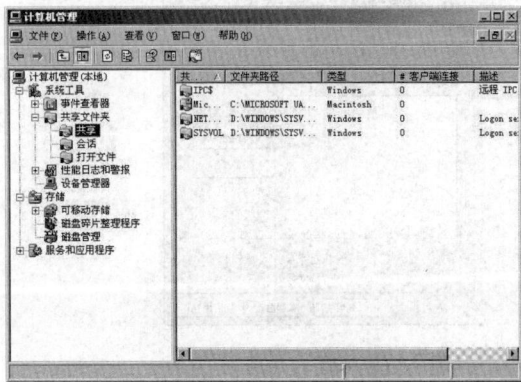

图 7.15　"计算机管理"窗口

在右侧窗口中单击鼠标右键，在弹出的快捷菜单中选择"新建共享"选项，会弹出如图 7.16 所示的共享文件夹向导，按照向导的提示设置相关的资源共享即可。

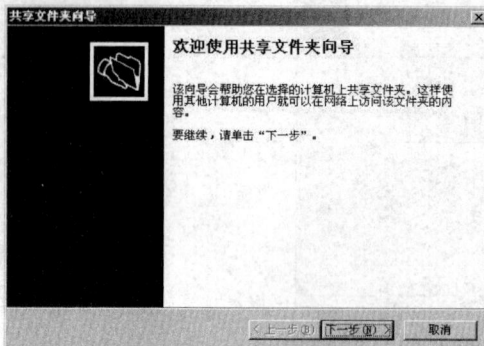

图 7.16　共享文件夹向导

4. 利用 Windows Server 2003 Web 共享的设置

Windows Server 2003 支持文件夹的 Web 共享，可以借助 Web 浏览器访问服务器中的共享文件夹。在设置 Web 共享前，文件服务器中必须首先安装 IIS 中的 Web 服务，否则，"Web 共享"选项将不会显示在文件夹属性窗口中。

在 Windows 资源管理器中，右击选中的文件夹，在弹出的快捷菜单中选择"属性"选项，此时，会打开文件夹属性窗口，如图 7.17 所示。单击"Web 共享"选项卡，在"共享位置"下拉列表框中选择用于发布该共享资源的 Web 网站，默认发布在"默认网站"。

"共享位置"选择完成后，单击"共享文件夹"单选按钮，弹出如图 7.18 所示的"编辑别名"对话框，此时，默认只赋予该共享文件夹以"读取"权限。如果该共享文件夹存储有子文件夹，可选择"目录浏览"选项，使用户在 Web 浏览器中可列出共享文件夹的目录，便于浏览。也可以根据需要选择相应的选项。

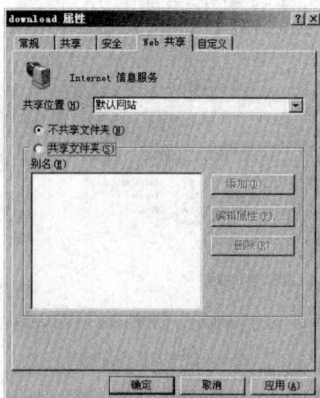

图 7.17　文件夹属性窗口

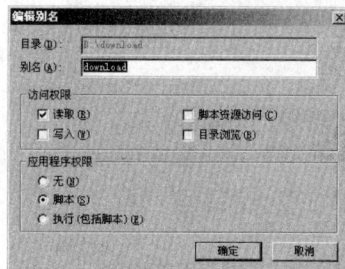

图 7.18　"编辑别名"对话框

最后按提示单击"确定"按钮，完成 Web 共享设置。Web 共享与普通共享的设置并不能相互替代。对文件夹设置了 Web 共享并不意味着该文件夹可以在"网上邻居"中显示；而设置了普通共享，也并不能同时自动设置为"Web 共享"。因此，两种共享方式应分别进行设置。

7.1.3　管理会话

1．如何连接到共享文件夹

将某个文件夹共享后，其他计算机上的用户可通过网络连接到该文件夹。用户连接到共享文件夹后，可以打开、保存和删除文件，也可以修改和删除文件夹并执行其他任务，具体取决于他们所授予的权限级别。可以使用下列任一方法连接到另一台计算机上的共享：

（1）使用"网上邻居"。

（2）使用通用命名约定（UNC）路径。

（3）映射网络驱动器。

2．使用"网上邻居"连接到共享文件夹

（1）打开"网上邻居"。为此，请启动 Windows 资源管理器，然后单击网上邻居。

（2）双击 Computer Name，其中 Computer Name 是包含用户要访问的文件的计算机的名称。如果系统提示用户输入用户名和密码，则输入用户名和密码以便能够访问连接到的计算机。该计算机上的共享文件夹和打印机列表随即显示。

（3）双击要访问的共享文件夹。

该共享文件夹中的子文件夹和文件的列表随即显示。对这些子文件夹和文件所能进行的操作将取决于所授予的权限级别。

3．使用 UNC 格式连接到共享文件夹

要使用 UNC 格式连接到共享文件夹，请按照下列步骤操作。

（1）单击开始，然后单击运行。

（2）在打开窗口中，使用以下 UNC 格式输入共享名，其中，Computer Name 是用户试图连接的计算机的名称，Share Name 是该计算机上的共享文件夹的名称：

\\ComputerName\ShareName

例如，要连接到名为 Server1 的计算机上的 Data 共享，请输入"\\Server1\Data"。

（3）单击确定。

如果系统提示输入用户名和密码，则输入用户名和密码以便能够访问该计算机。共享文件夹的内容随即显示。

4．使用映射驱动器

使用映射驱动器连接到共享文件夹的步骤如下。

（1）启动 Windows 资源管理器。

（2）在工具菜单上，单击映射网络驱动器。

（3）在驱动器框中，单击要用于该映射驱动器的驱动器号。不能使用计算机当前正在使用的任何驱动器号。

（4）在文本框中，使用通用命名约定（UNC）格式输入要连接的共享的名称，其中，Computer Name 是试图连接计算机的名称，Share Name 是该计算机上的共享文件夹的名称：

\\ComputerName\ShareName

还可将驱动器映射到共享文件夹的子文件夹，例如：

\\ComputerName\ShareName\SubfolderName

或者，也可以单击浏览，然后查找要连接到的计算机、该计算机上的共享以及该共享中的子文件夹。

（5）单击"完成"按钮。

默认情况下，Windows 在下次登录时将试图重新连接已映射的驱动器。如果不希望下次登录时重新连接到已映射的驱动器（例如，如果希望该映射的驱动器仅对当前登录会话有效），可以取消选择"登录时重新连接"复选框。

默认情况下，使用当前正在使用的登录凭据连接到远程计算机。如果打算使用其他凭据，请单击"使用其他用户名进行连接"，然后输入相应的用户名和密码以连接到网络资源。

在 Windows 资源管理器中，可以在文件夹窗格中看到所创建的映射驱动器，也可以看到计算机上的其他所有驱动器。通过使用映射驱动器号，可以通过计算机上的任何程序访问共享文件夹中的文件。

7.2　NTFS 文 件 系 统

NTFS 文件系统是种高级文件系统，提供了性能、安全、可靠性以及未在任何 FAT 版本中出现的高级功能。NTFS 文件系统是一个基于安全性的文件系统，是 Windows NT 所采用的独特的文件系统结构，它是建立在保护文件和目录数据基础上的，同时照顾节省存储资源、减少磁盘占用量的一种先进的文件系统。使用非常广泛的 Windows NT 4.0 采用的就是 NTFS 4.0 文件系统，相信它所带来的强大的系统安全性一定给广大用户留下了深刻的印象。Windows 2003 采用了更新版本的 NTFS 文件系统 NTFS 5.0，它的推出使得用户不但可以像 Windows 9X 那样方便、快捷地操作和管理计算机，同时也可享受到 NTFS 所带来的系统安全性。

（1）NTFS 可以支持的分区（如果采用动态磁盘则称为卷）大小可以达到 2TB，而 Windows 2000 中的 FAT32 支持分区的大小最大为 32GB。

（2）NTFS 是一个可恢复的文件系统。在 NTFS 分区上用户很少需要运行磁盘修复程序。NTFS 通过使用标准的事物处理日志和恢复技术来保证分区的一致性。发生系统失败事件时，NTFS 使用日志文件和检查点信息自动恢复文件系统的一致性。

（3）NTFS 支持对分区、文件夹和文件的压缩。任何基于 Windows 的应用程序对 NTFS 分区上的压缩文件进行读写时不需要事先由其他程序进行解压缩，当对文件进行读取时，文件将自动进行解压缩；文件关闭或保存时会自动对文件进行压缩。

（4）NTFS 采用了更小的簇，可以更有效率地管理磁盘空间。在 Windows 2000 的 FAT32 文件系统的情况下，分区大小在 2GB～8GB 时簇的大小为 4KB；分区大小在 8GB～16GB 时簇的大小为 8KB；分区大小在 16GB～32GB 时，簇的大小则达到了 16KB。而 Windows 2003 的 NTFS 文件系统，当分区的大小在 2GB 以下时，簇的大小都比相应的 FAT32 簇小；当分区的大小在 2GB 以上时（2GB～2TB），簇的大小都为 4KB。相比之下，NTFS 可以比 FAT32 更有效地管理磁盘空间，最大限度地避免了磁盘空间的浪费。

（5）在 NTFS 分区上，可以为共享资源、文件夹以及文件设置访问许可权限。许可的设置包括两方面的内容：一是允许哪些组或用户对文件夹、文件和共享资源进行访问；二是获得访问许可的组或用户可以进行什么级别的访问。访问许可权限的设置不但适用于本地计算机的用户，同样也应用于通过网络的共享文件夹对文件进行访问的网络用户。与 FAT32 文件系统下对文件夹或文件进行访问相比，安全性要高得多。另外，在采用 NTFS 格式的 Windows 2003 中,应用审核策略可以对文件夹、文件以及活动目录对象进行审核，审核结果记录在安全日志中，通过安全日志就可以查看哪些组或用户对文件夹、文件或活动目录对象进行了什么级别的操作，从而发现系统可能面临的非法访问，通过采取相应的措施，将这种安全隐患减到最低。这些在 FAT32 文件系统下，是不能实现的。

（6）在 Windows 2003 的 NTFS 文件系统下可以进行磁盘配额管理。磁盘配额就是管理员可以为用户所能使用的磁盘空间进行配额限制，每一用户只能使用最大配额范围内的磁盘空间。设置磁盘配额后，可以对每一个用户的磁盘使用情况进行跟踪和控制，通过监测可以标识出超过配额报警阈值和配额限制的用户，从而采取相应的措施。磁盘配额管理功能的提供，使得管理员可以方便、合理地为用户分配存储资源，避免由于磁盘空间使用的失控可能造成的系统崩溃，提高了系统的安全性。

（7）NTFS 使用一个“变更”日志来跟踪记录文件所发生的变更。

由此可见，NTFS 格式文件系统具有许多独特的优点。

7.2.1　FAT、FAT32、NTFS 文件系统的比较

在推出 FAT32 文件系统之前，通常 PC 机使用的文件系统是 FAT16。像基于 MS-DOS，Win 95 等系统都采用了 FAT16 文件系统。在 Windows 9X 下,FAT16 支持的分区最大为 2GB。计算机将信息保存在硬盘上称为“簇”的区域内，使用的簇越小，保存信息的效率就越高。在 FAT16 的情况下，分区越大簇就相应地要增大，存储效率就越低，势必造成存储空间的浪费。并且随着计算机硬件和应用的不断提高，FAT16 文件系统已不能很好地适应系统的要求。在这种情况下，推出了增强的文件系统 FAT32。同 FAT16 相比，FAT32 主要具有以下特点：

（1）同 FAT16 相比 FAT32 最大的优点是可以支持的磁盘大小达到 2TB（2047GB），但是不能支持小于 512MB 的分区。基于 FAT32 的 Windows 2000 可以支持分区最大为 32GB；而基于 FAT16 的 Windows 2000 支持的分区最大为 4GB。

（2）由于采用了更小的簇，FAT32 文件系统可以更有效地保存信息。如两个分区大小都为 2GB，一个分区采用了 FAT16 文件系统，另一个分区采用了 FAT32 文件系统。采用 FAT16 分区的簇大小为 32KB，而 FAT32 分区的簇只有 4KB 的大小。这样 FAT32 就比 FAT16 的存储效率要高很多，通常情况下可以提高 15%。

（3）FAT32 文件系统可以重新定位根目录和使用 FAT 的备份副本。另外，FAT32 分区的启动记录被包含在一个含有关键数据的结构中，减少了计算机系统崩溃的可能性。

NTFS 比 FAT 或 FAT32 的功能更强大，同时它还包括提供 Active Directory 所需的功能以

及其他重要的安全性功能。只有通过选择 NTFS 作为文件系统才能使用诸如 Active Directory 和基于域的安全性等功能。NTFS 是一种最适合处理大磁盘的文件系统（下一个性能仅次于 NTFS 并适于处理大磁盘的文件系统是 FAT32）。

要维护文件和文件夹访问控制并支持有限个账户，必须使用 NTFS。如果使用 FAT32，所有用户都将具有访问权，以访问硬盘驱动器上的所有文件，而不考虑其账户类型（管理员、有限制的或标准的）。

下面是选择 NTFS 时可能要使用的一些功能。

（1）更好的可伸缩性使扩展为大驱动器成为可能。NTFS 的最大分区或卷比 FAT 的最大分区或卷大得多，当卷或分区大小增加时，NTFS 的性能并不会降低，而 FAT 的性能则会降低。

（2）Active Directory 和域（域是 Active Directory 的一部分）。通过 Active Directory 可便于查看和控制网络资源。使用域可以在简化管理的情况下微调安全选项。域控制器和 Active Directory 需要使用 NTFS。

（3）压缩功能，包括压缩或解压缩驱动器、文件夹或者特定文件的功能（但是，无法同时压缩和加密某个文件）。

（4）文件加密，该功能极大地增强了安全性（但是，无法同时压缩和加密某个文件），可以对单个文件而不只是对文件夹设置权限。

（5）远程存储，通过使可移动媒体（如磁带）更易访问，从而扩展了磁盘空间。

（6）恢复磁盘活动的日志记录，它允许 NTFS 在断电或发生其他系统问题时尽快地恢复信息。

（7）稀疏文件。稀疏文件是一些大型文件，应用程序以一种仅需有限磁盘空间的方式创建了这些文件。也就是说，NTFS 只为文件的写入部分分配了磁盘空间。

（8）磁盘配额，可用来监视和控制单个用户使用的磁盘空间量。

NTFS 文件系统始终比 FAT 和 FAT32 文件系统功能更强大。Windows 2000、Windows XP 和 Windows Server 2003 家族包含新版本的 NTFS，此版本支持包括 Active Directory（这是域、用户账户和其他重要的安全功能所需要的）在内的各种功能。

FAT 和 FAT32 彼此是相似的，不同之处在于 FAT32 比 FAT 更适合于较大磁盘的使用。NTFS 是一种最适合大磁盘使用的文件系统。

表 7.4 介绍了每个文件系统与各种操作系统的兼容性。

表 7.4　文件系统与操作系统

NTFS	FAT	FAT32
运行 Windows 2000、Windows XP 或 Windows Server 2003 家族产品的计算机可以访问本地 NTFS 分区上的文件。运行带有 Service Pack 5 或更高版本的 Windows NT 4.0 的计算机或许可以访问某些文件。其他操作系统则不允许本地访问	可通过 MS-DOS、所有版本的 Windows 和 OS/2 访问本地分区上的文件	只能通过 Windows 95 OSR2、Windows 98、Windows Millennium Edition、Windows 2000、Windows XP 和 Windows Server 2003 家族产品访问本地分区上的文件

表 7.5 比较了每个文件系统支持的磁盘和文件大小。

表 7.5　文件系统支持的磁盘和文件大小

NTFS	FAT	FAT32
推荐的最小卷大小是 10 MB 左右 　　最大的卷和分区大小起始为 2 千吉字节（TB），并可以达更大范围。例如，通过标准分配单元大小（4 KB）格式化的动态磁盘可有 16 TB 减去 4 KB 的分区 　　无法在软盘上使用	软盘卷的最大空间可达 4 GB 不支持域	使用 Windows Server 2003 家族产品，可对容量为 33 MB～2 TB 的卷进行读或写。使用 Windows Server 2003 家族产品可以将 32 GB 以下的卷格式化为 FAT32 　　不支持域
尽管文件大小不能超过它们所在的卷或分区的大小，但可能的最大文件大小可为 16 TB 减去 64 KB	最大文件大小为 2 GB	最大文件大小为 4 GB

注意：文件系统的选择对于跨网络访问文件没有影响。例如，即使客户端运行像 Windows 98 或 Windows NT 这类较早的操作系统，在服务器的所有分区上使用 NTFS 也不影响客户端跨网络连接到该服务器上的共享文件夹或共享文件。

7.2.2　设置目录或文件的 NTFS 权限

所谓"权限"，是指用户对于对象的访问限制，例如：是否能够新建、读取或删除对象，对象种类包括文件、文件夹和磁盘等。目录或文件的权限，依据是否被共享到网络上，其权限可区分为以下两种。

1. NTFS 权限

只要是存在 NTFS 磁盘驱动器上的目录或文件，无论是否共享出来，都具有此权限。NTFS 权限又称目录与文件的访问权限。访问权限只存在于 NTFS 文件系统，使用 FAT/FAT32 文件系统的硬盘和磁盘上的文件，无法设置访问权限。

2. 共享权限

只要是共享文件夹，就一定具有此权限。若该文件夹也存在于 NTFS 磁盘驱动器上，便同时具有 NTFS 权限与共享权限。

Windows Server 2003 采用 NTFS 文件系统实现对资源的安全访问，设置 NTFS 权限可分别设置文件夹权限和文件权限。NTFS 文件权限有以下几种类型：读取、写入、读取和运行、修改、完全控制。NTFS 文件夹权限有以下几种类型：读取、写入、列出文件夹目录、读取和运行、修改、完全控制。一般情况下，不直接对文件设置权限，而是将文件放入文件夹中，然后对该文件夹设置权限。

NTFS 权限运行的原则如下。

（1）使用 NTFS 权限控制对文件和文件夹的访问，NTFS 文件权限优先于 NTFS 文件夹权限。

（2）在 NTFS 文件系统中每个文件夹与文件都有一项称为 Security Descriptor 的特别属性，此属性中有个为 Discretionary Access Control List（DACL，简称 ACL，即"访问控制列表"）

的列表，其中记录了某某用户或组账户对该对象有什么样的访问权限。设置 NTFS 权限时，实际上就是相当于编辑 ACL 的属性。

（3）NTFS 权限设置的方式，是以"文件夹（或文件）"为设置对象，不能够以"用户"为设置对象。即"选择文件夹，设置哪一用户对它有什么权限"。

（4）NTFS 权限具有继承性，即使没有额外做任何权限，子文件夹与文件已经具有其父文件夹的权限。在更改文件夹权限时，应了解服务器上安装的程序。程序会创建自己的文件夹并打开"允许从父系来的继承权限传播到这个对象"设置。如果更改了父文件夹中的权限，则这些更改可能会导致程序中出现的问题。

在 NTFS 磁盘中，系统会自动设置默认的权限值，不过，要设置文件或文件夹权限，必须是 Administrator 组的成员、文件/文件夹的所有者、具备完全控制权限的用户。

接下来通过事例来说明如何设置 NTFS 权限。

1. 设置 NTFS 文件夹权限

单击"开始"，选择"Windows 资源管理器"，然后打开"Windows 资源管理器"，在显示的窗口中找到希望设置权限的文件夹，例如：jxta，在选择的文件夹上单击鼠标右键，在弹出的快捷菜单中选择"属性"选项，会弹出"jxta 属性"对话框，继续选择"安全"选项卡，如图 7.19 所示。默认的权限设置值是从父件夹（或磁盘）继承来的，图中灰色阴影表示的权限就是继承来的。

要更改权限，只需要在相应的权限右方选择"允许"或"拒绝"即可。

如果要给其他用户指派权限，可单击"添加"按钮，从本地计算机上添加拥有对该文件夹访问和控制权限的用户和用户组，用户组中的用户拥有和用户组同样的权限，如图 7.20 所示。可通过单击"高级"按钮选择其他用户。

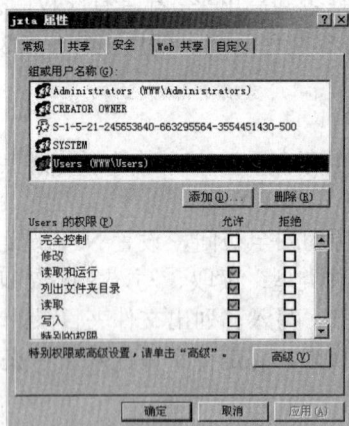

图 7.19 "jxta 属性"对话框

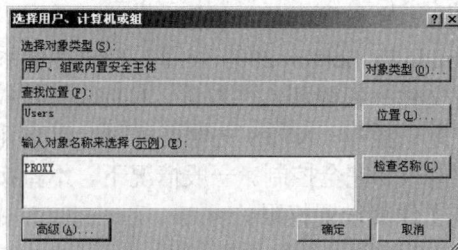

图 7.20 添加用户

选择后单击"确定"按钮，结果如图 7.21 所示，新添加的用户权限可修改。

如果不想继承上一层的权限，可在"安全"选项卡中单击"高级"按钮，此时，会弹出如图 7.22 所示的对话框。

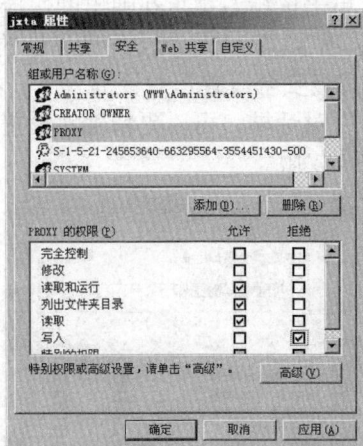

图 7.21　修改用户权限

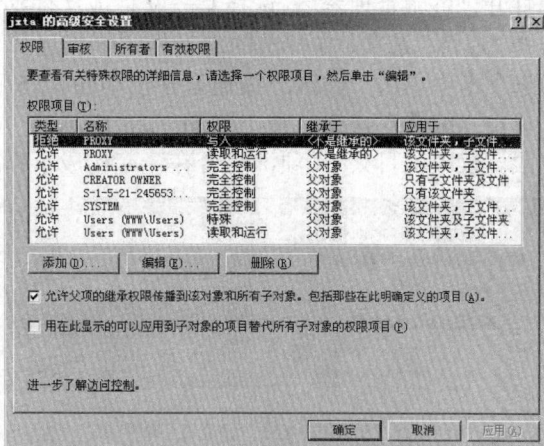

图 7.22　jxta 的高级安全设置

此时，单击取消"允许父项的继承权限传播到该对象和所有子对象。包括那些在此明确定义的项目"复选框，同时，会弹出如图 7.23 所示的"安全"对话框，单击"复制"按钮以便保留原来从父项对象继承的权限，也可单击"删除"按钮将此权限删除。

2. 设置 NTFS 文件权限

打开"资源管理器"，选择某一文件，例如：jxta2.3.jar，单击鼠标右键，在弹出的快捷菜单中选择"属性"选项，会弹出"jxta2.3.jar 属性"对话框，继续选择"安全"选项卡，可为其设置权限，如图 7.24 所示。具体设置方法与文件夹设置方法相似，在此不再详述。

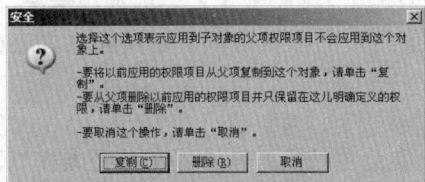

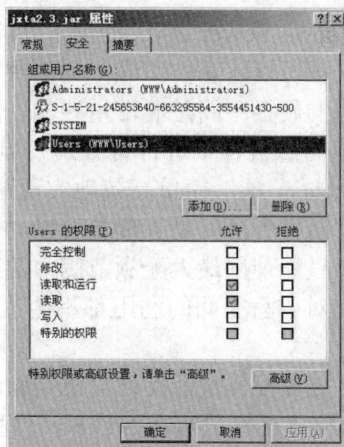

图 7.23　安全

图 7.24　"jxta2.3.jar 属性"对话框

3. 特殊访问权限

标准 NTFS 权限通常可满足一般的用户需求，但是，如果用户要更精确地指派权限，以满足各种不同的权限要求，此时，需要借助于特殊访问权限。

　　打开"资源管理器"，选择某一文件或文件夹，在其上单击鼠标右键，在弹出的快捷菜单中选择"属性"选项，在弹出的对话框中继续选择"安全"选项卡，在文件或文件夹属性的"安全"选项卡中单击"高级"按钮，弹出如图 7.25 所示的"高级安全设置"对话框。

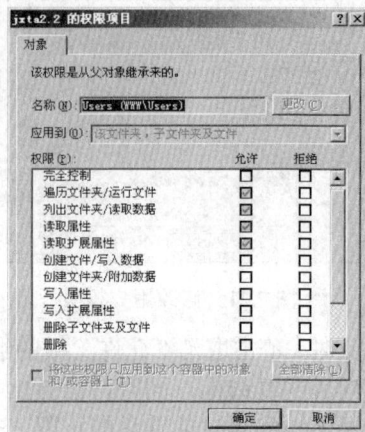

　　单击"编辑"按钮，弹出如图 7.26 所示的"权限项目"对话框，可以更精确地设置用户的权限。权限项目共 14 项，组合在一起构成了标准的 NTFS 权限。

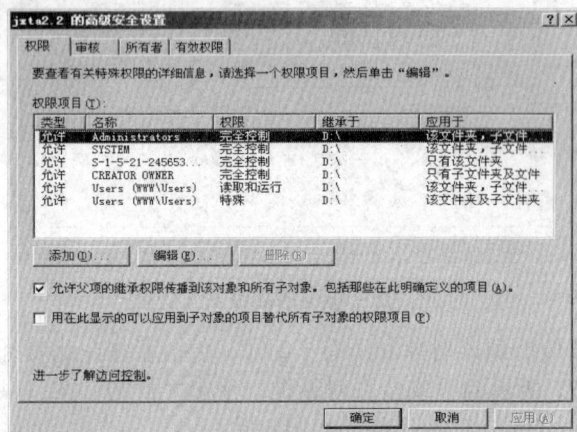

图 7.25　高级安全设置　　　　　　　图 7.26　权限项目

7.3 磁 盘 配 额

　　Windows Server 2003 提供了卷的磁盘配额跟踪以及控制磁盘空间的使用。想象一下，如果任何人都可以随意占用服务器的硬盘空间，那么服务器硬盘能支撑多久？所以，限制和管理用户使用的硬盘空间是非常重要的，无论是文件服务、FTP 服务还是 E-mail 服务，都要求对用户使用的磁盘容量进行有限地控制，以避免对资源的滥用。Windows 2003 中的磁盘配额（Disk Quotas）能够简单高效地实现这个功能，相比其他配额软件它具有"原装"的优势。

　　所谓磁盘配额就是管理员可以对本域中的每个用户所能使用的磁盘空间进行配额限制，即每个用户只能使用最大配额范围内的磁盘空间。磁盘配额监视个人用户卷的使用情况，因此，每个用户对磁盘空间的利用都不会影响同一卷上其他用户的磁盘配额。磁盘配额具有如下特性。

　　（1）磁盘配额仅能够针对磁盘驱动器设置。

　　（2）磁盘配额只有在 NTFS 文件系统才支持，以卷为单位管理磁盘配额，必须在 NTFS 格式的卷上才可以实现该功能。不过，只有 Windows 2000/XP/2003 操作系统的 NTFS 文件系统才能支持磁盘配额，不能在 Windows NT 4.0 的 NTFS 分区上设置磁盘配额。

　　（3）磁盘配额可以对每个用户的磁盘使用情况进行跟踪和控制。这种跟踪是利用文件或文件夹的所有权来实现的。当一个用户在 NTFS 分区上拷贝或存储一个新的文件时，他就拥有对这个文件的所有权，这时磁盘配额程序就将此文件的大小计入这个用户的磁盘配额空间。

（4）磁盘配额不支持文件压缩，当磁盘配额程序统计磁盘使用情况时，都是统一按未压缩文件的大小来统计，而不管它实际占用了多少磁盘空间。这主要是因为使用文件压缩时，不同类型的文件类型有不同的压缩比，相同大小的两种文件压缩后大小可能截然不同。

（5）当设置了磁盘配额后，分区的报告中所说的剩余空间，其实指的是当前这个用户的磁盘配额范围内的剩余空间。

（6）磁盘配额程序对每个分区的磁盘使用情况是独立跟踪和控制的，而不论它们是否位于同一个物理磁盘。

（7）操作系统可以对磁盘配额进行监测，它可以扫描磁盘分区，监测每个用户对磁盘空间的使用情况，并用不同的颜色标识出磁盘使用空间超过报警值和配额限制的用户，这样就方便了对于磁盘配额的管理。

（8）登录到相同计算机的多个用户互不干涉其他用户的工作能力；一个或多个用户不独占公用服务器上的磁盘空间；在个人计算机的共享文件夹中，用户不使用过多的磁盘空间。

综上所述，可以看出磁盘配额提供了一种基于用户和分区的文件存储管理，使得管理员可以方便地利用这个工具合理地分配存储资源，避免由于磁盘空间使用的失控可能造成的系统崩溃，从而提高了系统的安全性。

7.3.1　磁盘配额的设置

在 Windows Server 2003 中，磁盘配额按照卷来跟踪以及控制磁盘空间的使用，系统管理员可将 Windows 配置为如下 3 种情况

（1）当用户超过了指定的磁盘空间限制（也就是允许用户使用的磁盘空间量）时，防止进一步使用磁盘空间并记录事件。

（2）当用户超过了指定的磁盘空间警告级别（也就是用户接近其配额限制的点）时记录事件。

（3）在启用磁盘配额时，可设置两个值：磁盘配额限制和磁盘配额警告级别。例如，可以把用户的磁盘配额限制设为 200 MB，并把磁盘配额警告级别设为 150 MB。在这种情况下，用户可在卷上存储不超过 200 MB 的文件。如果用户在卷上存储的文件超过 150 MB，则可把磁盘配额系统配置成记录系统事件。

另外，系统管理员还可以指定用户能超过其配额限度。如果不想拒绝用户对卷的访问但想跟踪每个用户的磁盘空间使用情况，可以启用配额而且不限制磁盘空间的使用。也可指定不管用户超过配额警告级别还是超过配额限制时是否要记录事件。

下面通过具体事例详细介绍如何在 Windows Server 2003 中 NTFS 文件系统的卷进行磁盘配额设置，具体步骤如下。

（1）单击"开始"，选择"管理工具"→"计算机管理"，打开"计算机管理"窗口。在"计算机管理"窗口的左边目录树中双击"存储"，然后双击"磁盘管理"文件夹图标，打开"磁盘管理器"窗口，如图 7.27 所示。

（2）右键单击"F："驱动器图标（该驱动器必须为 NTFS 格式），在打开的快捷菜单中选择"属性"命令，打开 data（F:）属性对话框，选中"配额"选项卡，如图 7.28 所示。

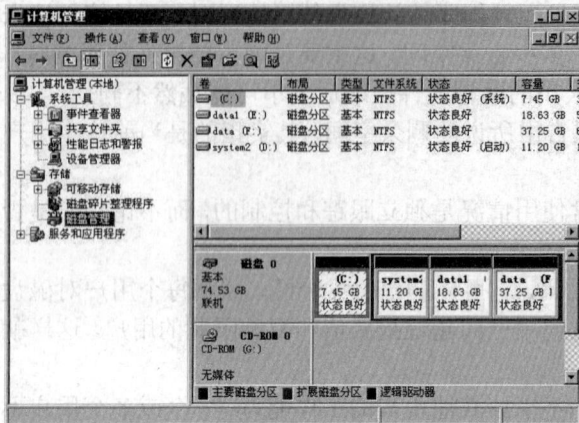

图 7.27　"计算机管理"对话框

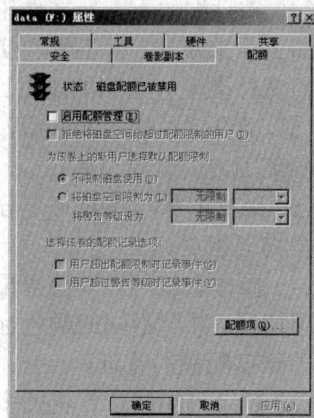

图 7.28　磁盘属性

（3）此时，磁盘配额被禁用。选中"启用磁盘配额"复选框，激活"配额"选项卡中的所有配额设置选项，如图 7.29 所示。

其中，"拒绝将磁盘空间给超过配额限制的用户"复选项，磁盘使用空间超过配额限制的用户将收到来自 Windows 的"磁盘空间不足"的提示信息，并且在没有从中删除和移 动现存文件的情况下，无法将额外的数据写入卷中。如果清除该复选框，则用户可以超过配额限制，无限制地使用磁盘空间。

"不限制磁盘使用"单选项，选中该项，则用户可以无限制地使用服务器磁盘空间。

选中"将磁盘空间限制为"和"将警告等级设置为"单选项，并输入允许卷的新用户使用的磁盘空间，和用户使用的磁盘空间接近警告值时发出警告。在磁盘空间和警告级别中可以使用十进制数值（例如，20.5），并从下拉列表中选择适当的单位（如 **KB**、**MB**、**GB** 等）。

选中"用户超出配额限制时记录事件"复选项，如果启用磁盘配额，则只要用户超过管理员设置的配额限制，事件就会写入到本地计算机的系统日志中。管理员可以用事件查看器，通过筛选磁盘事件类型来查看这些事件。默认情况下，配额事件每小时都会被写入本地计算机的系统日志。

"用户超过警告等级时记录事件"复选项，如果启用配额，则只要用户超过管理员设置的警告级别，事件就会写入到本地计算机的系统日志中。管理员可以用事件查看器，通过筛选磁盘事件类型来查看这些事件。

（4）单击"确定"按钮，保存所做的设置，启用磁盘配额。

除了可以在本地服务器的卷上启动磁盘配额外，还可以在远程计算机上管理磁盘配额。在管理远程计算机的磁盘配额之前，先要连接远程计算机的卷。

（1）在桌面上双击"网上邻居"打开其窗口，单击"工具"下拉菜单中的"映射网络驱动器"菜单项，显示如图 7.30 所示的"映射网络驱动器"对话框。

（2）打开"驱动器"下拉列表，为该连接指派一个驱动器号。在"文件夹"文本框中输入远程计算机的卷路径，其形式为：

\\Computer_Name\Share_File_name

其中，Computer_Name 为远程计算机名称或 IP 地址，Share_File_name 为共享文件夹的名称。当然，也可单击"浏览"按钮进行选择。

（3）单击"确定"按钮，保存所做的设置。当远程计算机的卷映射为网络驱动器之后，就可以通过"我的电脑"对其进行操作了，如同对本地磁盘进行操作一样简单。不过，远程计算机中的卷必须是以 NTFS 文件系统为格式的卷。

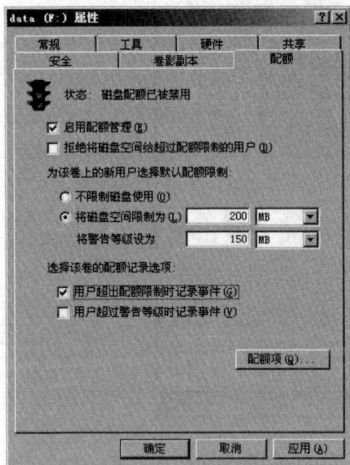

图 7.29　启用磁盘配额

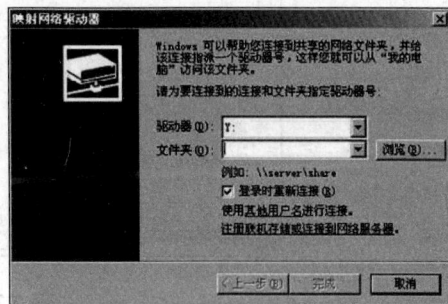

图 7.30　"映射网络驱动器"对话框

7.3.2　磁盘配额管理

磁盘配额是一种基于用户和分区的文件存储管理。通过磁盘配额管理，管理员就可以对本地用户或登录到本地电脑中的远程用户所能使用的磁盘空间进行合理地分配，每一个用户只能使用管理员分配到的磁盘空间。磁盘配额对每一个用户是透明的，当用户查询可以使用的磁盘空间时，系统只将配额允许的空间报告给用户，超过配额限制时，系统会提示磁盘空间已满。

磁盘配额根据用户拥有的所有文件所占用的磁盘空间来计算用户磁盘空间的使用情况，和文件所在的位置无关。文件的所有权通过文件的安全信息中的安全标识符进行标识，如果用户取得驱动器中某个文件的所有权，他已经使用的磁盘空间要加上该文件所占的空间。磁盘配额是以文件所有权为基础的，只应用于卷且不受卷的文件夹结构及物理磁盘上的布局影响。它用于监视个人用户卷的使用情况，因此每个用户对磁盘空间的利用情况都不会影响同一卷上其他用户的磁盘配额。

磁盘配额的管理主要包括启用磁盘配额和为特定用户指定磁盘配额两个方面的内容，现在分别予以介绍。

1.　启用磁盘配额

启用磁盘配额，可以在用户超过管理员所指定的磁盘空间时，阻止其进一步使用磁盘空间或记录用户的使用情况。具体启用方法同 7.3.1 节中磁盘配额的设置过程。

2. 为特定用户指定磁盘配额

如果需要单独为某一用户指定磁盘配额，比如设置更多的磁盘使用空间或更少的磁盘空间，可以为该用户单独指定磁盘配额。

（1）在"配额"选项卡下，单击"配额项"按钮，显示"本地磁盘的配额项"窗口，如图 7.31 所示。通过该窗口，管理员可进行新建配额项等操作。

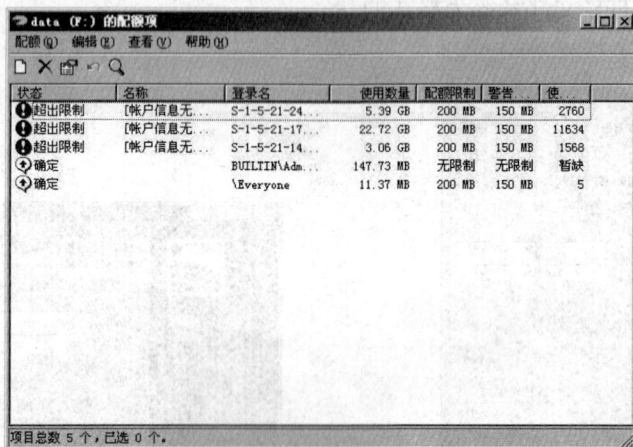

图 7.31　配额项

（2）单击菜单栏的"配额"按钮，打开"配额"下拉菜单，单击其中的"新建配额项"菜单项，即可打开"选择用户"对话框，如图 7.32 所示。当然，直接单击工具栏的"新建配额项"按钮，也可以打开该窗口。

（3）单击"位置"按钮，显示如图 7.33 所示的"位置"对话框，选择用户所在的域或工作组。

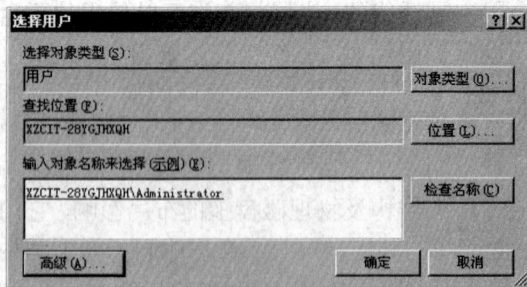

图 7.32　"选择用户"对话框

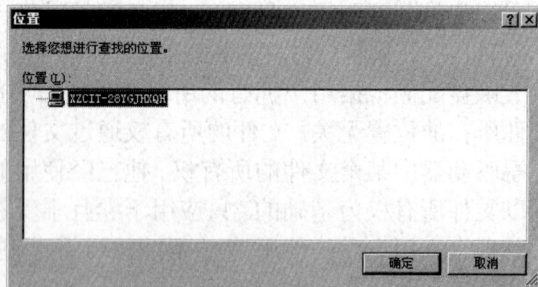

图 7.33　"位置"对话框

（4）单击"确定"按钮，返回"选择用户"对话框。在"输入对象名称来选择"下拉文本框中输入要设置配额的用户名称。不过，在添加用户之前，需要首先在本地计算机中添加相应的用户，否则添加时会显示"找不到名称"对话框。

（5）如果不知道用户的确切名称，可以使用高级查找功能，查找用户。单击"选择用户"

对话框中的"高级"按钮，显示"选择用户高级选项"对话框。单击"立即查找"按钮，即可在"搜索结果"下拉列表框中显示出当前计算机中存在的所有用户，如图 7.34 所示。

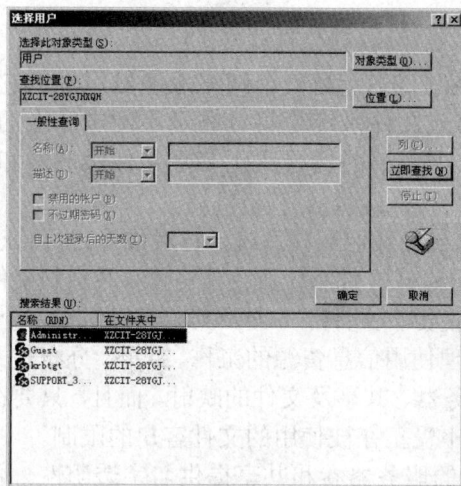

图 7.34　"选择用户"高级选项对话框

（6）从列表框中选择要指定配额的用户，单击"确定"按钮，返回"选择用户"对话框。

（7）单击"确定"按钮，显示如图 7.35 所示的"添加新配额项"对话框。在"设置所选用户的配额限制"下方，选中"将磁盘空间限制为"单选项，并在文本框中为该用户设置访问磁盘使用的空间。不管是在服务器的共享文件夹中存放文件，还是通过 FTP 来上传文件，磁盘配额都是有作用的，即所有的文件总量都不能超过磁盘限额所规定的空间。

（8）单击"确定"按钮，保存所做的设置，至此该磁盘配额的设置工作完成，指定的用户被添加到本地卷配额项列表中，如图 7.36 所示。

如果想删除指定的配额项，可在图 7.36 的"配额项"窗口中选中要删除的列表项，然后单击鼠标右键，从弹出的快捷菜单中选择"删除"菜单项即可。

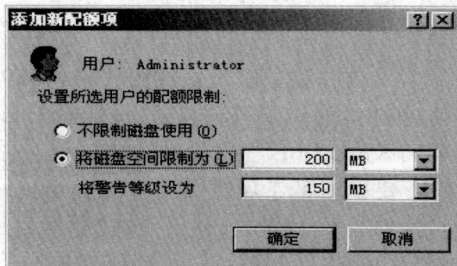

图 7.35　"添加新配额项"对话框

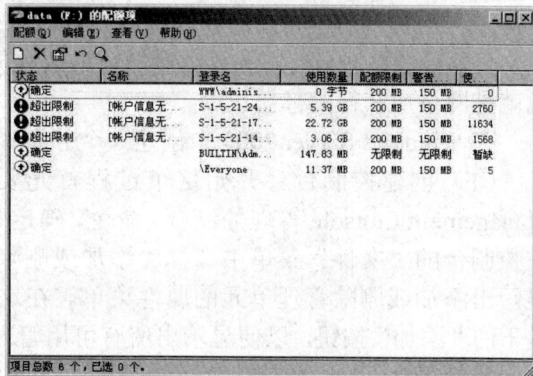

图 7.36　磁盘配额设置成功

7.4 知 识 拓 展

分布式文件系统

Microsoft 文件分布系统（DFS）是一个网络服务器组件，它能够使用户更容易地在网络上查询和管理数据。分布式文件系统是将分布于不同电脑上的文件组合为单一的名称空间，并使得在网络上建立一个单一的、层次化多重文件服务器和服务器共享的工作更为方便的途径。

Microsoft 分布式文件系统如其他文件系统一样对硬盘进行管理。文件系统提供对磁盘扇区集合的统一命名访问；而分布式文件系统则为服务器、共享和文件提供统一的命名规则和映射。因此，分布式文件系统使得将文件服务器及其共享组织成一个逻辑层次的设想成为可能，并极大地简化了大型企业管理使用信息资源的工作。此外，分布式文件系统并不仅限于单一的文件协议，它能够支持对服务器、共享及文件的映射，而且，只要在文件客户支持本地服务器和共享的情况下，该映射可不受正在被使用的文件客户的限制。

分布式文件系统为不同的服务器卷和共享提供名字透明性。通过分布式文件系统，管理员能够建立单一、分级的文件系统，其内容可遍布于本组织的广域网（WAN）范围内。简言之，分布式文件系统可被视为对其他共享的共享。过去，在使用"通用命名标准"（UNC）的情况下，用户或应用需要指定物理服务器和共享来访问文件信息（也就是说，用户或应用必须指定"\\服务器名\共享名\路径名\文件名"）。即使通用命名标准能够直接调用，一个通用命名标准在典型状况下也只能被映射到一个盘符上，而该盘符或许被映射至"\\服务器名\共享名"。就这一点而言，用户必须超越重新定向的驱动器映射，方可浏览他所希望访问的数据（例如，copy x:\Path\More_path\…\Filename）。

随着网络规模的增长，组织开始在企业网（Intranet）中使用内部或外部现存的存储，仅将单一盘符映射到个别共享之上的做法就难以胜任了。况且，就算用户能够直接使用符合通用命名标准的名称，这些用户也将受到可存放数据空间的局限。

分布式文件系统通过允许将服务器和共享连接成为简单且更具意义的名称空间来解决这个问题。这种新的分布式文件系统卷允许共享被分级地连接至其他 Windows 共享。由于分布式文件系统将物理存储映射为逻辑表示，故数据的物理位置对用户和应用而言就变得透明，这也就是网络所获得的裨益。

在 Windows Server 2003 中创建一个分布式文件系统的步骤如下。

（1）创建控制台。开始这个过程首先要在"运行"命令中输入"MMC"（Microsoft Management Console 管理控制台）命令。确定之后，Windows 将会载入一个空的管理控制台。在控制台的"文件"菜单中选择"添加或删除管理单元（Snap-In）"命令。Windows 随后会显示出添加或删除管理单元的属性菜单。在这个时候，要单击基于属性菜单中 Standalone 标签下的"添加"按钮，以便显示出所有可用管理单元的表列。从表列中选择分布式文件系统选项，并单击"添加"按钮，接下来单击"关闭"和"确认"按钮。

（2）创建 DFS 根。"根"就是 DFS 层级结构的最顶层。一个根当中包含了多个共享文件夹。要在目前含有用户的一些数据的服务器中创建根，需要在控制台中用鼠标右键单击"分布式文件系统容器（container）"，然后从快捷菜单中选择"新的根"命令。这样做，能够使Windows 载入新的根安装向导程序。单击"下一步"越过安装向导的欢迎界面。这时向导会询问你是要创建一个独立的根还是创建一个域的根。域的根只存在于 Windows　Server　2003中。它们支持自动的数据复制。对于本文的目的而言，应该选择域的根选项，然后单击"下一步"按钮。

向导的下一个界面是询问用户哪一个域作为所创建的根的主域。选择合适的域，然后单击"下一步"按钮。必须输入将要作为新创建的根的主机的服务器的名称。这个服务器必须是在上一步所选择的域的一个成员。输入完全符合域的要求的服务器名称，然后单击"下一步"按钮。

（3）给根命名。向导的下一个界面要求用户输入所创建的根的名称。Windows 将会创建一个与用户所输入的根的名称一致的共享名称。单击"下一步"继续。

（4）文件夹选择。在这个界面中，向导将会要求用户指定一个 Windows 能够把共享文件分配到其中的文件夹。推荐选择一个已经包含了数据的文件夹。单击"下一步"按钮，接下来单击"完成"按钮，结束根的创建。

DFS 共享现在应该是被激活的。为了确认根是有效的，可以用鼠标右键单击它，然后在快捷菜单中选择"检查状态"命令。正确的状态应该显示为"联机"。

7.5　技　能　挑　战

任务：用 Windows Server 2003 搭建安全文件服务器。
要求：
（1）在办公室局域网中建立一台可以指定一定空间给同事们使用，又能最大限度地防止受病毒侵害的文件服务器。

（2）要求利用本章中介绍的在一台 Windows Server 2003 服务器上配置文件服务功能，重点掌握建立共享、配额管理、权限设置和备份方面的操作。

（3）为了搭建更安全的文件服务器，要求用户利用另外章节所讲的 Windows　Server　2003一些更高级的文件功能在该文件服务器上进行应用，例如文件加密、虚拟磁盘等。

（4）注意文件服务器的病毒防治，有效地控制病毒在局域网中的传播。当然前提是给文件服务器安装强大的杀毒软件和防火墙，请写出相应的实施方案。

7.6　项 目 实 训 要 求

实训　架设安全实用的文件服务器

[实训目的]
掌握架设安全实用的文件服务器的方法。

[实训环境]

装有 Windows Server 2003 操作系统的计算机，局域网环境。

[实训内容]

1．文件服务器架设

2．磁盘配额使用

3．杀毒软件与防火墙安装与配置

[实现过程]

[实训总结]

[实训思考题]

1．如何利用 DFS 的功能与特点进行文件安全共享？

2．如何有效保障文件服务器的安全？

第8章 Windows Server 2003 的打印服务器

☆ **预备知识**

（1）打印机、逻辑打印机的相关概念

（2）网络接口打印机的相关知识

（3）访问权限的类别

（4）IIS 的相关应用

☆ **技能目标**

（1）掌握打印服务器的安装与设置

（2）理解共享打印机的连接模式

（3）理解并掌握打印服务器的管理与使用

（4）理解并掌握 Internet 打印、Web 共享打印的相关安装与设置，并能灵活应用

☆ **项目案例**

打印服务器是 Windows Server 2003 服务器中的一种，它是实现资源共享的重要组成部分。在 Windows Server 2003 中，如果打印服务器安装了 IIS 服务器，则拥有权限的网络用户就可以通过 IE 等浏览器来管理打印服务器，域中的用户也可以通过浏览器来安装打印机、管理自己打印的文档等。这种方便的管理模式就是"打印机服务器 Web 接口管理方式"，如图 8.1 所示。

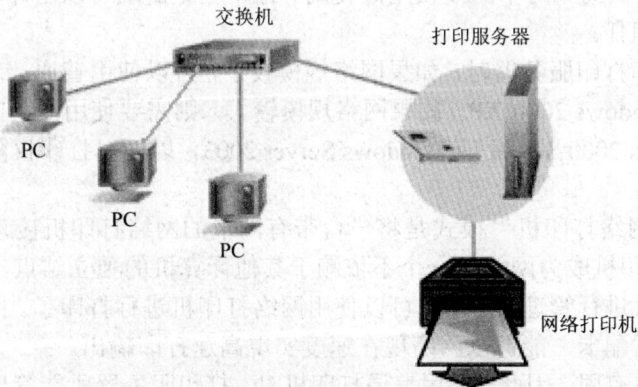

图 8.1 小型企业办公室局域网打印服务器拓扑图

8.1 打印服务器概述

打印服务器提供和管理打印机访问权限，打印服务器是打印服务的中心，其性能好坏直接影响用户对打印机的使用。如果用户计划远程管理打印机，使用 Windows Management Instrumentation（WMI）管理打印机，或者使用 URL 从服务器或客户端计算机打印到打印服务器，则需要将该计算机配置为打印服务器。

在配置打印服务器角色之后，可以执行如下操作。

（1）使用浏览器管理打印机。可以暂停、继续、删除打印作业，以及查看打印机和打印作业的状态。

（2）使用新的标准端口监视器，它可以简化大多数 TCP/IP 打印机在网络上的安装。

（3）使用 Windows Management Instrumentation（WMI），它是由 Microsoft 创建的管理 API，允许用户在本地或远程监视和控制所有系统组件。WMI 打印提供程序允许用户从命令行管理打印服务器、打印设备和其他与打印相关的对象。通过 WMI 打印提供程序，可以使用 Visual Basic 脚本执行管理打印机功能。

（4）使用统一资源定位器（URL）从 Windows XP 客户端打印到运行 Windows Server 2003 的打印服务器上。

（5）通过将 Web 单击并打印用于共享打印机的单击安装，连接到网络上的打印机，也可以从网站上安装设备驱动程序。

8.1.1 共享打印机的连接模式

在网络中共享打印机时，主要有两种连接模式："打印服务器+打印机"和"打印服务器+网络打印机"模式。

"打印服务器+打印机"模式就是将一台普通的打印机安装在打印服务器上，然后，通过网络共享该打印机，供局域网中的授权用户使用。打印服务器既可以由计算机担任，也可以由专门的打印服务器担任。

当由计算机担任打印服务器时，如果网络规模较小，可以使用普通计算机担任服务器，操作系统可以采用 Windows 2000/XP。如果网络规模较大，则需要使用专门的服务器，操作系统也应当采用 Windows 2000 Server 或 Windows Server 2003，以便对打印权限和打印队列进行管理。

"打印服务器+网络打印机"模式是将一台带有网卡的网络打印机接入局域网，为它设置 IP 地址，使网络打印机成为网络上一个不依赖于其他计算机的独立结点，然后，在打印服务器上对该网络打印机进行管理，用户就可以使用网络打印机进行打印了。网络打印机通过 EIO 插槽直接连接网络适配卡，能够以网络现在速度实现高速打印输出。

由于计算机端口有限，因此，使用普通打印机时，打印服务器所能管理的打印机数量也比较少。而由于网络打印机采用以太网端口接入网络，一台打印服务器可以管理大量的网络打印机，因此，更适合于大型网络的打印服务。

8.1.2　打印服务器的安装

要提供网络打印服务，必须先为计算机安装打印服务器，安装并设置好共享打印机，然后，再为不同的操作系统安装驱动程序，使得网络客户端在安装共享打印机时，不再需要单独安装驱动程序。

在将服务器配置为打印服务器之前，事先需确认。

（1）是否正确配置了操作系统。在 Windows Server 2003 操作系统中，打印服务依赖于操作系统及其服务的适当配置。如果拥有的是全新安装的 Windows Server 2003 操作系统，则可以使用默认服务设置。没有必要执行进一步地操作。如果 Windows Server 2003 操作系统是通过升级安装的，或者如果要确认是否已正确配置了服务以获得最佳性能与安全性，请使用默认服务设置中的表来验证您的服务设置。

（2）计算机是否已作为成员服务器加入 Active Directory 域中。如果希望限制对打印机的访问，以便某些域用户可以打印到它而其他用户则不能，或者希望打印服务器将共享打印机发布到 Active Directory，以便域用户可以轻松地搜索那些打印机，则打印服务器必须加入到域中。如果这些任务都不需要执行，打印服务器就不需要加入到域中。

（3）所有现有的磁盘卷都使用 NTFS 文件系统。FAT32 卷的安全性差一些。

（4）Windows 防火墙已启用。

（5）"安全配置向导"已安装和启用。

确认完成后，在添加打印服务器角色之前还必须了解的信息以下如下。

1. 确定打印服务器如何与打印机连接

如果打印机支持"即插即用"并与使用红外技术［通用串行总线（USB）端口或 IEEE 1394 端口］的打印服务器连接，打印服务器就会自动进行自我配置。不需要执行其余的步骤。否则，如果打印机通过电缆与打印服务器连接，就要注意使用的是哪个服务器端口。对于打印机，LPT1 是最常用的端口。如果打印机远离打印服务器，并使用自己的网卡接收打印作业，就要决定打印机上网卡的 IP 地址。

2. 确定将作业发送到该打印机的客户端的操作系统版本

必须了解该信息，才能为客户端和服务器计算机选择正确的客户端打印机驱动程序。添加该角色以后，打印服务器可以自动将这些驱动程序分发到客户端上。此外，客户端操作系统的设置决定在打印服务器角色安装期间需要在服务器上安装的驱动程序。请注意，根据客户端运行的是 64 位系统或是 32 位系统，需要不同的驱动程序。

3. 在打印机上，打印配置或测试页，其中包括制造商、型号、语言和安装选项

必须了解该信息，才能选择正确的打印机驱动程序。制造商和型号通常足以唯一地标识打印机及其语言。但是，有些打印机支持多语言，配置打印输出通常会列出它们。另外，配置打印输出通常会列出安装选项，比如额外的内存、纸盒、信封馈送器和双工单元。对于联网打印机来说，配置打印输出包括安装打印机时需要的 IP 地址和打印机主机名。

4. 选择打印机名称

运行基于 Windows 的客户端计算机的用户使用打印机名称选择打印机。用于配置打印服

务器的向导提供默认名称，默认名称由打印机制造商和型号组成。打印机名称至多可以包含 220 个字符。

5. 选择共享名称

用户可以通过输入共享打印机的名称或从共享名称列表中选择它，而与共享打印机建立连接。考虑到与 MS-DOS 和 Windows 3.x 客户端的兼容性，共享名称的长度通常少于 8 个字符。但是，共享名称的长度可以多达 80 个字符。

所有准备工作完成后，安装打印服务器的详细步骤如下。

（1）依次单击"开始"→"控制面板"，双击"管理工具"，再双击"配置您的服务器向导"。在"服务器角色"页面上，单击"打印服务器"选项，如图 8.2 所示。

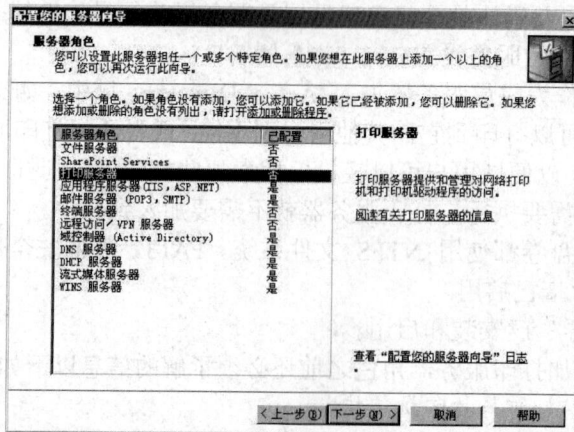

图 8.2　服务器角色

（2）单击"下一步"按钮，出现打印机和打印机驱动程序选择窗口，根据实现需要，建议用户选择"Windows 2000 和 Windows XP 客户端"，如图 8.3 所示。

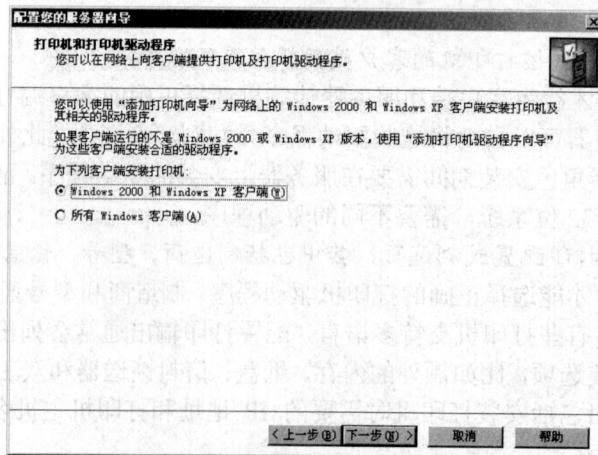

图 8.3　打印机与打印机驱动程序界面

- 如果网络中的所有客户端都运行 Windows XP Home Edition、Windows XP Professional 或 Windows 2000，请单击"Windows 2000 和 Windows XP 客户端"。
- 如果任意一个客户端运行 Windows XP 64-Bit Edition、Windows NT 4.0、Windows Millennium Edition、Windows 98 或 Windows 95，请单击"所有 Windows 客户端"。

（3）然后单击"下一步"按钮，弹出如图 8.4 所示的"选择总结"对话框，在"选择总结"页面上，查看并确认已经选择的选项。

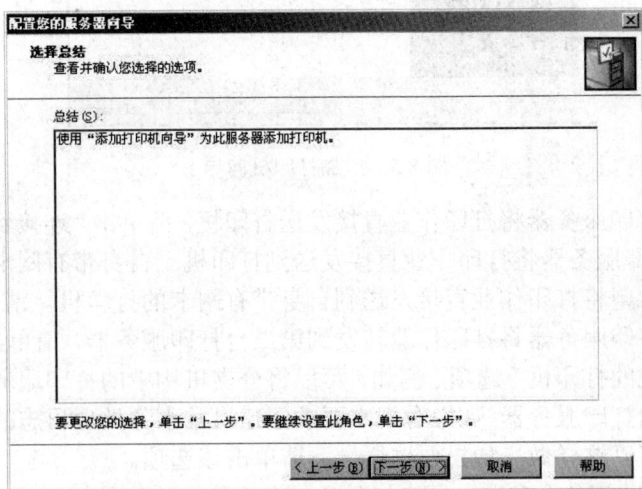

图 8.4　选择总结

如果在前一页上选择"Windows 2000 和 Windows XP 客户端"，则会出现以下内容：
使用"添加打印机向导"为此服务器添加打印机。

如果在前一页面上选择了"所有 Windows 客户端"，则将出现下列内容：
①使用"添加打印机向导"为此服务器添加打印机。
②使用"添加打印机驱动程序向导"为此服务器添加打印机驱动程序。

要应用"选择总结"页面上显示的选择，请单击"下一步"按钮。

（4）单击"下一步"按钮后，"配置您的服务器向导"会对每台要添加的打印机都运行一次"添加打印机向导"，如图 8.5 所示。如果该向导完成，并且选择将至少一台打印机共享，用户的服务器就可以用作打印服务器。如果取消"添加打印机向导"，"打印后台处理程序"服务仍会保持安装。如果取消"添加打印机向导"，而且没有打印机共享，那么服务器就不会添加打印服务器角色。

注意：如果希望共享的打印机支持即插即用，就不要运行添加打印机向导。即插即用打印机会自动完成添加打印机向导中的配置步骤。如果希望共享的打印机支持即插即用，请单击取消按钮。

（5）单击"下一步"按钮，在"添加打印机向导"的"本地或网络打印机"页面上，选择以下选项之一：

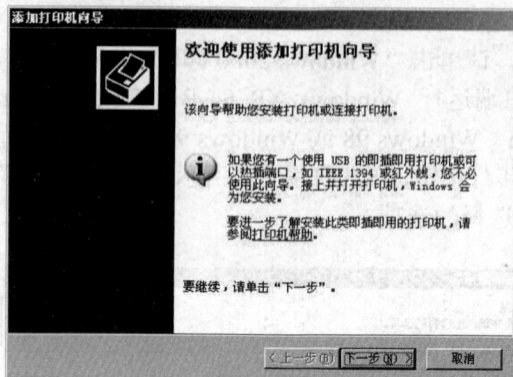

图 8.5　添加打印机向导

①若要配置该打印服务器将打印作业直接发送打印机，请单击"连接到这台计算机的本地打印机"。通常，打印服务器将打印作业直接发送到打印机。自身带有网卡的打印机被认为是本地打印机。如果希望将打印作业直接发送到自身带有网卡的打印机，请单击该选项。

②若要配置该打印服务器将打印作业转发到第二台打印服务器，请单击"网络打印机，或连接到另一台计算机的打印机"选项。例如，可以将分支机构中的打印服务器配置为将打印作业转发到公司总部的打印服务器。如果有规定要求创建日常事务处理日志的打印输出并将其存储在公司总部，就可以这样做。如果要这样做，请单击该选项。

注意：此处包含"网络打印机，或连接到另一台计算机的打印机"选项，是因为该对话框用于所有运行 Windows Server 2003 操作系统的计算机上，以便用户可以连接到网络打印机。如果需要从不是打印服务器的计算机上打印，请单击"网络打印机，或连接到另一台计算机的打印机"，如图 8.6 所示。

（6）单击"下一步"按钮，在出现打印机检测页面后，会出现如图 8.7 所示的"选择打印机端口"窗口，在"选择打印机端口"页面上，选择以下选项之一。

①如果电缆将打印机直接连接到打印服务器上的端口，请在"使用以下端口"下拉列表中选择该端口的名称。LPT1 是这类打印机最常用的端口。

②如果打印机有自己的网卡，并且想将打印作业通过网络发送到打印机，请单击"创建新端口"，然后单击要创建的端口的类型。如果不知道要创建的端口类型，建议选择"标准TCP/IP 端口"。如果单击"标准 TCP/IP 端口"，然后单击"下一步"按钮，"添加标准 TCP/IP打印机端口向导"就会启动。在"添加标准 TCP/IP 打印机端口向导"中，单击"下一步"按钮。在"添加端口"页面上，输入打印机的名称或 IP 地址。IP 地址通常列在打印机配置页面上。当输入名称或 IP 地址后，向导会为用户完成"端口名称"字段，单击"下一步"按钮，向导会尝试与打印机连接。如果向导能够连接，会出现"正在完成添加标准 TCP/IP 打印机端口向导"页面，可以单击"完成"按钮。如果向导无法连接，就会出现"需要额外端口信息"页面。如果认为所输入的地址或名称不正确，请单击"上一步"按钮，重新输入名称或地址，然后单击"下一步"按钮。

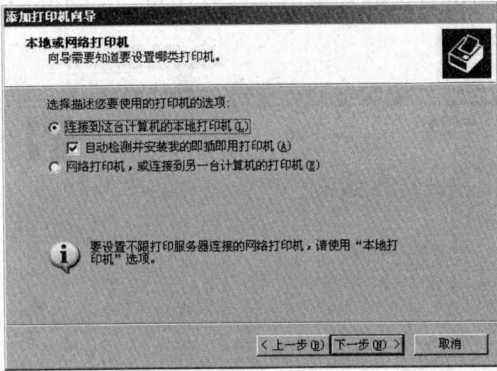

图 8.6　本地或网络打印机　　　　　　图 8.7　选择打印机端口

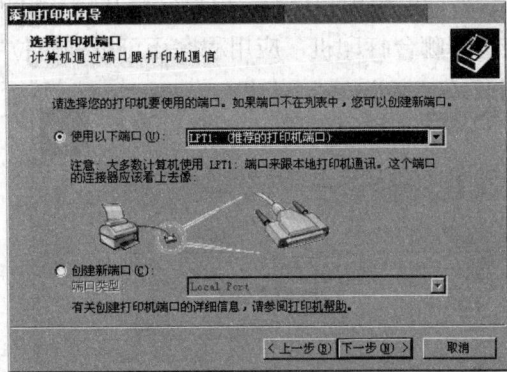

（7）选择完成后，单击"下一步"按钮，出现如图 8.8 所示的"安装打印机软件"界面。在"厂商"下拉列表中选择打印机制造商，然后，在"打印机"下拉列表中选择打印机型号。

注意：记下选择的制造商和型号，因为如果以后使用"添加打印机驱动程序向导"安装其他基于 Windows 的客户端适用的打印机驱动程序，就需要该信息。

如果制造商或型号未列出，请按顺序尝试如表 8.1 中概述的每个步骤，安装正确的打印机软件。

表 8.1　安装打印机软件

步　　骤	注　　释
检查配置打印输出，以确认打印机制造商和型号的名称准确拼写	"厂商"和"打印机"列表显示正式的产品名称，可能会不同于通常使用的名称
单击"从磁盘安装"，找到驱动程序文件，然后单击"确定"按钮	如果将打印机驱动程序文件存储在别处，请执行这些步骤。例如，打印机制造商可能会在打印机包装中提供一个 CD-ROM，其中包含驱动程序文件
单击 Windows Update	如果希望查找可从 Microsoft 找到作为 Windows Update 的一部分的新建或更新驱动程序，请单击该选项。当单击 Windows Update 时，"厂商"和"打印机"列表发生变化，只显示可从 Windows Update 找到的驱动程序。如果打印机未列出，则单击"上一步"按钮返回原始列表，然后单击"下一步"按钮
选择兼容打印机的制造商和型号，然后单击"下一步"按钮	若要确定哪些打印机兼容，将查看打印机的用户指南。另外，有些制造商会在网站上列出兼容性信息

（8）完成后请单击"下一步"按钮，如图 8.9 所示。在"添加打印机向导"的"命名打印机"页面上，默认名称是打印机的制造商和型号。可以更改该名称，以便打印机更易于使用和

管理。当使用应用程序时，用户经常从显示可用打印机名称的列表中选择打印机。为帮助用户决定选择哪台打印机，应用程序还可以列出位置或注释。

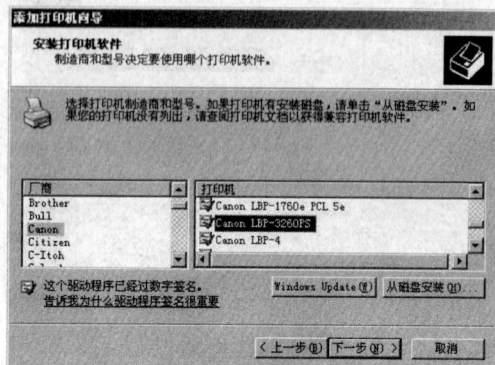

图 8.8 安装打印机软件

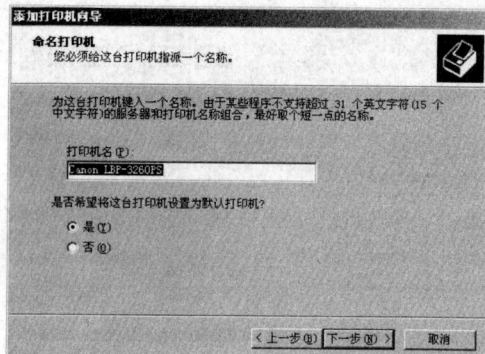

图 8.9 命名打印机

在"是否希望将这台打印机设置为默认打印机?"下，单击"是"或"否"。用户的响应只有在从该打印服务器上运行的应用程序被打印时才会被应用。用户的响应并不会将该打印机设置为客户端默认使用的打印机。

（9）完成后请单击"下一步"按钮，出现如图 8.10 所示的界面。

注意：必须将至少一台打印机共享，该服务器才能充当打印服务器。在"添加打印机向导"的"打印机共享"页面上，"共享名称"在默认情况下已经选择，以便打印机共享。默认共享名称是打印机制造商和型号的前 8 个字母，不带空格。可以更改该名称，以便打印机更易于使用和管理。

有关与运行 MS-DOS 或 Windows 早期版本的客户端的兼容性，请输入遵循以下规则的共享名称：①共享名称中只包含字母、数字和句点（.）。②共享名称中包含的字母和数字不多于 8 个，可以后跟句点，但句点后的字母和数字不能多于 3 个。

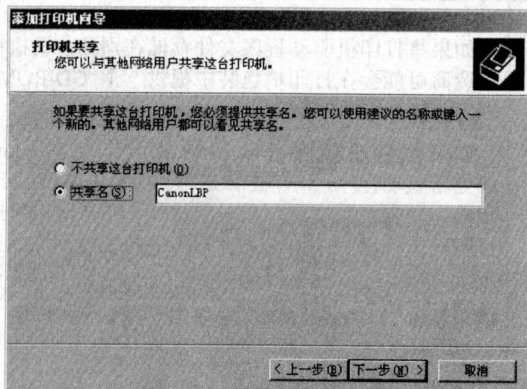

图 8.10 打印机共享

（10）完成后单击"下一步"按钮，出现如图 8.11 所示的对话框。在"添加打印机向导"

的"位置和注释"页面上的"位置"中，输入打印服务器位置的说明，然后，在"注释"中输入注释。该步骤是可选的，但建议采用，因为该信息使得打印服务器的使用和管理更为容易。许多应用程序在用户打印文档时显示注释或位置，因此，用户可以选择最适合的打印机。

（11）单击"下一步"按钮，出现如图 8.12 所示的"打印测试页"界面。选择是否打印测试页以便确认打印机已经可以使用。若不打印，可选"否"单选项。

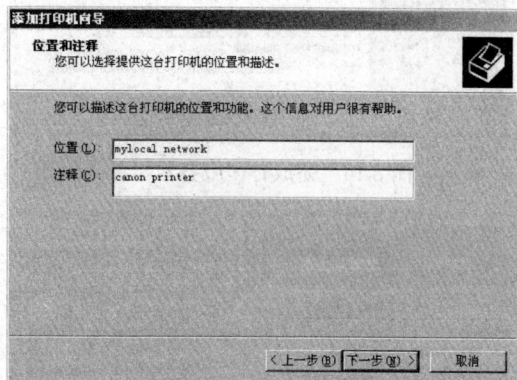

图 8.11　位置和注释

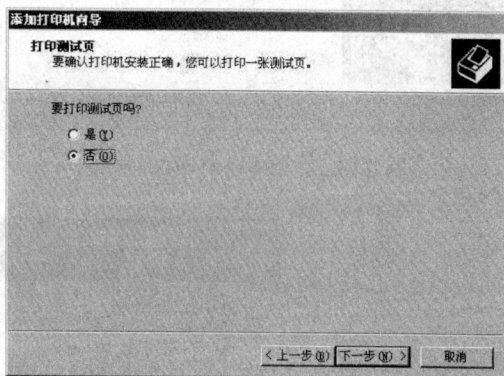

图 8.12　打印测试页

注意：测试页不在单击"下一步"按钮时立即打印。相反，它在完成向导时打印。

（12）单击"下一步"按钮，如图 8.13 所示。在"正在完成添加打印机向导"页面上，"重新启动向导，以便添加另一台打印机"复选框在默认情况下处于选中状态。如果使其处于选中状态并单击"完成"按钮，向导会重新启动以添加另一台打印机。如果已经将所有希望在该服务器上共享的打印机都添加完，则清除该复选框，然后单击"完成"按钮。

当单击"完成"按钮时，向导会安装打印机驱动程序文件。然后，如果选择打印测试页，向导会尝试打印该页面。如果打印机未接收到测试页，就说明可能选择了错误的端口。但是，如果打印机接收到测试页但打印不正确，就说明可能选择了不兼容的制造商和型号。

（13）"配置您的服务器向导"安装成功后，将显示"此服务器现在是打印服务器"页面。要复查由"配置您的服务器向导"对服务器所做的所有更改，或者要确保新的角色已成功安装，请单击"'配置您的服务器向导'日志"。"配置您的服务器向导"日志位于 systemroot\Debug\Configure Your Server.log。要关闭"配置您的服务器向导"，单击"完成"按钮，如图 8.14 所示。

完成"配置您的服务器向导"后，即可向该服务器添加共享打印机。通过"管理您的服务器"，可以使用下列向导添加打印机，如图 8.15 所示。

自动添加网络打印机：可用于搜索打印服务器所在的子网，从而发现尚未添加就绪的所有网络打印机。

添加打印机向导：可用于手动添加打印机。

添加打印机驱动程序向导：可用于为使用其他操作系统的客户端添加其他驱动程序。

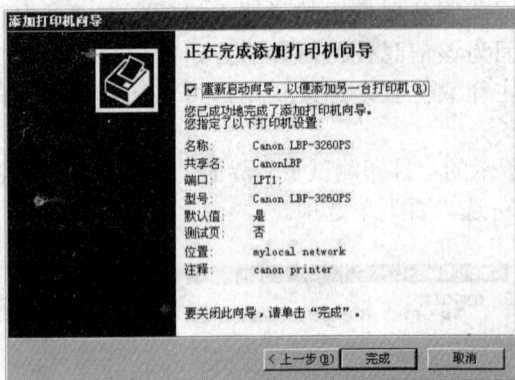

图 8.13　完成添加打印机向导　　　　　　　图 8.14　完成打印服务器配置

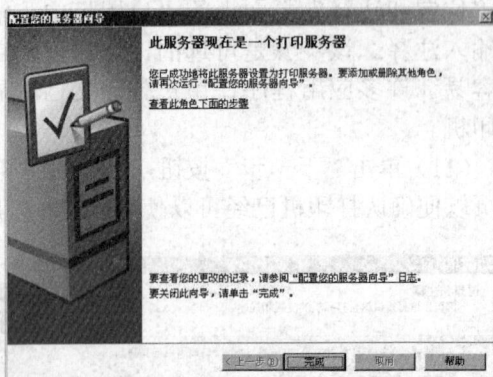

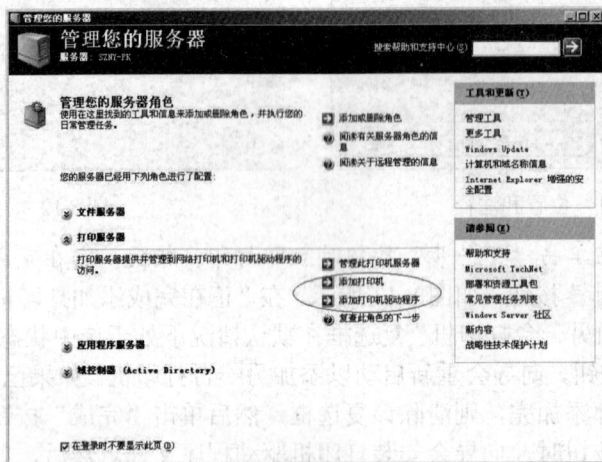

图 8.15　通过管理打印服务器添加打印机和打印机驱动

8.1.3　网络接口打印机的安装

　　网络接口打印机（Network-Interface Printer）是一台具有网络接口，无需与计算机连接即可连接到网络，成为一台网络打印机。这种打印机通过 TCP/IP 或 IPX 协议连接到网络上提供服务，网络接口打印机可以独立工作，而不需要直接连接到打印服务器下。

　　网络接口打印机的添加与安装有两种方式。

　　（1）在"管理您的服务器"中通过"打印服务器"进行安装。具体安装方法为：在"打印服务器"栏中单击"添加打印机"超级链接，然后根据出现的"添加打印机向导"的提示进行安装。

　　（2）在"控制面板"中通过"打印机与传真"进行安装。具体安装方法为：打开"打印机与传真"窗口，双击"添加打印机"图标，运行"添加打印机向导"，按照向导提示安装。

　　下面详细介绍利用"添加打印机向导"安装网络接口打印机的过程。

　　(1)启动"添加打印机向导",启动方式可利用上面提到的两种方式中的任一种,如图 8.16 所示。

　　(2)单击"下一步"按钮,出现如图 8.17 所示的"本地或网络打印机"界面。注意,要安装网络接口打印机,在此界面中,需选择"连接到此计算机的本地打印机"单选按钮,同时,取消对"自动检测并安装即插即用打印机"复选框的选择,如图 8.17 所示。

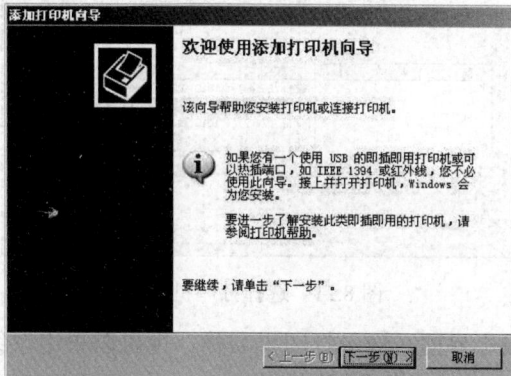

图 8.16　"添加打印机向导"对话框　　　　　　图 8.17　选择安装本地打印机

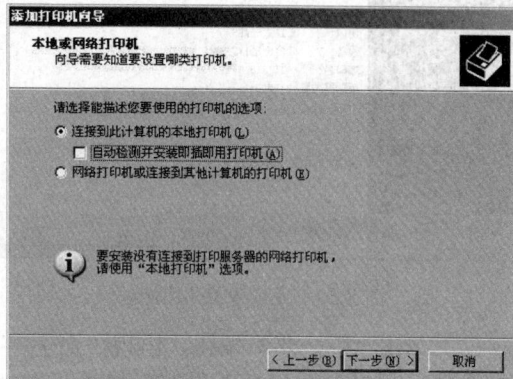

　　(3)单击"下一步"按钮,出现"选择打印机端口"界面,在此界面中,选择"创建新端口"单选项,在"端口类型"下拉列表框中选择 Standard TCP/IP Port 选项,如图 8.18 所示。

　　(4)单击"下一步"按钮,出现"添加标准 TCP/IP 打印机端口向导"界面,此时,请确认打印机电源已打开,并且已正确连接到网络中。输入打印机的 IP 地址,端口名可采用系统默认值,也可以自己命名,以便与其他打印机有所区别,如图 8.19 所示。

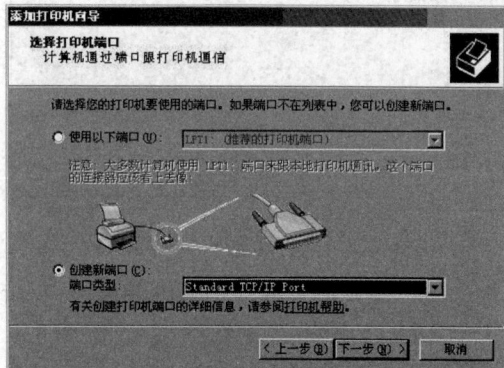

图 8.18　选择打印机端口　　　　　　图 8.19　设置网络接口打印机 IP 及端口名

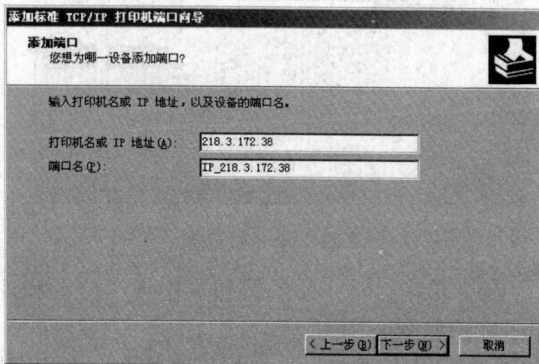

　　(5)单击"下一步"按钮,计算机会查找此打印机,完成后出现"添加标准 TCP/IP 打印机端口向导"界面,此时,会显示相关打印机的信息,单击"完成"按钮,如图 8.20

所示。

（6）单击"完成"按钮后，计算机返回"添加打印机向导"界面。此时，开始安装打印机软件，首先选择要安装驱动程序的打印机，以安装 HP Laserjet 1010 为例，如图 8.21 所示。

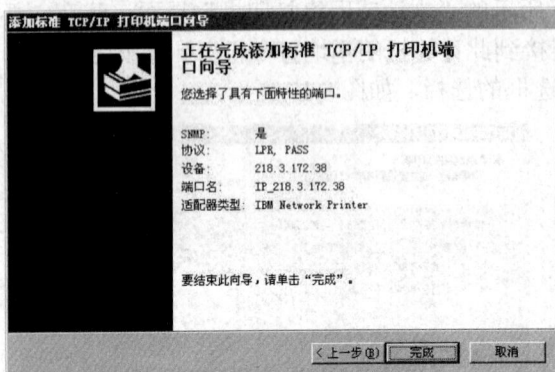

图 8.20　完成安装对话框

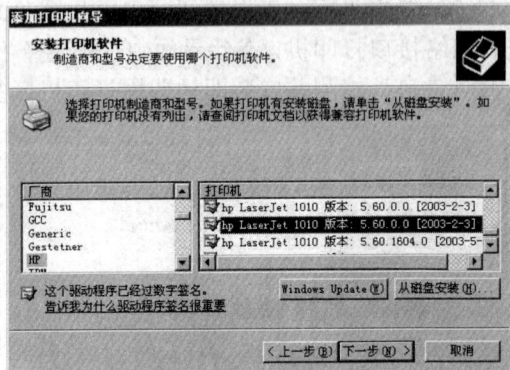

图 8.21　选择打印机型号

（7）单击"下一步"按钮，出现"命名打印机"界面，输入打印机名称，也可以采用系统自动命名，同时，选择是否将打印机设为默认打印机，如图 8.22 所示。

（8）单击"下一步"按钮，出现"打印机共享"界面，选择"共享名"单选项，然后输入共享打印机名称，也可以采用系统自动命名，此时，该打印机已被设置为共享打印机，如图 8.23 所示。

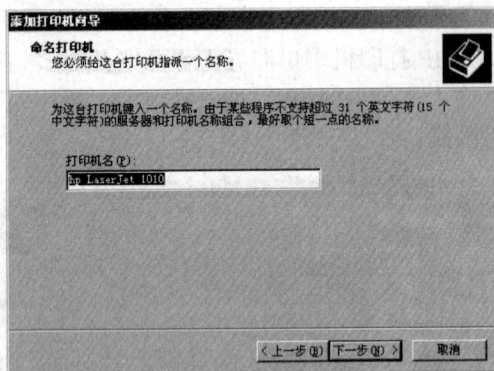

图 8.22　命名打印机

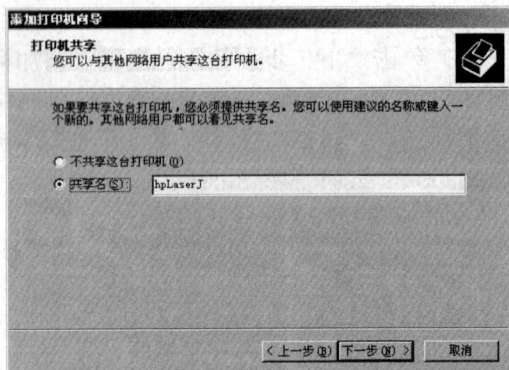

图 8.23　"打印机共享"界面

（9）单击"下一步"按钮，出现"位置和注释"界面，输入位置与注释，以方便用户寻找打印机，如图 8.24 所示。

（10）单击"下一步"按钮，出现"打印测试页"界面，确认是否在安装完成后打印测试页，以查看打印机是否安装成功。若不打印，可选"否"，如图 8.25 所示。

（11）单击"下一步"按钮，出现"完成添加打印机向导"界面，显示所有向导中设置的信息，单击"完成"按钮，完成添加网络接口打印机的安装，如图 8.26 所示。

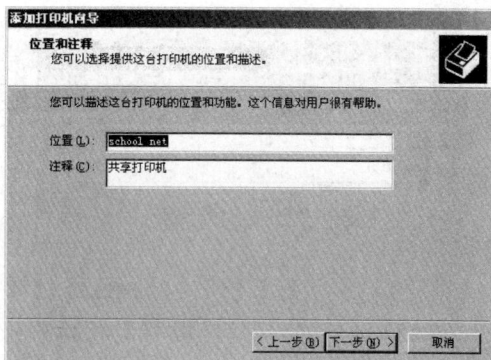

图 8.24　"位置和注释"界面

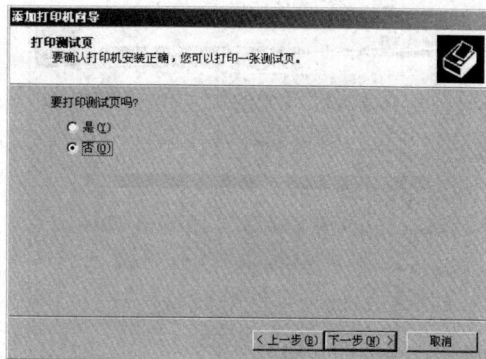

图 8.25　"打印测试页"界面

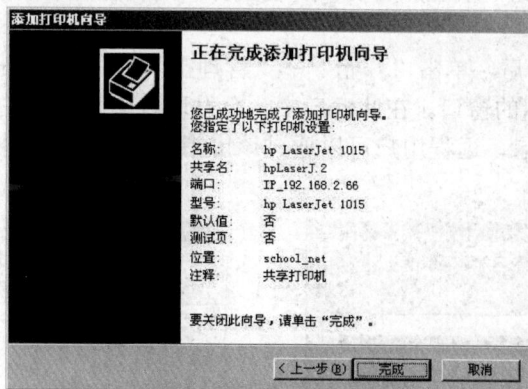

图 8.26　安装完成

8.1.4　Web 打印服务器的安装

打印服务器是 Windows Server 2003 中实现资源共享的重要组成部分。在 Windows Server 2003 中，如果打印服务器安装了 IIS 服务器，则拥有权限的网络用户就可以通过 IE 等浏览器来管理打印服务器，域中的用户也可以通过浏览器来安装打印机、管理自己打印的文档等。这种方便的管理模式就是"打印机服务器 Web 接口管理方式"。

安装 Web 打印机服务器的过程如下。

（1）安装 IIS 6.0 和相关的远程管理组件。单击"开始"→"控制面板"→"添加/删除程序"，在"添加或删除程序"窗口中单击"添加/删除 Windows 组件"按钮，接着在弹出的"Windows 组件向导"窗口中选择"应用程序服务器"，如图 8.27 所示。

（2）双击"应用程序服务器"后，在弹出的窗口中勾选"Internet 信息服务（IIS）"，如图 8.28 所示。因为要设置打印机服务器可以使用 Web 接口方式的管理，所以还需要接着单击"详细信息"按钮。在弹出的窗口中勾选"Internet 打印"选项，才能实现 Web 打印及管理打印机，如图 8.29 所示。

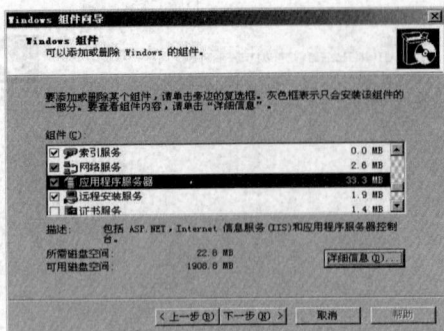

图 8.27　添加应用程序服务器

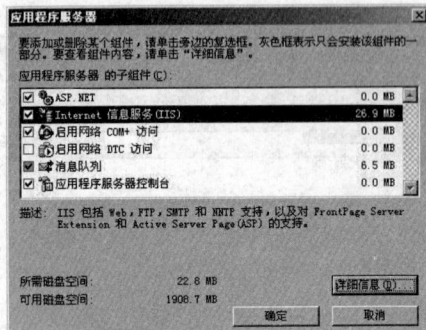

图 8.28　IIS 组件

（3）单击"确定"按钮，系统开始安装所选组件，安装过程中根据系统提示插入系统安装盘。

（4）在组件安装完毕后，单击"开始"→"管理工具"→"Internet 信息服务（IIS）管理器"，打开如图 8.30 所示的窗口。在此窗口中，会发现打印服务器在默认 Web 网站中创建一个名为 Printers 的虚拟目录，远程用户可以通过该虚拟目录访问并安装共享打印机，从而实现 Web 打印共享。

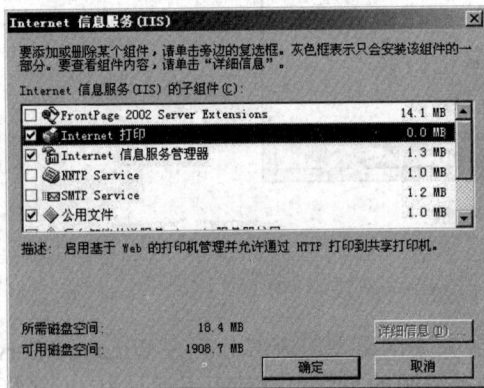

图 8.29　选择安装 Internet 打印组件

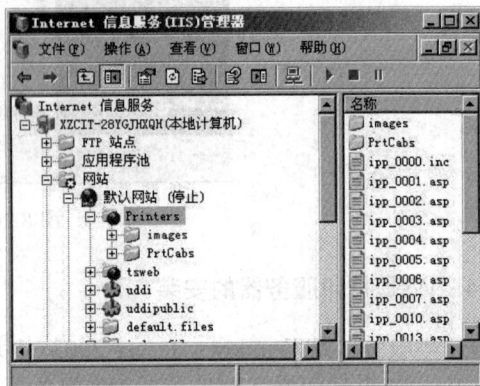

图 8.30　"Internet 信息服务（IIS）管理器"中的 Printers 虚拟目录

8.2　打印服务器的管理

打印服务器的管理主要是配置其相关属性和各种权限。

8.2.1　打印队列的管理

打印队列是存放待打印文件的地方。当应用程序选择了"打印"命令后，Windows 就创建一个打印工作且开始处理它。若打印机此时正在处理另一项打印工作，则在打印机文件夹中将形成一个打印队列，保存所有等待打印的文件。

1.　查看打印队列中的文档

通过查看打印机打印队列中的文档有利于用户和管理员确认打印文档的输出和打印状态，同时也有利于选择打印机。

在"控制面板"中打开"打印机与传真"窗口，双击要查看的打印机图标，会弹出如图8.31 所示的界面。

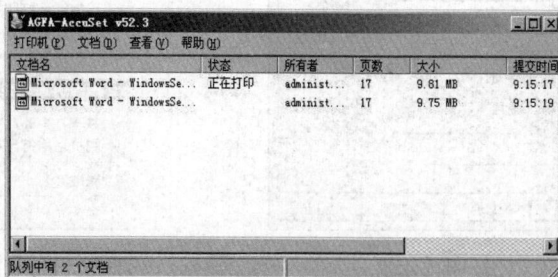

图 8.31　打印管理器

通过此管理器可查看所有打印队列中的文档及所在状态等信息。

2.　设置打印文档属性、调整打印文档的顺序

在打印队列中，打印优先级别高的文档将被排在打印队列的前面并且优先打印，用户可通过更改打印优先级别来调整打印文档的打印次序，使急需的重要文档优先打印出来。但要注意，正在被打印的文档不能调整其优先级别。

调整方法如下。

（1）在打印队列中，右击需要调整优先级别的文档，从快捷菜单中选择"属性"选项，弹出如图 8.32 所示的对话框。

（2）拖动"优先级"滑块，可改变被选文档的优先级别。完成后单击"确定"按钮，保存所做的设置。

3.　暂停、继续、重新启动和取消打印文档

要暂停某个文档的处理，则在该文档上单击鼠标右键，在快捷菜单中选择"暂停"命令即可。如果用户暂停了打印队列中优先级别最高的打印操作，打印将会被全部暂停。要取消暂停状态，则执行"继续"即可。

如果要让队列中的文档从头再打印一次，可执行"重新开始"命令。要取消打印动作，则执行"取消"命令，执行"取消"后，此打印文档将被从打印队列中清除。如果要取消所有打印文档，则可从菜单栏中选"打印机"菜单，选择下级菜单中的"取消所有文档"来完成任务，如图 8.33 所示。

4.　监视打印队列的性能

管理员可利用系统提供的性能工具来监视打印队列当前的性能，以及时发现故障，进行处理。方法是：单击"开始"→"管理工具"→"性能"，通过添加计数器来实现对打印队列的监视。

173

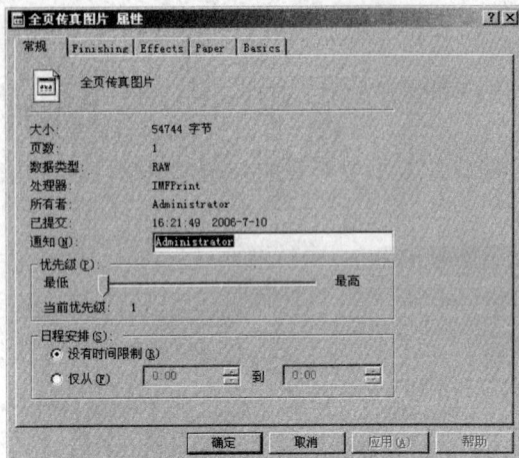

图 8.32　调整文档打印优先级

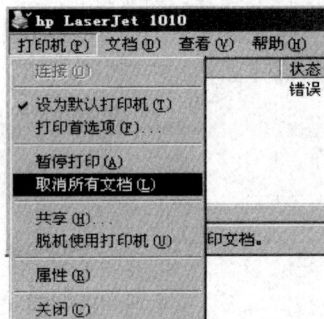

图 8.33　取消所有文档的打印

8.2.2　创建打印池

当打印服务器连接多台相同的打印机，这些打印机共享同一个打印驱动程序，即单一打印机驱动程序对应到多台打印机的情形，客户端只需要安装一个驱动程序就可以使用这些打印机，用户虽然只看到一个打印机图标，但其实是由多台相同的打印机分担该打印机的打印动作的，这种设置称为打印池，属于打印池的打印机会共享同一个打印队列。

当客户端打印文件后，打印服务器会自动到打印池内查找处于待机状态的打印机执行打印动作。因此，不会出现文件排队等候打印的问题。此外，使用打印池也简化了管理，管理员只要执行一次动作即可应用于全部的打印机，最大限度地减轻了管理负担。

创建打印池的步骤如下。

（1）在"控制面板"中打开"打印机与传真"窗口，右击要使用的打印机图标，在弹出的快捷菜单中选择"属性"选项，显示相应的打印机属性对话框，选择"端口"选项卡，会弹出如图 8.34 所示的界面。

（2）在打开的窗口上，勾选"启用打印机池"复选项。启用打印池应注意：在打印池内的打印机必须能够使用同一个驱动程序。在打印端口列表中选择打印机池连接的打印机端口，必须选择一个以上的端口，如图 8.35 所示。

（3）单击"确定"按钮，保存所做的设置。

8.2.3　打印机权限的设置

打印机和文件夹与文件一样，也受到访问权限的保护。系统会为打印机指定默认的权限。该权限允许所有用户打印，并允许选择组来对打印机、发送给它的文档或对这二者加以管理。可以指派特定的打印机权限，来限制某些用户的访问权。例如：可设置单位中只有美术人员才能使用彩色打印机，单位主管优先使用打印机，限制员工上班时间外使用打印机等。

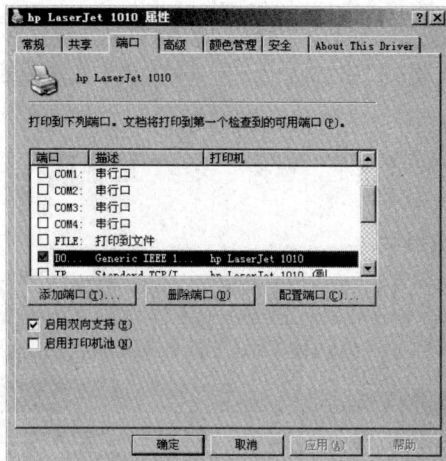

图 8.34　打印机端口设置

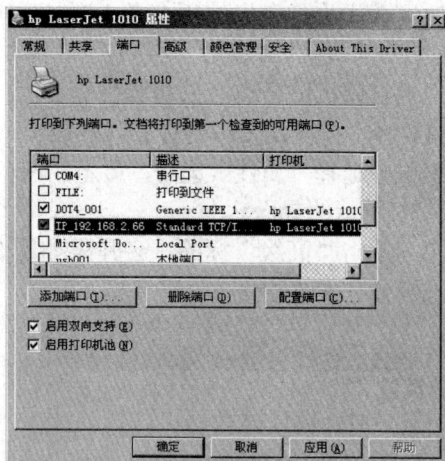

图 8.35　启用打印机池

1. 为不同用户设置不同的权限

要设置打印机的权限，需在"控制面板"中打开"打印机与传真"窗口，右击要使用的打印机图标，在弹出的快捷菜单中选择"属性"选项，显示相应的打印机属性对话框，选择"安全"选项卡，会弹出如图 8.36 所示的界面。

在图 8.36 中可以看到三种标准访问权限，其意义如下。

（1）打印权限：拥有打印权限可以连接打印机，打印文档，暂停、继续、重新开始或取消自己的打印工作。默认 Everyone 组拥有打印权限，但在实际中通常不会让所有人都能使用打印机，所以建议将 Everyone 组删除。

（2）管理文档权限：可更改所有文档的属性设置以及暂停、继续、重新开始或取消自己的打印工作。赋予用户或组管理文档权限时，务必一并赋予其打印权限，否则根本无法打印，更不要提管理了。

（3）管理打印机权限：能够管理打印机的用户或组可以连接打印机、打印文档、共享打印机、更改打印机属性对话框设置、删除打印机、更改打印机的访问权限、取得打印机的所有权。拥有管理打印机权限会自动拥有打印权限，但不会拥有管理文档权限。

当给一组用户指派了多个权限时，将应用限制最少的权限。但是，应用了"拒绝"权限时，它将会优先于其他任何权限。

设置完成组或用户的权限后，单击"确定"按钮，保存所做的设置，退出设置权限对话框。

2. 设置打印机的所有者

在默认状态下，打印机的所有者是安装打印机的用户。如果此用户不再管理这台打印机，就应当由其用户获得所有权以管理这台打印机。

以下用户或组成员能够成为打印机的所有者：

由管理员定义的具有管理打印机权限的用户或组成员。系统提供的 Administrator 组、Print Operators 组、Server Operators 组以及 Power User 组的成员。

如果要成为打印机的所有者，首先要使用户具有管理打印机的权限，或者加入上述的组成为组成员。

设置打印机的所有者的步骤如下。

（1）在"控制面板"中打开"打印机与传真"窗口，右击要使用的打印机图标，在弹出的快捷菜单中选择"属性"选项，显示相应的打印机属性对话框，选择"安全"选项卡，会弹出如图 8.36 所示的界面。

（2）单击"高级"标签，会弹出如图 8.37 所示的界面。

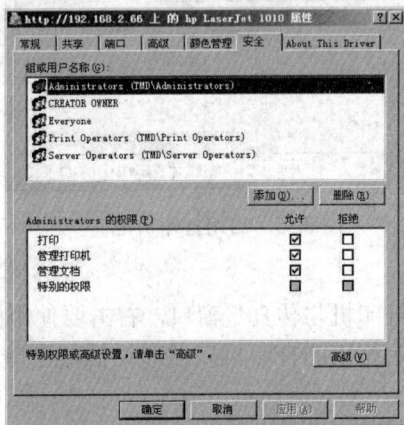

图 8.36　设置打印机访问权限

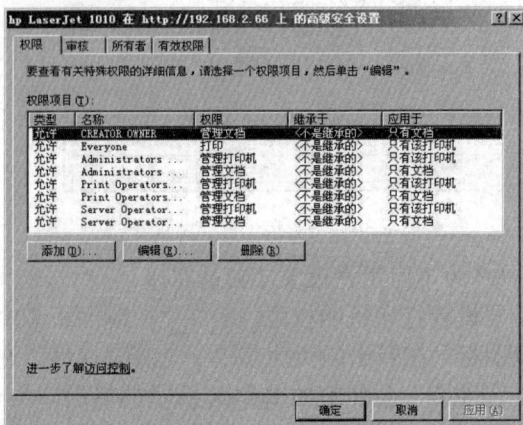

图 8.37　设置打印机"安全"选项卡中的"高级"选项

（3）选择"所有者"选项卡，会弹出如图 8.38 所示的界面。在"目前该项目的所有者"下拉列表框中显示出当前成为打印机所有者的组。如果想更改打印机所有者组或用户，可在"将所有者更改为"下拉列表框中选择需要设置打印机所有者的组或用户。如果所在列表中没有需要的组或用户，可单击"其他用户或组"进行选择。

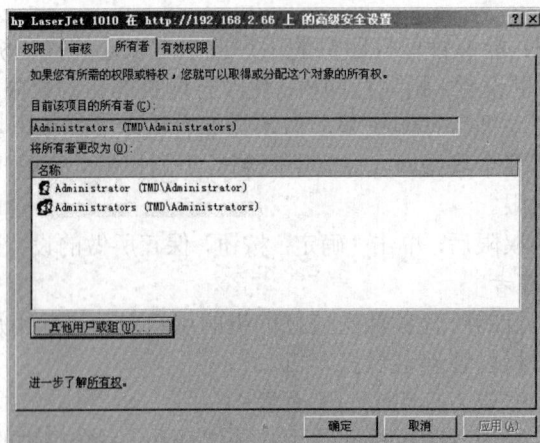

图 8.38　设置打印机"高级"选项卡中的所有者

（4）单击"确定"按钮，保存所做的设置。

8.3　Internet 打 印

局域网中通过打印机共享来实现打印资源的合理利用，通过在 Windows Server 2003 下配置 Internet 打印服务也可以在 Internet 这个最大的网络中实现打印机共享服务。随着 IPP（Internet Printing Protocol，因特网打印协议）的完善，任何一台支持 IPP 协议的打印机只要连接到因特网上，并且拥有自己的 Web 地址，那么所有因特网上的计算机只要知道这台打印机的 Web 地址，就可以访问和共享这台打印机，完成自己的打印作业。其实，在 Windows 2000 的时代已经有了 Internet 打印服务，而在 Windows Server 2003 中，这个功能得到了完善，更注重安全。

8.3.1　安装打印机客户端

打印服务器设置成功后，即可以在客户端安装共享打印机，其安装过程在"添加打印机安装向导"的引导下完成。

（1）在"控制面板"中打开"打印机与传真"窗口，双击"添加打印机"图标，运行"添加打印机向导"选项。单击"下一步"按钮，在窗口中选择"网络打印机，或连接到另一台计算机的打印机"单选按钮，如图 8.39 所示。

（2）单击"下一步"按钮，在弹出的"指定打印机"对话框中选择"连接到这台打印机"单选按钮，"名称"框中输入该打印机的位置，位置格式如图 8.40 下方"例如"中所示。局域网中的用户可以选择"在目录中查找一个打印机"单选按钮，让系统自动寻找该打印机，设置如图 8.40 所示。

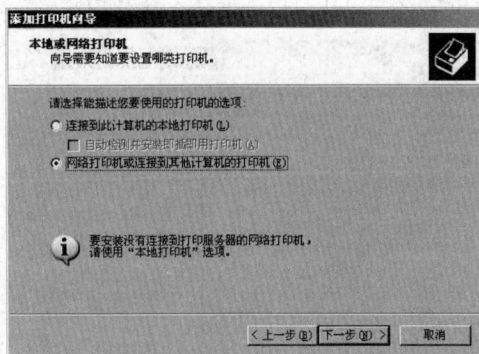

图 8.39　客户端安装网络打印机　　　　　图 8.40　选择安装局域网共享打印机

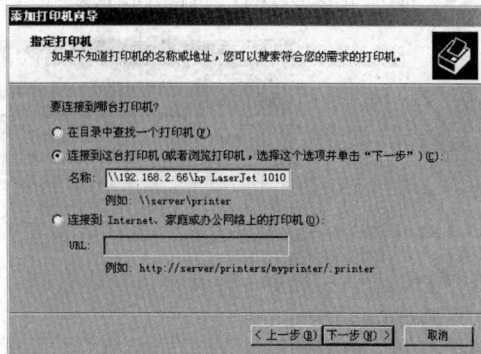

（3）单击"下一步"按钮，在"默认打印机"对话框中，选择"是"单选按钮，将其设置为默认打印机，如图 8.41 所示。

（4）单击"下一步"按钮，在"正在完成添加打印向导"对话框中，单击"完成"按钮，返回"打印机和传真"窗口，至此，打印机客户端安装成功。

8.3.2 安装 Web 共享打印机

（1）安装基于 Web 共享的打印机，用户需要在"控制面板"中打开"打印机与传真"窗口，双击"添加打印机"图标，运行"添加打印机向导"。单击"下一步"按钮，在窗口中选择"网络打印机，或连接到另一台计算机的打印机"单选按钮。

（2）单击"下一步"按钮，在弹出的"指定打印机"对话框中选择"连接至 Internet、家庭或办公网络上的打印机"单选按钮，并在 URL 框中输入该打印机的位置，位置格式如下："http://服务器的 IP 地址（或 DNS 域名）/printers/打印机共享名/.printer"，如图 8.42 所示。

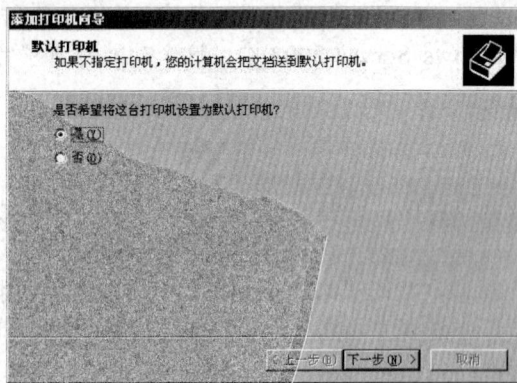

图 8.41 设置默认打印机　　　　　　　图 8.42 设置默认打印机

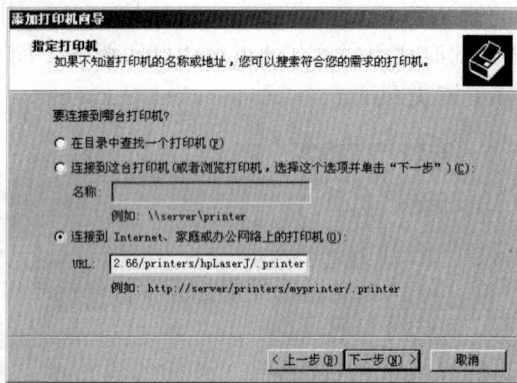

（3）单击"下一步"按钮，弹出"输入网络密码"对话框，在此对话框中输入授权的用户名和密码，用户即可通过访问基于 Web 的打印机了。

（4）添加完成后，在打印机和传真中出现如图 8.43 所示的图标，说明安装成功。

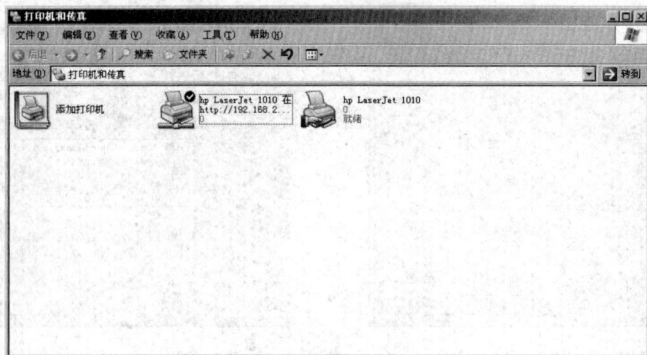

图 8.43 Web 打印机安装成功

8.3.3 使用浏览器连接到打印机

远程用户通过浏览器连接到打印机的方法如下。

（1）打开 IE 浏览器，在地址栏中输入"http：//打印服务器名称/printers"（例如 http：//192.168.2.66/printers/），按回车后进入打印机服务器的管理界面，如图 8.44 所示。在该界面可以看到这台服务器上的所有打印机及状态。

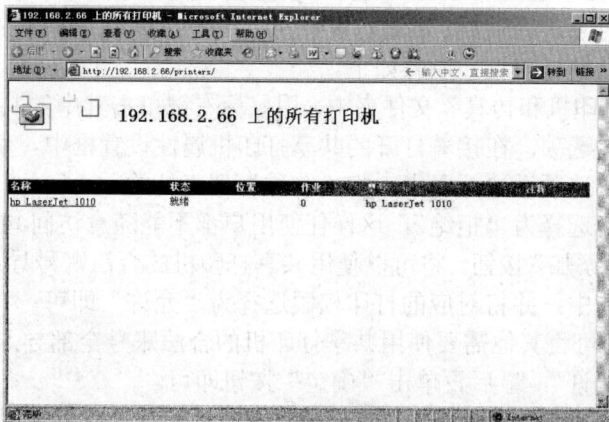

图 8.44　使用浏览器连接打印机

（2）单击要访问的打印机的名称，弹出如图 8.45 所示的窗口，显示出当前打印机的状态、当前打印文档列表及打印机的一些相关信息。

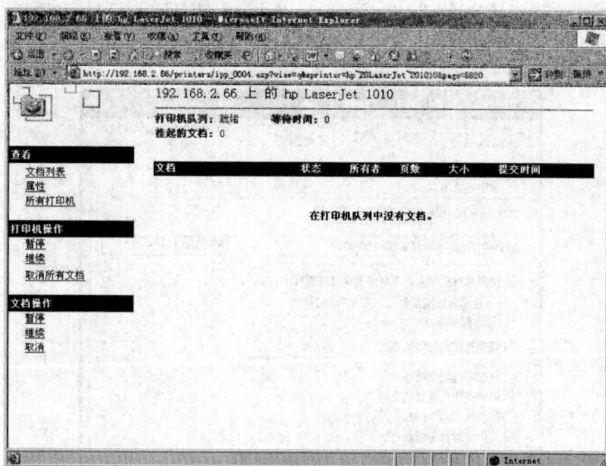

图 8.45　当前打印机信息

（3）选择要查看的状态，单击"查看"下的文档列表、属性或所有打印机等选项即可。

8.4　知　识　拓　展

1. 多任务缓冲打印

将文件加载到内存中以待稍后打印。可以优化打印，对于打印功能有一定的帮助。

2. 设置共享打印机的安全

当打印机进行共享时，局域网内的非法用户也有可能趁机使用共享打印机，从而造成打印成本的"节节攀升"。为了阻止非法用户对打印机随意进行共享，有必要通过设置账号使用权限来对打印机的使用对象进行限制。通过对安装在主机上的打印机进行安全属性设置，指定只有合法账号才能使用共享打印机，步骤如下。

（1）在主机的"打印机和传真"文件夹中，用鼠标右键单击其中的共享打印机图标，从右键菜单中选择"属性"选项，在接着打开的共享打印机属性设置框中，切换"安全"选项卡。

（2）在其后打开的选项设置页面中，将"名称"列表处的 everyone 选中，并将对应"权限"列表处的"打印"选择为"拒绝"，这样任何用户都不能随意访问共享打印机了。

（3）接着再单击"添加"按钮，将可以使用共享打印机的合法账号导入到"名称"列表中，再将导入的合法账号选中，并将对应的打印权限选择为"允许"即可。

（4）重复第三步即可将其他需要使用共享打印机的合法账号全部导入进来，并依次将它们的打印权限设置为"允许"，最后再单击"确定"按钮即可。

提示：如果找不到"安全"选项卡，可以通过在文件夹菜单栏上依次选择"工具"→"文件夹选项"→"查看"，取消"使用简单文件共享"即可。

3. 设置打印机使用时间

为了防止在下班后有人打印一些私人资料，可以通过限制打印机的使用时间来达到目的。在打印机的属性对话框中，在"高级"选项卡中选择"使用时间从"选项，并指定起止时间就可以完成设置了，如图 8.46 所示。

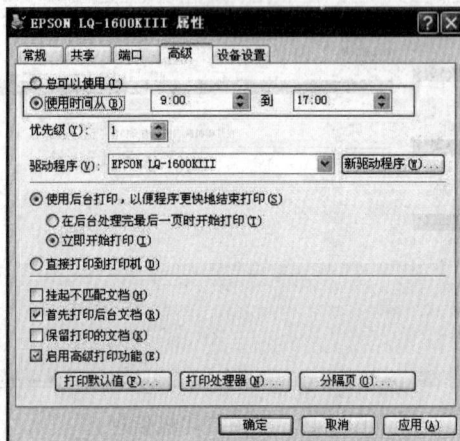

图 8.46 使用时间设置

8.5 技 能 挑 战

任务：在单位办公室中选择一台安装有 Windows Server 2003 的计算机作为服务器，安装打印机服务。

要求：

（1）能实现 Web 打印共享。

（2）能控制不同的用户具有不同的权限。

（3）控制打印机使用时间（例如：下班后，不允许打印）。

8.6　项 目 实 训 要 求

实训　网络打印服务器架设

［实训目的］

掌握安装与使用网络打印机。

［实训环境］

装有 Windows Server 2003 操作系统的计算机、局域网环境、打印机。

［实训内容］

1．安装网络打印机

2．配置网络打印机

3．使用网络打印机

［实现过程］

［实训总结］

［实训思考题］

1．在添加和设置连接到计算机上的打印机时，为什么必须以 Administrators 组成员的身份登录到服务器？

2．如何搜索网络打印机？

第9章 Windows Server 2003 的应用服务器

☆ **预备知识**

（1）掌握 IIS 的相关知识

（2）掌握动态网站的相关知识

（3）掌握 DNS 配置的相关知识

☆ **技能目标**

（1）利用 IIS 创建 Web 站点，并能够对站点进行远程管理

（2）利用 IIS 创建和管理 FTP 站点

☆ **项目案例**

为某个公司建立一个企业站点，架设一台 Web 服务器，要使内部计算机能够通过域名进行访问。可以配置一些关于性能和安全的设置，例如限制带宽和哪些用户可以访问此 Web 页等，FTP 作用是使连接到服务器上的客户可以在服务器和客户机间传输文件。除 WWW 服务外，FTP 也算是使用最广泛的一种服务了。为公司服务器设置 FTP 服务，并能够通过本地或远程对服务器进行管理。为了更好地对文件进行管理，可以设置 FTP 的指定目录的访问权限，例如让管理员具体写入的权限，让一般员工具有读取的权限。

9.1 IIS 6.0 与 ASP.NET

9.1.1 IIS 6.0 概述

IIS 是 Internet 信息服务（Internet Information Server）的缩写。随着计算机网络的广泛应用和不断发展，如果操作系统不具备 Internet 信息服务功能，将不断满足网络用户的需求。微软公司从 Windows NT 开始在操作系统中挂载 IIS 组件，提供 Internet 信息服务。IIS 是一种 Web（网页）服务组件，其中包括 Web 服务器、FTP 服务器、NNTP 服务器和 SMTP 服务器，分别用于网页浏览、文件传输、新闻服务和邮件发送等方面，它使得在网络（包括互联网和局域网）上发布信息成了一件很容易的事。从 Windows 2000 高级服务器版中自带的 IIS 5.0 到 Windows Server 2003 中的 IIS 6.0，IIS 有了很大的发展，跟以前 IIS 版本的差异也很大，比较显著的就是提供 POP3 服务和 POP3 服务 Web 管理器支持。IIS 6.0 在 Windows 2003 服务器的 4 种版本：企业版、标准版、数据中心版和 Web 版中都包含有，它不能运行在 Windows XP、2000 或 NT 上。除了 Windows 2003 Web 版本以外，Windows 2003 的其余版本默认都不安装

IIS。安装方法将在本节的后面部分叙述。

9.1.2　ASP.NET 概述

ASP 的全称是 Active Server Pages，即活动服务器页面，之所以称之为活动服务器页面，这是因为以前的互联网全部是由静态的 HTML 页面组成，如果需要更新网站内容，不得不制作大量的 HTML 页面。ASP 的出现，就能够根据不同的用户，在不同的时间向用户显示不同的内容。网站的内容更新也不再是一个乏味的重复过程，它开始变得简单而有趣。但是由于 ASP 程序和网页的 HTML 混合在一起，这就使得程序看上去相当杂乱。在现在的网站设计过程中，通常是由程序开发人员做后台的程序开发，前面有专业的美工设计页面，这样，在相互配合的过程中就会产生各种各样的问题。同时，ASP 页面是有脚本语言解释执行的，使得其速度受到影响。受到脚本语言自身条件的限制，在编写 ASP 程序的时候不得不调用 COM 组件来完成一些功能。由于以上种种限制，微软推出了 ASP.NET。

ASP.NET 不仅只是 ASP 的一个简单升级，它更提供了一个全新而强大的服务器控件结构。从外观上看，ASP.NET 和 ASP 是相近的，但是从本质上是完全不同的。ASP.NET 几乎全是基于组件和模块化，每一个页、对象和 HTML 元素都是一个运行的组件对象。在开发语言上，ASP.NET 抛弃了 VBScript 和 Jscript，而使用.NET Framework 所支持的 VB.NET，C#.NET 等语言作为其开发语言，这些语言生成的网页在后台被转换成了类并编译成了一个 DLL。由于 ASP.NET 是编译执行的，所以它比 ASP 拥有了更高的效率。运行 Microsoft Windows Server 2003 家族成员的服务器可以配置为应用程序服务器，并将 ASP.NET 作为在配置应用程序服务器角色时可以启用的选项。要向产品服务器部署 ASP.NET Web 应用程序，在分发应用程序之前，必须确保在产品服务器中启用了 ASP.NET 和 IIS 角色。

9.2　利用 IIS 6.0 架设 WWW 站点概述

9.2.1　WWW 站点概述

WWW（World Wide Web, WWW）也称为万维网，它为用户提供了一个可以轻松驾驭的图形化用户界面——Web 页，以查阅 Internet 上的文档，这些文档与它们之间的链接一起构成了一个庞大的信息网。而 WWW 站点（Web Site）则是那些放置网页（Web 页）供浏览者浏览的计算机。

9.2.2　安装 IIS 6.0 服务器

为了保护系统的安全，防止恶意攻击，除了 Windows 2003 Web 版本以外，Windows 2003 的其余版本默认都不安装 IIS。系统管理员需要单独安装 IIS 6.0 来创建 Internet 信息服务器。在 Windows Server 2003 下的 IIS 安装可以有 3 种方式：传统的"添加或删除程序"的"添加/删除 Windows 组件"方式、利用"管理您的服务器"向导和采用无人值守的智能安装。在此，将介绍第一种方法，具体步骤如下：

（1）打开"开始"菜单，选择"控制面板"中的"添加或删除程序"命令，打开相应窗口。在窗口左边的列表栏中，单击"添加/删除 Windows 组件"，打开"Windows 组件向导"对话框，如图 9.1 所示。

（2）选中"应用程序服务器"前的复选框。要设置和查看组件的详细信息，可单击"详细信息"打开"应用程序服务器"对话框，选中"Internet 信息服务（IIS）"复选框，如图 9.2 所示。直接选择"Internet 信息服务（IIS）"后，它只会安装用来支持静态属性的组件，如果要额外安装其他的组件，如 Active Server Pages 等，需继续单击"详细信息"，选中其他相应组件，再按"确定"按钮，如图 9.3 所示。

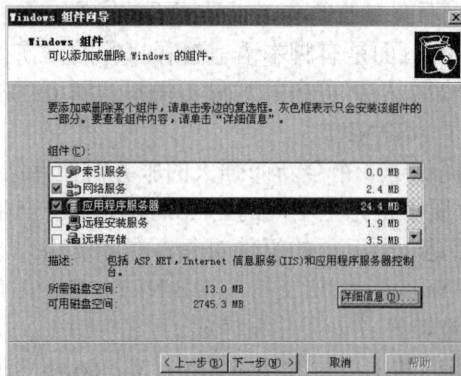

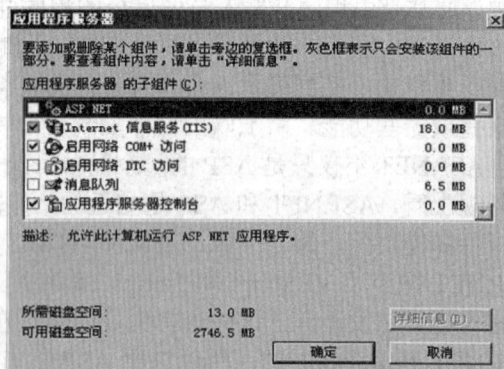

图 9.1　组件向导　　　　　　　　　图 9.2　应用程序服务器

（3）在选定要安装的组件之后，回到图 9.1 所示的界面，单击"下一步"按钮，系统开始安装 IIS 6.0，需要注意的是，由于 IIS 6.0 是 Windows Server 2003 的一个组件，在安装过程中要求插入系统盘，当出现图 9.4 所示的界面后，单击的确定按钮结束安装。

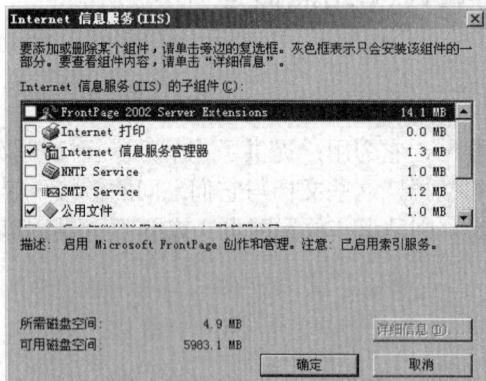

图 9.3　IIS 信息服务　　　　　　　　图 9.4　组件完成向导

安装完成后，可以通过"IIS 管理器"来管理网站。它的启动方法为："开始"→"管理工具"→"Internet 信息服务（IIS）管理器"或"开始"→"运行"，输入"inetmgr"。从图 9.5 中可以看出已经有了一个名为"默认网站"的网站了。

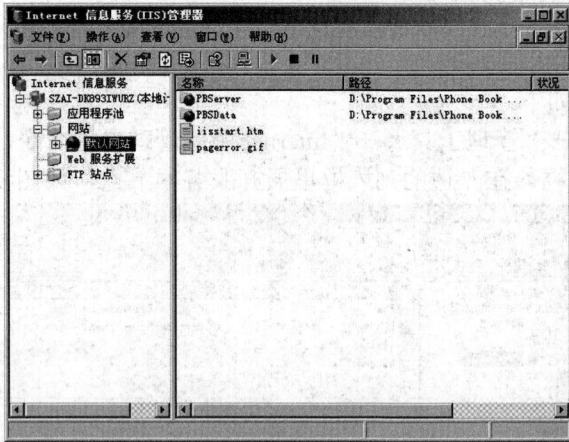

图 9.5　默认网站

9.2.3　WWW 建站与 DNS 配置

假设有两台计算机，一台运行 Windows Server 2003，一台运行 Windows XP；安装了 Windows Server 2003 的计算机既作为 DNS 服务器（也可专门用一台计算机作为 DNS 服务器），又作为安装 Web 站点的计算机，而另一台作为客户端，两台计算机的 IP 地址分别设为 192.168.1.2 和 192.168.1.3。

如果要让用户能够利用客户端计算机通过域名来访问网站，则需要为该网站设置一个 DNS 域名，同时必须把该域名和网站的 IP 地址（192.168.1.2）注册到相应的 DNS 服务器中，在计算机安装了 IIS 之后，它将扮演网站的角色，假设网站的网址为 www.iistest.com（IP 地址为 192.168.1.2），在 DNS 服务器中建立一个名为 iistest.com 的区域，把 www.iistest.com 与相应的 IP 地址注册到此区域内即可，注册的具体方法请参考本书的第 6 章。为了能够使客户端计算机在浏览器中输入 "www.iistest.com" 时能够定位到网站的 IP 地址，必须把客户端计算机的 DNS 服务器地址设置成刚才所描述的地址，如图 9.6 所示。

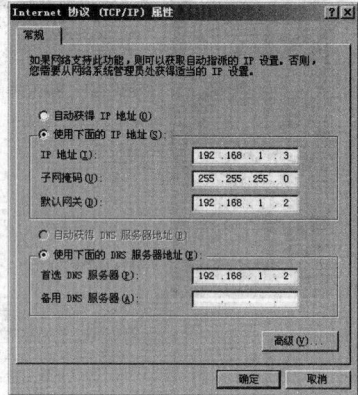

图 9.6　IP 地址

9.2.4　利用 IIS 组建公司 Web 站点

在服务器上安装了 IIS 6.0 之后，管理员就可以通过 Internet 信息服务器提供多种信息服务，其中最重要的服务功能就是 Web 网站服务。

1. 创建 Web 网站

打开 Internet 信息服务（IIS）管理器后，从图 9.5 左边的列表框中可以看出已经有了一个名为 "默认网站" 的网站，它是系统自动创建的一个 Web 站点，可以利用它快速地实现 Web

内容的发布。如果要发布的内容比较多，而且具有不同的主题，也可以创建自己不同的网站站点，分别进行相应的信息服务。

组件新站点的步骤如下：

（1）选择"开始"→"管理工具"→"Internet 服务管理器"命令，打开"Internet 信息服务（IIS）管理器"对话框，在左边的列表框里展开服务器节点，如图 9.7 所示。

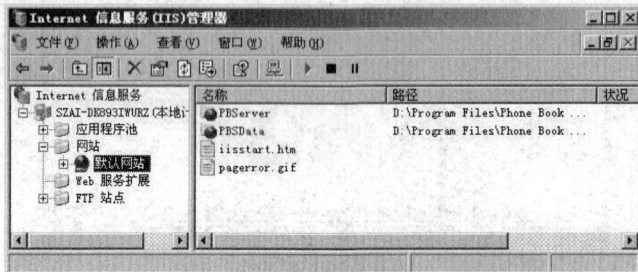

图 9.7　默认网站

（2）右击左边的"网站"节点，选择"新建"→"网站"命令，打开"网站创建向导"对话框，如图 9.8 所示。

（3）单击"下一步"打开"网站描述"对话框，"描述"文本框中输入站点的说明信息即站点名称，假设输入"新建的站点"，如图 9.9 所示。

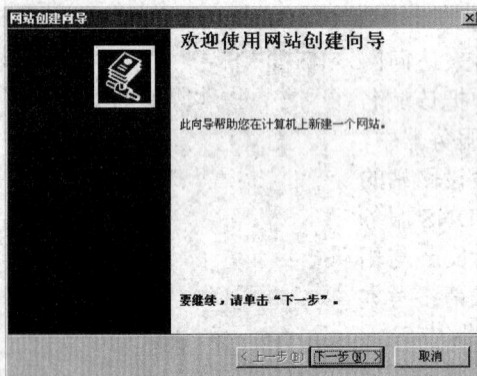

图 9.8　网站创建向导　　　　　　　图 9.9　网站向导—名称

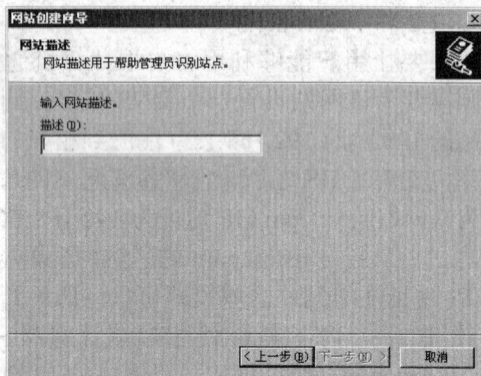

（4）单击"下一步"按钮，打开"IP 地址和端口设置"对话框，在"网站 IP 地址"下拉列表框中选择或直接输入 IP 地址；在"网站 TCP 端口"文本框中输入 TCP 端口值，如图 9.10 所示。当一台计算机上建立多个网站的时候，管理员可以利用这三项的任意一项进行区别。

（5）单击"下一步"按钮，打开"网站主目录"对话框，在"路径"文本框中输入或通过"浏览"选择主目录的路径。主目录即为存放在网站文件的存放位置。如果允许访问者匿名访问此站点，则把"允许匿名访问网站"复选框选中，如图 9.11 所示。

（6）单击"下一步"按钮，打开"网站访问权限"对话框，选中允许对主目录的权限，如图 9.12 所示。为了保证网站的安全性，对权限的设置一定要慎重。

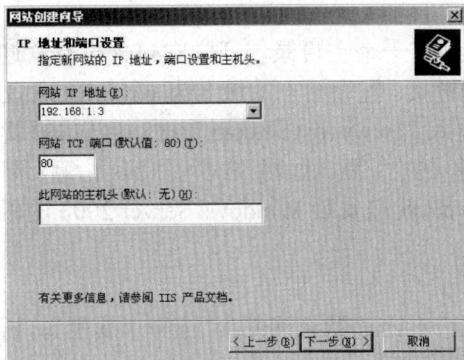

図 9.10　网站向导—IP 地址

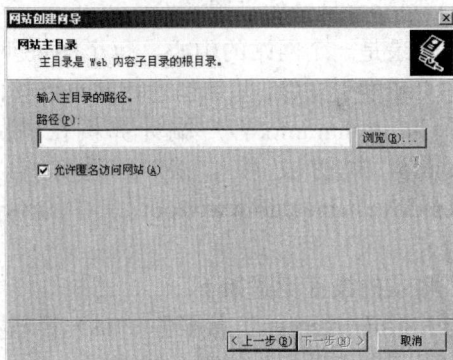

図 9.11　网站向导—目录路径

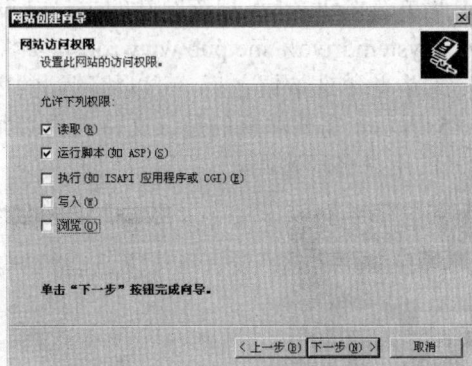

図 9.12　网站向导—权限

（7）单击"下一步"→"完成"，图 9.13 就创建了一个新的 Web 网站，网站名即为输入的描述信息。

2．网站属性的设置

当建立好网站之后，还必须对网站的属性进行设置，才能更好地发挥其性能。以默认网站为例来进行说明。

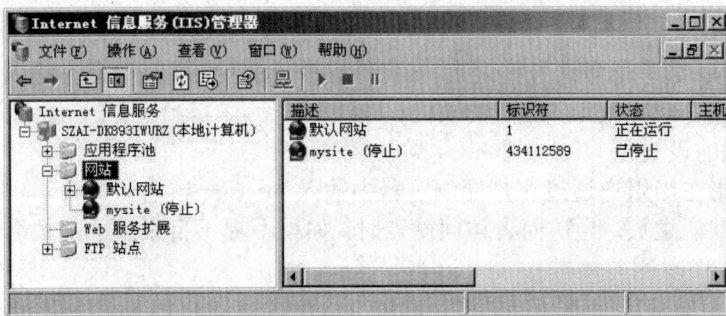

図 9.13　新建站点

1）网站主目录的设置

主目录是一个网站的中心，每个 Web 网站都必须有一个主目录，通常它包含带有欢迎内容的主页或索引文件，并且包含该站点到其他页面的链接。假设站点的域名为 www.iistest.com，主目录为 d:\lhm\info，客户端计算机在浏览器中输入"www.iistest.com"时，访问的就是 d:\lhm\info 中的文件。对于系统自动创建的"默认网站"，其主目录是 %systemdrive%\inetpub\wwwroot，其中的%systemdrive%就是安装 Windows Server 2003 的磁盘驱动器。

主目录的设置步骤如下：

（1）打开 Internet 信息服务（IIS）管理器对话框，右击"默认网站"，选择"属性"，再单击"主目录"选项卡，如图 9.13 所示。

（2）通过"此资源的内容来自"内容的选择，可以将网站的主目录设置为以下三种情况：

此计算机上的目录：选中此单选按钮之后，把该网站的主目录设置在本计算机中，对于"默认网站"，其默认的主目录为%systemdrive%\inetpub\wwwroot，如图 9.14 所示。

另一台计算机上的共享：选中此单选按钮之后，可以将网站的主目录指定到另外一台计算机内的共享文件夹，如图 9.15 所示。需要注意的是该文件夹内必须存在网页，同时也必须指定一个有权访问此共享文件夹的用户名和密码。

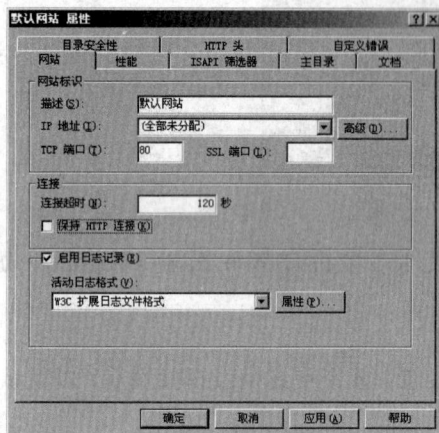

图 9.14　网站属性

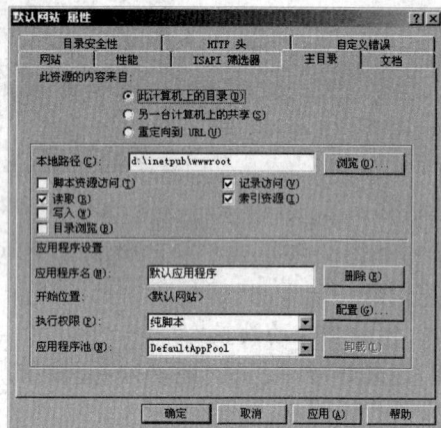

图 9.15　主目录

重定向到URL：选中此单选按钮之后，如图 9.16 所示，客户端浏览器中输入 www.iistest.com 时，将自动连接到"www.tom.com"的页面。

2）默认文档的设置

默认文档是指在当用户通过客户端浏览器中输入 Internet 域名（如 www.iistest.com）时，在浏览器中打开默认主页，当访问者访问站点时，如果不提供目录下的文档名时，则启用默认文档。

（1）在图 9.15 的基础上单击"文档"选项卡，出现如图 9.17 所示的界面，选中"启用默认内容文档"复选框。

（2）图中列表框中提供了系统默认设置的 4 个网页，当用户通过域名访问该站点时，它会自动先读取最上面的文件（Default.htm），若主目录内没有该文件，则依次读取后面的文件。可以通过"上移"、"下移"按钮改变它们默认的顺序，也可以通过"添加"、"删除"按钮来添加、删除默认文档。

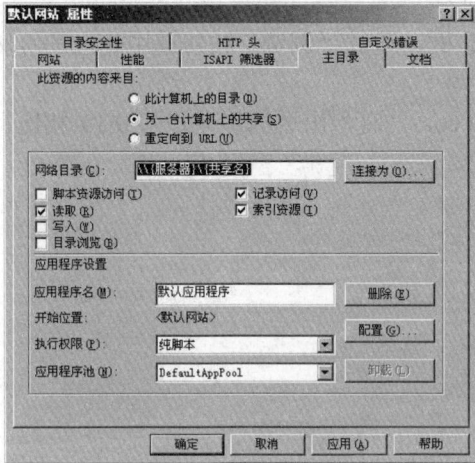

图 9.16 主目录重定向

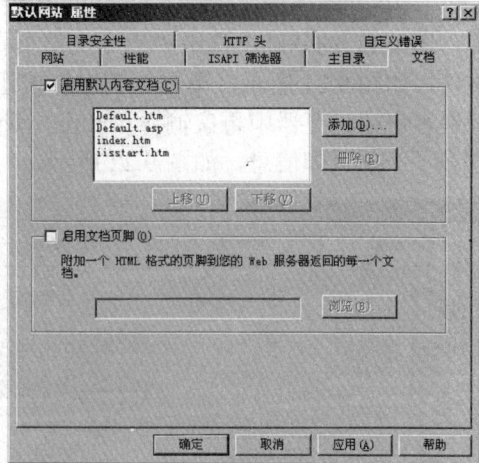

图 9.17 默认文档

（3）采用默认的主目录，即%systemdrive%\inetpub\wwwroot，在其中用"记事本"建立一名为 default.htm 的网页，内容如图 9.18 所示。由于在主目录下默认有一个名为 iisstart.htm 的文件，所以必须在图 9.18 的列表框中一定要把 default.htm 文件放在 iisstart.htm 的前面。

（4）default.htm 文件建立完成后，利用浏览器来连接此网站时将看到如图 9.19 所示的内容。

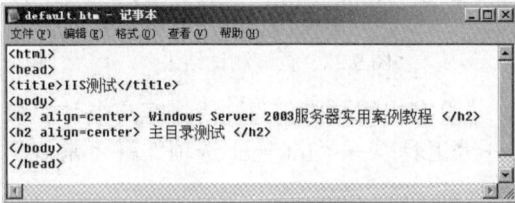

图 9.18 主页面内容

图 9.19 测试结果

3）文档页脚的设置

可以在网站上将任何一个页面传送给浏览器时，由系统自动地给每一个页面加上一个 html 格式的文件，插在网页的最后，这种格式的文件就称为页脚文档。页脚文档一般包含着公司的名称、版权信息等内容，在用户浏览该网站的任何一个页面时，在每个页面的最后都会看到这样的信息。

在主目录内新建一个名为 foot.htm 的文件，如图 9.20 所示。需要注意的是，页脚文档不是完整的 html 文件，它只包含用来显示页脚文档属性的 html 标记（tag），不包含<html></html>等非用来显示消息的标记。

图 9.20　页脚内容

在图 9.17 的基础上选中"启用文档页脚"复选框，通过"浏览"按钮选中相应的页脚文档文件，如图 9.21 所示，单击"确定"按钮。

在客户端浏览器中再次输入"http://www.iistest.com"时，出现的界面和图 9.19 相比，在下方多了一条页脚信息，如图 9.22 所示。

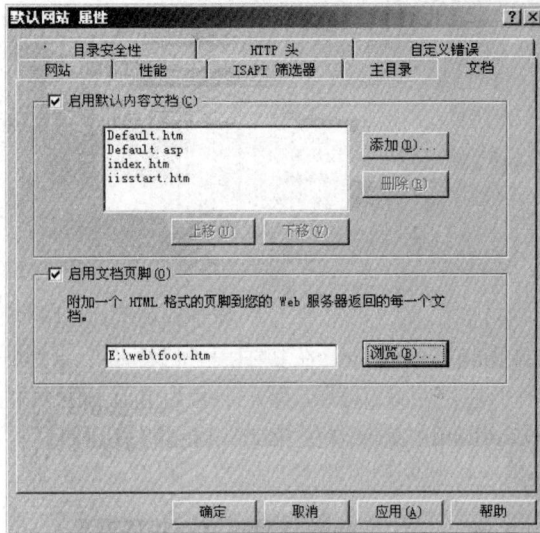

图 9.21　启用文档页脚

图 9.22　页脚测试结果

需要注意的是，如果得到的界面与原来的一样，并没有出现页脚信息，请将客户端计算机中的 Internet 临时文件删除，具体方法是：打开 IE→"工具"→"Internet 选项"→"常规"→"删除文件"。

9.2.5　Web 用户访问权限的配置

为了保护 Internet 信息服务器中站点的安全，必须对其访问权限进行设置。在新建网站或虚拟目录的过程中可以对其属性进行简单地设置。当网站建立好之后，可以右击网站或虚拟目录的名称，选择"属性"→"主目录"或"虚拟目录"进行设置，进行设置：

"脚本资源访问"复选框：访问者能够访问站点或目录中的脚本内容。该权限的前提是访问者具有"读取权限"。

"读取"复选框：访问者能够访问站点或目录中的内容，这是访问者最基本的权限。

"写入"复选框：访问者能够在站点或目录内写入内容，并能修改。此权限的开发对站点的安全性有一定的威胁，一定要慎重使用。

"目录浏览"：能够使访问者浏览当前站点或目录中的内容（对 FTP 站点或目录尤其重要）。

"索引资源"：为了能够使 Internet 上的访问者检索资源，建议选中该复选框。

9.2.6　站点安全性设置

为了 Internet 信息服务器的安全性 IIS 6.0 提供一套服务器安全机制，可以最大限度地降低或消除各种安全威胁。

1．身份验证与访问控制

所建设的网站默认是所有的用户都可以进行访问，但是对于部分内容比较保密的网站，为了确保网站信息的安全性，必须要求输入用户名和密码才能进行访问。

1）匿名访问

选择匿名验证的方法，表示任何用户都可以连接网站，不要输入用户账户名和密码。所有的浏览器都支持匿名验证的方法。在安装 IIS 时，系统自动建立了一个用来代表匿名账户的用户账户，名称为"IUSR_计算机名"，对计算机来说就是 IUSR_SERVER。

设置匿名访问的过程如下。

（1）打开 Internet 信息服务管理器窗口，在控制台目录树中右击需要进行匿名访问的站点或目录，选择"属性"命令，打开相应对话框，选择"目录安全性"选项卡，如图 9.23 所示。

（2）在图 9.23 的身份验证和访问控制部分单击"编辑"按钮，弹出图 9.24 所示的对话框。选中"启用匿名访问"复选框，输入或者通过"浏览"选择一个用于匿名登录的用户名和密码即可。

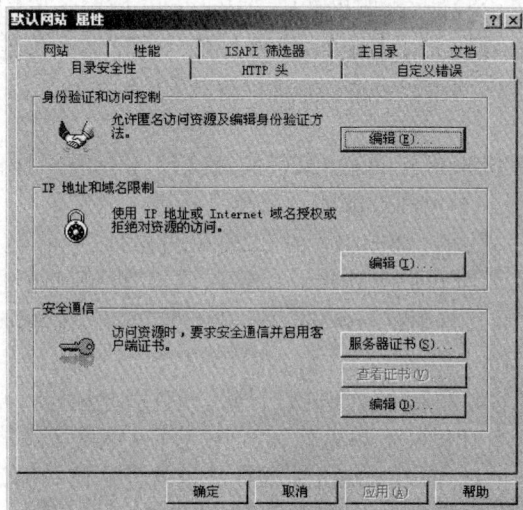

图 9.23　目录安全性

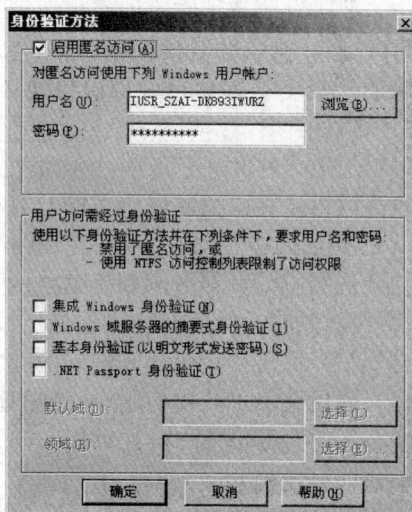

图 9.24　身份验证

必须注意的是，此时输入的用户名和密码必须是在 Active Directory 数据库或本机安全性数据库内已经建立的账户。

2）验证访问控制

与匿名登录不同的是，验证访问要求访问者在访问服务器上的信息之前，需要提供合法、有效的 Windows 用户账户，验证可以在网站和 FTP 站点、目录或文件级别上进行设置。可以分成以下三种，现做简单介绍：

基本验证：它是一个工业标准的方法，大部分浏览器都支持这种验证方法，但是它有一个缺点，用户传送个网站的密码是明文形式存在的，不会被加密。除非确信访问者和 Web 服务器之间的连接上安全的，一般不建议使用基本验证。

摘要式身份验证：该验证也要求用户输入账户名称和密码，但是和基本验证相比，它的用户名和密码会经过 MD5 算法的加密处理传送到网站。但是要使用这种验证方法，必须符合以下几点要求：浏览器必须支持 HTTP 1.1（IE5 及其以上版本）；运行 IIS 的计算机必须是 Active Directory 域的成员服务器或域控制器；用户登录的账户必须是 Active Directory 内的域账户，而且此账户必须与 IIS 计算机位于同一个域或信任域；用户账户必须设置选取"使用可逆的加密保存密码"。

集成 Windows 身份验证：它也会要求用户输入账户名称与密码，而且在账户名与密码发送之前也会进行加密处理。用户利用这种验证方式时，并不会直接要求用户输入账户名和密码。而是先自动利用用户在登录时所输入的账户和密码，如果该账户权限不够，再提示用户输入新的用户名和密码。

这三种验证控制方法在禁用匿名访问或访问受 NTFS 访问控制列表限制时，将要求访问者提供用户名和密码。验证访问控制的步骤如下。

（1）打开如图 9.25 所示的对话框。

（2）要进行明文密码验证，可选中"基本身份验证"；如果选中"Windows 域服务器的摘要身份验证"，则表明要使 Internet 信息服务器与 Windows Server 2000 域账号管理器一起进行身份验证；要使用 Windows 身份验证，则可选中"集成 Windows 身份验证"。

2. 通过 IP 地址限制连接

可以通过让网站允许或阻止某台或某组计算机来访问网站、文件夹或文件。例如公司内部的站点，可以设置成只允许内部的计算机来连接，不允许外部的计算机连接。

（1）在图 9.23 界面的基础上，单击"编辑"按钮，弹出如图 9.25 所示的界面。

（2）从图中可以看出，系统默认所有的计算机都可以来连接此"默认网站"。可以通过先选取"授权访问"，然后通过"添加"按钮来设置某些拒绝访问的计算机；也可以通过先选取"拒绝访问"，再添加某些允许访问的计算机。

（3）假设选中"授权访问"，然后通过添加来设置拒绝访问的计算机。有图 9.26～图 9.28 三种情况：如果要添加一台计算机，就选择"一台计算机"单选按钮，并在"IP 地址（I）"文本框中输入要授权的计算机的 IP 地址，这样 IP 地址为 192.168.1.3 的计算机就无法访问网站；如果要添加一组计算机，选择"一组计算机"，输入相应的网络标识（一组计算机中任何一台计算机的 IP 地址）和子网掩码，这样凡是属于 IP 地址在 192.168.1.0～192.168.1.255 范围内的计算机都无法访问；如果对一个域的计算机进行授权，可选择"域名"，并在相应的文本框中输入授权的域名即可，这样该域中的用户就无法访问。

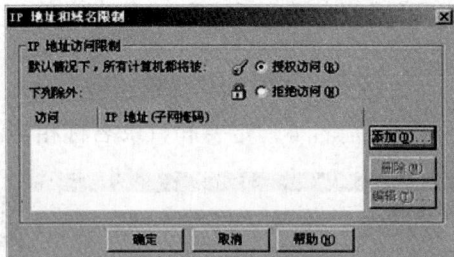

图 9.25　IP 地址和域名限制

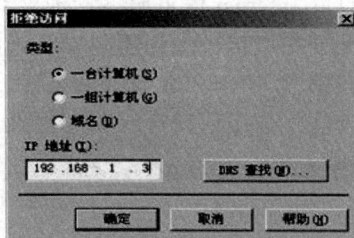

图 9.26　拒绝访问一台计算机

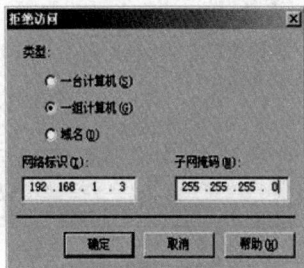

图 9.27　拒绝访问一组计算机

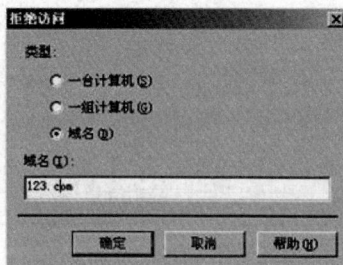

图 9.28　拒绝访问域名

9.2.7　站点虚拟目录的创建

1. 实际目录与虚拟目录

对于一个规模较小的网站而言，可以把包含所有网页以及相关文件的文件夹放在主目录下，这个文件夹就是"实际目录"。也可以把网页及其相关文件存放到主目录外的其他目录下。要从其他目录中进行内容的发布，就必须创建虚拟目录，虚拟目录不包含在主目录中，但在显示给客户浏览器时就像位于主目录中一样。虚拟目录有一个别名，它的好处在于可以在不改变别名的情况下随时改变其所对应的文件夹。而且别名通常要比目录的路径名短，更便于访问者输入，由于访问者并不真正知道文件的存放位置，所以更加安全。

2. 虚拟目录的使用方法

假设在网站的 D 磁盘驱动器下有一个 Virtual 的文件夹,里面存放了一个名为 default.htm 的文件，其内容如图 9.29 所示。

图 9.29　主页内容

（1）打开 Internet 信息服务管理器，右击"默认网站"，选择"新建"→"虚拟目录"。在出现"欢迎使用虚拟目录创建向导"画面时单击"下一步"按钮。

（2）在图 9.30 中为虚拟目录设置一个别名，用户将通过这个别名来连接虚拟目录。然后单击"下一步"按钮选择对应的文件夹，如图 9.31 所示。别名不一定要和目录名称相同。

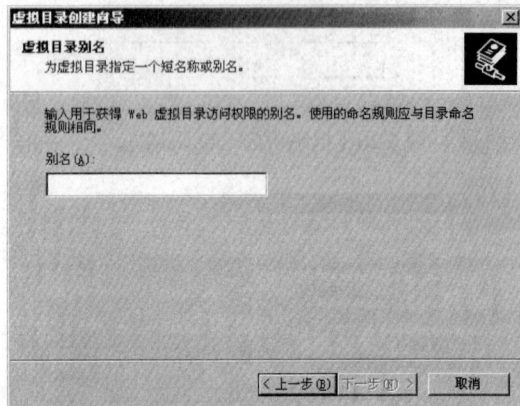

图 9.30　虚拟目录别名

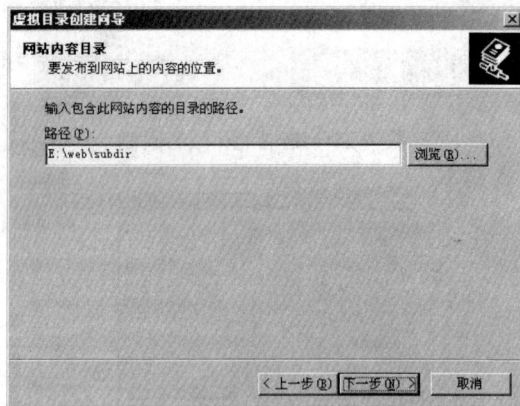

图 9.31　虚拟目录

（3）在出现的界面后，单击"下一步"。

（4）出现"您已经顺利完成虚拟目录创建向导"画面时，单击"完成"按钮。

（5）虚拟目录设置完成后打开 Internet 信息服务管理服务器窗口，在左侧"默认网站"下多了一个名为 Subdir 的目录，如图 9.32 所示。

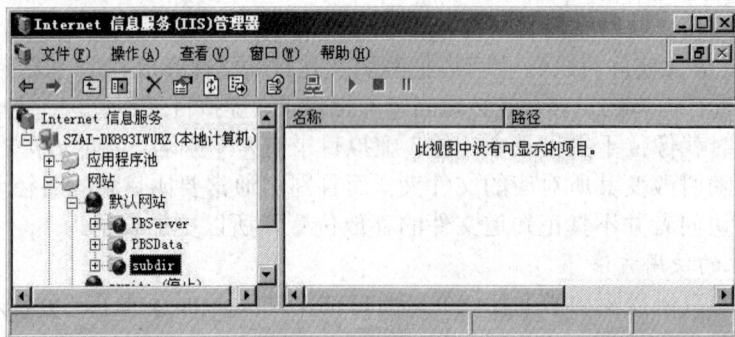

图 9.32　虚拟目录建立

（6）在客户端计算机浏览器中输入"http://www.iistest.com/Subdir"时，将会出现如图 9.33 所示的界面。

从图 9.33 可以看出，存放在 D:\virtual\default.htm 文件通过虚拟目录正确地在客户端计算机的浏览器中显示出来。

需要注意的是，也可以通过右击文件夹，选择"共享和安全"→"Web 共享"来设置文件夹为虚拟目录；在图 9.31 中也可以把另一台计算机中的共享文件夹设置为虚拟目录。

图 9.33　虚拟目录测试结果

9.3　利用 IIS 创建 ASP 动态网站

　　尽管 Windows Server 2003 号称安全性有很大突破，但其默认支持.NET 架构，而抛弃使用了很久的大众化的 ASP 的路线，需要用户去手动配置。在 IIS 6.0 中，默认设置是特别严格和安全的，这样可以最大限度地减少因以前太宽松的超时和限制而造成的攻击，所以安装好 IIS 6.0 后，必须另外打开对 ASP 的支持，步骤如下。

　　（1）打开 Internet 信息服务管理器，单击"Web 服务扩展"，右击 Active Server Pages，选择"允许"；也可单击"Web 服务扩展"后，选择屏幕中间的"允许"按钮。

　　（2）用同样的方法将"在服务器端的包含文件"也设置成"允许"。前面第一、二两步的结果如图 9.34、9.35 所示。

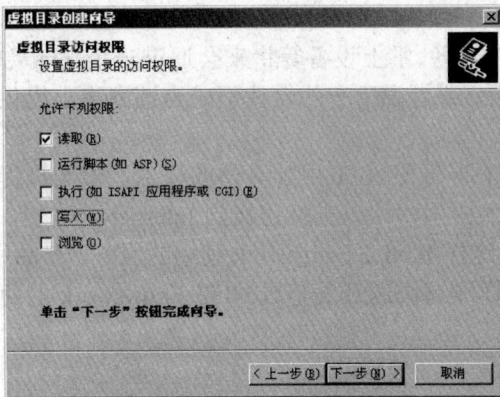

图 9.34　虚拟目录权限

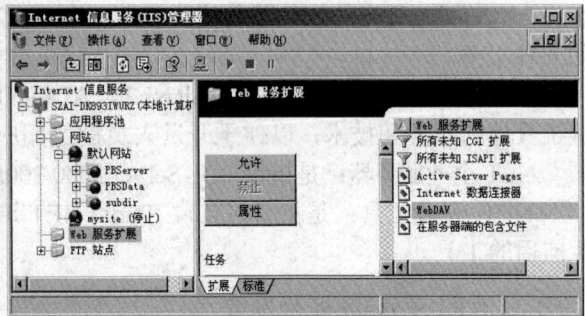

图 9.35　Web 服务扩展

　　（3）启用父路径支持。在 Internet 信息服务管理器中右击网站名称，如"默认网站"，选择"属性"→"主目录"→"配置"，在弹出的对话框中选择"选项"选项卡，如图 9.36 所示。选中"启用父路径"复选框，单击"确定"按钮。

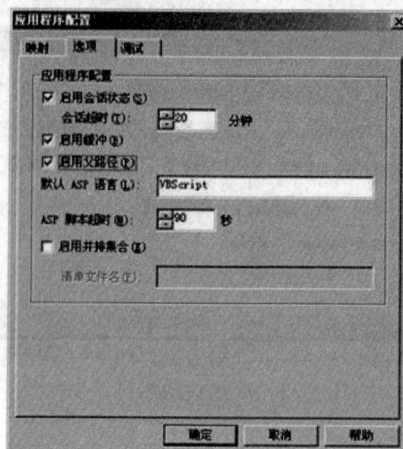

图 9.36　应用程序配置选项

（4）权限分配。右击网站名称，如"默认网站"，选择"权限"，设置 Users 的完全控制权限。

9.4　利用 IIS 创建 ASP.NET 动态网站

9.4.1　Microsoft.NET 简介

实际上，到目前为止，对.NET 的概念并没有一个简单的定义。它是一个用于构建、运行和体验下一代分布式应用程序的平台。它是跨客户端、跨服务器的开发人员工具，主要由以下几个部分组成。

.NET 战略：该战略把所有的设备如桌面 PC、便携设备、掌上设备等将来会通过一个 Internet 连在一起，同时所有的软件都将成为该网络的一部分，或者说所有的软件都成为该网络上提供的一种服务。

.NET Framework：是指像 ASP.NET、ADO.NET 等可使.NET 更加具体的技术，该架构提供了具体的服务和技术，以便于开发人员创建相应的应用程序以支持连接到 Internet 的需要。

.NET 企业服务器：是指像 SQL Server 2000/2005 这样由.NET Framework 使用的服务器产品。

.NET 开发工具：是指像 Visual Studio.NET 这样能够快速开发基于.NET Framework 的商业应用的工具。

9.4.2　NET Framework 的配置

.NET Framework 的配置信息存储于一系列标准的 XML 文件中，因此可以被读取和修改，因此对 Web 应用程序进行配置更改比较简单、直观。每个应用程序都可以有自己的配置文件，可以扩展配置方案，使其符合自己的要求。.NET Framework 可以创建三种不同类型的配置文件：

应用程序配置文件，可以在应用程序目录中创建。这个配置文件只适用于本应用程序。

计算机配置文件，固定名称为 machine.config，位于%系统目录%\config\目录中，该文件包含整个计算机范围内的程序集绑定、内置远程处理信道和 ASP.NET 的配置设置。

安全性设置文件，它包含了关于代码访问安全系统的信息，代码访问安全系统允许通过装配件来访问或不访问资源。

9.5　远程管理 Web 站点

可以通过以下三种方式之一来远程管理另外一台计算机的网站：终端服务器、远程管理（HTML）和 IIS 管理器。

1. 终端服务器

可以在任何一台安装"远程桌面连接"软件的计算机上，通过终端服务器来管理远程 IIS 网站。

（1）客户端"远程桌面连接"软件的安装。

Windows Server 2003、Windows XP 客户端计算机内已经含有"远程桌面连接"软件。Windows 2000、Windows NT、Windows 98 等客户端必须要另外安装。安装文件位于终端服务器的%systemroot%\system32\clients\tsclient\win32 文件夹内，客户端计算机必须共享此文件夹，然后运行其中的 setup.exe。

（2）必须在提供终端服务的计算机上，启动"远程桌面"的功能，并且将该用户账户加入相应的组。具体办法是选择"开始"→"控制面板"→"系统"，选择"远程"选项卡。如图 9.37 所示，选中"允许用户远程连接到这台计算机"复选项。可以继续通过单击"选择远程用户"来进行用户的添加与删除，在这里就不再赘述。需要注意的是，默认 Administrator 已经具有了相应的访问权限。

（3）利用"远程桌面连接"来连接终端服务器。在安装有 Windows XP 的客户端计算机中选择"开始"→"程序"→"附件"→"通信"→"远程桌面连接"，输入终端服务器的 IP 地址。

（4）单击"连接"按钮，输入用户名与密码，单击"确定"按钮。

（5）接下来看到的就是在客户端计算机上显示远程服务器的桌面，可以像使用本地计算机一样去远程管理计算机，包括 Web 站点。

2. 远程管理（HTML）

可以利用浏览器来直接管理远程的 IIS 网站，前提是远程的 IIS 站点必须事先安装"远程管理（HTML）"，具体步骤如下。

（1）IIS 站点安装"远程管理（HTML）。步骤为："开始"→"控制面板"→"添加或删除程序"→"添加/删除 Windows 组件"→"应用程序服务器"→"详细信息"→"Internet 信息服务器（IIS）"→"详细信息"→"万维网服务"→"详细信息"，按图 9.38 所示选取"远程管理（HTML）"。单击"确定"按钮进行组件的安装。

（2）安装完成后打开 Internet 信息服务管理器，如图 9.39 所示，会发现多了一个名为 Administration 的网站，其端口号为 8099，SSL 端口为 8098。就是通过这个网站来进行远程管理的。

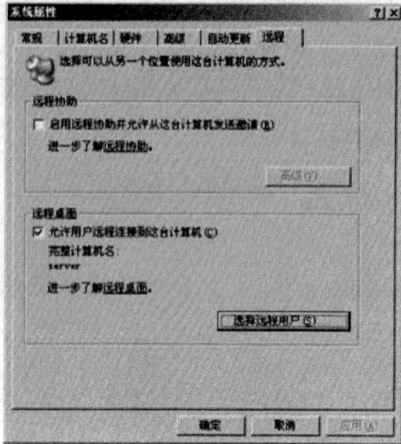

图 9.37 系统属性"远程"选项卡

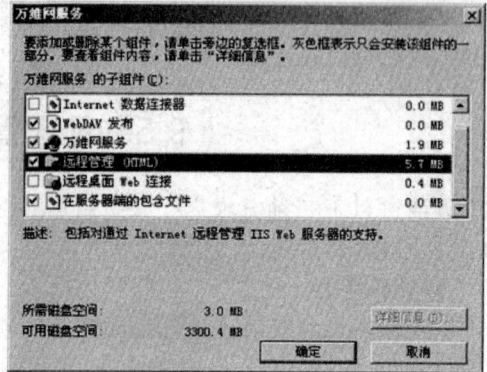

图 9.38 远程管理（HTML）

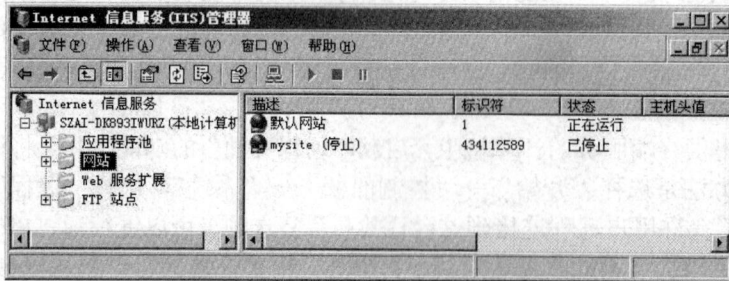

图 9.39 IIS 信息服务器

（3）在客户端浏览器中输入"https://www.iistest.com:8098"或"https://192.168.1.2:8098"，弹出如图 9.40 所示的界面，输入相应的用户名和密码后单击"确定"按钮。

（4）从图 9.41 显示的画面可以看出，通过"远程管理（HTML）"，不仅可以管理远程 IIS 计算机网站，还可以管理此计算机的网络设置、用户账户与运行一般的维护工作等。

图 9.40 远程连接

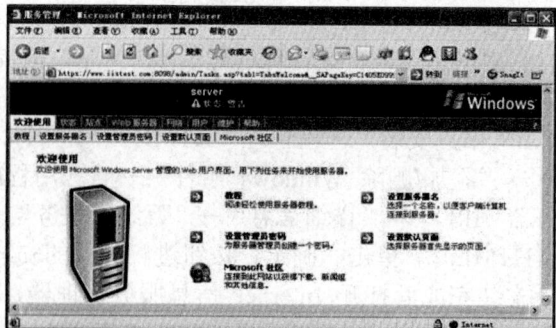

图 9.41 远程服务管理

3. IIS 管理器

使用 IIS 管理器远程管理网站的方法比较常用，打开本地 IIS 信息服务管理器，通过右击本地计算机选择"连接"，选择被管理的远程计算机，提供相应的用户名和密码即可，具体方法读者可自行尝试。

9.6　FTP　概　述

9.6.1　FTP 与 DNS 配置

1. FTP 及其 DNS 配置

FTP（File Transfer Protocol，文件传输协议）是一个用来在两台计算机之间传送文件的通信协议。这两台计算机一台为 FTP 站点，另一台为 FTP 客户端。客户端可以将文件上传到 FTP 站点，也可以从 FTP 站点上下载文件。为了能够通过 Internet DNS 域名来访问 FTP 站点，需要把相应的域名和 IP 地址注册到 DNS 服务器中。假设以前面所描述的两台计算机为例，客户端计算机安装了 Windows XP Professional，IP 地址为 192.168.1.3，FTP 站点计算机则安装了 Windows Server 2003，IP 地址为 192.168.1.2，同时它也作为 DNS 服务器。

2. FTP 站点的架设

选择"开始"→"控制面板"→"添加或删除程序"→"添加/删除 Windows 组件"→"应用程序服务器"→"详细信息"→"Internet 信息服务（IIS）"→"详细信息"，在图 9.42 所示的界面中，选中"文件传输协议（FTP）服务"，单击"确定"按钮进行组件的安装。

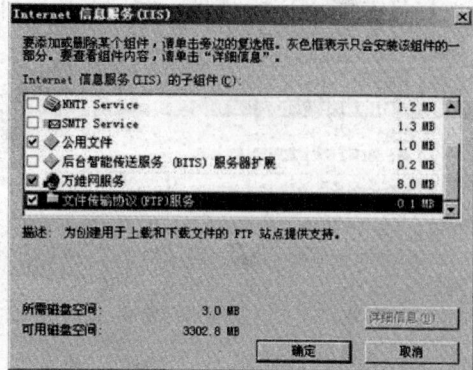

图 9.42　FTP 服务的安装

9.6.2　协议与访问方法

FTP 所采用是一种 TCP/IP 协议，其访问方法是通过客户端计算机的浏览器中输入"ftp://XXXXX"，其中"XXXXX"可以是服务器端的计算机名称，也可以是站点名称或是 IP 地址。

9.7　利用 IIS 组建公司 FTP 站点

9.7.1　默认 FTP 站点

就好像"默认网站"一样，系统自动完成了一个名叫"默认 FTP 站点"的建设，通过它就能进行一系列 FTP 服务的创建工作。但是每一个 FTP 站点在内容上都要求有一个主题。以便其他访问者快速查找。所以如果有多个主题的信息需要发布时,就应该在服务器上创建多个 FTP 站点。

9.7.2 组建新的公司 FTP 站点

利用 IIS 组件公司 FTP 站点的过程与组件公司网站的过程相类似。组建新的公司 FTP 站点的步骤与组件新的公司网站的步骤相类似,具体如下。

(1)打开 Internet 信息服务管理器,在窗口左侧的控制台目录树中右击"FTP 站点"节点,从弹出的快捷菜单中选择"新建"→"FTP 站点",打开"FTP 站点创建向导"对话框,单击"下一步"按钮。

(2)打开"FTP 站点描述"对话框,在相应的文本框中输入站点的描述信息,即站点的名称,如图 9.43 所示。假设输入名称"新建站点",单击"下一步"按钮。

(3)打开如图 9.44 所示的"IP 地址和端口设置"对话框,可以在"IP 地址"下拉列表框中选择或直接输入 IP 地址;在"TCP 端口"文本框中输入端口值,默认为 21,单击"下一步"按钮。

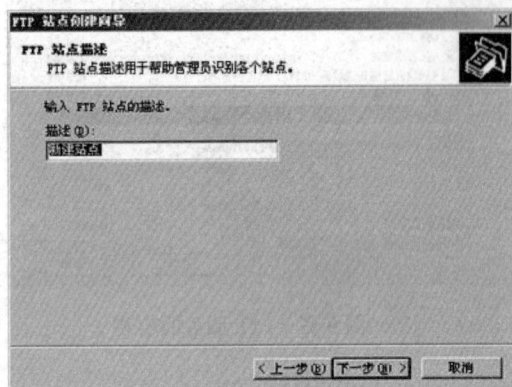

图 9.43 FTP 站点创建向导

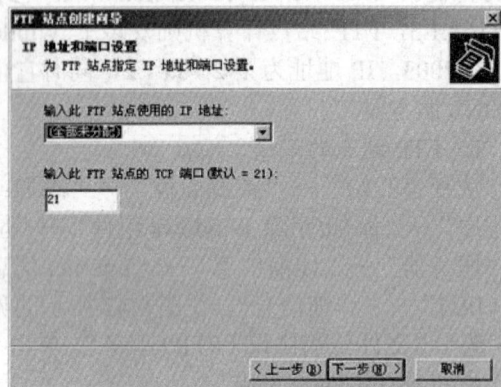

图 9.44 FTP 站点创建向导

(4)打开如图 9.45 所示的"FTP 用户隔离"对话框。通过选择是否隔离用户以限制不同的用户访问此 FTP 站点上其他用户的 FTP 主目录。如果选择不隔离用户,当用户连接此类型的 FTP 站点时,它们都将被直接引导到同一个文件夹,也就是整个 FTP 站点的主目录;如果选择隔离用户,必须在主目录下为每一个用户创建一个专用的子文件夹,而且子文件夹的名称必须与用户的登录账户名称相同,这个子文件夹就是该用户的主目录,当某一个用户登录时,就自动切换到相对应的主目录(子文件夹),无权看到其他用户主目录里面的内容;如果选择 Active Directory 隔离用户,用户必须利用域用户账户来连接此类型的站点,而且也必须在 Active Directory 的用户行户内指定其专用的主目录,当用户登录时,将会被自动引导到这个目录之下。选取默认值,单击"下一步"按钮。

(5)在如图 9.46 所示的"FTP 站点主目录"对话框中,在"路径"文本框中输入或选择主目录的路径，单击"下一步"按钮。

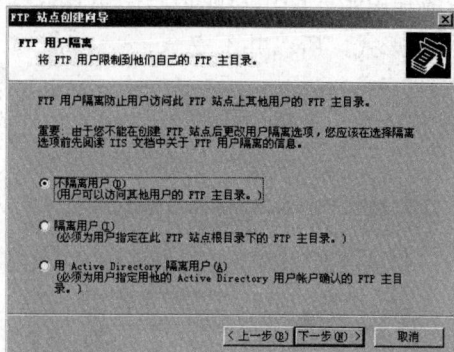

图 9.45　FTP 站点创建向导

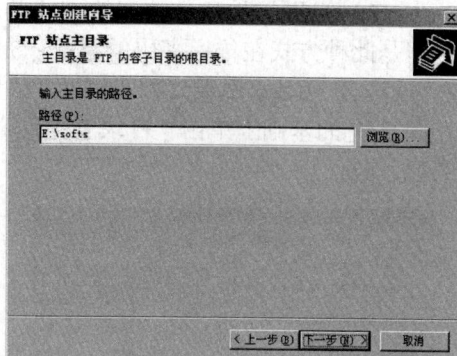

图 9.46　FTP 创建向导

（6）如图 9.47 所示，在"允许下列权限"中可以设置主目录的访问权限。如果选中"读取"，则只给访问者读取权限；如果选中"写入"复选框，则给访问者修改权限，单击"下一步"按钮。

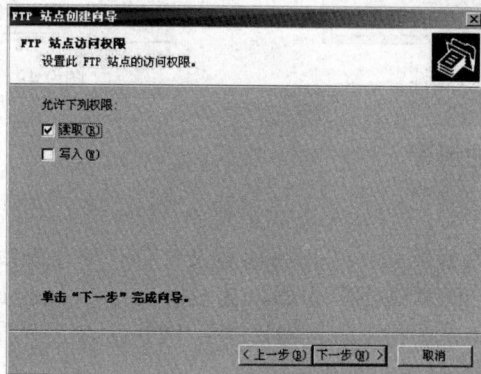

图 9.47　FTP 创建向导

（7）在"已成功完成 FTP 站点创建向导"对话框中，单击"完成"按钮。这样就全部完成了新建 FTP 站点的创建工作。在 Internet 信息服务管理器窗口左边，打开"FTP 站点"节点，会发现多了个站点"新建站点"。

9.7.3　FTP 站点安全性设置

1．身份验证

可以通过右击站点名称（如"默认站点"），选择"属性"按钮，单击"安全账户"选项卡来设置身份验证的方式，如图 9.48 所示。

匿名 FTP 验证方法:选取"允许匿名连接"后，表示用户可以利用匿名账户（默认为 IUSR_计算机名）来登录 FTP 站点。同样可以通过"浏览"按钮自行选择用来代替匿名账户的用户账户，前提是该用户账户必须存在于活动目录数据库或本地安全性数据库内。

基本 FTP 验证：这种身份验证的方式要求用户必须利用正式的用户账户与密码来登录 FTP 站点。但是此种方式在传递密码的过程中是采用明文的形式，所以并不安全。

2. 通过 IP 地址来限制连接

在图 9.49 的基础上单击"目录安全性"选项卡进行设置。具体的设置方法与 9.2.7 节的内容相类似。

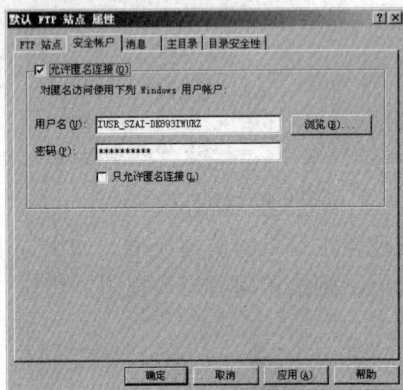

图 9.48　FTP 站点属性

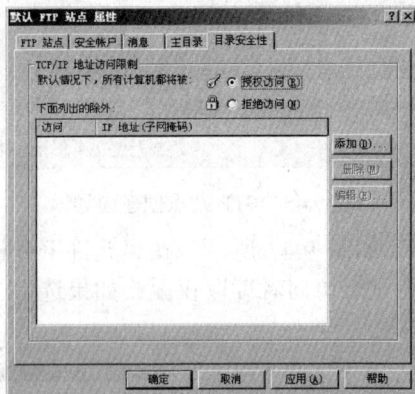

图 9.49　地址访问限制

9.7.4　FTP 站点虚拟目录的创建

1. 实际目录

对于一个小型的 FTP 站点来说，可以将所有文件都存放在站点的主目录之下，这样的目录叫做实际目录。以"默认 FTP 站点"为例，其主目录为 C:\Inetpub\FTProot，该文件夹内的文件如图 9.50 所示。那么客户端利用浏览器连接到 FTP 站点后所看到的画面如图 9.51 所示。

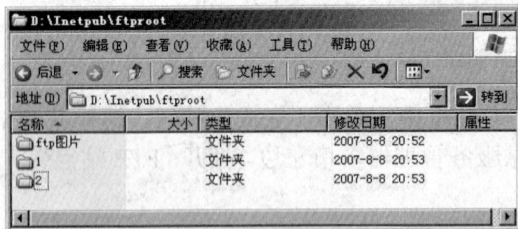

图 9.50　FTP 目录

图 9.51　FTP 测试结果

2. 虚拟目录

FTP 虚拟目录的概念与 Web 站点的虚拟目录的概念相类似。把提供给客户端的所有文件与文件夹不存储在主目录之内，可以存储在本地计算机的其他文件夹内，也可以存储在其他的计算机内的文件，然后通过"虚拟目录"映射到这个文件夹，每一个虚拟目录都有一个别名。

假设在 FTP 站点的 D 盘下有一个文件夹名为 szai，里面有文件和文件夹。

（1）打开 Internet 信息服务管理器，右击"默认 FTP"，选择"新建"→"虚拟目录"。在出现"欢迎使用虚拟目录创建向导"画面时单击"下一步"。

（2）在图 9.52 中为虚拟目录设置一个别名 sz，用户将通过这个别名来连接虚拟目录。然后单击"下一步"选择对应的文件夹，如图 9.53 所示。注意别名不一定要和目录名称相同。

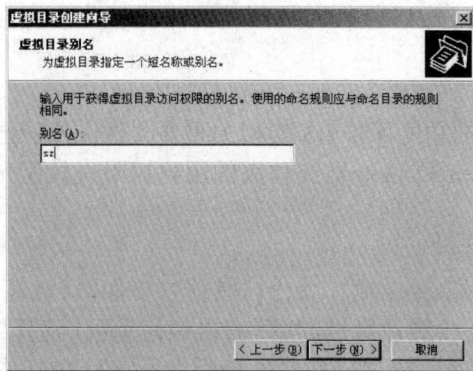

图 9.52 虚拟目录别名创建

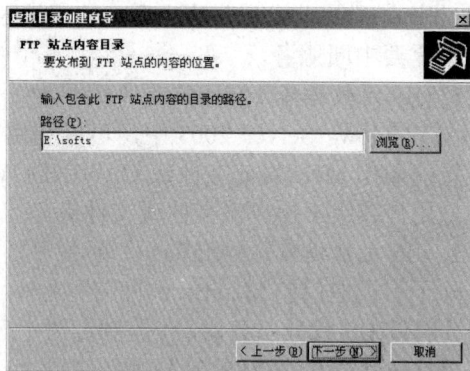

图 9.53 虚拟目录路径

（3）选择相应权限，单击"下一步"按钮。

（4）单击"完成"按钮，结束创建。

（5）在客户端计算机的浏览器中输入"ftp://192.168.1.2/sz"或者"ftp://server/sz"后，将会看到如图 9.54 所示的界面。

图 9.54 虚拟目录测试结果

9.8 IIS 元数据库（MetaBase）的保护、备份和恢复

IIS 元数据库（MetaBase）是一个分层次的数据库，其中包括 IIS 的配置值信息，混合丰富的功能如继承信息、数据类型、更新提示和安全信息。以前在 IIS4 和 IIS5 中这些被存储在一个私有二进制文件中，不易阅读或编辑；IIS6.0 将这个二进制文件替换为一个 MetaBase.bin 和纯文本 XML 格式文件，利用 XML 格式的纯文本 MetaBase 文件，这样做可以获得许多益处，如改进了备份/恢复功能来使计算机不怕遭受严重的错误；改进的故障修

复和 MetaBase 损坏复原功能，MetaBase 文件可以通过使用普通文本编辑器直接修改等。IIS MetaBase——在其中存储了等价于操作系统注册表的配置信息——是一个基于文本的 XML 文件，而不是通常难以理解的二进制文件。如果机器出现故障，MetaBase 的备份和恢复可以从机器的余下部分中分别恢复，而以前的版本也可以很快地实现恢复。在"记事本"中或者通过脚本程序可以很容易地手工编辑 MetaBase，在 IIS 运行时这些改变将直接应用到内存中而不需要中断服务。

1. IIS 元数据库（MetaBase）的保护

在 Windows Server 2003 中，可以利用 NTFS 的功能保护 IIS 的相关重要文件。保护方法为设置能操作 MetaBase 文件或 C:\WINDOWS\system32\Inetsrv 文件夹的用户权限，仅仅允许少部分用户或组来操作该文件或文件夹。

2. IIS 元数据库（MetaBase）的备份

除了积极地保护 MetaBase 的安全之外，还要对其经常制作备份，具体方法如下。

先打开 IIS 管理服务器，在控制台树中选择要备份的计算机，然后右击该计算机，选择"所有任务"→"备份/还原配置"，弹出"备份/还原配置"窗口，在"备份/还原配置"窗口中单击"创建备份"，输入备份文件的名称，选中"使用密码加密备份"选项，输入密码，按"确定"即可。

3. IIS 元数据库（MetaBase）的还原

当数据库文件出现问题或需要恢复到以前的设置时，可以参考上述的方法进行还原。

9.9　利用 WebDAV 远程操作文件

WebDAV 是 Web Distributed Authoring and Versioning 的缩写，它扩展了 HTTP1.1 通信协议的功能。如果用户具备了一定的权限，就可以通过浏览器、网上邻居或 Microsoft Office XP 来管理远程网站的 WebDAV 文件夹。

1. WebDAV 功能的启动

出于安全性的考虑，IIS 的安装并不会启动 WebDAV 的功能，激活它的方法是：打开 IIS 管理器，展开本地计算机，在左侧选中"Web 服务扩展"节点，按照前面介绍的方法，把右侧列表中的 WebDAV"的"状况"设置为允许即可，如图 9.55 所示。

图 9.55　WebDAV 状况设置

2. 建立 WebDAV 的虚拟目录

WebDAV 是通过虚拟目录来实现的，所以必须建立一个和虚拟目录对应的文件夹。假设要启动 WebDAV 功能的网站为"默认网站"，具体步骤请读者参照 9.2.8，假设虚拟目录的名称为 WebDave，对应的文件夹为 D:\WebDave，为了能够更好地进行远程管理，在创建虚拟目录的过程中需要把"写入"和"浏览"权限选中。D:\WebDave 文件夹的内容如图 9.56 所示，服务器虚拟目录建成后如图 9.57 所示。

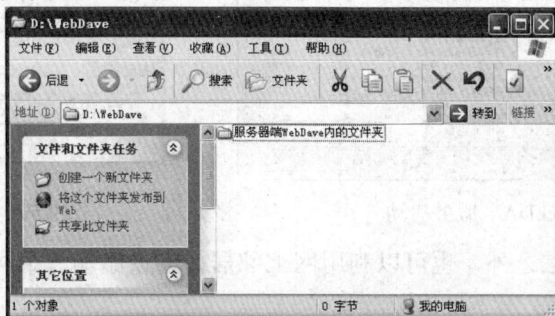

图 9.56　WebDave 文件夹内容

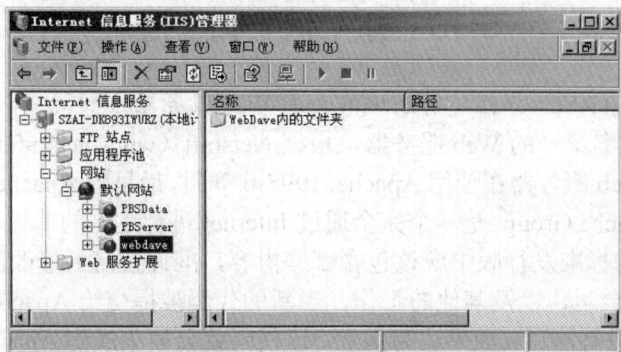

图 9.57　服务器虚拟目录

3. WebDAV 的客户端

作为 WebDAV 的客户端计算机，必须运行 WebClient 服务，对于 Windows Server 2003、Windows XP 操作系统来说，启动方法为："开始"→"控制面板"→"管理工具"→"计算机管理"，然后打开"服务和应用程序节点"，按照图 9.58 所示的方法检查 WebDAV 服务是否启动，如果尚未启动，则通过右击此服务，选择"启动"的方式来激活。如果该服务被禁用，则先改成"自动"或"手动"后再激活。

客户端计算机启动 WebClient 服务后，就可以通过 IE 或者网上邻居远程连接 WebDAV 虚拟目录，下面以 Windows XP 为例进行说明。

打开 IE 浏览器，选择"文件"菜单，选择"打开"，打开如图 9.59 所示的对话框，输入网站的名称或 IP 地址以及虚拟目录的名称，如 http://www.iistest.com/WebDave/ 或者 http://192.168.1.2/WebDave/ 之后并选中"以 Web 文件夹方式打开"，单击"确定"就能打开远程相应文件夹中的内容。窗口中显示的内容与图的内容是一致的，不仅如此，还可以在客户端对 WebDave 文件夹内的文件做任意删除、修改、添加等操作。

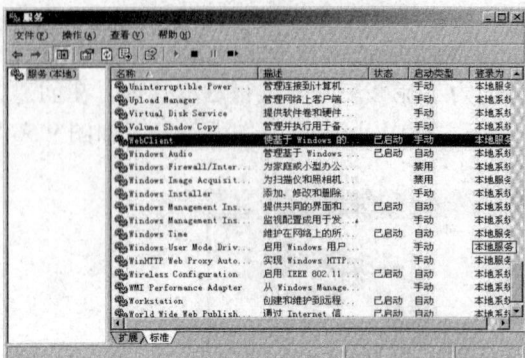

图 9.58　WebDAV 服务启动　　　　　　　　图 9.59　打开 WebDave

除了上面介绍的方法之外，也可以利用网上邻居，通过添加一个网上邻居的方法来进行，请读者自己学习。

9.10　知　识　拓　展

1. 用 Apache HTTP Server 组建静态域名企业 Web 服务器

Apache 是世界排名第一的 Web 服务器，根据 Netsraft（www.netsraft.co.uk）所做的调查，世界上 50%以上的 Web 服务器在使用 Apache。1995 年 4 月，最早的 Apache（0.6.2 版）由 Apache Group 公布发行，Apache Group 是一个完全通过 Internet 进行运作的非盈利机构，由它来决定 Apache Web 服务器的标准发行版中应该包含哪些内容，准许任何人修改隐错，提供新的特征和将它移植到新的平台上，以及其他的工作。当新的代码被提交给 Apache Group 时，该团体审核它的具体内容，进行测试，如果认为满意，该代码就会被集成到 Apache 的主要发行版中。

主要的特性：

（1）几乎可以运行在所有的计算机平台上。

（2）支持最新的 HTTP/1.1 协议。

（3）简单而且强有力的基于文件的配置（HTTPD.CONF）。

（4）支持通用网关接口（CGI）。

（5）支持虚拟主机。

（6）支持 HTTP 认证。

（7）集成 PERL。

（8）集成的代理服务器。

（9）可以通过 Web 浏览器监视服务器的状态，可以自定义日志。

（10）支持服务器端包含命令（SSI）。

（11）支持安全 Socket 层（SSL）。

（12）具有用户会话过程的跟踪能力。

（13）支持 FASTCGI。

（14）支持 JAVA SERVLETS。

2. Serv-U FTP 方案

Serv-U 是目前众多的 FTP 服务器软件之一。通过使用 Serv-U，用户能够将任何一台 PC 设置成一个 FTP 服务器，这样，用户或其他用户就能够使用 FTP 协议，通过在同一网络上的任何一台 PC 与 FTP 服务器连接，进行文件或目录的复制、移动、创建和删除等。这里提到的 FTP 协议是专门被用来规定计算机之间进行文件传输的标准和规则，正是因为有了像 FTP 这样的专门协议，才使得人们能够通过不同类型的计算机，使用不同类型的操作系统，对不同类型的文件进行相互传递。

虽然目前 FTP 服务器端的软件种类繁多，相互之间各有优势，但是 Serv-U 凭借其独特的功能得以展露头脚。具体来说，Serv-U 能够提供以下功能：符合 Windows 标准的用户界面，友好亲切，易于掌握；支持实时的多用户连接，支持匿名用户的访问；通过限制同一时间最大的用户访问人数确保 PC 的正常运转；安全性能出众；在目录和文件层次都可以设置安全防范措施；能够为不同用户提供不同设置，支持分组管理数量众多的用户；可以基于 IP 对用户授予或拒绝访问权限；支持文件上传和下载过程中的断点续传；支持拥有多个 IP 地址的多宿主站点；能够设置上传和下载的比率、硬盘空间配额、网络使用带宽等，从而能够保证用户有限的资源不被大量的 FTP 访问用户所消耗；可作为系统服务后台运行；可自由设置在用户登录或退出时的显示信息；支持具有 UNIX 风格的外部链接。

Serv-U 在保持功能全面、强大的基础上，提供的完全易于使用的操作界面，可以说一切尽在掌握中。

9.11　技 能 挑 战

任务：配置 Web 服务器 FTP 站点

要求：

（1）设置 Web 服务器的内部 IP 地址为 192.168.1.2，域名为 www.iistest.com。

（2）假设 DNS 服务器的 IP 地址也为 192.168.1.2，并对 DNS 服务器进行配置。

（3）为 Web 服务器 FTP 站点建立虚拟目录分别为 d:\w 和 d:\f 的文件夹，名称自定。

（4）对站点的权限、安全性进行设置，并进行远程访问。

（5）对 Web 服务器 FTP 站点进行远程和本地管理。

9.12　项 目 实 训 要 求

实训　创建和管理 Internet 信息服务器

［实训目的］

掌握 Web、FTP 服务器的配置。

[实训环境]

装有 Windows Server 2003 操作系统计算机，局域网环境。

[实训内容]

1．IIS 6.0 安装过程

2．配置 IIS 6.0

3．设置 FTP 服务器

4．进行文件的访问与测试

[实现过程]

[实训总结]

[实训思考题]

1．现象分析：HTTP 错误 404——文件或目录未找到？

2．现象分析：HTTP 错误 401.2——未经授权:访问由于服务器配置被拒绝？

第 10 章　Windows Server 2003 中的 Mail 服务器

☆ 预备知识

（1）电子邮件服务器的基本概念

（2）DNS 中邮件交换记录的设置

☆ 技能目标

（1）掌握 POP3 和 SMTP 的基本工作流程

（2）掌握架设一台电子邮件服务器的方法

☆ 项目案例

（1）利用 Windows Server 2003 的 POP3 和 SMTP 服务，架设一台同时具备发送和接收电子邮件功能的内部邮件服务器

（2）安装并配置 Exchange 2003，使用其邮件服务功能

10.1　Windows Server 2003 邮件服务概述

很多企业局域网内部都架设了邮件服务器，用于进行公文发送和工作交流，但使用专业的企业邮件系统软件需要大量的资金投入，这对于很多企业来说是无法承受的。通过 Windows Server 2003 提供的 POP3 服务和 SMTP 服务架设小型邮件服务器可以满足需要。

10.1.1　邮件服务网络协议（SMTP 与 POP3）

Windows Server 2003 通过 POP3 与 SMTP 服务提供完整的电子邮件服务。

1. SMTP 服务

SMTP 服务一个用来发送电子邮件的 E-mail 服务。当用户利用邮件编辑软件（如 Outlook）发送电子邮件的时候，其实是发给自己 SMTP 服务器的，然后再通过该 SMTP 服务器发送给目的地的 SMTP 服务器。当然，本地的 SMTP 服务器也接收由其他 SMTP 服务器发送来的电子邮件，并把邮件存放在"邮件存放区"。

2. POP3 服务

与 SMTP 服务相反，POP3 服务是一个用来获取电子邮件的 E-mail 服务。用户可以利用邮件编辑软件向 POP3 服务器索取自己的电子邮件，当用户索取电子邮件时，POP3 就从"邮件存放区"中找到属于该用户的电子邮件，并将这些邮件发送给用户。作为系统管理员，可以利用 POP3 服务器来建立和管理用户的电子邮件账户。

10.1.2 安装 POP3 和 SMTP 服务组件

Windows Server 2003 默认情况下是没有安装 POP3 和 SMTP 服务组件的，因此需要手工添加。

1. 安装 POP3 服务组件

以系统管理员身份登录 Windows Server 2003 系统，安装步骤如下：

选择"开始"→"控制面板"→"添加或删除程序"→"添加/删除 Windows 组件"，在弹出的"Windows 组件向导"对话框中选中"电子邮件服务"选项，如图 10.1 所示。单击"详细信息"按钮，可以看到该选项包括两部分内容：POP3 服务和 POP3 服务 Web 管理。为方便用户以远程 Web 方式管理邮件服务器，建议选中"POP3 服务 Web 管理"。

2. 安装 SMTP 服务组件

同样以系统管理员的身份登录，安装步骤如下：

选择"开始"→"控制面板"→"添加或删除程序"→"添加/删除 Windows 组件"，选中"应用程序服务器"选项，单击"详细信息"按钮，接着在"Internet 信息服务（IIS）"选项中查看详细信息，选中"SMTP Service"选项，如图 10.2 所示。最后单击"确定"按钮。此外，如果用户需要对邮件服务器进行远程 Web 管理，一定要选中"万维网服务"中的"远程管理（HTML）"组件。

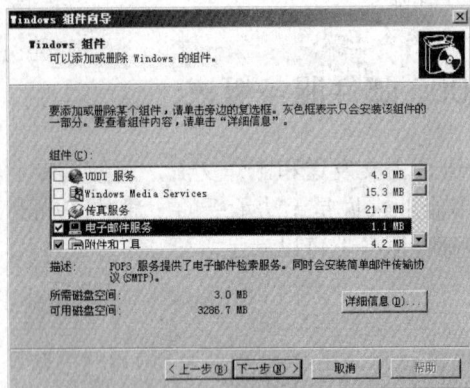

图 10.1　Windows 组件向导

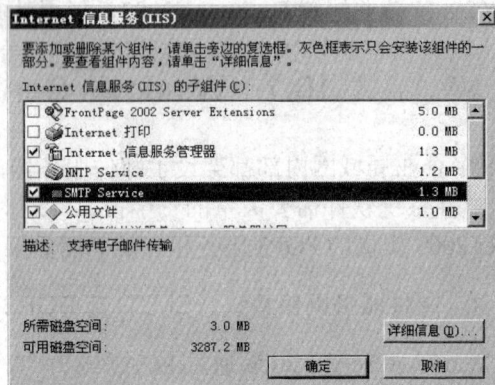

图 10.2　SMTP Service 选项

完成以上设置后，单击"下一步"按钮，系统就开始安装配置 POP3 和 SMTP 服务了。

10.1.3 配置 POP3 服务器

1. POP3 服务身份验证的方法

每一个 POP3 服务器都有它自己所负责的 E-mail 域，例如 iistest.com，用户的电子邮箱为 XXX@iistest.com 的格式，需要注意的是此处的 E-mail 域并非与 AD 域是同一个概念，而且没有直接的关系。用户向 POP3 服务器索取电子邮件时，必须提供用户账户名称与相应的密码，而 POP3 服务支持以下三种方法来验证用户的身份，必须在建立 POP3 域之前就确定好验证方法，一旦域建立，就不可以再修改验证方法。

（1）本地 Windows 账户验证。这种验证方法是利用用户安全账户（SAM）内的用户账户信息来验证用户的身份，这种方法可以在 POP3 服务器架设于独立服务器或成员服务器上的环境中使用。

如果在安全账户管理器内没有相应的用户账户，可以在建立用户邮箱时，自动地在安全账户内建立一个相应的账户。如新建了一个用户邮箱 lhm007@iistest.com（具体方法在 10.2 节中介绍），那么在安全账户内的 POP3 Users 组内就会自动地新建了一个名为 lhm007 的用户账户。需要注意的是，出于系统安全性考虑，这种自动地建立的用户账户并不能直接在本地登录，不过不会影响该用户向 POP3 服务器索取电子邮件的权限。

采用这种验证方法的 POP3 服务器可以同时支持多个 E-mail 域，例如可以同时支持 iistest.com 和 shoes.com，但是在跨域范围内不能有相同的用户名，如不能同时存在 lhm007@iistest.com 和 lhm007@shoes.com 两个用户邮箱。

还需要注意的是，这种验证方法支持两种方法把用户的身份信息（用户账户和密码）发送给 POP3 服务器，分别是不加密的"明文（plaintext）"和加密的 Secure Password Authentication（SPA）两种方法。它们的区别是，如果采用明文方式，必须使用如 lhm007@iistest.com 这种格式的账户名称，如果采用 SPA 方式，则使用 lhm007 这种账户名称就可以了。

（2）Active Directory 集成验证。如果安装 POP3 服务的服务器是活动目录域的成员或者是活动目录域控制器，则可以使用活动目录集成的身份验证。同时，使用活动目录集成的身份验证，可以将 POP3 服务集成到现有的活动目录域中。如果创建的邮箱与现有的活动目录用户账户相对应，则用户就可以使用现有的活动目录域用户名和密码来收发电子邮件。

可以使用活动目录集成的身份验证来支持多个 POP3 域，这样就可以在不同的域中建立相同的用户名。例如，可以使用名为 webmaster@ghq.net 的用户和名为 webmaster@jscei.com 的用户。

在使用活动目录集成的身份验证，并且拥有多个 POP3 电子邮件域时，在创建一个邮箱时，应该考虑新邮箱的名称与其他 POP3 电子邮件域中现有邮箱的名称是否相同。每个邮箱都与一个活动目录用户账户相对应。

活动目录集成的身份验证同时支持明文和安全密码身份验证（SPA）的电子邮件客户端身份验证。

如果将一个正在使用本地 Windows 账户身份验证的邮件服务器升级到域控制器，必须按照下面的步骤来进行：

- 删除 POP3 服务中所有现有的电子邮件账户及域。
- 创建活动目录。
- 将本地 Windows 账户身份验证方法更改为活动目录集成的身份验证方法。
- 重新创建域及相应的邮箱。

需要注意的是，如果不按照以上推荐的升级过程，有可能会造成 POP3 服务不能正常工作。另外，当使用活动目录集成的身份验证时，同时若要管理 POP3 服务，则必须登录到活动目录域，而不是登录到本地计算机上。

采用以上两种身份验证机制的活动目录域，可以实现对客户端连接的身份验证机制。在"POP3 服务"控制台右键单击计算机名，选择"属性"菜单项，将显示计算机属性对话框。选择其中的"对所有客户端连接要求安全密码身份验证（SPA）"复选框，即可启用该域中所有电子邮件客户端的身份验证。SPA 仅支持活动目录集成的身份验证和本地 Windows 账户身份验证。如果启用了 SPA，则用户的电子邮件客户端也必须配置为使用 SPA。如果配置邮件服务器要求安全密码身份验证，只会影响 POP3 服务而不会影响简单邮件传输协议（SMTP）服务。

（3）加密的密码文件验证。"加密的密码文件"身份验证对于还没有安装活动目录，并且又不想在本地计算机上创建用户的大规模部署来说十分理想,同时从一台本地计算机上就可以很轻松地管理可能存在的大量账户。

加密密码文件身份验证将使用用户的密码来创建一个加密文件，该文件存储在服务器上用户邮箱的目录中。在用户的身份验证过程中，用户提供的密码将被加密，然后与存储在服务器上的加密文件进行比较。如果加密的密码与存储在服务器上的加密密码相匹配，则用户通过身份验证。如果是使用加密密码文件身份验证，则可以在不同的域中使用相同的用户名。

采用这种方式的 POP3 服务器也可以同时支持多个 E-mail 域，与第一种方式不同的是不同域之间的用户名可以相同。

2．POP3 服务器的配置

安装完成后，可以通过选择"开始"→"管理工具"→"POP3 服务"，在弹出的如图 10.3 所示的对话框中进行设置。

在图 10.3 的基础上，单击"服务器属性"选项，弹出如图 10.4 所示的对话框。

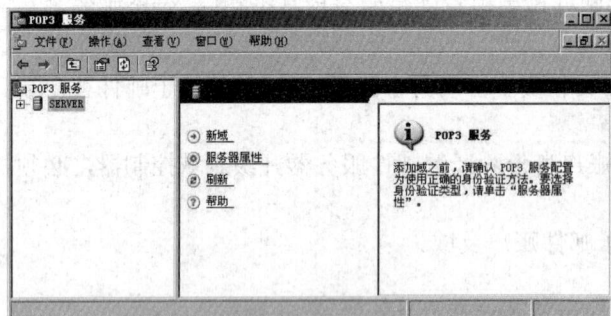

图 10.3 "POP3 服务"   图 10.4 "SERVER 属性"选项

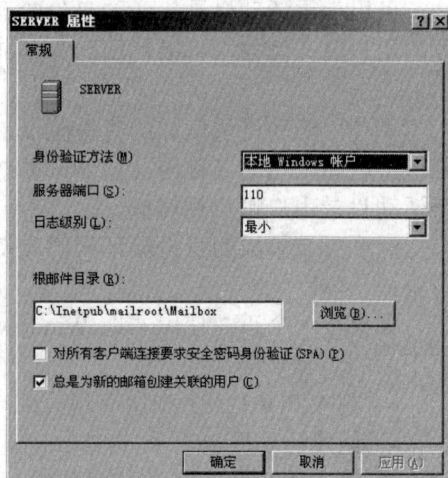

从图 10.4 中可以看出，通过身份验证方法可以选择相应的身份验证方法；通过根邮件目录可以选择邮件的存放目录，即以前讲过的"邮件存放区"。

10.1.4　配置 SMTP 服务器

完成 POP3 服务器的配置后，就可以开始配置 SMTP 服务器了。单击"开始"→"程序"→"管理工具"→"Internet 信息服务（IIS）管理器"，在"IIS 管理器"窗口中右键单击"默认 SMTP 虚拟服务器"选项，在弹出的菜单中选中"属性"，进入"默认 SMTP 虚拟服务器"窗口，切换到"常规"选项卡，在"IP 地址"下拉列表框中选中邮件服务器的 IP 地址即可。单击"确定"按钮，这样一个简单的邮件服务器就架设完成了。

完成以上设置后，用户就可以使用邮件客户端软件连接邮件服务器进行邮件收发工作，只要在 POP3 和 SMTP 处输入邮件服务器的 IP 地址即可。

注意到这步为止，基本的 mail 功能已经实现了，可以正常地收发 mail。

1. 让 SMTP 服务器转发邮件

SMTP 服务器默认是用户可以利用匿名方式（不需要输入账户名称和密码）来连接 SMTP 服务器，然后通过 SMTP 服务器发送电子邮件。需要注意的是此邮件的目的地必须是它所负责的域，假如说某一邮件服务器所负责的域为 iistest.com，那么当它接收到一类似于 XXX@iistest.com 的邮件需要它发送时，它会接收，并把它放到"邮件存放区"内。但是如果他接收到一封不是自己域的邮件时，它将拒绝接收与转发。

虽然 SMTP 服务器不会替匿名用户转发要传递到其他域的邮件，但是经过身份确认的用户的邮件，SMTP 服务器都会接受，并且会转发到其他的 SMTP 服务器，具体方法如下：打开"打开 Internet 信息管理器"，展开本地计算机节点，右击"默认 SMTP 虚拟服务器"节点，选择"属性"，单击"访问"选项卡，并单击"身份验证"按钮，然后选择"基本身份验证"或"集成身份验证"即可。

2. 让 SMTP 服务器接收从其他 SMTP 服务器转来的邮件

如果要使得 SMTP 能够接收到由其他 SMTP 服务器发送来的邮件，必须把 SMTP 服务器注册到 DNS 服务器内，因为只有这样其他的 SMTP 才能从 DNS 服务器得知负责某个域的 SMTP 服务器的具体信息。注册的方法是在相应 DNS 服务器内添加一个相应的 MX 资源记录就可以了，具体方法请参考相应章节。

10.2　Exchange Server 2003 与 Windows Server 2003

Exchange Server 2003 是设计用于与 Microsoft Windows Server™ 2003 协同工作的第一个 Exchange 版本。在 Windows Server 2003 上运行 Exchange 2003 具有以下几个优点：改进了内存分配，减少了 Microsoft Active Directory 目录服务复制通信量，实现了 Active Directory 更改回滚。在 Windows Server 2003 上运行 Exchange 2003 还可以利用新增功能，例如卷影复制服务和跨目录林 Kerberos 身份验证。

Exchange 2003 与 Microsoft Office Outlook 2003 协同工作可以提供一些改进，例如缓存模式同步、客户端性能监视以及对 RPC over HTTP 的支持（这一改进使得用户可以通过 Internet 直接连接到其 Exchange 服务器，而无需建立虚拟专用网（VPN）隧道）。

因此，当 Exchange 2003 与 Windows Server 2003 和 Outlook 2003 结合使用时，可以提供稳定的、功能强大的端对端邮件系统，该系统同时具有可伸缩性和易管理性等特点。

10.2.1 Exchange Server 2003 电子邮件处理

1. 邮件处理系统的通用组件

图 10.5 说明了邮件处理系统的组件。

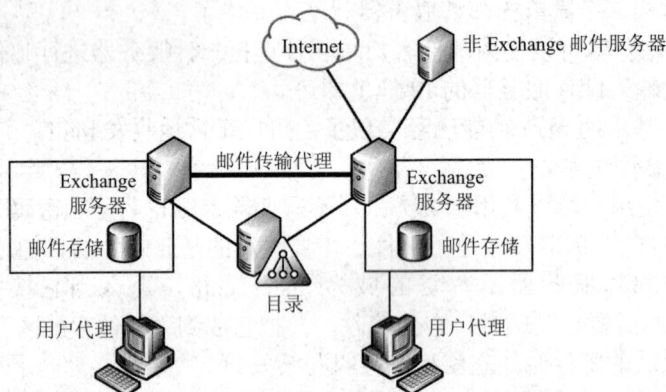

图 10.5 邮件处理系统的组件

2. Exchange Server 2003 的邮件处理功能

作为邮件服务器平台，Microsoft Exchange Server 2003 具有与其他电子邮件系统相同的下列功能：

（1）无论预期的收件人驻留在本地服务器上，还是在同一个 Exchange Server 2003 组织中的另一台服务器上，或是连接到组织的外部邮件环境中的另一台服务器上，都能够以可靠的方式将电子邮件传输到该收件人。

（2）在基于服务器的存储中存储电子邮件。

（3）支持用于访问或下载邮件的各个电子邮件客户端。

（4）通过通讯簿或全局地址列表为用户提供组织中的收件人信息。

Exchange Server 2003 具有上述功能以及其他许多功能。但是，Exchange Server 2003 自身不提供这些功能。Exchange Server 2003 与 Microsoft Windows Server 2003 所提供的 TCP/IP 基础结构以及 Active Directory 目录服务紧密集成。要了解 Exchange Server 2003 体系结构，必须首先了解与 TCP/IP 有关的技术以及 Microsoft Windows Server 2003 和 Active Directory。

Exchange Server 2003 实现了下列邮件组件：

目录：目录包含有关系统用户的信息，此信息用于将邮件传递给预期的用户。该目录还存储有关邮件处理系统的大部分配置信息，其中包括有关系统配置的信息以及有关如何将邮件从一个邮件服务器路由到另一个邮件服务器的信息。在 Exchange Server 2003 中，该目录由 Active Directory 提供。Exchange Server 2003 中的许多组件都使用名为 DSAccess 的目录访问模块与 Active Directory 通信。

　　邮件传输子系统：该组件实现电子邮件的路由和传输机制。邮件可能发往同一服务器上的收件人，也可能发往同一组织中的另一台服务器上的收件人，或者发往 Internet 或其他邮件系统中的收件人。Exchange Server 2003 中的中心传输引擎是简单邮件传输协议（SMTP）传输引擎，该引擎在最初由 Windows Server 2003 提供的 SMTP 服务中实现。Exchange Server 2003 扩展了 SMTP 服务，以实现 Exchange Server 2003 需要的邮件处理功能。Exchange Server 2003 中的邮件传输完全依赖于 SMTP 传输引擎，即便发件人和收件人驻留在同一台服务器上也是如此。

　　邮件存储：在 Exchange Server 2003 中，邮件存储（即 Exchange 存储）在邮箱和公用文件夹中存储电子邮件以及其他项目，它还包含邮件表。当邮件从一台服务器路由到另一台服务器时，传输子系统使用该表来临时存储邮件。Exchange 存储依赖可扩展存储引擎（ESE）技术实现邮件数据库。

　　用户代理：用户通过用户代理访问邮件系统，用户代理实际上就是邮件客户端。Exchange Server 2003 支持多种不同的邮件客户端，其中包括 MAPI 客户端、HTTP 客户端，以及使用 POP3、IMAP4 和网络新闻传输协议（NNTP）的客户端。

10.2.2　Exchange Server 2003 的安装

　　Exchange Server 2003 是第一个与 Windows Server 2003 完全整合的 Exchange 系统，其安装过程相对比较复杂，下面介绍一下在 Windows Server 2003 下安装 Exchange Server 2003 的全过程。

　　1. 创建 Exchange 管理员账号

　　在安装 Exchange 服务器之前，首先要为 Exchange 组织创建第一个管理员账号，用于日后专门管理 Exchange 服务器的安装和资源。首先在 AD 中先创建一个用户，然后将此用户添加的域管理员和本地管理员的组中。

　　然后用刚刚创建的 Exchange 管理员账号登录到域服务器上，插入 Exchange Server 2003 安装光盘，如果用户的光驱支持自动播放，则会自动进入安装界面；如果不支持，可以双击并运行光盘下的 setup.exe。

　　2. 检查操作系统版本和活动目录版本

　　Exchange 2003 要求安装在 Windows 2000 server SP3 或更高版本及 Windows server 2003 上，在 Windows 的"开始"→"运行"里输入查看版本的命令"winver"。

　　3. 安装必须服务

　　安装 Exchange 服务器，需要服务器上安装 IIS、NNTP、SMTP 及万维网服务和 ASP.NET。在控制面板的"添加/删除程序"里选择"添加/删除 Windows 组件"安装以上组件。

　　安装完成后，确认一下上述组件是否已经正常工作，打开"开始"菜单里"管理工具"的"服务"，查看是否已经有相应服务并且已经启动。

　　除此之外确认 ASP.NET 组件已经正常工作，在 IIS 的"Web 服务扩展"中查看 ASP.NET 是否已经允许。

　　4. 安装 Windows 支持工具

　　完成上述操作后，需要安装 Windows 支持工具，这些工具在后续步骤中会用到，在 Windows Server 2003 操作系统光盘下的 Support Tool 文件下 Tool 的文件夹下双击并运行

SUPTOOLS.EXE。

5. 检查活动目录和网络环境

在 DOS 环境下用 dcdialg 工具检测活动目录的运行情况，用 netdiag 工具检测网络环境运行情况。这两个工具输出的信息比较大，所以可以通过管道输出到文本文件中，方便查看。打开输出的文件后查看两个文本文件中的信息，需要保证所有检测处于通过状态。然后使用 netdom 完成对 fsmo 的检测，用 nltest 命令完成对 gc 的检测。如果以上检测都没有什么问题，基本上可以开始在这个服务器上安装 Exchange Server 2003 了。

6. 森林拓展

安装 Exchange 服务器的第一步是对活动目录进行森林扩展，添加对 Exchange 各个对象的支持，这一步需要用户的登录账号具有企业管理员权限、架构管理员权限、域管理员权限和本地计算机管理员权限。切换登录账号到 Administrator 账号。单击 Exchange 安装向导中的立即运行 ForestPrep 命令。

7. 域拓展

域拓展为 Exchange 服务器分配一些特定的权限保障 Exchange 服务器可以正常地运转。操作与森林拓展基本类似。

8. 安装 Exchange 服务组件

最后安装 Exchange 服务器组件。首先用在森林拓展的时候指定的管理账号登录，然后在安装向导中立即安装程序，会打开 Exchange 安装向导，根据实际情况选择相应的组件，其中 Exchange 消息与协作服务是 Exchange 的核心组件，Lotus Notes 连接器主要用于与 Notes 服务器的共存或迁移，日历连接器用于同步 Notes 服务器上的日历信息，Exchange 系统管理工具用户管理 Exchange Server 2003，Exchange 5.5 Administrator 用于管理 Exchange 5.5 服务器。

选择新建 Exchange 组织，并输入组织名称。指定管理组名称，并单击下一步开始安装，整个安装过程根据机器性能需要的时间长短不一，一般来说需要的时间比较长。

安装完成后如何确认 Exchange 服务器已经安装完成了呢？首先应该看到开始菜单中有 Exchange 的文件夹，另外打开"管理工具"中的"服务"管理工具，应该可以看到有许多与 Exchange 相关的服务，并且有的已经启动，至此一个全新的 Exchange 服务器已经完全安装完毕。

10.3　管理邮件服务器

10.3.1　管理域

单击"开始"→"管理工具"→"POP3 服务"，弹出 POP3 服务控制台窗口。选中左栏中的 POP3 服务后，单击右栏中的"新域"，弹出"添加域"对话框，接着在"域名"栏中输入邮件服务器的域名，也就是邮件地址"@"后面的部分，如 iistest.com，最后单击"确定"按钮。其中 iistest.com 为在 Internet 上注册的域名，并且该域名在 DNS 服务器中设置了 MX 邮件交换记录，解析到 Windows Server 2003 邮件服务器 IP 地址上。

10.3.2　新建一个邮箱账户

选中刚才新建的 iistest.com 域，在右栏中单击"添加邮箱"，弹出添加邮箱对话框，在"邮箱名"栏中输入邮件用户名，然后设置用户密码，最后单击"确定"按钮，完成邮箱的创建。

10.3.3　管理邮箱账户

POP3 服务器有一个用来存储用户邮件的"邮件存放区"，此区就是在%systemdrive%\Inetepub\mailroot\Mailbox 文件夹内。当建立一个域后，POP3 服务会在此文件夹内建立一个子文件夹，这个子文件夹的名称就是域的名字，而当用户建立电子邮件时，这个子文件夹内将会替该用户建立一个存储其电子邮件的文件夹。当然，也可以改变"根邮件目录"。

10.4　利用 Outlook 接收发送邮件

假设用 Outlook Express 来进行电子邮件的收发工作。

10.4.1　用户配置

利用 Outlook 收发邮件的用户配置如下。

（1）启动 Outlook Express，选择"工具"→"账户"→"添加"→"邮件"。它会自动完成提示用户进行账号设置，首先看到的是 Internet 连接向导窗口，如图 10.6 所示。在"显示名称"内可以填入用户姓名或单位名称，以方便收信人鉴别用户身份。

（2）在完成了名称设置后，单击"下一步"即可对 E-mail 地址进行窗口设置，如图 10.7 所示。这里要填入的是用户自己的 E-mail 地址，如：lhm007@iistest.com。

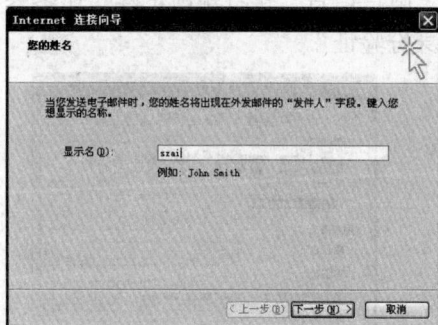

图 10.6　Internet 连接向导窗口

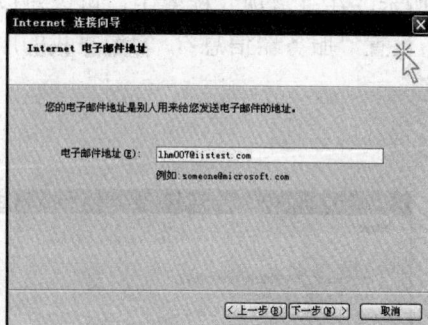

图 10.7　E-mail 地址设置窗口

（3）填好了 E-mail 地址后单击"下一步"，开始进行邮件服务器的设置。在"邮件接收服务器"菜单中选中 POP3 服务器；在"邮件接收服务器（POP3 服务器）"地址栏中输入"pop.iistest.com"；在"邮件发送服务器（SMTP 服务器）"地址栏中输入"smtp.iistest.com"，如图 10.8 所示。

POP3 服务器存放着发到用户信箱里的邮件，SMTP 服务器则是用来发送邮件的中转站，通过它用户的邮件才能送到收件人的信箱里。

（4）在填写服务器地址后，按"下一步"按钮，将会显示一个登录方式设置窗口，如图10.9 所示。在"账号名"内填入信箱用户名，通常是 E-mail@符号前面的那部分。注意大小写，有些 POP3 服务器可能对大小写敏感；在"密码"栏内输入申请信箱时设定的密码。图中有一个"记住密码"复选框，如果单击这个复选框，使其显示一个"√"号，那么以后打开 Outlook 接收邮件时，Outlook 将不再向用户询问信箱密码。

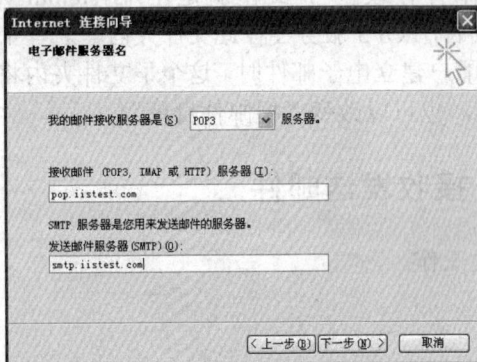

图 10.8　电子邮件服务器设置

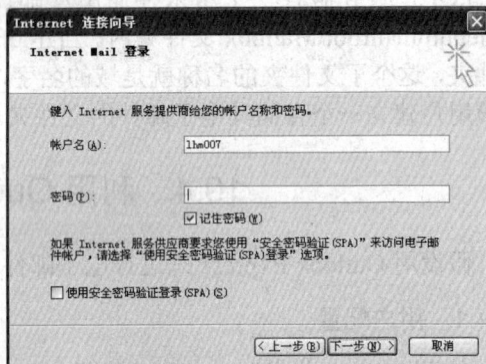

图 10.9　登录方式设置窗口

（5）单击"下一步"按钮，得到祝贺窗口，如图10.10 所示，表示用户已经完成了 Outlook Express 的基本设置，单击"完成"按钮，并关闭"Internet 用户"属性后退出。

（6）设置完成后，在"工具"菜单上单击"账号"，在弹出窗口的"邮件"选项卡上将多出一个邮件选项，选中该项后，单击"属性"按钮，弹出"邮件账号"属性修改窗口，如图10.11 所示，在"常规"标签中，可以对以前设置的"用户信息"进行更改；在"服务器"标签中，设置"服务器信息"，勾选"我的服务器要求身份验证"。

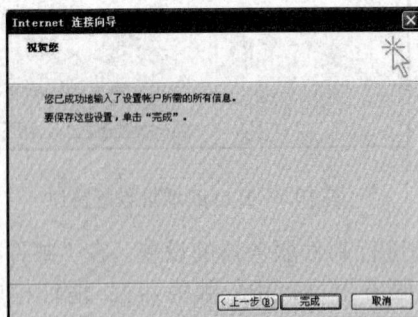

图 10.10　完成

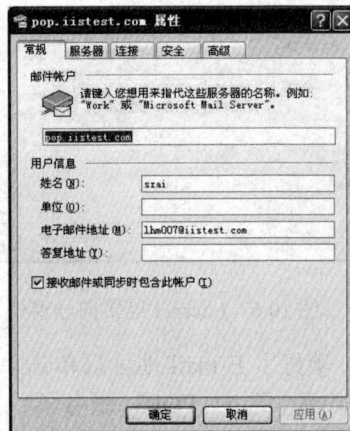

图 10.11　"邮件账号"属性

为了提高邮件的保密性，建议不要使用常用单词、纯阿拉伯数字等作为邮箱密码，尽量使用大小写英文字母与数字混合式的密码。同时，要定期更换密码。

10.4.2　收发邮件

当用户正确设置了 Outlook Express 后，即可进入 Outlook Express 窗口，打开的 Outlook Express 窗口如图 10.12 所示。

图 10.12　Outlook Express 窗口

1.　编写、发送电子邮件

启动 Outlook Express 后，用户就可以编写电子邮件发送给自己的亲友了，编写电子邮件，可执行以下步骤。

（1）单击工具栏上的"创建邮件"按钮，或选择"文件"→"新建"→"邮件"命令，打开"新邮件"对话框，如图 10.13 所示。

（2）在该对话框中的"收件人"文本框中输入收件人的名称，若收件人不止一个，可用分号或逗号分开；在"抄送"文本框中可输入要抄送给其他人的名称；在"主题"文本框中可输入该邮件的主题。

（3）单击下面的文本框，在其中编写邮件的内容即可。用户可单击格式栏中相应的按钮，对编写的邮件进行设置。

（4）若用户想在邮件中发送图片、声音或其他多媒体文件，可单击工具栏上的"附加"按钮。

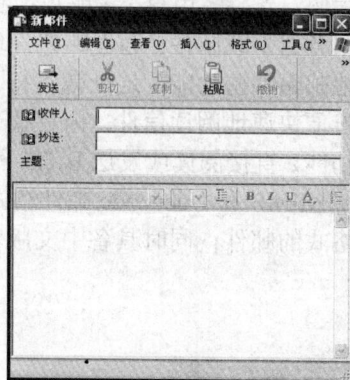

图 10.13　"新邮件"对话框

（5）若用户当时没有连接网络，可选择"文件"→"以后发送"命令，将其先保存到"草稿"文件夹中。

（6）单击"发送"按钮即可发送。

2.　接收电子邮件

接收电子邮件的方法比较简单，在图 10.12 工具栏中直接单击"接收"按钮即可。

10.4.3　Windows Server 2003 邮件服务的远程 Web 管理

Windows Server 2003 还支持对邮件服务器的远程 Web 管理。在远端客户机中，运行 IE 浏览器，在地址栏中输入"https：//服务器 IP 地址：8098"，将会弹出连接对话框，输入管理员用户名和密码，单击"确定"按钮，即可登录 Web 管理界面。

10.5　知　识　拓　展

1. 利用 MDaemon 搭建邮件服务器

MDaemon 是一款功能非常强大的邮件服务器软件，可运行于 Windows 9x/Me 和 Windows NT/XP/2000/2003 操作系统，特别适用于那些既需要在局域网中互相发送电子邮件，又需要同 Internet 互发邮件的用户。MDaemon 服务器除 SMTP/POP3 外，还包括邮件清单、支持别名、自动回复、自动转发、多域名、远程管理等服务。无限制用户版本的 MDaemon 软件可以支持上千名用户，所以 MDaemon 可以适用于任何机构的邮件服务。在 Windows Server 2003 环境下 MDaemon 的安装、配置与管理读者可查阅相关资料进行。

2. 利用 Foxmail 接收发送邮件

FoxMail 是一个 Internet 电子邮件客户端软件，支持全部的 Internet 电子邮件功能，运行于 Windows 95/98/NT 环境下。它的作者是张小龙，此软件属于完全免费使用。有关该软件的详细内容可查阅它的主页（http://www.aerofox.com）。

它的特点有：快速地发送，收取，解码信件；极好的中文兼容性，支持 GB，BIG5，HZ 编码；支持多用户，多账户；账户访问口令控制；每个账户都可有多个邮箱账户，同时从多个服务器下载邮件；远程邮件管理，浏览信件条目后再决定下载或直接删除；写信模板功能；本地邮箱加密功能；地址簿支持"组"功能；多地址簿功能，易于共享地址簿；信件浏览窗口，方便快速地阅读信件；内置拨号网络管理，自动拨号上网和挂断；内置 BIG5 码与 GB 码转换功能，直接阅读或发送 BIG5 码的邮件方便地附加任意大小的文件到邮件中发送出去；同时支持 MIME 和 Uuencode 邮件格式；邮箱助理自动分发新收到的邮件到不同的邮箱；支持 HTML 格式的邮件；同时具备中文版和英文版可供选择等。

10.6　技　能　挑　战

任务：POP3 和 SMTP 组件的使用

要求：

（1）安装 POP3 和 SMTP 组件并进行配置。

（2）建立邮箱账户，并对其进行管理。

（3）SMTP 服务器转发邮件和接受从其他 SMTP 服务器转来的邮件。

（4）设置 Outlook，利用其进行邮件的收发。

10.7　项 目 实 训 要 求

实训　架设 Mail 服务器

[实训目的]
掌握架设 Mail 服务器的方法。

[实训环境]
装有 Windows Server 2003 操作系统的计算机，局域网环境。

[实训内容]
1．安装并配置 SMTP 和 POP3 服务
2．收发电子邮件
3．安装 Exchange 2003

[实现过程]

[实训总结]

[实训思考题]
1．如何有效保障 Mail 服务器的安全？
2．如何实现邮件服务器的远程 Web 管理？

第 11 章　Windows Server 2003 中的 DHCP 服务器

☆ **预备知识**

（1）IP 地址的结构和划分

（2）IP 地址的分配

（3）网络管理

（4）Windows Server 2003 中的服务器

☆ **技能目标**

（1）掌握 Windows Server 2003 中 DHCP 的安装

（2）掌握 Windows Server 2003 中 DHCP 的配置和管理

（3）掌握 DHCP 客户端的设置

（4）理解 DHCP 的工作原理

（5）了解配置 DHCP 的中继代理

☆ **项目案例**

某校学生公寓，PC 机拥有数量大约 1000 台。拥有 4 个 C 类地址，实际可用地址数约 1000 个，采用固定 IP 地址登记分配方法上网。由于楼内经常存在私设 IP 地址，经常发生 IP 地址冲突，导致大量主机无法使用原登记的合法 IP 地址，造成了该公寓楼大量主机无法正常访问网络。

经过一段时间的分析、实验，决定对该公寓楼部署 DHCP，以保证网络的正常运行。

经过一段时间的使用，发现对所管理网络规模较大或者在变化较大的情况下，使用 Windows Server 2003 中的 DHCP 服务器，能省去许多手动配置 IP 地址的麻烦，提高网络管理的效率，保证局域网内 PC 机较好地使用网络资源。

11.1　Windows Server 2003 DHCP 服务基础

在 TCP/IP 协议的网络中，每一台计算机都必须有一个唯一的 IP 地址，否则，将无法与其他计算机进行通信，因此，管理、分配与设置客户端 IP 地址的工作非常重要。在小型网络中，通常是由代理服务器或宽带路由器自动分配 IP 地址。在大中型网络中，如果以手动方式设置 IP 地址，不仅非常费时、费力，而且也非常容易出错。只有借助于动态主机配置协议，才能极大地提高工作效率，并减少发生 IP 地址故障的可能性。

当配置客户端时，管理员可以选择 DHCP，并不必输入 IP 地址、子网掩码、网关或 DNS

服务器。客户端从 DHCP 服务器中检索这些信息。DHCP 在管理员想改变大量系统的 IP 地址时也大有用途，与其重新配置所有系统，管理员只需编辑服务器上的一个 DHCP 配置文件即可获得新 IP 地址集合。如果某机构的 DNS 服务器改变了，这种改变只需在 DHCP 服务器上而不必在 DHCP 客户机上进行。一旦客户的网络被重新启动（或客户重新引导系统），改变就会生效。

除此之外，如果便携电脑或任何类型的可移动计算机被配置使用 DHCP，只要每个办公室都有一个允许它联网的 DHCP 服务器，它就可以不必重新配置而在办公室间自由移动。

11.1.1　DHCP 相关概念

DHCP：DHCP（Dynamic Host Configuration Protocol，动态主机配置协议）是 Windows 2000 Server 和 Windows Server 2003 系统内置的服务组件之一。DHCP 服务能为网络内的客户端计算机自动分配 TCP/IP 配置信息（如 IP 地址、子网掩码、默认网关和 DNS 服务器地址等），从而帮助网络管理员省去手动配置相关选项的工作。

作用域：作用域是用于网络的可能 IP 地址的完整连续范围。作用域通常定义提供 DHCP 服务的网络上的单独物理子网。作用域还为服务器提供管理 IP 地址的分配和指派以及与网上客户相关的任何配置参数的主要方法。

超级作用域：超级作用域是可用于支持相同物理子网上多个逻辑 IP 子网的作用域的管理性分组。超级作用域仅包含可一起激活的成员作用域或子作用域。超级作用域不用于配置有关作用域使用的其他详细信息。如果想配置超级作用域内使用的多数属性，需要单独配置成员作用域。

排除范围：排除范围是作用域内从 DHCP 服务中排除的有限 IP 地址序列。排除范围确保在这些范围中的任何地址都不是由网络上的服务器提供给 DHCP 客户机的。

地址池：在定义 DHCP 作用域并应用排除范围之后，剩余的地址在作用域内形成可用地址池。分池的地址适合于由服务器到网络上 DHCP 客户机的动态指派。

租约：租约是客户机可使用指派的 IP 地址期间 DHCP 服务器指定的时间长度。租用给客户时，租约是活动的。在租约过期之前，客户机一般需要通过服务器更新其地址租约指派。当租约期满或在服务器上删除时，租约是非活动的。租约期限决定租约何时期满以及客户需要用服务器更新它的次数。

保留：使用保留创建通过 DHCP 服务器的永久地址租约指派。保留确保了子网上指定的硬件设备始终可使用相同的 IP 地址。

选项类型：选项类型是 DHCP 服务器在向 DHCP 客户机提供租约服务时指派的其他客户机配置参数。例如，某些公用选项包含用于默认网关（路由器）、WINS 服务器和 DNS 服务器的 IP 地址。通常，为每个作用域启用并配置这些选项类型。DHCP 控制台还允许配置由服务器上添加和配置的所有作用域使用的默认选项类型。虽然大多数选项都是在 RFC 2132 中预定义的，但若需要的话，可使用 DHCP 控制台定义并添加自定义选项类型。

选项类别：选项类别是一种可供服务器进一步管理提供给客户的选项类型的方式。当选项类别添加到服务器时，可为该类别的客户机提供用于其配置的类别特定选项类型。对于

Windows 2000，客户机也可指定与服务器通信时的类别 ID。对于不支持类别 ID 过程的早期 DHCP 客户机，服务器可配置成默认类别以便在将客户机归类时使用。

11.1.2 安装 DHCP 服务

DHCP 是 Windows Server 2003 系统内置的服务组件之一，但在 Windows Server 2003 系统中默认没有安装 DHCP 服务，因此，如果要在网络内实现 DHCP 服务，就必须采用添加安装的方式安装该服务。

1. DHCP 服务安装方法 1

（1）在"控制面板"中双击"添加或删除程序"图标，在打开的窗口左侧单击"添加/删除 Windows 组件"按钮，打开"Windows 组件向导"对话框。

（2）在"组件"列表中找到并勾选"网络服务"复选框，然后单击"详细信息"按钮，打开"网络服务"对话框。接着在"网络服务的子组件"列表中勾选"动态主机配置协议（DHCP）"复选框，如图 11.1 所示。依次单击"确定"和"下一步"按钮开始配置和安装 DHCP 服务。最后单击"完成"按钮完成 DHCP 服务的安装。

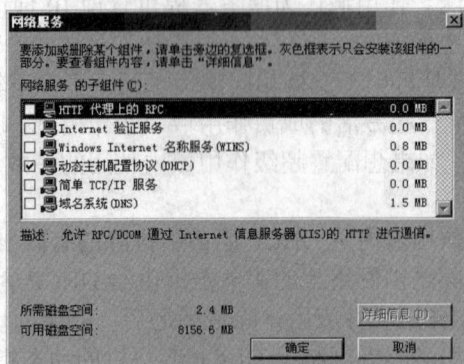

图 11.1 "网络服务"对话框

2. DHCP 服务安装方法 2

除了可以使用 Windows 组件向导安装 DHCP 服务以外，还可以通过"配置您的服务器向导"来安装 DHCP 服务器。

（1）打开"管理您的服务器"窗口，单击"添加或删除角色"超级链接，显示"配置您的服务器向导"对话框，如图 11.2 所示。

（2）单击"下一步"按钮，计算机开始自动检测，并显示"配置选项"对话框如图 11.3 所示，选择"自定义配置"单选按钮，将该计算机配置为 DHCP 服务器。需要注意的是，如果该计算机已经安装有活动目录或 DNS 服务器，将不会再显示该对话框。

（3）单击"下一步"按钮，显示"服务器角色"对话框如图 11.4 所示，在"服务器角色"列表中列出了所有可以安装的服务器。大部分服务的安装和卸载都可以在该对话框中进行选择。

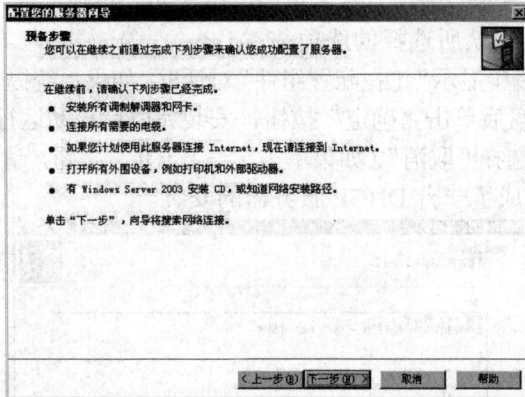

图 11.2　"配置您的服务器向导"对话框

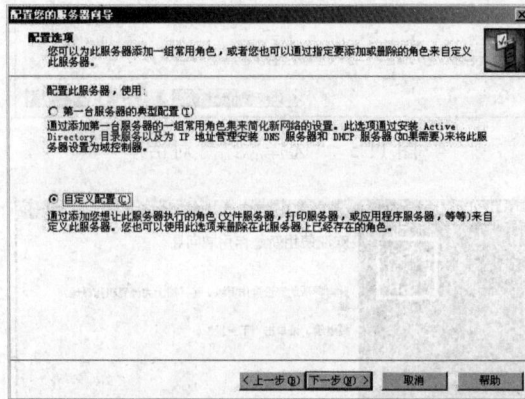

图 11.3　"配置选项"对话框

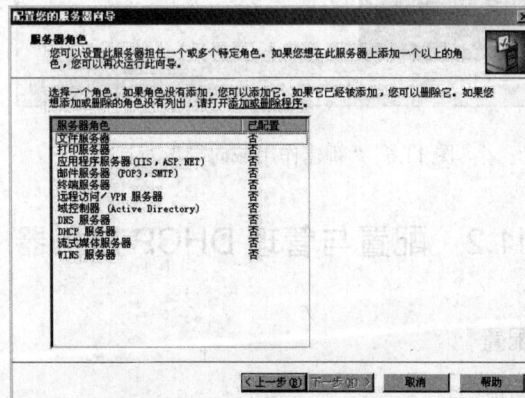

图 11.4　"服务器角色"对话框

（4）选中"DHCP 服务器"选项，然后单击"下一步"按钮，显示"选择总结"对话框如图 11.5 所示，用来查看并确认所选择的选项。

（5）单击"下一步"按钮，显示"正在配置组件"对话框，如果系统提示将 Windows Server 2003 安装盘放入光驱，放入光盘后单击"确定"按钮，安装完成后自动运行"新建作用域向导"对话框如图 11.6 所示，这里选择"取消"（如果单击了"下一步"按钮，请参照下面的 11.2.1 部分）。

至此，已经成功地完成了一台 DHCP 服务器的安装。

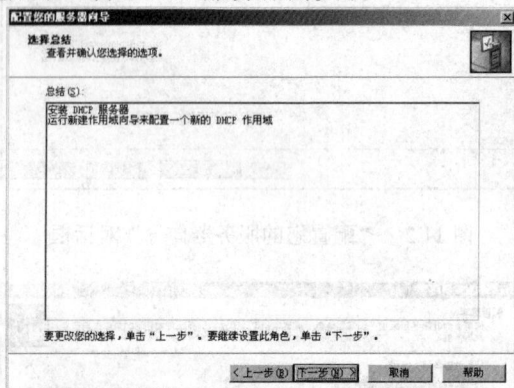

图 11.5 "选择总结"对话框

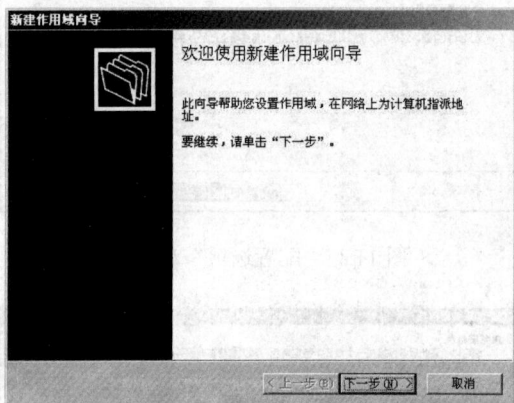

图 11.6 "新建作用域向导"对话框

11.2　配置与管理 DHCP 服务器

11.2.1　DHCP 服务器的配置

1. 配置 DHCP 基本选项

（1）在 DHCP 安装完成后，将自动运行"新建作用域向导"对话框如图 11.6 所示，可以单击"下一步"按钮，使用向导来配置 DHCP。如果"新建作用域向导"对话框中单击了"取消"按钮，可以依次打开"开始"→"所有程序"→"管理工具"→DHCP，就打开了"DHCP控制台"窗口。右击左侧控制台树中的 DHCP 下的计算机名，选择并单击"新建作用域"选项如图 11.7 所示，打开"新建作用域向导"对话框如图 11.6 所示。

（2）在"新建作用域向导"对话框中单击"下一步"按钮，显示"作用域名"对话框如图 11.8 所示，在"名称"框中为该作用域键入一个名称（如"zyxx"）和一段描述性信息。

（3）单击"下一步"按钮，显示"IP 地址范围"对话框如图 11.9 所示，分别在"起始 IP 地址"和"结束 IP 地址"编辑框中输入事先确定的 IP 地址范围（本例为 192.168.8.1～192.168.8.254）。接着需要定义子网掩码，以确定 IP 地址中用于"网络/子网 ID"的位数。本例网络环境为企业网内的一个子网，因此根据实际情况将"长度"微调按钮的值调整为 23，单击"下一步"按钮。

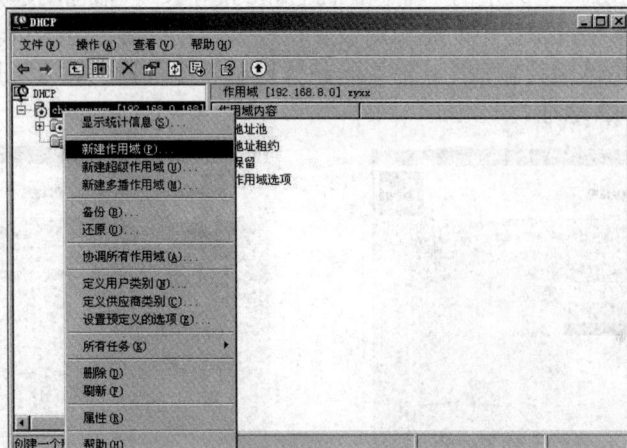

图 11.7　DHCP 控制台窗口中新建作用域

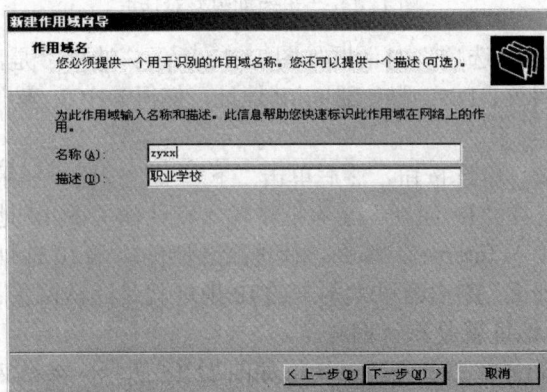

图 11.8　"作用域名"对话框　　　　图 11.9　"IP 地址范围"对话框

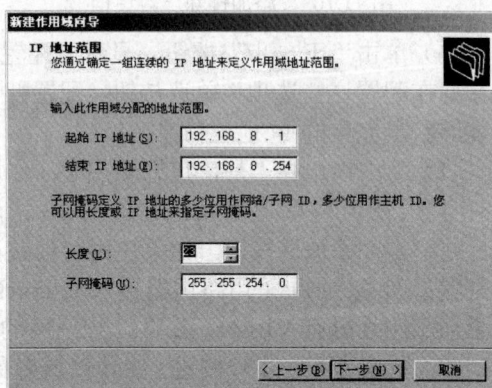

如果 IP 地址由 ISP 提供，那么，ISP 会将起止 IP 地址和子网掩码一同告知，把 ISP 告知的起止 IP 地址和子网掩码设置在这里。如果 ISP 没有分配足够的公有 IP 地址，可以在网络内部采用保留 IP 地址段，即 10.0.0.0～10.255.255.255，子网掩码 255.0.0.0，适用于大型网络；或者 172.16.0.0～172.31.255.255，子网掩码 255.255.0.0，适用于中型网络；或者 192.168.0.0～192.168.255.255，子网掩码 255.255.255.0，适用于小型网络。前面所设就是一种保留 IP 地址的方法。

（4）单击"下一步"按钮，显示"添加排除"对话框如图 11.10 所示。很多情况下这段 IP 内有部分用作架设其他服务，因此需要将它们排除。在"起始 IP 地址"文本框中输入排除的 IP 地址并单击"添加"按钮。要把多个（多段）IP 地址排除在外，重复操作即可，加入"排除的地址范围"的 IP 不再由 DHCP 动态分配。

（5）单击"下一步"按钮，显示"租约期限"对话框如图 11.11 所示。租约期限默认为 8 天，由于 DHCP 服务会产生大量的广播包，而且租约越短，广播也就越频繁，从而降低网络传输效率，所以，通常情况下，不妨将租约设置得稍长一些。对于台式机较多的网络，租约长一些较好，有利于提高网络传输效率；对于笔记本电脑较多的网络，租约短一些较好，有利于计算机及时获取新的 IP 地址。

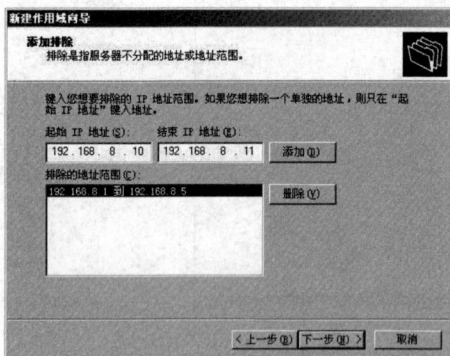

图 11.10 "添加排除"对话框   图 11.11 "租约期限"对话框

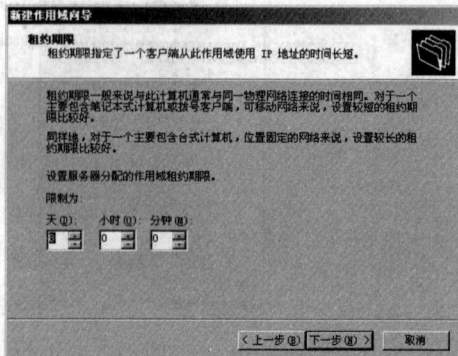

（6）单击"下一步"按钮，显示"配置 DHCP 选项"对话框如图 11.12 所示。选择"是，我想现在配置这些选项"单选按钮，配置默认网关、DNS 服务器的 IP 地址，使得 DHCP 客户端能够获得完全的 IP 地址信息。

（7）上一步选择"是，我想现在激活作用域"单选按钮，然后单击"下一步"按钮，显示"路由器（默认网关）"对话框如图 11.13 所示。在"IP 地址"文本框中输入默认网关的 IP 地址，并单击"添加"按钮。如果使用代理共享接入 Internet，那么，代理服务器的内部 IP 地址就是默认网关；如果采用路由器接入 Internet，那么，路由器以太网卡的 IP 地址就是默认网关；如果局域网划分有 VLAN，那么，VLAN 的 IP 地址就是默认网关。

（8）单击"下一步"按钮，显示"域名称和 DNS 服务器"对话框如图 11.14 所示。在"父域"文本框中输入申请的域名称（如果没有申请 Internet 上的域名，这里可以任输一个），并在"IP 地址"文本框中输入 DNS 服务器的 IP 地址，单击"添加"按钮。要添加多个 DNS 服务器的 IP 地址，重复操作即可。给客户端计算机添加多个 DNS 服务器，当第一个 DNS 服务器发生故障后，只要有一个 DNS 服务器正常，仍然能实现 DNS 解析。

（9）单击"下一步"按钮，显示"WINS 服务器"对话框如图 11.15 所示。如果安装有 WINS 服务（请参考 12 章），在"IP 地址"文本框中输入 WINS 服务器的 IP 地址，并单击"添加"按钮。如果网络上没有 WINS 服务器，各文本框保持为空即可。

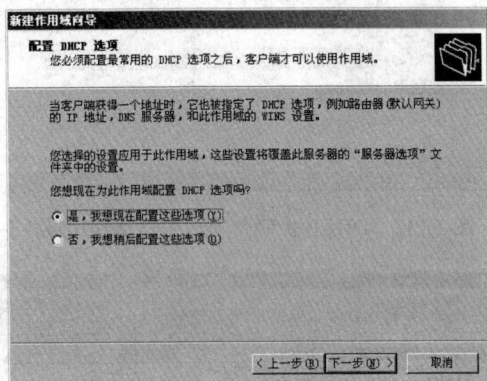

图 11.12　"配置 DHCP 选项"对话框

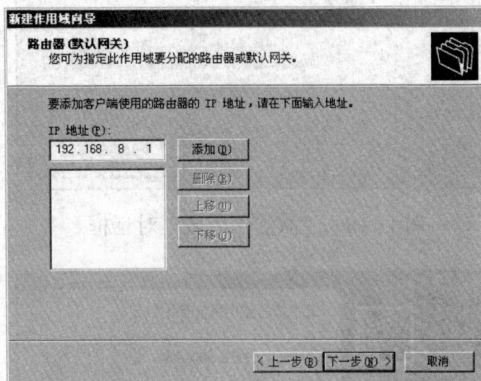

图 11.13　"路由器（默认网关）"对话框

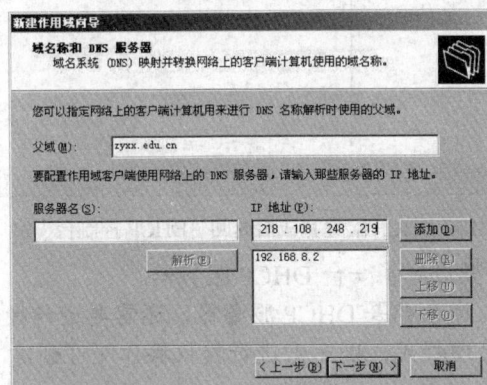

图 11.14　"域名称和 DNS 服务器"对话框

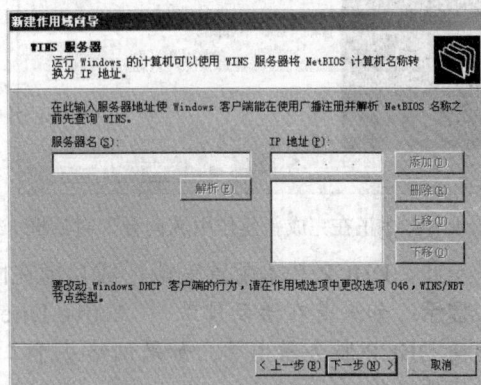

图 11.15　"WINS 服务器"对话框

（10）单击"下一步"按钮，显示"激活作用域"对话框如图 11.16 所示。选择"是，我想现在激活作用域"单选按钮，激活该 DHCP 服务器。要注意的是，DHCP 服务器必须在激活作用域后才能提供 DHCP 服务。如果这里选"否，我将稍后激活此作用域"，则如图 11.17 所示，在 DHCP 控制台窗口激活作用域。

（11）单击"下一步"按钮，显示"正在完成新建作用域向导"对话框如图 11.18 所示，提示已经成功地完成了 DHCP 服务器的架设。

（12）单击"完成"按钮。如果是 DHCP 控制台窗口启动的配置向导，显示如图 11.19 所示，返回 DHCP 控制台；如果是 DHCP 安装时自动运行的向导配置的，显示如图 11.19 所示；提示已经成功地将该服务器设置为 DHCP 服务器。

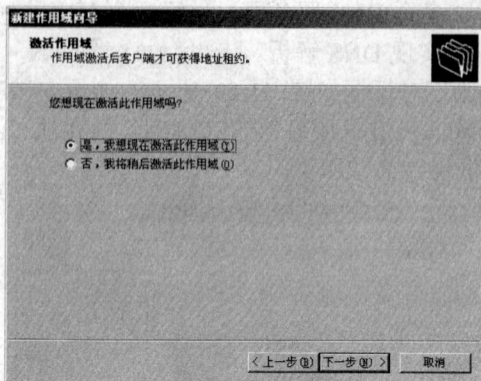

图 11.16　"激活作用域"对话框

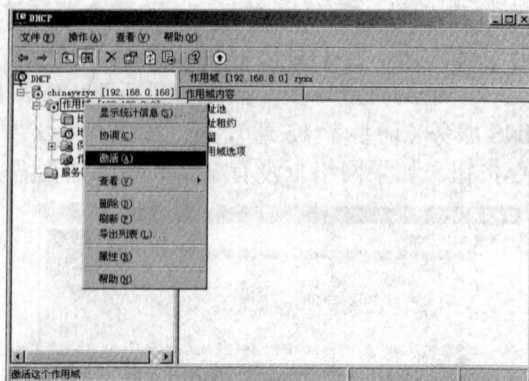

图 11.17　DHCP 控制台窗口中激活作用域

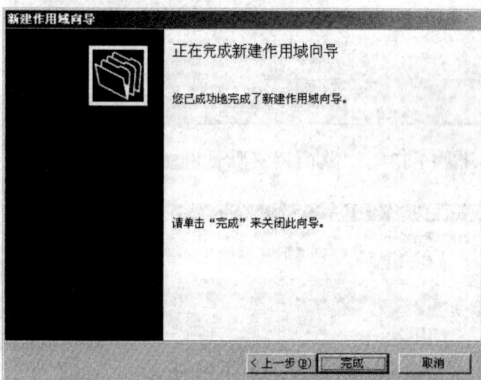

图 11.18　"正在完成新建作用域向导"对话框

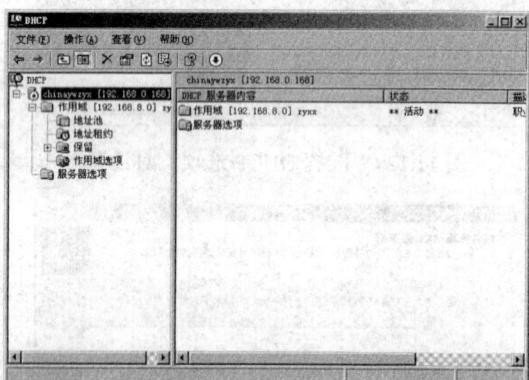

图 11.19　DHCP 配置完成后返回"DHCP 控制台"窗口

至此，DHCP 基本配置完成，成功地在网络上架设好了一台 DHCP 服务器。

提示：如果是在活动目录（Active Directory）域中部署 DHCP 服务器，还需要进行授权才能使 DHCP 服务器生效。如果网络基于工作组管理模式，则无需进行授权操作即可创建 IP 作用域的操作。

2.　配置客户保留

有时需要给网络中的某台或者几台客户端计算机固定的 IP 地址，可以通过 DHCP 服务器提供的"保留"功能来实现。配置客户保留，可以将特定的 IP 地址给特定的 DHCP 客户端计算机使用，也就是说，当这个 DHCP 客户端计算机每次向 DHCP 服务器请求获得 IP 地址或更新 IP 地址的租期时，DHCP 服务器都会给该计算机分配一个相同的 IP 地址。

（1）依次打开"开始"→"所有程序"→"管理工具"→DHCP，打开"DHCP 控制台"窗口，展开控制台左侧树形目录，在要设置保留 IP 地址的作用域中右击"保留"，如图 11.21 所示，在弹出的菜单中选择"新建保留"菜单项。

（2）单击"新建保留"菜单项后，显示"新建保留"对话框如图 11.22 所示。该部分所涉及"IP 地址"、"MAC 地址"的知识，见"5.1.1 了解自己的网络身份"。

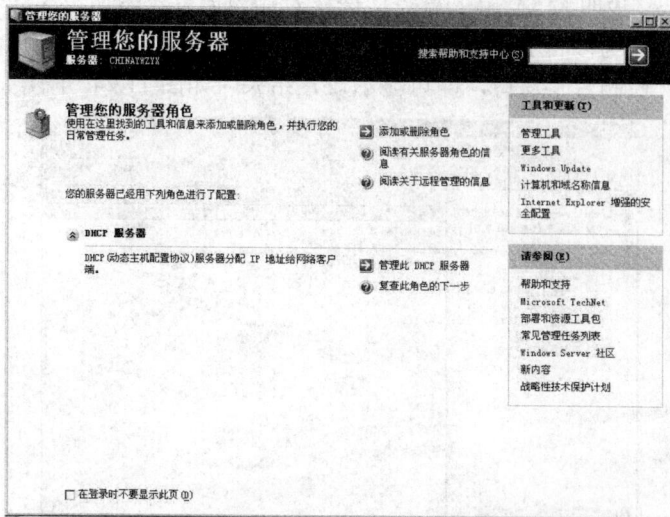

图 11.20　DHCP 配置完成后返回"管理您的服务器"窗口

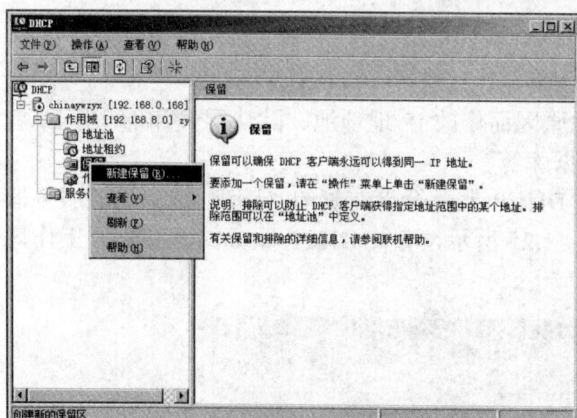

图 11.21　在弹出的菜单中选择"新建保留"菜单项

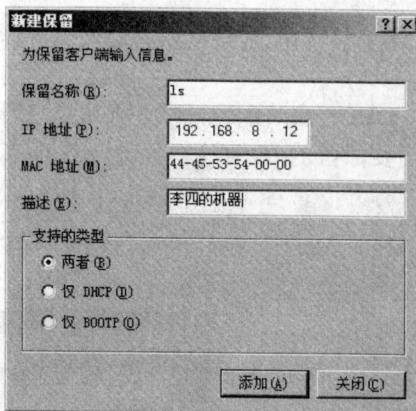

图 11.22　"新建保留"对话框

"保留名称"用来输入用于标识 DHCP 客户端的名称，该项既可以是 DHCP 客户端的真实机器名，也可以是服务器管理员自定义的名称，因为该名称只在管理 DHCP 服务器中的数据时使用，在通信中不起任何作用。

"IP 地址"输入框用来输入要保留给该 DHCP 客户端的 IP 地址。

"MAC 地址"输入框用来输入该 DHCP 客户端的网卡的 MAC 地址。

（3）单击"添加"按钮，便将该 IP 地址指定给了该 DHCP 客户端。在单击"添加"按钮时，如果出现提示

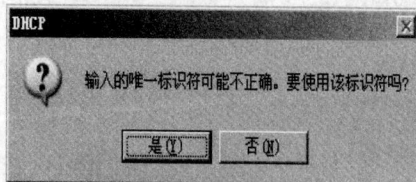

图 11.23　MAC 地址输入有误提示

231

信息如图 11.23 所示，说明 MAC 输入有误，请核对输入后再 "添加"。

重复上述操作，可为多台 DHCP 客户端计算机保留 IP 地址。设置结束后，单击 "关闭" 按钮，返回 "DHCP 控制台" 窗口，即可显示设置结果，如图 11.24 所示。

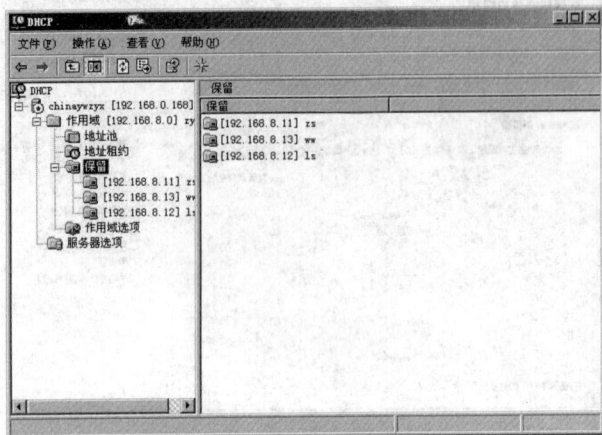

图 11.24　保留 IP 地址

11.2.2　DHCP 服务器的管理

DHCP 安装配置好后，可能会由于某种原因而修改 IP 地址池、默认网关和 DNS，或者增加需要保留的 IP 地址、备份恢复 DHCP 数据库等。

打开 "管理您的服务器" 窗口，单击 "DHCP 服务器" 右侧的 "管理此 DHCP 服务器" 超级链接，打开 "DHCP 控制台" 窗口如图 11.25 所示，有关 DHCP 服务的所有管理工作均可在该窗口中完成。

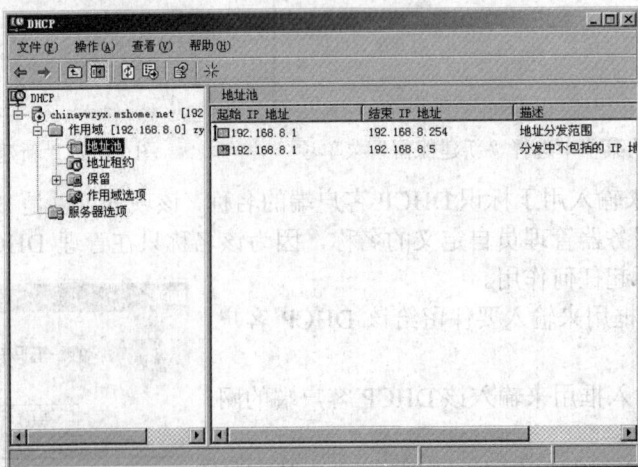

图 11.25　"DHCP 控制台" 窗口

1．修改 IP 地址池和租约期限

右击"DHCP 控制台"窗口左侧控制台树中的作用域，如图 11.26 所示，在快捷菜单中选择"属性"，显示"作用域属性"对话框如图 11.27 所示，可修改的内容包括作用域名称、IP 地址池的起止 IP 地址以及 DHCP 客户端的租约期限。

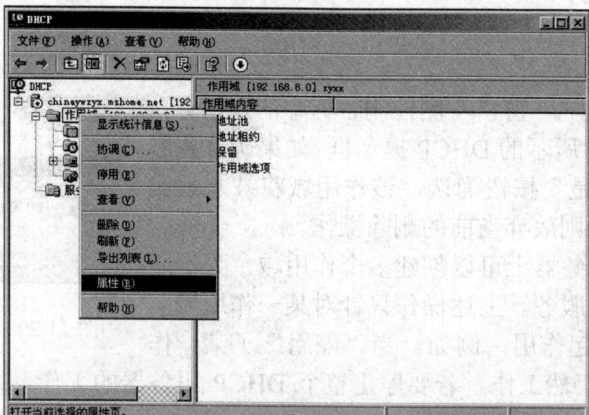

图 11.26　右击作用域后弹出的快捷菜单

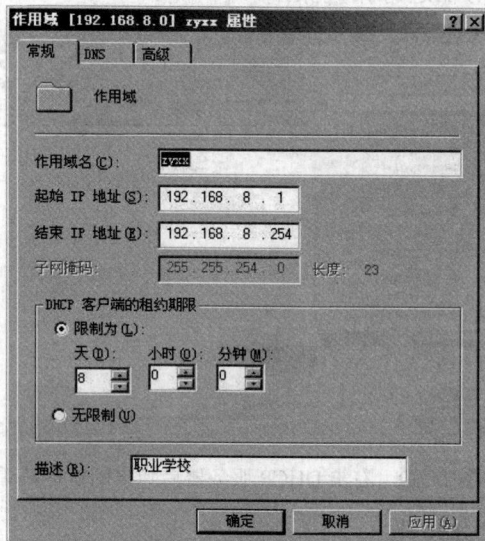

图 11.27　"作用域属性"对话框

2．停用作用域

右击"DHCP 控制台"窗口左侧控制台树中的作用域，在快捷菜单中选择"停用"菜单项，显示 DHCP 提示框如图 11.28 所示。如果确认要停用该作用域，单击"是"按钮确认，便会停用该作用域，并且该域内的客户端将不会再获得 IP 地址。

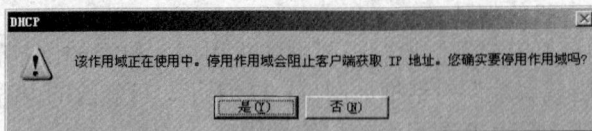

图 11.28　提示是否停用作用域

3. 删除作用域

右击"DHCP 控制台"窗口左侧控制台树中的作用域，在快捷菜单中选择"删除"菜单项，显示提示框如图 11.29 所示的 DHCP 提示框。如果确认要删除该作用域，单击"是"按钮确认，该作用域将被永远删除，如果选择"否"，则放弃当前的删除操作。

在一台 DHCP 服务器上可以创建多个作用域，为不同的 DHCP 客户端提供服务。上述操作只针对某一作用域，只对所操作的作用域起作用。例如，当"停用"了某一作

图 11.29　提示是否删除作用域

用域后，其他作用域仍然工作。若要停止整个 DHCP 服务器的工作，则应当在"DHCP 控制台"窗口左侧右击 DHCP 服务器名称，如图 11.30 所示，在快捷菜单中选择"所有任务"→"停止"即可。在快捷菜单中分别选择"启动"、"停止"、"暂停"、"恢复"和"重新启动"等选项，便可对所选定的 DHCP 服务器进行相关操作。

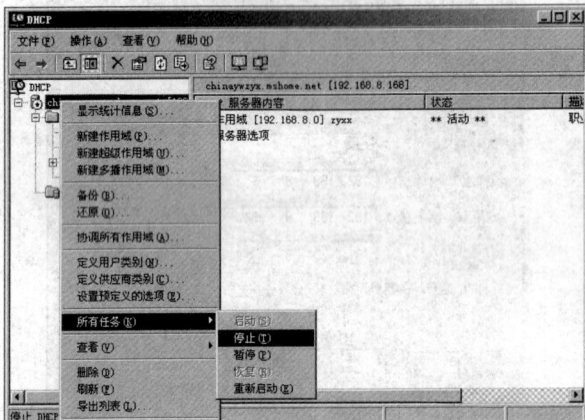

图 11.30　右击 DHCP 服务器后弹出的快捷菜单

4. 备份和恢复 DHCP 数据库

有关 DHCP 服务器中的设置数据全部存放在名为 dhcp.mdb 数据库文件中，该文件位于 %systemroot%system32\dhcp 文件夹中。其中，dhcp.mdb 是主要的数据库文件，其他文件是辅助文件。这些文件对 DHCP 服务器的正常运行起着关键作用，建议不要随意修改或删除。同时，还要注意对相关的数据进行安全备份，以备系统出现故障时进行还原恢复。默认情况下，DHCP 数据库每 60min 备份一次。备份文件在 %systemroot%system32\dhcp\backup 文件夹内。

　　也可以对 DHCP 服务器进行手工数据备份，若要对 DHCP 服务器进行手工数据备份，则应当在"DHCP 控制台"窗口左侧右击 DHCP 服务器名称，如图 11.30 所示，在快捷菜单中选择"备份"，显示选择备份文件夹如图 11.31 所示。选择到其他文件夹（本例选择 G:\新建文件夹），单击"确定"按钮，完成对 DHCP 数据的备份。

　　当 DHCP 服务器在启动时，它会自动检查 DHCP 数据库是否损坏，如果发现损坏，将自动用%systemroot%system32\dhcp\backup 文件夹中的文件进行数据还原。但当 backup 文件夹中的文件也被损坏时，系统将无法自动完成还原工作，将无法提供相关的服务。

　　当 backup 文件夹中的数据被损坏时，只有用手动的方法将备份的文件还原到 DHCP 服务器，若要手工对 DHCP 服务器进行数据还原，则应当在"DHCP 控制台"窗口左侧右击 DHCP 服务器名称，如图 11.30 所示，在快捷菜单中选择"还原"，显示如图 11.32 所示选择还原文件夹（本例选择 G:\新建文件夹），单击"确定"按钮，如果这时 DHCP 服务器是启动的，则弹出如图 11.33 所示的 DHCP 提示框，要完成 DHCP 数据的还原，必须选择"是"。系统自动停止和启动 DHCP 服务器，如图 11.34 所示，至此完成对 DHCP 数据的还原。

图 11.31　选择备份文件夹　　　　　　　　　图 11.32　选择还原文件夹

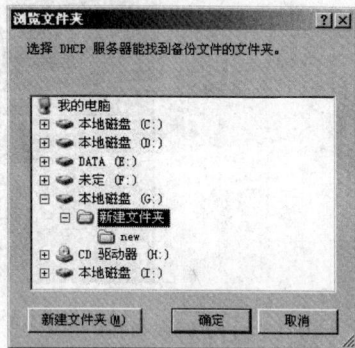

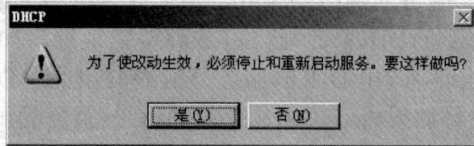

图 11.33　重新启动 DHCP 服务器

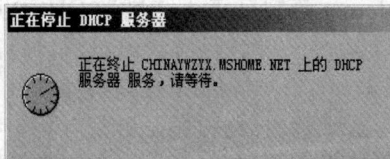

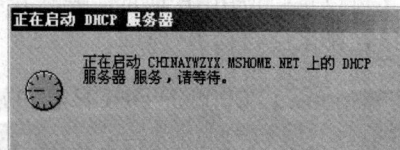

图 11.34　停止启动 DHCP 服务器时的提示框

11.3　DHCP 客户端的设置

DHCP 客户端的设置非常简单，只需指定计算机"自动获取 IP 地址"即可。下面，分别以 Windows 9x/ME 和 Windows 2000/XP 操作系统为例进行介绍。

11.3.1　Windows 9x/me DHCP 客户端的设置

在 Windows 9x/me 中打开"网络"对话框，从"已经安装了下列网络组件"列表中选择"TCP/IP ->Realtek RTLEthernet adapter（读者的网卡）"。单击"属性"如图 11.35 所示，要自动分配 IP 地址，就单击"自动获取 IP 地址"单选项。

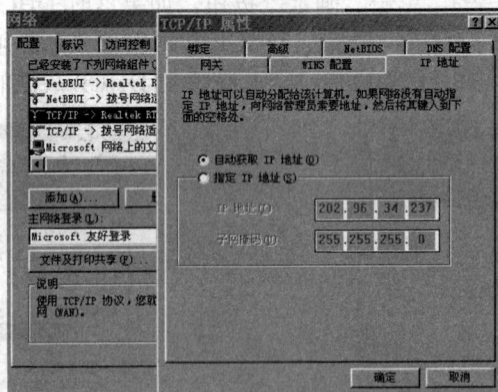

图 11.35　"TCP/IP 属性"对话框

如果计算机配置为自动获取 IP 地址，并连接到没有 DHCP 服务器的网络，那么，它将自动从 Microsoft 保留 IP 地址段 69.254.0.1～169.254.255.254 中选择一个作为自己的 IP 地址。如果计算机连接到具有 DHCP 服务的网络并失败，那么计算机将分配一个专用 IP 地址。还原 DHCP 服务之后，计算机就获取 DHCP 地址，并放弃专用地址。如果以后找到 DHCP 服务，计算机将停止使用自动 IP 地址，改由 DHCP 服务分配的 IP 地址。DHCP IP 地址并不覆盖静态 IP 地址，必须进行手工更改。如果将计算机从提供 DHCP 服务的局域网（LAN）转移到不提供 DHCP 服务的 LAN，则可以使用 IP 配置实用程序（WINIPCFG）释放所分配的 DHCP 地址。然后让计算机自动分配专用 IP 地址。自动 IP 地址允许自动配置 IP 地址。这样既减少了管理时间，又可以重新使用 IP 地址。建议没有建立直接 Internet 连接或者无法享受 DHCP 服务的所有网络，都采用自动 IP 地址。

11.3.2　Windows 2000/XP DHCP 客户端的设置

Windows 2000/XP 操作系统 IP 地址信息的设置基本相同，下面以 Windows XP 为例进行介绍。

（1）在"控制面板"中双击"网络连接"图标，显示"网络连接"窗口如图 11.36 所示。

　　（2）选择"本地连接"图标，单击鼠标右键，在快捷菜单中选择"属性"，显示本地连接的属性框如图 11.37 所示。

　　（3）在"常规"选项卡中的"此连接使用下列选定的组件"列表中选择"Internet 协议（TCP/IP）"组件，然后单击"属性"按钮，显示"Internet 协议（TCP/IP）"对话框如图 11.38 所示。

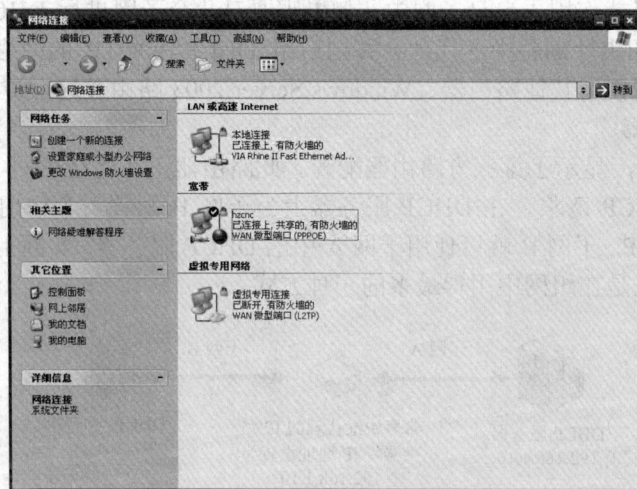

图 11.36　"网络连接"窗口

图 11.37　本地连接的属性框

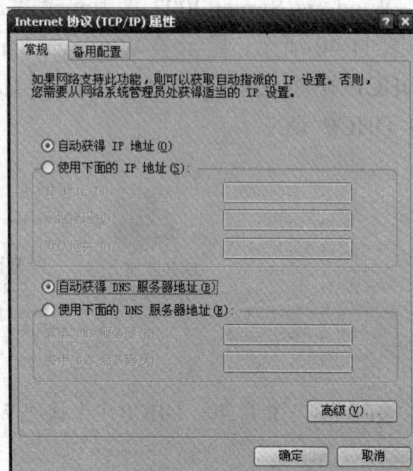

图 11.38　Internet 协议（TCP/IP）属性对话框

　　（4）在"常规"选项卡中选择"自动获得 IP 地址"和"自动获得 DNS 服务器地址"单选按钮，使计算机从 DHCP 服务器自动获取 IP 地址信息。

　　（5）最后单击"确定"按钮，并关闭"本地连接属性"对话框，即可将计算机设置为 DHCP客户端。

11.4 知 识 拓 展

1. 配置 DHCP 中继代理

DHCP 服务器只能作用于自身子网中，如果需要对几个子网进行 DHCP 设置，必须设置 DHCP 中继代理。如果计划将中继代理合并到启用 DHCP/BOOTP 的网络中，则有几种中继代理配置选项，包括使用其他路由器、Windows Server 2003 路由及远程访问服务。

2. 第三方路由器

如图 11.39 所示，显示了第三方路由器配置。此路由器正在运行子网 A 和子网 B 之间的中继代理以转发 DHCP 请求。在 DHCP 服务器上为子网 B 配置一个作用域，在路由器上设置 DHCP 服务器的 IP。子网 B 就可使用子网 A 中的 DHCP 服务器。实际上大多三层交换机也支持这项功能，这也是在组网中用得最多的一种方式。

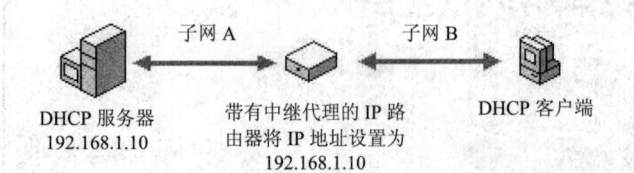

图 11.39　DHCP 中继代理第三方路由器

3. Windows Server 2003 路由和远程访问服务

如图 11.40 所示，显示了 Windows Server 2003 路由和远程访问配置。Windows Server 2003 上的 DHCP 中继代理必须使用 DHCP 服务器的 IP 地址进行配置以便中转子网 A 和子网 B 之间的 DHCP 请求。

图 11.40　DHCP 中继代理 Windows Server 2003 路由和远程访问服务

11.5 技 能 挑 战

任务：给学生公寓采用 DHCP 的新技术，保证网络的正常运行。

要求：

（1）可以很好地防止楼内经常存在私开的 DHCP 服务器，导致大量主机无法分配到合法 IP 地址。

（2）防止学生给自己的 PC 指定 IP 地址，造成与 DHCP 分配的 IP 地址冲突。

（3）采用 DHCP Snooping 和 Dynamic ARP Inspection 两项技术，以保证网络的正常运行。

11.6　项 目 实 训 要 求

实训　架设 DHCP 服务器

[实训目的]

掌握架设 DHCP 服务器的方法。

[实训环境]

装有 Windows Server 2003 操作系统的计算机，局域网环境。

[实训内容]

1. DHCP 服务器架设
2. 配置客户端
3. 排除地址、保留地址的设置
4. 作用域的相关概念

[实现过程]

[实训总结]

[实训思考题]

1. 如何很好地防止楼内经常存在私开的 DHCP 服务器，导致大量主机无法分配到合法 IP 地址？

2. 如何采用 DHCP Snooping 和 Dynamic ARP Inspection 两项技术？

第 12 章 Windows Server 2003 中的 WINS 服务

☆ **预备知识**

(1) NetBIOS

(2) 名称解析

(3) 网络管理

(4) Windows Server 2003 中的服务器

☆ **技能目标**

(1) 掌握 Windows Server 2003 中 WINS 服务器的安装

(2) 掌握 WINS 服务器端和客户端的设置

(3) 掌握 WINS 网络的规划

(4) 理解静态映射的创建

☆ **项目案例**

　　某市建筑设计研究院（以下简称某设计院）成立于 1949 年 10 月，是与共和国同龄的大型国有建筑设计研究院。作为国内最大的民用设计院之一，近年来业务发展迅速！为适应国际、国内设计行业激烈的市场竞争,规范公司管理,实现企业内部各类资源的有效协作及合理配置,加强企业工作效率,进而提高公司的整体综合竞争力,急需建立畅通的信息传递及共享的渠道。

　　随着某设计院局域网规模的不断扩大，为了减少广播风暴和便于管理，设计院内部划分了多个子网，而不同子网之间尽管能借助 Windows 2000 或 Windows 2003 系统内置的软路由功能来实现互相通信，但这种通信方式仍然无法让位于不同子网的计算机之间使用网上邻居窗口来直接传输数据，设计院内部工作人员对共享有很大的依赖性。是否有办法让位于不同子网的计算机，借助网上邻居窗口快速传输信息呢？

　　答案是肯定的，只要巧妙借助 Windows 2000 或 Windows 2003 系统内置的 WINS 服务，将不同子网的计算机主机名自动转换成 IP 地址，以后就能通过网上邻居窗口实现不同子网也能直接传输数据的目的了。

12.1 Windows Server 2003 中的 WINS 服务

12.1.1 WINS 的新增功能

1. 高级 WINS 数据库搜索和筛选功能

改进的筛选和新增搜索功能有助于通过只显示查找那些满足指定条件的记录来对其定位，

这些功能在分析大型 WINS 数据库方面尤其有用。可以使用多个条件对 WINS 数据库记录进行高级搜索。这种改进的筛选功能可以将筛选器组合起来，以获得自定义的和精确的查询结果。可用的筛选器包括：记录所有者、记录类型、NetBIOS 名称和 IP 地址（有或者没有子网掩码）。

由于现在可以将查询结果存储在本地计算机上随机存取存储器（RAM）的缓存中，因此后续查询的性能会得到提高，网络流量也会减少。

2. 接受复制伙伴

在为网络确定复制策略时，可定义一个列表以便在 Windows Internet 名称服务（WINS）服务器之间的"拉"复制期间对传入的名称记录资源进行控制。

除了阻止来自特定复制伙伴的名称记录外，还可以选择在复制期间只接受特定的 WINS 服务器所拥有的名称记录，将不在列表上的所有服务器的名称记录排除。

12.1.2　WINS 的重要概念

WINS：WINS 是 Windows 网际名称服务（Windows Internet Name Service）的简称，是微软开发的域名服务系统。WINS 为 NetBIOS 名字提供名字注册、更新、释放和转换服务，这些服务允许 WINS 服务器维护一个将 NetBIOS 名链接到 IP 地址的动态数据库，极大减轻了对网络交通的负担。

WINS 代理：WINS 代理是一个 WINS 客户端计算机，该计算机配置为代表其他不能直接使用 WINS 的主机执行所需操作。WINS 代理帮助解析路由 TCP/IP 网络上的计算机的 NetBIOS 名称查询。

名称注册：名称注册就是客户端从 WINS 服务器获得信息的过程，在 WINS 服务中，名称注册是动态的。

名称更新：又称名称续租，是指 WINS 客户端和 DHCP 的租期和续租一样，向服务器续租已注册的名称，WINS 客户端要不断地告诉 WINS 服务器需要继续使用已经注册的名称，这样服务才会更新 WINS 客户端的名称租期，重新复位 TTL。

名称释放：在客户端的正常关机过程中，WINS 客户端向 WINS 服务器发送一个名字释放的请求，以请求释放其映射在 WINS 服务器数据库中的 IP 地址和 NetBIOS 名字。收到释放请求后，WINS 服务器验证一下在它的数据库中是否有该 IP 地址和 NetBIOS 名，如果有就可以正常释放了，否则就会出现错误（WINS 服务器向 WINS 客户端发送一个负响应）。

名称查询：又称名称解析，是指网络中两个 WINS 客户端，用计算机名称进行通信前的名称解析过程。例如当使用网络上其他计算机的共享文件时，为了得到共享文件，用户需要指定两件事：系统名和共享名，而系统名就需要转换（解析）成 IP 地址。在微软的网络中，可以使用 WINS、利用广播或 LMHOSTS 文件 3 种方式或 3 种方式结合使用来完成名称查询（解析）过程。

12.1.3　WINS 网络的规划

在默认状态中，网络上的每一台计算机的 NetBIOS 名称是通过广播的方式来提供更新的，也就是说，假如网络上有 n 台计算机，那么每一台计算机就要广播 n-1 次，对于小型网络来说，这似乎并不影响网络交通，但是当大型网络来说，加重了网络的负担，大中型网络需要配置

WINS 服务来解决这一问题，因此 WINS 对大中型企业来说尤其重要。

大中型企业中网络设备相对较多，结构比较复杂，如果盲目配置 WINS 服务器，不仅不能减轻计算机 NetBIOS 名称解析带来的广播负担，而且还有可能加重网络负担或者增加网络故障，因此，在大中型企业的网络中，WINS 服务要有一个良好规划，WINS 规划中要考虑的主要方面如下。

（1）决定需要的 WINS 服务器的数量。在较小的网络上，一个 WINS 服务器可以为多达 10 000 个客户端的 NetBIOS 名称解析请求提供足够的服务。要提供额外的容错能力，可以将运行 Microsoft Windows Server 2003 服务器操作系统的第二台计算机配置为客户端的辅助（或备份）WINS 服务器。如果只使用两个 WINS 服务器，则可以很容易地将它们设置为彼此的复制伙伴。对于两台服务器之间的简单复制，应该将一台服务器设为"拉"伙伴，另一台设为"推"伙伴。复制可以手动也可以自动，该选项通过选中或取消选中"复制伙伴属性"对话框"高级"选项卡上的"启用自动伙伴配置"复选框来配置。

由于许多原因，较大的网络有时要求更多的 WINS 服务器，其中最重要的原因就是每个服务器连接的客户端的数量。每个 WINS 服务器可以支持的用户数量随 WINS 服务器计算机的使用模式、数据存储和处理能力而变化。对大型网络，微软公司的保守建议是对网络上每 10 000 台计算机安装一台 WINS 服务器和一台备份服务器。

（2）计划复制伙伴关系。决定是否将 WINS 服务器配置为"推"或"拉"伙伴，并为每个服务器设置伙伴首选项。详细配置请参阅 12.3。

（3）评价低速链接上的 WINS 通信影响。尽管 WINS 有助于减少本地子网之间的广播通信，但它又产生了许多服务器和客户端之间的通信。当在路由的 TCP/IP 网络上使用 WINS 时，这一点特别重要。

还要考虑低速链接（如通常用于广域网的链接）对 WINS 服务器和 WINS 客户端请求的 NetBIOS 注册和更新通信之间的复制通信的影响。

（4）评价 WINS 网络的容错级别。为了确保正规的 WINS 设计是一个容错设计，对网络上的每个服务器考虑下列问题：如果服务器关闭或者客户端无法连接服务器，WINS 会发生什么情况？

要回答这一问题，可考虑在 WINS 服务器不能在网络上执行其职能时的两个常见情况：

① 硬件或电源故障，要求关机以检修或维护服务器。

② 网络链接或路由器故障，WINS 服务器和客户分离。

要对此进行计划，应确定任意给定 WINS 服务器脱离网络服务的最长时间，考虑计划和非计划中断时间长度的因素。

还要考虑如果 WINS 客户端的主 WINS 服务器关机时 WINS 客户将会怎样。通过为客户维护和指派辅助 WINS 服务器，可以减小单个 WINS 服务器脱机的影响。

12.1.4　WINS 的安装

WINS 服务是 Windows Server 2003 系统内置的服务组件之一，但在 Windows Server 2003 系统中默认没有安装 WINS 服务，因此，如果要在网络内实现 WINS 服务，就必须采用添加

安装的方式安装该服务。一个完整的 WINS 服务的安装要包括 WINS 服务器组件的安装和
WINS 客户端的设置。

1. WINS 服务器的安装

WINS 服务器的安装步骤如下：

（1）在"控制面板"中双击"添加或删除程序"图标，在打开的窗口左侧单击"添加/删除 Windows 组件"按钮，打开"Windows 组件向导"对话框。

（2）在"组件"列表中找到并勾选"网络服务"复选框，然后单击"详细信息"按钮，打开"网络服务"对话框。接着在"网络服务的子组件"列表中勾选"Windows Internet 名称服务（WINS）"复选框，如图 12.1 所示。依次单击"确定"或"下一步"按钮开始配置和安装 WINS 服务。最后单击"完成"按钮完成安装。

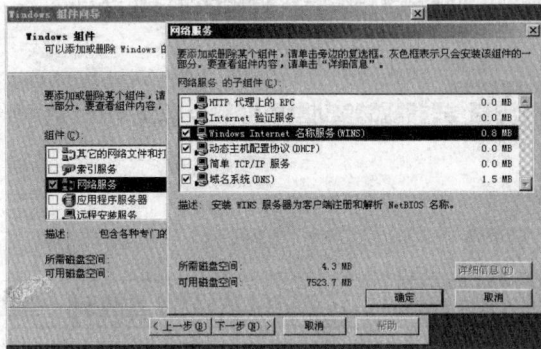

图 12.1　"网络服务"对话框

除了可以使用 Windows 组件向导安装 WINS 服务以外，还可以通过"配置您的服务器向导"来安装 WINS 服务器。

（1）打开"管理您的服务器"窗口，单击"添加或删除角色"超级链接，显示"配置您的服务器向导"对话框，如图 12.2 所示。

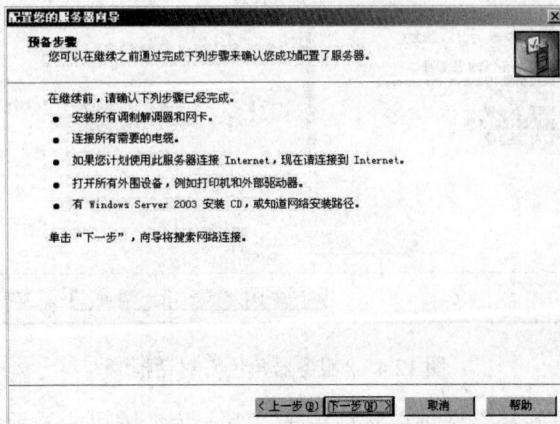

图 12.2　"配置您的服务器向导"对话框

（2）单击"下一步"按钮，计算机开始自动检测并显示"配置选项"对话框如图 12.3 所示，选择"自定义配置"单选按钮，将该计算机配置为 WINS 服务器。需要注意的是，如果该计算机已经安装有活动目录或 DNS 服务器，将不会再显示该对话框。

（3）单击"下一步"按钮，显示"服务器角色"对话框如图 12.4 所示，在"服务器角色"列表中列出了所有可以安装的服务器。大部分服务的安装和卸载都可以在该对话框中进行选择。

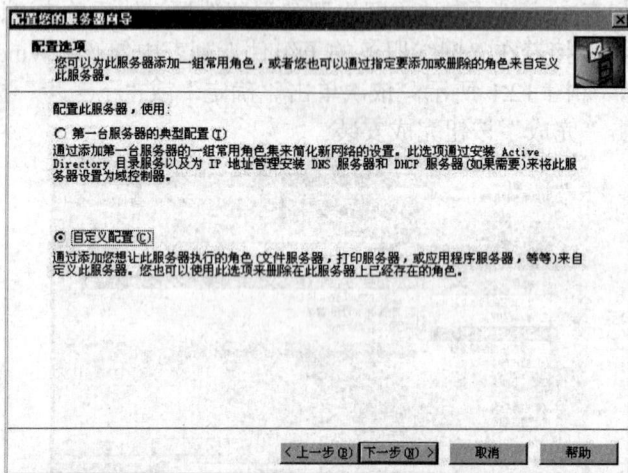

图 12.3 "配置选项"对话框

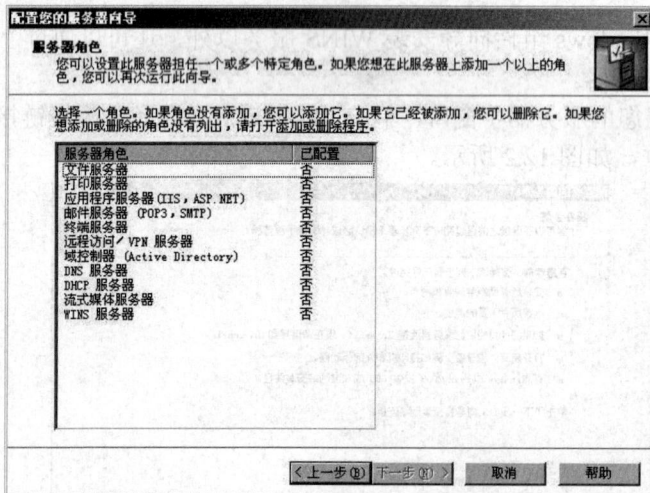

图 12.4 "服务器角色"对话框

（4）选中"WINS 服务器"选项，然后单击"下一步"按钮，显示"选择总结"对话框如图 12.5 所示，用来查看并确认所选择的选项。

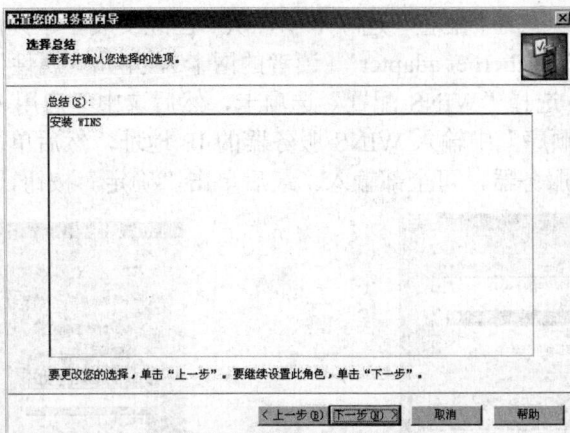

图 12.5　"选择总结"对话框

（5）单击"下一步"按钮，显示"正在配置组件"对话框，如果系统提示 Windows Server 2003 安装盘放入光驱，放入光盘后单击"确定"按钮，安装完成后自动运行如图 12.6 所示的"新建作用域向导"对话框，这里选择"取消"（如果单击了"下一步"按钮，请参照前面的 11.2.1 部分），如果该计算机已经安装有活动目录，将显示"配置您的服务器向导"对话框如图 12.7 所示，这里选择"完成"按钮。

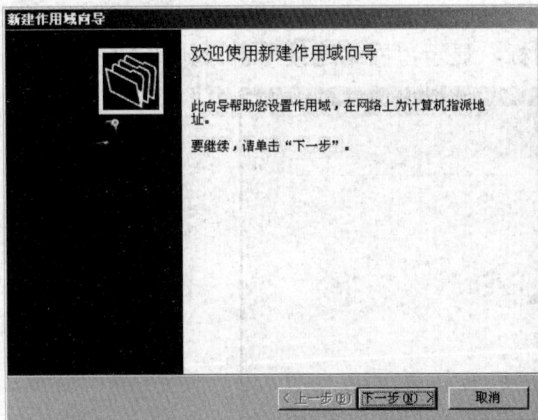

图 12.6　"新建作用域向导"对话框

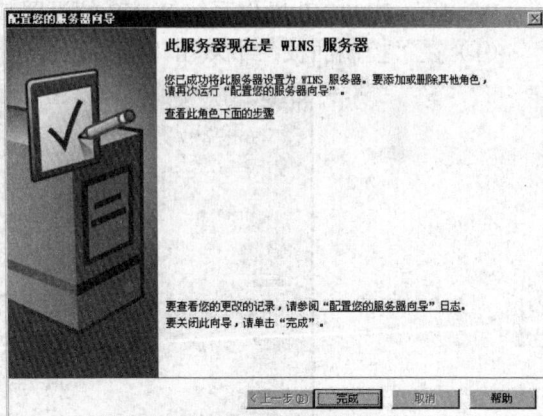

图 12.7　"配置您的服务器向导"对话框

至此，已经成功地完成了一台 WINS 服务器的安装。

2．WINS 客户端的设置

1）Windows 9x/Me 中 WINS 客户端的设置

（1）在 Windows 9x/Me 系统设置 WINS 客户端时，在"控制面板"中双击"网络"图标，或在桌面上右击"网上邻居"图标，选择快捷菜单中的"属性"选项，打开如图 12.8 所示的"网络"对话框。

（2）在"网络"对话框的"配置"选项卡中，从"已经安装了下列网络组件"列表框中选择"TCP/IP ->Realtek RTLEthernet adapter"（读者的网卡），单击"属性"，显示"TCP/IP 属性"对话框如图 12.9 所示。选择"WINS 配置"选项卡，然后选中"启用 WINS 解析"单选钮，在"WINS 服务器搜索顺序"中输入 WINS 服务器的 IP 地址，然后单击"添加"按钮，如果该网络中有多个 WINS 服务器，可全部输入。最后单击"确定"按钮，完成设置。

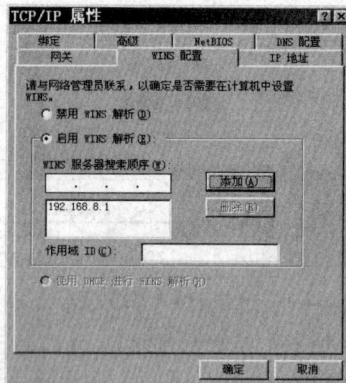

图 12.8 "网络"对话框   图 12.9 "TCP/IP 属性"对话框

2）Windows 2000/XP 中 WINS 客户端的设置

Windows 2000/XP 操作系统 WINS 的设置基本相同，下面，仅以 Windows XP 为例进行介绍。

（1）在"控制面板"中双击"网络连接"图标，显示"网络连接"窗口如图 12.10 所示。

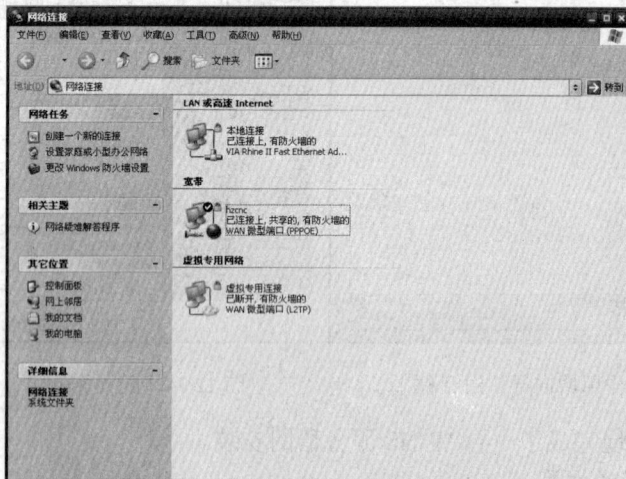

图 12.10 "网络连接"窗口

（2）选择"本地连接"图标，单击鼠标右键，在快捷菜单中选择"属性"，显示本地连接的属性框如图 12.11 所示。

（3）在"常规"选项卡中的"此连接使用下列选定的组件"列表中选择"Internet 协议

（TCP/IP）"组件，然后单击"属性"按钮打开"Internet 协议属性"对话框，单击"高级"按钮显示选择如图 12.12 所示的"高级 TCP/IP 设置"对话框。

图 12.11　本地连接的属性框

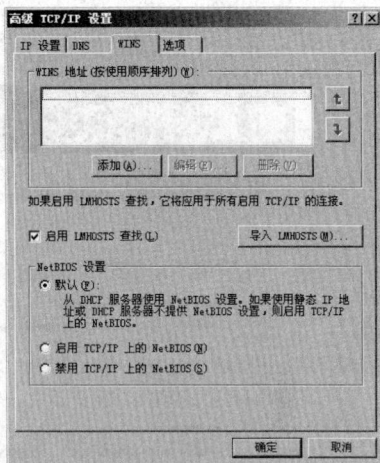

图 12.12　"高级 TCP/IP 设置"对话框

（4）单击"添加"按钮，显示"TCP/IP WINS 服务器"对话框如图 12.13 所示，在此对话框中输入 WINS 服务器的 IP 地址，单击"添加"按钮确认。

（5）最后单击"确定"按钮，并关闭"本地连接属性"对话框，即可将计算机设置为 WINS 客户端。

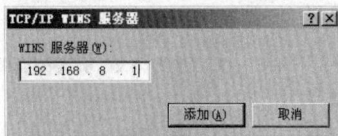

图 12.13　"TCP/IP WINS 服务器"对话框

12.2　静态映射的创建

WINS 客户端在 WINS 服务器上进行注册后，便可建立相互之间的通信关系。但是，如果一个网络中既有 WINS 客户端也有非 WINS 客户端，它们之间又如何建立通信关系呢？Windows Server 2003 系统的 WINS 服务器提供了两种解决方法：静态映射和 WINS 代理服务。其中，利用静态映射可以让 WINS 客户端找到非 WINS 客户端；而 WINS 代理服务则可以让非 WINS 客户端找到 WINS 客户端。当然，非 WINS 客户端之间也可以通过从 Lmhosts 文件或通过查询 DNS 服务器来添加和解析。

当 WINS 客户端要与非 WINS 客户端建立通信关系时，由于非 WINS 客户端并不会自动在 WINS 服务器中进行注册，因此 WINS 服务器的数据库中也就不会有这些非 WINS 客户端的计算机名和 IP 地址。当然，如果在同一网段，相互之间可以利用广播方式寻找，但是，如果不在同一网段，就不能利用广播查找了，因为广播信息是不能路由的，它无法从一个网段转发到另一个网段。

利用静态映射功能，可以将网络中非 WINS 客户端的计算机名和 IP 地址手动添加到 WINS 服务器的数据库中，这些通过手动添加进去的数据就称之为静态映射数据。当在 WINS 服务器的数据库中创建了静态映射数据后，非 WINS 客户端就能查询到它了。

（1）使用"配置您的服务器向导"成功添加 WINS 组件后，会在"管理您的服务器"窗口中显示"WINS 服务器"选项，或单击"开始"菜单"管理工具"下的"管理您的服务器"选项，也可以显示"管理您的服务器"窗口，如图 12.14 所示。

图 12.14 "管理您的服务器"窗口

（2）单击"管理此 WINS 服务器"按钮，或单击"开始"菜单"管理工具"下的 WINS 选项，显示 WINS 窗口如图 12.15 所示。

（3）在左侧树形列表中选择"活动注册"选项，如图 12.16 所示，右击并选择快捷菜单中的"新建静态映射"选项，显示"新建静态映射"对话框如图 12.16 所示。

（4）在"新建静态映射"对话框的"计算机名"和"IP 地址"后的文本框中分别输入一个非 WINS 客户端的计算机名和 IP 地址。"NetBIOS 作用域（可选）"一项一般不使用，而"类型"一项共有"唯一"、"组"、"域名"、"Internet 组"、"多主"几个选项，其中：

唯一：指计算机名与 IP 地址是一对一的关系。

组：指该静态映射数据是一个组。其中，WINS 服务器的数据库并不会存储该组内用户的信息（计算机名和 IP 地址），当 WINS 服务器收到非 WINS 客户端的请求时，将会给该客户端一个 255.255.255.255 的广播地址。

域名：指该静态映射数据是一个域控制器的组，其中"IP 地址"后面输入的应该是该组的域控制器的 IP 地址。

Internet 组：该组是一个用户自定义的组，利用该组可以将其他如打印机等资源组成一个组，以提供给客户端进行查询（访问）。一个 Internet 组中最多可以设置和存储 25 个地址。

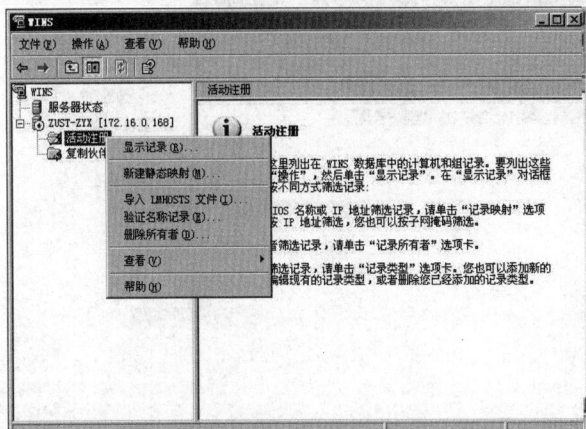

图 12.15　WINS 窗口

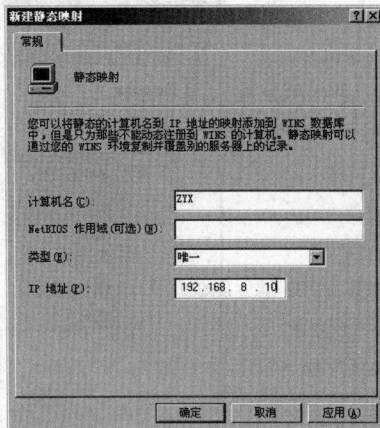

图 12.16　"新建静态映射"对话框

多主：指同一个计算机名可以对应多个 IP 地址，在 Windows Server 2003 中最多可以设置 25 个 IP 地址。这种方式用于在同一台计算机中安装了多块网卡的情况，以保证每块网卡能够拥有一个 IP 地址。这时，一个计算机可以对应多个 IP 地址。

（5）设置完成后，单击"应用"按钮。用同样的方法可以再添加其他非 WINS 客户端的数据。最后单击"确定"按钮返回 WINS 窗口。

至此，往 WINS 服务器添加了非 WINS 客户端的数据，WINS 客户端就可以通过查询 WINS 服务器数据库中的数据，解析出非 WINS 客户端的地址了。

12.3　WINS 配置的复制

在多网段网络中，不同网段的网络中一般都设置一个 WINS 服务器，用来为该网段中的 WINS 客户端提供注册和查询等服务，以解决同一网段中 WINS 客户端的通信问题。但是，这样不同网段间的 WINS 客户端无法建立通信关系。为了解决这个问题，最有效的办法就是在不同网段间的 WINS 服务器数据库之间进行复制，这样可以确保每一个 WINS 服务器中都有其他网段的 WINS 服务器数据库的记录，从而使任意网段的 WINS 客户端之间都能够进行通信。

（1）依次单击"开始"菜单"管理工具"下的 WINS 选项，显示 WINS 窗口如图 12.17 所示。

（2）右击左侧目录树中的"复制伙伴"，在弹出的快捷菜单中选择"新建复制伙伴"，会显示"新的复制伙伴"对话框如图 12.18 所示，在"WINS 服务器"文本框中输入另一台 WINS 服务器的名称；也可以单击"浏览"按钮查找 WINS 服务器。

（3）单击"确定"按钮，就返回 WINS 窗口，已经为该 WINS 服务器添加了另一台 WINS 服务器，如图 12.19 所示复制伙伴创建成功。

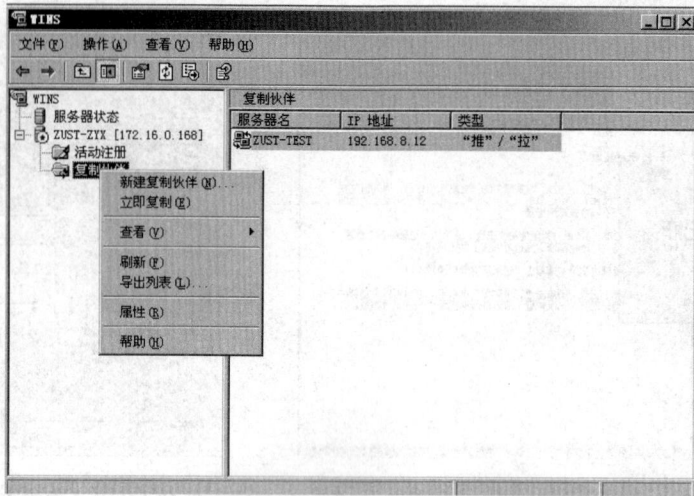

图 12.17　WINS 窗口

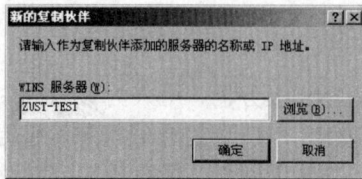

图 12.18　"新的复制伙伴"对话框

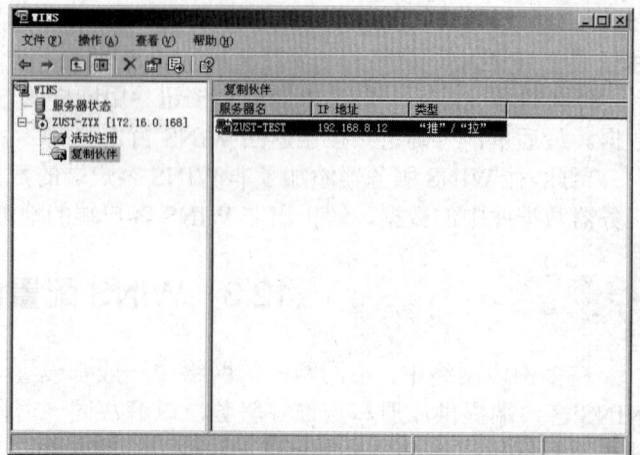

图 12.19　复制伙伴创建成功

（4）创建好复制伙伴后，就可以复制两个 WINS 服务器的数据库了，右击复制伙伴，如图 12.20 所示。在弹出的快捷菜单中有两种复制类型："开始'推'复制"和"开始'拉'复制"。

注意："开始'推'复制"表示立即将数据复制给对方的 WINS 服务器，这里是把自己的这台 WINS 服务器中的数据复制给 ZUST-TEST 这台 WINS 服务器；"开始"拉"复制"表示立即向对方 WINS 服务器要求复制数据，并进行复制操作，这里是向 ZUST-TEST 这台 WINS 服务器要求复制它的数据。

（5）图 12.20 所示的快捷菜单中选择"开始'推'复制"选项，显示"启动'推'复制"对话框如图 12.21 所示，并要求选择一种推复制方法。"仅为此伙伴启动"表示仅仅将数据复制到已选择的对方 WINS 服务器；"传播到所有伙伴"选项表示将数据复制到网络中所有与该 WINS 服务器建立复制伙伴的 WINS 服务器中。

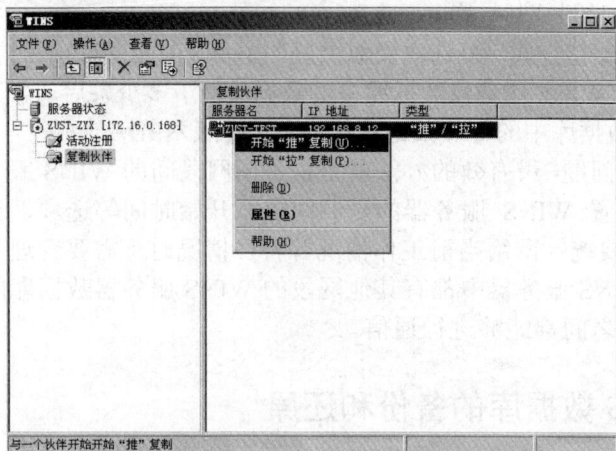

图 12.20　选择复制类型

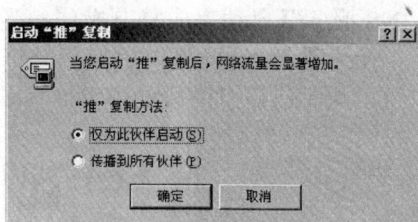

图 12.21　"启动'推'复制"对话框

（6）根据需要从"启动'推'复制"对话框中选择一种复制方法，如选择"仅为此伙伴启动"选项，单击"确定"按钮，显示提示框如图 12.22 所示，单击"确定"按钮，完成复制操作。

图 12.22　完成复制操作提示框

至此，用手工方式完成了 WINS 服务器之间的数据复制，随着 WINS 客户端的增加，手工方式复制费时费力，不可能经常手工复制 WINS 数据库。除了手工方式，可以通过设置 WINS 服务器，让 WINS 服务器自动完成复制操作。

在图 12.20 的弹出菜单中选择"属性"，显示"ZUST-TEST 属性"对话框如图 12.23 所示，如图选择"高级"选项卡。

复制伙伴类型：决定该 WINS 服务器复制伙伴类型是"推"、"拉"，还是"推/拉"。

"拉"复制：其中"为复制使用持续连接方式"用于确定在复制过程中是否与拉伙伴一起使用持续连接，如果使用持续连接，则当 WINS 服务器之间的复制完成后，将

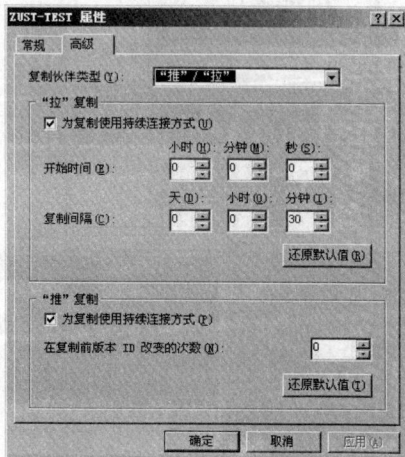

图 12.23　"ZUST-TEST 属性"对话框

保留该连接不中断，以便在下一次复制时直接使用该连接，从而避免了重新建立连接时的时间浪费和网络负担；"开始时间"用于设置每天开始进行复制的时间，建议在网络工作空闲时进行复制；"复制间隔"用于设置每隔多少时间复制一次。

"推"复制：其中"为复制使用持续连接方式"复选框类似"拉"复制中的相同选项，"在复制前版本 ID 改变的次数"用于设置当 WINS 服务器数据库中的数据改变了多少条后，才开始进行复制操作，其中，WINS 服务器数据库中的每一条记录都拥有一个版本 ID。

不同网段间的 WINS 客户端的通信问题，最有效的办法就是在不同网段间的 WINS 服务器数据库之间进行复制，一般情况下设置 WINS 服务器的复制间隔、开始时间等选项，让 WINS 服务器自动完成复制操作。当需要统计网络当前工作情况等特殊情况时，需要管理员手工操作复制。这样可以确保每一个 WINS 服务器中都有其他网段的 WINS 服务器数据库的记录，从而使任意网段的 WINS 客户端之间都能够进行通信。

12.4　WINS 数据库的备份和还原

在 WINS 服务器的使用过程中，可能会因意外情况造成数据损坏，为了数据的安全起见，需要对数据进行备份操作。一旦数据损坏，就可以利用备份的数据进行还原。

1. 数据库的备份

（1）在 WINS 窗口中，右击左侧列表框中的 WINS 服务器名称，弹出如图 12.24 所示的 WINS 服务器快捷菜单。

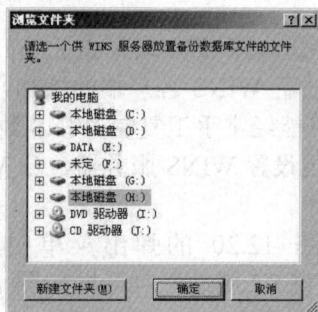

（2）选择弹出快捷菜单中的"备份数据库"选项，显示"浏览文件夹"对话框如图 12.25 所示，选择一个文件夹用来保存，也可以单击"新建文件夹"按钮建立一个新文件夹。

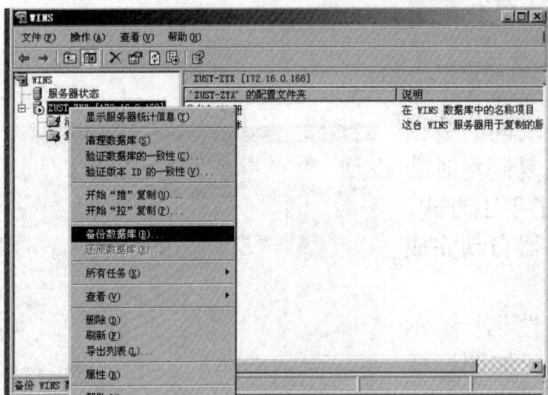

图 12.24　WINS 服务器快捷菜单　　　　　　图 12.25　"浏览文件夹"对话框

（3）单击"确定"按钮开始备份。备份时间一般很短，完成后显示 WINS 提示框如图 12.26 所示，表示数据库备份成功完成，单击"确定"按钮关闭该对话框即可。

2. 数据库的还原

（1）要还原 WINS 服务器数据库，首先必须停止 WINS 服务。右击 WINS 窗口左侧列表框中 WINS 服务器名称，依次选择"所有任务"下的"停止"选项，显示"正在停止"对话框，如图 12.27 所示表示正在停止 WINS 服务。

图 12.26　WINS 提示框

图 12.27　"正在停止"对话框

也可以在命令提示符下停止 WINS 服务。依次选择"开始菜单"下的"运行"，输入"CMD"后按 Enter 键，打开命令提示符窗口，输入"net stop wins"命令后按 Enter 键，显示停止 WINS 命令提示符窗口，如图 12.28 所示。

（2）WINS 服务停止后，右击 WINS 服务器名称，选择弹出的快捷菜单中的"还原数据库"选项，如图 12.29 所示。

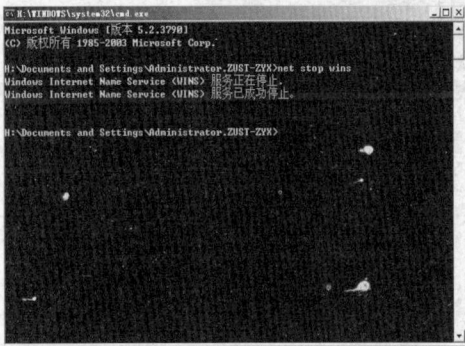

图 12.28　停止 WINS 命令提示符窗口

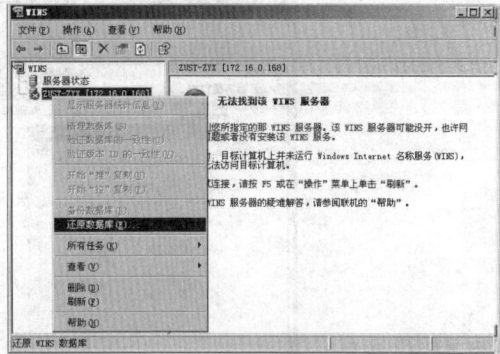

图 12.29　"还原数据库"选项

（3）选择图 12.29 所示的"还原数据库"选项后，弹出如图 12.30 所示的"浏览文件夹"对话框，选中原先备份的数据库文件夹。

（4）选择好原先备份数据库的文件夹后单击"确定"按钮，系统便会开始还原 WINS 服务并重新启动。还原完成后，显示 WINS 提示框如图 12.31 所示，单击"确定"按钮完成WINS 服务器数据库的还原。

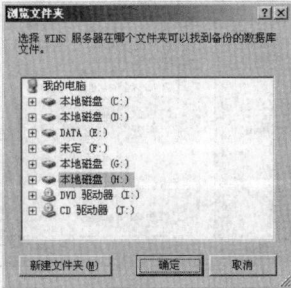

图 12.30　"浏览文件夹"对话框

图 12.31　WINS 提示框

12.5 查看服务器信息

可以在管理 WINS 窗口中，查看 WINS 服务器的数据库、WINS 服务器统计信息和 WINS 服务器的配置信息，并且可以很简单地更改这些信息。

1. 查看 WINS 服务器的数据库

（1）依次单击"开始"菜单"管理工具"下的 WINS 选项，显示 WINS 窗口。

（2）右击左侧目录树中的"活动注册"，如图 12.32 所示。

（3）在弹出的快捷菜单中选择"显示记录"选项，显示"显示记录"对话框如图 12.33 所示。可以通过记录映射、记录所有者和记录类型三种方式，筛选查找 WINS 服务器数据库中的记录。

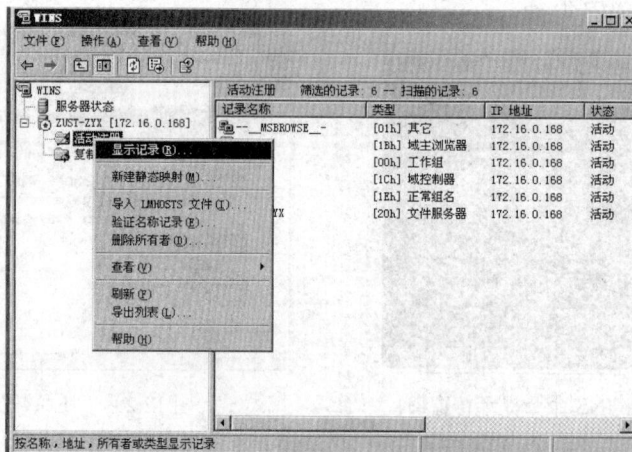

图 12.32 WINS 窗口"显示记录"选项

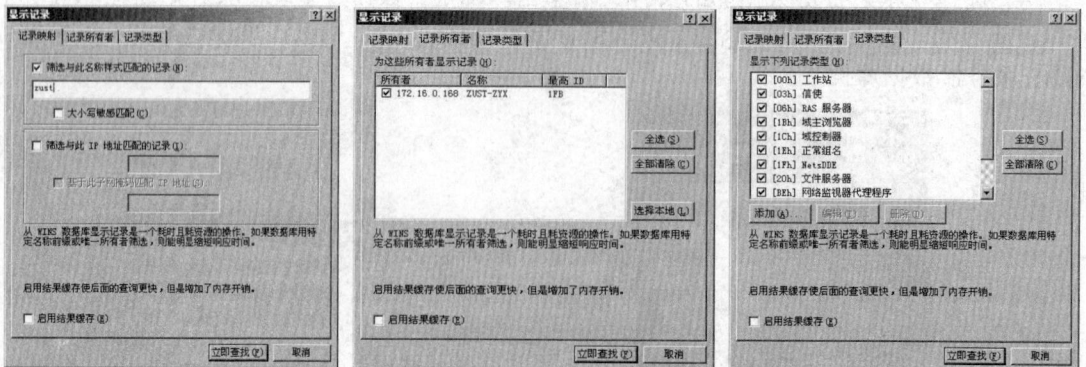

图 12.33 "显示记录"对话框

（4）如果要显示所有记录，直接单击"立即查找"按钮。显示 WINS 服务器数据库中所有记录，如图 12.34 所示。

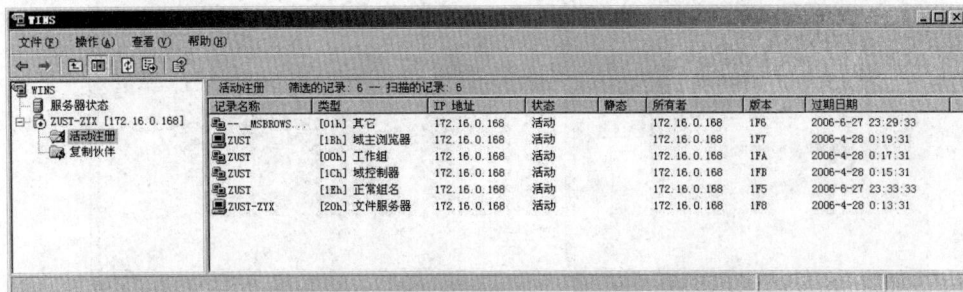

图 12.34　WINS 服务器数据库中的记录

2. 查看 WINS 服务器的统计信息

（1）依次单击"开始"菜单"管理工具"下的 WINS 选项，显示 WINS 窗口。

（2）右击左侧目录树中的服务器图标，显示弹出的快捷菜单如图 12.35 所示。

（3）选择弹出快捷菜单的"显示服务器统计信息"选项，弹出如图 12.36 所示的"WINS 服务器统计"属性框。

图 12.35　WINS 快捷菜单

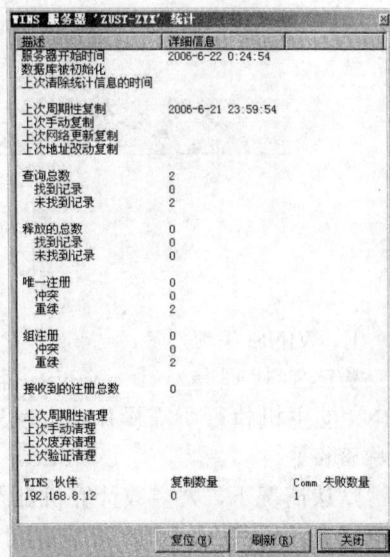

图 12.36　"WINS 服务器统计"属性框

3. 查看 WINS 服务器的配置信息

（1）依次单击"开始"菜单"管理工具"下的 WINS 选项，显示 WINS 窗口。

（2）右击左侧目录树中的服务器图标，显示弹出的快捷菜单如图 12.35 所示。

（3）选择弹出的快捷菜单的"属性"选项，弹出如图 12.37 所示的 ZUST-TEST 属性框。

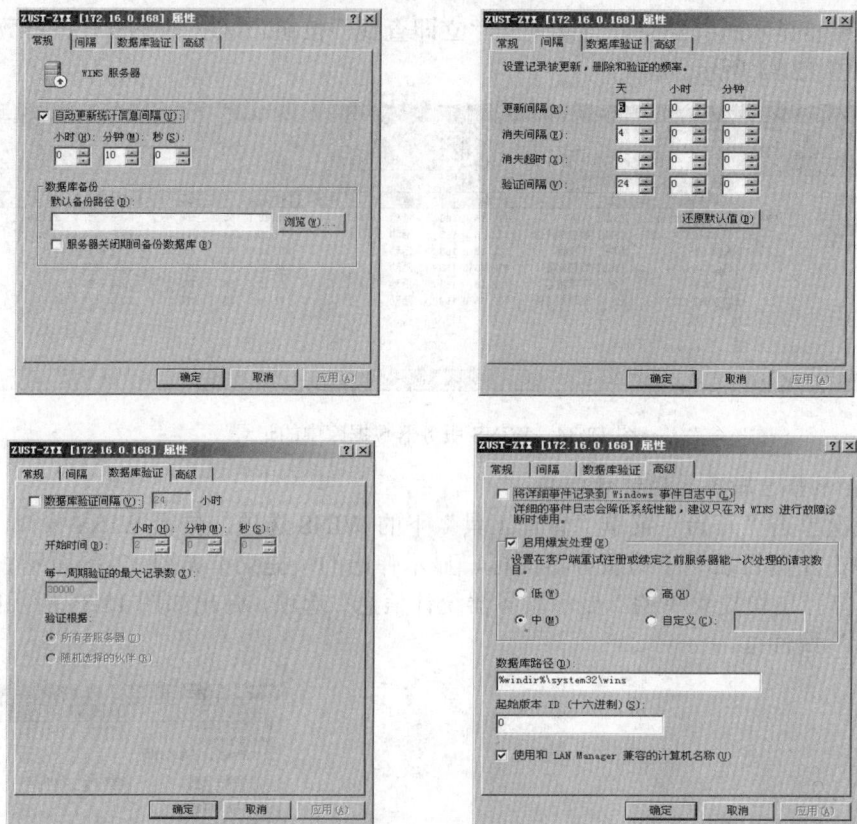

图 12.37　ZUST-TEST 属性框

12.6　知　识　拓　展

1．WINS 代理

WINS 代理是一个 WINS 客户端计算机，该计算机配置为代表其他不能直接使用 WINS 的主机执行所需操作。WINS 代理帮助解析路由 TCP/IP 网络上的计算机的 NetBIOS 名称查询。

默认情况下，大多数计算机都不能使用 WINS 名称广播来解析 NetBIOS 名称查询，以及在网络上注册其 NetBIOS 名称。可以配置一个 WINS 代理来代表这些计算机进行监听，并向 WINS 查询广播未解析的名称。

WINS 代理仅对于只包括 NetBIOS 广播（或 b 节点）客户端的网络有用或必要。对于大多数网络，一般都是启用 WINS 的客户端，因此不需要 WINS 代理。

WINS 代理是启用 WINS 的计算机，它监听 b 节点 NetBIOS 名称服务功能（名称注册、名称释放和名称查询），并且能对本地网络不使用的远程名称进行响应。代理直接与 WINS 服务器进行通信，以检索响应这些本地广播所需的信息。

2. WINS 代理如何解析名称

图 12.38 显示了将一台 WINS 代理（HOST-B）用于包含一个 b 节点客户端（HOST-A）的子网。

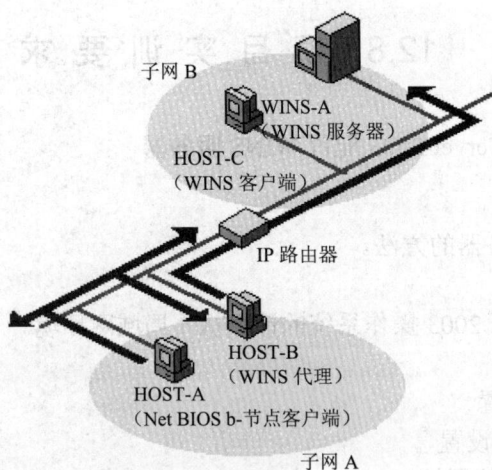

图 12.38　WINS 代理的客户端子网

在此示例中，WINS 代理使用下列步骤来解析该 b 节点计算机的名称：

HOST-A 向本地子网广播一个 NetBIOS 名称查询。

HOST-B 接受该广播，并在其缓存中检查合适的该 NetBIOS 计算机名到 IP 地址的映射。

HOST-B 处理该请求。如果 HOST-B 的缓存中有一个名称到 IP 地址的映射与 HOST-A 请求的映射相匹配，它就会将该信息返回给 HOST-A。如果没有，HOST-B 就会向 WINS 服务器查询 HOST-A 所请求的映射。

当 HOST-B 从它配置的 WINS 服务器（此示例中的 WINS-A）接收到所请求的名称到 IP 地址的映射时，会立即将该信息缓存起来。默认情况下，WINS 代理会将它在 WINS 中查询到的远程名称映射缓存 6min，但该时间可以设置最短为 1min。

然后，HOST-B 可以使用该映射信息来响应随后来自 HOST-A 或子网上其他 b 节点计算机的 NetBIOS 名称查询广播。

当 WINS 代理用来响应对多宿主客户端或包含 IP 地址列表的一组记录的查询时，只有第一个列出的地址返回到 b 节点客户端。

12.7　技　能　挑　战

任务：用 Windows Server 2003 配置 WINS 服务器。

要求：

（1）正确理解 WINS 的基本概念、组件以及工作原理。

（2）正确进行 TCP/IP 上的高级设置。

（3）能够正确设置服务器的属性。

（4）能够正确管理相应的 WINS 数据库。

12.8 项 目 实 训 要 求

实训 用 Windows Server 2003 配置 WINS 服务器

［实训目的］

掌握配置 WINS 服务器的方法。

［实训环境］

装有 Windows Server 2003 操作系统的计算机，局域网环境。

［实训内容］

1．WINS 服务器配置

2．TCP/IP 上的高级设置

3．正确设置服务器的属性

［实现过程］

［实训总结］

［实训思考题］

1．如何启用 WINS 服务器的推/拉复制功能？

2．如何有效地管理 WINS 数据库？

第 13 章　Windows Server 2003 中的终端服务器

☆ **预备知识**

（1）终端

（2）许可证

（3）网络管理

（4）Windows Server 2003 中的服务器

☆ **技能目标**

（1）掌握 Windows Server 2003 中终端服务器的安装

（2）掌握 Windows Server 2003 管理远程桌面的实现

（3）掌握终端服务器许可证服务器

（4）理解终端服务器和远程桌面的异同点

☆ **项目案例**

中国建设银行某省分行（以下简称某省建行）下辖 10 个地市行和 300 多个网点，由于日常业务繁忙，且企业机构的地理位置分散，各地市行 IT 人员很缺乏，现有模式下大量分散的客户端对整个信息系统造成了极大的安全隐患。例如：一台客户端被病毒感染就可能在整个系统中传播，从而感染其他客户端和服务器，而省行的维护人员很难及时了解地市行的系统状况并进行支持。

某省建行考虑在全省范围内采用创新的 Windows Server 2003 终端服务模式向全省建行用户提供日常办公服务，员工的客户端全部采用 WBT（Windows Based Terminal，网络视窗终端，又称为瘦终端）。这种模式的采用极大减轻了企业信息系统所面临的安全风险，提高了系统的安全性。终端服务模式下，因为 WBT 的存储为只读模式，终端被病毒感染的几率大大减少，IT 人员只需要集中精力对系统服务器进行安全管理就可以了。

13.1　Windows Server 2003 终端服务基础

Windows Server 2003 通过终端服务的技术，可以提供以下两大功能。

（1）远程桌面管理。这个功能让系统管理员可以远程管理网络与计算机，此功能已经内含在 Windows Server 2003 内，不需要另外安装，不过每一台计算机最多只允许 2 位系统管理员来连接（它就是旧版终端服务器中的"远程管理模式"）。

（2）多人同时执行终端服务器内的应用程序。在 Windows Server 2003 内安装了终端服务器的组件后，就可以在这台终端服务器内安装应用程序，这些应用程序可以让网络上的多个用户来同时执行，而且这些用户的计算机可以是 Windows Me/98/95、Windows NT/2000、Windows XP、Windows Server 2003 等。

终端服务通过"瘦客户端"软件（该软件允许客户端计算机作为终端模拟器）提供了对 Microsoft Windows 桌面的远程访问。终端服务仅把程序的用户界面传输到客户端，然后客户端将返回键盘动作和鼠标单击事件，以便由服务器处理。每个用户登录后只能看到自己的会话，该会话由服务器操作系统进行管理（用户不可见），而且独立于任何其他客户端会话。要通过终端服务连接到计算机上，请使用远程桌面连接（新的终端服务客户端）。

终端服务器通过终端服务技术提供了一种有效和可靠的方法来依靠网络服务器分发基于 Windows 的程序。只需在一点安装终端服务器，即可允许多个用户访问运行 Microsoft Windows Server 2003 家族操作系统之一的计算机桌面，并且可以运行程序，保存文件和使用网络资源。在默认情况下没有安装终端服务器。

终端服务器使用自己的方法为登录到终端服务器的客户端授权，这一授权方法不同于为运行 Windows Server 2003 家族操作系统之一的客户端授权的方法。客户端必须接收到由许可证服务器颁发的有效许可证，才能登录到终端服务器。有关"终端服务器授权"的详细信息，请参阅终端服务器授权。

终端服务连接提供了可使客户端登录到服务器会话的连接。安装终端服务时，端口 3389 上将配置一个 TCP/IP 连接。通过使用终端服务配置，可以更改连接的默认属性，以及应用于终端服务会话的其他设置。

安装终端服务器后，虽然可以供多人同时执行位于终端服务器内的应用程序，但是只有 120 天的使用期限，终端服务器在 120 天会拒绝用户来连接，除非网络内有一台已经被激活的"终端服务器授权服务器"，并且取得足够的授权连接数量，也就是说，120 天后，用户必须经过"终端服务器授权服务器"的授权后，才可以连接终端服务器。可以利用安装"终端服务授权"服务来建立"终端服务器授权服务器"。

13.2 Windows Server 2003 管理远程桌面

13.2.1 远程桌面基础

大家是不是有的时候需远程调用服务器中的数据或程序，甚至要配置服务器，或远程关闭（重启）服务器，那就要试一试 Windows Server 2003 中的远程桌面，它强大的功能一定会让读者感到非常满意。

远程桌面是微软公司为了方便网络管理员管理维护服务器而推出的一项服务。从 Windows 2000 Server 版本开始引入，网络管理员使用远程桌面连接程序连接到网络中任意一台打开了远程桌面控制功能的计算机上，就好比自己操作该计算机一样，运行程序、维护数据库等。远程桌面从某种意义上类似于早期的 TELNET，它可以将程序运行等工作交给服务器，而返回给远程控制计算机的仅仅是图像、鼠标键盘的运动变化轨迹。

远程桌面 Web 连接是 ActiveX 控件，该控件实际上提供了与完整终端服务客户端相同的功能，但它旨在通过 Web 传递该功能。嵌入网页时，即使用户的计算机上并未安装完整的远程桌面连接客户端，远程桌面 Web 连接也可以作为与终端服务器连接的客户端会话的宿主。

13.2.2　Windows Server 2003 管理远程桌面的实现

1．远程桌面服务器的设置

（1）打开控制面板中的系统，或者右击我的电脑，在弹出的快捷菜单中选"属性"选项，显示"系统属性"对话框如图 13.1 所示。

（2）在"远程"选项卡上，选中或清除"允许用户远程连接到这台计算机"复选框。单击"选择远程用户"，显示"远程桌面用户"对话框如图 13.2 所示，在这里可以添加能够远程连接并控制本服务器的用户。

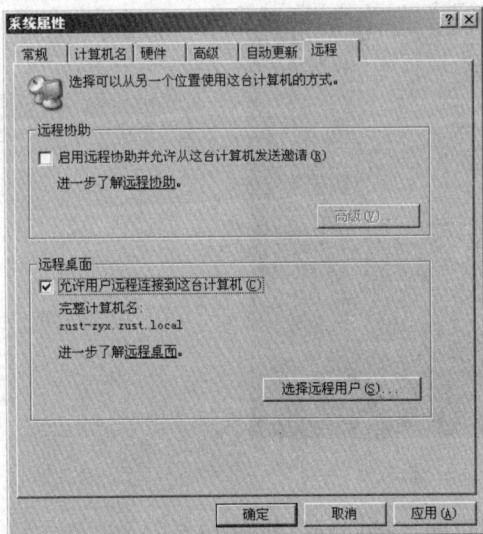

图 13.1　"系统属性"对话框　　　　图 13.2　"远程桌面用户"对话框

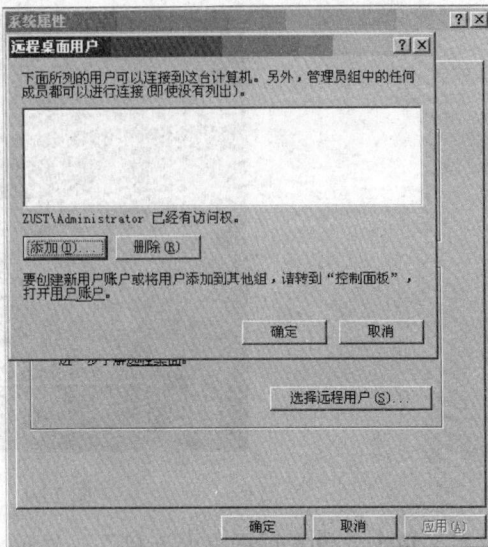

通过这么简单的两步，就设置好了远程桌面的服务端了，也就是说，远程的计算机就可以连接控制这台服务器，只要有足够的权限，就像在本地操作服务器一样。

2．客户端的设置

服务器端设置了可供远程访问之后，还要对访问的客户端进行必要的设置。这部分知识见"5.3 远程管理的配置与实现"。

如果客户端使用的是 Windows 9x/ME/2000 系统，那么还要安装远程控制桌面的客户端连接程序。

插入 Windows Server 2003 的安装光盘，显示安装欢迎界面如图 13.3 所示。

单击"执行其他任务"，显示界面如图 13.4 所示。

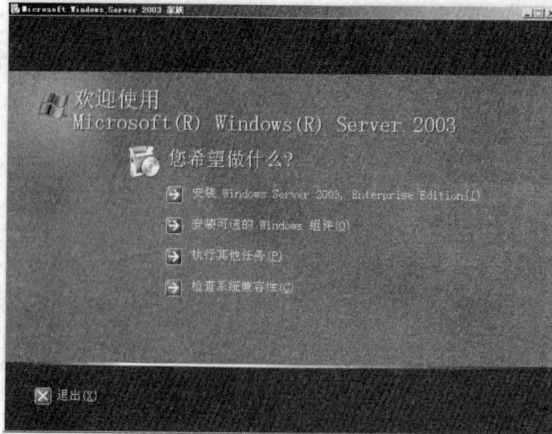

图 13.3　安装欢迎界面

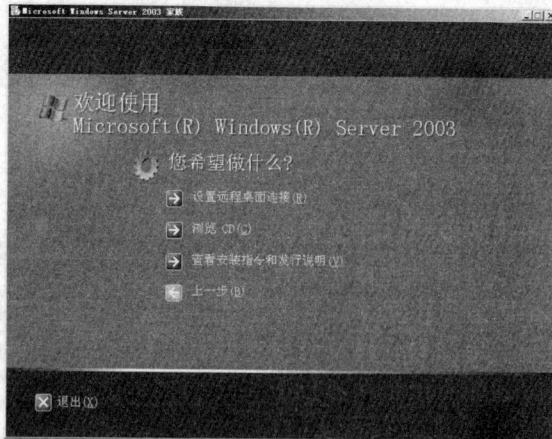

图 13.4　执行其他任务

（1）单击"设置远程桌面连接"，显示"远程桌面连接向导"如图 13.5 所示。

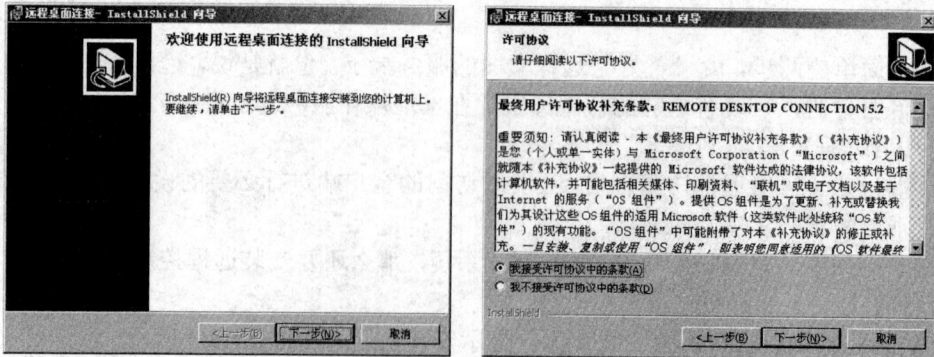

图 13.5　远程桌面连接向导

（2）一直单击"下一步"，如图 13.6 所示，完成远程桌面连接的安装。

图 13.6　完成桌面连接

安装完成后，在"开始"→"程序"→"附件"→"通信"一栏中会发现多出"远程桌面连接"一项。这样，就可以用上面同样的方法建立起和远程服务器的连接了。

如果经常更换工作的计算机（比如要经常出差在外，还要管理公司的服务器），又觉得经常安装"远程桌面连接"客户端程序太过烦琐，能不能不用这么麻烦？回答是肯定的，这个就是远程桌面的"远程桌面 Web 连接"，利用现在每台机器上几乎都有的浏览器（Windows 中，当然还是 IE 比较流行）来当这个"远程桌面连接"客户端程序。远程桌面 Web 连接是 ActiveX 控件，该控件实际上提供了与完整终端服务客户端相同的功能，但它旨在通过 Web 传递该功能。

远程计算机要通过浏览器连接控制服务器，要对被控制的服务器做一些配置，也就是要开通服务器的远程桌面 Web 连接功能。

打开"控制面板"→"添加或删除程序"→"添加或删除 Windows 组件"→"应用程序服务器"→"详细信息"→"Internet 信息服务（IIS）"→"详细信息"→"万维网服务"→"详细信息"，勾选"远程桌面 Web 连接"，如图 13.7 所示。

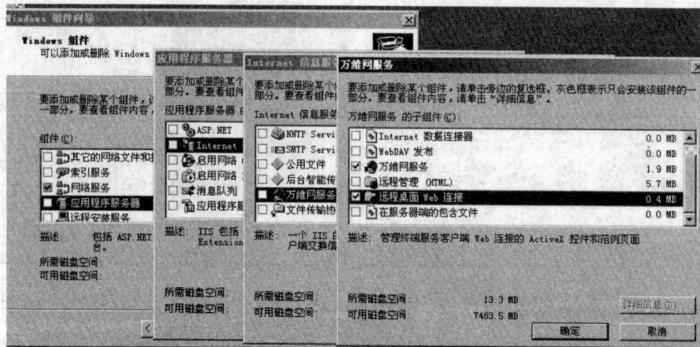

图 13.7　添加远程桌面 Web 连接

单击 3 次"确定"后，就开通了服务器的远程桌面 Web 连接功能，打开"控制面板"→

"管理工具"→"Internet 信息服务（IIS）管理器"，如图 13.8 所示，默认网站下自动添加了一个名为 tsweb 的虚拟目录。

经过简单地 IIS 设置，这里右击"默认网站"，在弹出的快捷菜单中选择"属性"选项，弹出如图 13.9 所示的"默认网站属性"对话框，设置 IIS 服务器的 IP 地址。

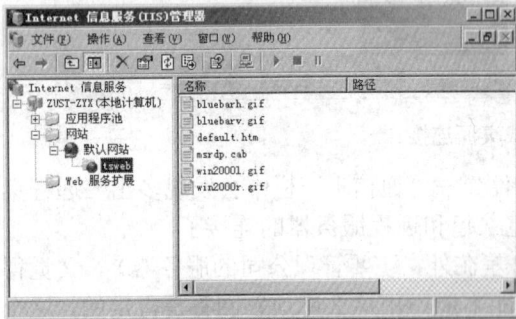

图 13.8　装好远程桌面 Web 连接后的 IIS

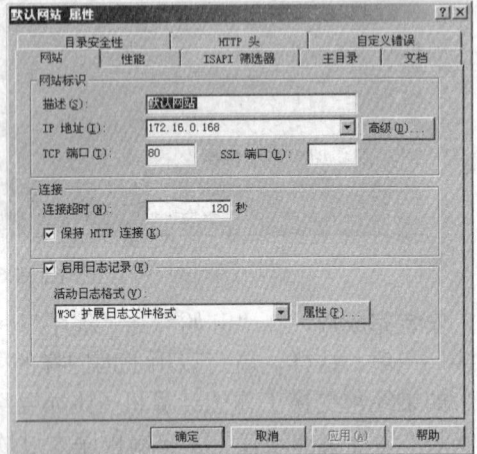

图 13.9　"默认网站 属性"对话框

至此，设置了服务器端的远程桌面 Web 连接功能，客户端计算机要登录服务器，就不需要用专门的客户端软件了。以刚才的设置为例，客户端计算机只需在浏览器的地址栏输入"http://172.16.0.168"，即可打开如图 13.10 所示的网页，若是第一次在本客户端使用，会要求下载 ActiveX 控件，弹出如图 13.11 所示的对话框，单击"是"即可。

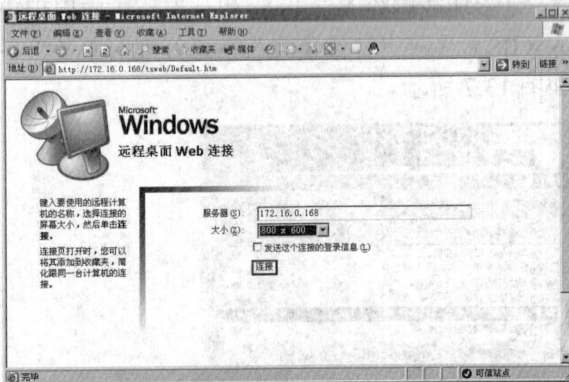

图 13.10　连接远程桌面的网页

图 13.11　第一次使用要求下载 ActiveX 控件的对话框

在图 13.10 连接远程桌面的网页中，"服务器"后的文本框中输入服务器名或者服务器的 IP 地址，在"大小"后的下拉列表中选择远程桌面的分辨率，如果选择"全屏"，远程桌面会在客户端全屏显示，否则远程桌面会显示在浏览器中，单击"连接"按钮或者按 Enter 键，即可看到如图 13.12 所示的登录窗口。

图 13.12　登录窗口

输入用户名与密码即可进入远程桌面，其他就如使用本地机一样。若要退出，请选择"注销"，若一会儿后还要进入，请选择"断开"，再进入时方法同前。当然如果权限足够大，还可选择"重新启动"、"关机"。

注意：在使用时，不要直接关掉"远程桌面 Web 连接"的浏览器窗口，否则远程桌面相当于"断开"，并未注销。

13.3　Windows Server 2003 终端服务器

13.3.1　Windows Server 2003 终端服务器基础

终端服务仅仅存在于 Windows 2000 Server 版和 Windows Server 2003 中，其他系统不存在此组件。终端服务默认情况下是不安装在操作系统中的，需要时通过添加删除 Windows 组件来安装。终端服务起到的作用就是方便多用户一起操作网络中打开终端服务的服务器，所有用户对同一台服务器操作，所有操作和运算都放在该服务器上。

13.3.2　Windows Server 2003 终端服务器

终端服务是 Windows Server 2003 系统内置的服务组件之一，但在 Windows Server 2003 系统中默认没有安装终端服务，因此，如果要在网络内实现终端服务，就必须采用添加安装的方式安装该服务。

（1）在"控制面板"中双击"添加或删除程序"图标，在打开的窗口左侧单击"添加/删除 Windows 组件"按钮，打开"Windows 组件向导"对话框。

（2）在"组件"列表中找到并勾选"终端服务器"复选框，如图 13.13 所示。

（3）如果出现如图 13.14 所示的警告消息框，单击"是"，因为默认情况下 Windows Server 2003 浏览器的安全级别设置过高，容易造成终端服务用户权限被限制。

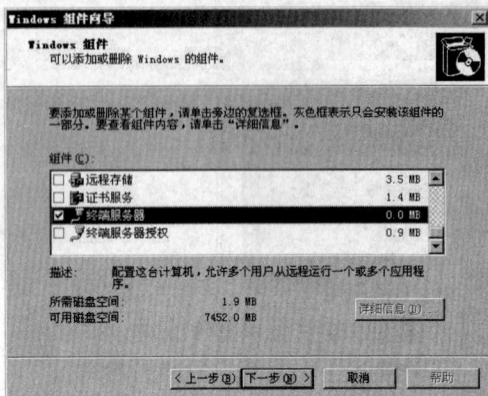

图 13.13　Windows 组件向导

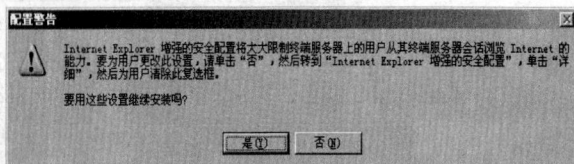

图 13.14　配置警告消息框

（4）依次单击"下一步"按钮开始配置和安装终端服务。最后单击"完成"按钮完成安装。

除了可以使用 Windows 组件向导安装终端服务以外，还可以通过"配置您的服务器向导"来安装终端服务器。

（1）打开"管理您的服务器"窗口，单击"添加或删除角色"超级链接，显示"配置您的服务器向导"对话框。

（2）单击"下一步"按钮，计算机开始自动检测，并显示"配置选项"对话框。选择"自定义配置"单选按钮，将该计算机配置为终端服务器。需要注意的是，如果该计算机已经安装有活动目录或 DNS 服务器，将不会再显示该对话框。

（3）单击"下一步"按钮，显示"服务器角色"对话框。在"服务器角色"列表中列出了所有可以安装的服务器。大部分服务的安装和卸载都可以在该对话框中进行选择。

（4）选中"终端服务器"选项，然后单击"下一步"按钮，显示"选择总结"对话框，用来查看并确认所选择的选项。

（5）单击"下一步"按钮，显示"正在配置组件"对话框，如果系统提示 Windows Server 2003 安装盘放入光驱，放入光盘后单击"确定"按钮，安装完成前会弹出一个提示需要重新启动计算机的消息框，这里选择"是"重启计算机后，显示成功设置终端服务器对话框。

（6）单击"完成"按钮，关闭配置服务器向导，显示"管理您的服务器"窗口。可以在此对话框中对终端服务进行相应的设置。

在使用终端服务之前，还需要对它进行一些设置，为了服务器的安全，尤其是要对客户端权限进行设置。

（1）单击"打开终端服务器配置"，显示"终端服务器配置"窗口如图 13.15 所示。

（2）右击 RDP-Tcp 选项，在弹出的快捷菜单中选择"属性"，打开如图 13.16 所示的

"RDP-Tcp 属性"对话框。

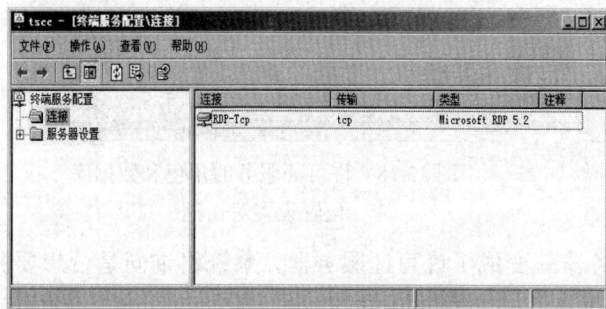

图 13.15 "终端服务器配置"窗口

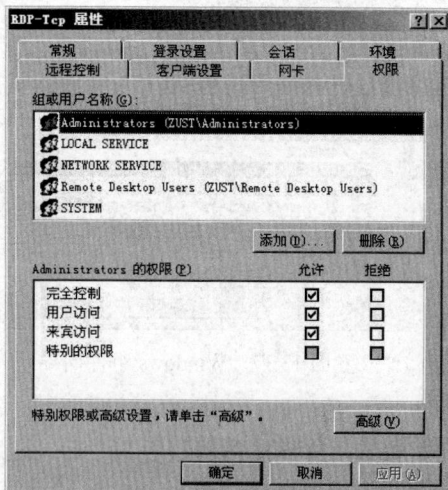

图 13.16 "RDP-Tcp 属性"对话框

对 RDP-Tcp 属性进行一些设置以后,就建好了一个终端服务器,所有经过授权的计算机都可以在网络内对这些服务器进行操作了。

13.3.3 安装终端服务器许可证服务器

安装终端服务器后,虽然可以供多人同时执行位于终端服务器内的应用程序,但是只有120 后天的使用期限,终端服务器在 120 天后会拒绝用户来连接,除非网络内有一台已经被激活的"终端服务器授权服务器",并且取得足够的授权连接数量,也就是说,120 天后,用户必须经过"终端服务器授权服务器"的授权后,才可以连接终端服务器。

所以,Windows Server 2003 终端服务器环境中必须至少存在一个 Windows Server 2003 许可证服务器。对于小型网络,将终端服务器和终端服务器授权同时安装在同一台计算机上是可接受的。但是对于较大的网络,建议将终端服务器授权安装在单独的服务器上。

若要成为许可证服务器,必须先安装终端服务器授权,使用终端服务器授权激活许可证服务器。Windows Server 2003 系统中默认没有安装终端服务器授权,因此,如果要在网络内实现终端服务器授权,就必须采用添加安装的方式安装该服务。

(1)在"控制面板"中双击"添加或删除程序"图标,在打开的窗口左侧单击"添加/删除 Windows 组件"按钮,打开"Windows 组件向导"对话框。

(2)在"组件"列表中找到并勾选"终端服务器授权"复选框,如图 13.17 所示。

(3)单击"下一步",出现如图 13.18 所示的许可证服务的角色和数据库位置设置对话框。

(4)选择相应的选项后,单击"下一步"按钮开始配置和安装终端服务,最后单击"完成"按钮完成安装。

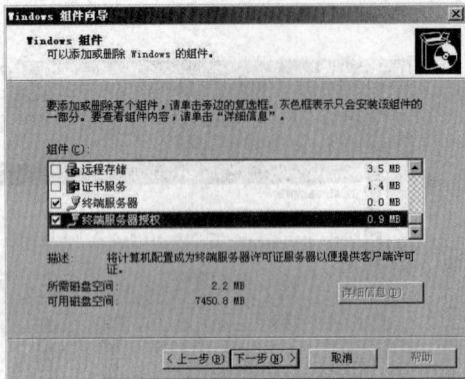

图 13.17　Windows 组件向导

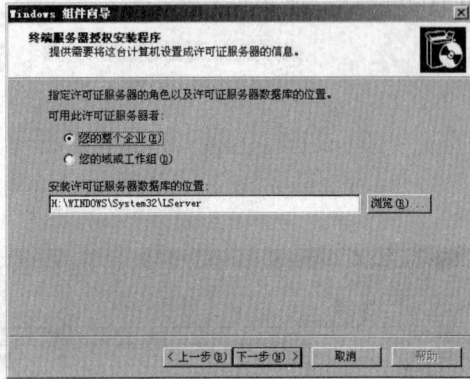

图 13.18　许可证服务的角色和数据库
位置设置对话框

安装"终端服务器授权"之后，该服务器就变成了许可证服务器，系统将询问是否想要激活该许可证服务器。强烈建议激活该许可证服务器。Windows Server 2003 上的终端服务器在运行 120 天后，必须发现已激活的许可证服务器。

（1）单击"开始"菜单，选择"管理工具"下的"终端服务器授权"选项，显示"终端服务器授权"窗口如图 13.19 所示。

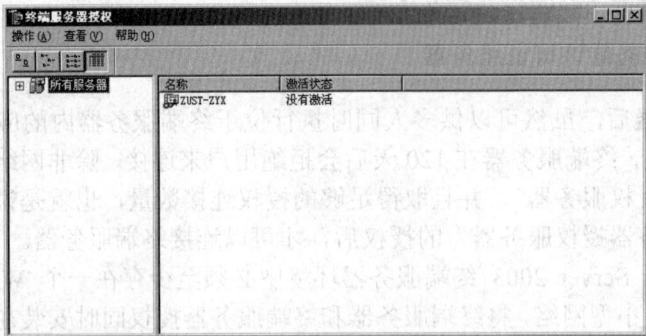

图 13.19　"终端服务器授权"窗口

注意：如果上面的终端服务器授权没有正确安装，则弹出如图 13.20 所示的消息框。

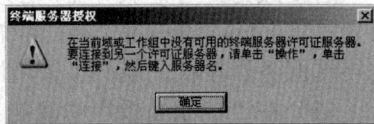

（2）在左侧控制台目录树中，展开"所有服务器"项，右击要激活的许可证服务器，如图 13.21 所示。

图 13.20　提示安装终端授权的消息框

（3）在弹出的快捷菜单中选择"激活服务器"项，显示"终端服务器许可证服务器激活向导"对话框，如图 13.22 所示。

（4）单击"下一步"按钮，显示"连接方法"对话框如图 13.23 所示。在"激活方法"栏中选择最佳的激活方法。这里一般使用默认的"自动连接"激活方法，此时需要连上因特网，显示进度对话框，自动查找微软的激活服务器。

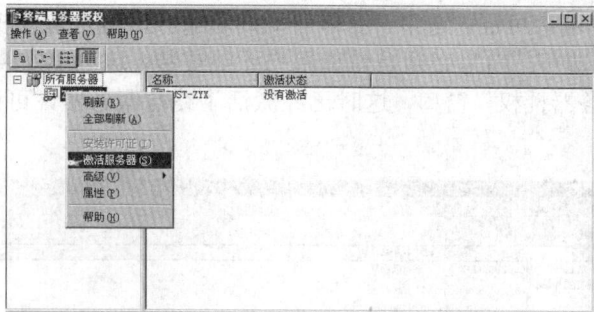

图 13.21　右击要激活的许可证服务器

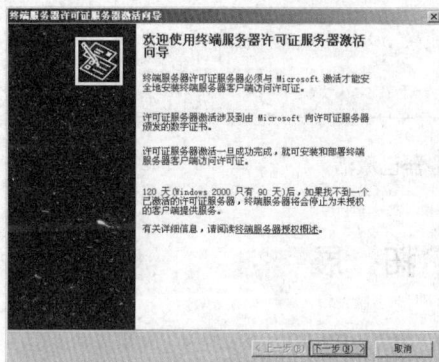

图 13.22　"终端服务器许可证服务器激活向导"对话框

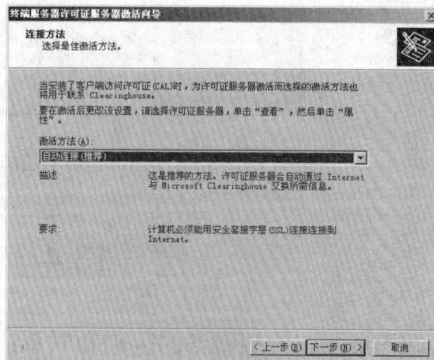

图 13.23　"连接方法"对话框

单击"下一步"按钮，显示"公司信息"对话框如图 13.24 所示，在相应的文本框内输入信息。

（5）单击"下一步"按钮，显示"正在完成终端服务器许可证服务器激活向导"对话框，如图 13.25 所示，几秒钟后，系统提示已成功激活许可证服务器。

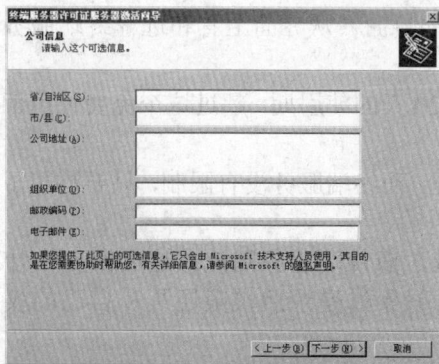

图 13.24　"公司信息"对话框

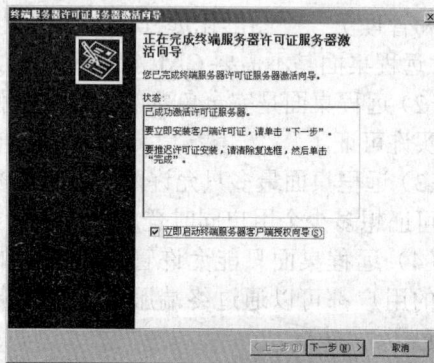

图 13.25　"正在完成终端服务器许可证
服务器激活向导"对话框

若要继续安装客户端许可证，选中"立即启动终端服务器客户端授权向导"复选框后，单击"下一步"按钮安装即可。因为必须是付费用户才能安装，这里不安装客户端许可证，单击"取消"返回"终端服务器授权"窗口，这时已经激活了终端服务器许可证服务器，如图 13.26 所示。

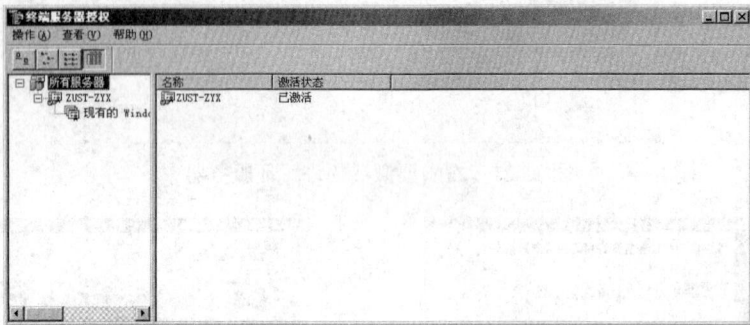

图 13.26　许可证服务器已激活

13.4　知　识　拓　展

远程桌面与终端服务的区别和联系：

首先来看看相同点，它们都是 Windows 系统的组件，都是由微软公司开发的。通过这两个组件可以实现用户在网络的另一端控制服务器的功能，操作服务器，运行程序就好像操纵自己本地计算机一样简单，速度也非常快。

不过这两个组件的区别也是非常明显的：

（1）远程终端服务允许多个客户端同时登录服务器，不管是设备授权还是用户授权都需要 CAL 客户访问授权证书，这个证书是需要向微软公司购买的；而远程桌面管理只是提供给操作员和管理员一个图形化远程进入服务器进行管理的界面（从界面上看和远程终端服务一样的），远程桌面是不需要 CAL 许可证书的。

（2）远程桌面是完全免费的，而终端服务只有 120 天的使用期，超过这个免费使用期就需要购买许可证了。

（3）远程桌面最多只允许两个管理员登录的进程，而终端服务没有限制，只要购买了足够的许可证想多少个用户同时登录一台服务器都是可以的。

（4）远程桌面只能允许管理员权限的用户登录，而终端服务则没有这个限制，什么样权限的用户都可以通过终端服务远程控制服务器，只不过登录后权限还是和自己的权限一致而已。

总结：明白了远程桌面和终端服务的打开方法和相同与不同后就需要根据公司的实际需求进行选择了。可能有的读者会说既然远程桌面是免费的，终端服务需要购买许可证，干脆都用远程桌面不就完了吗？实际上在区别的第 4 点中已经介绍了，远程桌面只能让有管理员权限的用户使用，一般权限的账户无法登录。而终端访问则没有这个限制；而且远程桌面只能允许同时 2 人登录操作服务器，终端访问也没有这个限制。这两点区别决定了当服务器需要同时超过 2 人以及需要非管理员权限的用户管理时必须使用终端服务。

13.5　技　能　挑　战

任务：用 Windows Server 2003 配置终端服务器，实现某省建行的服务。
要求：
（1）整体架构如图 13.27 所示。
（2）使省行和地市行部署在同一个域环境内和网络架构中。在终端服务器群组方面，除省行和个别地市行采用硬件负载均衡外，其余地市行均采用 Windows Server 2003 内嵌的负载均衡。
（3）省行和地市行文件服务器均采用 Windows Server 2003 集群，文件服务器采用光纤存储。
（4）在这种情况下，终端用户的漫游配置文件（Roaming Profile）和数据文件都存放在文件服务器上。

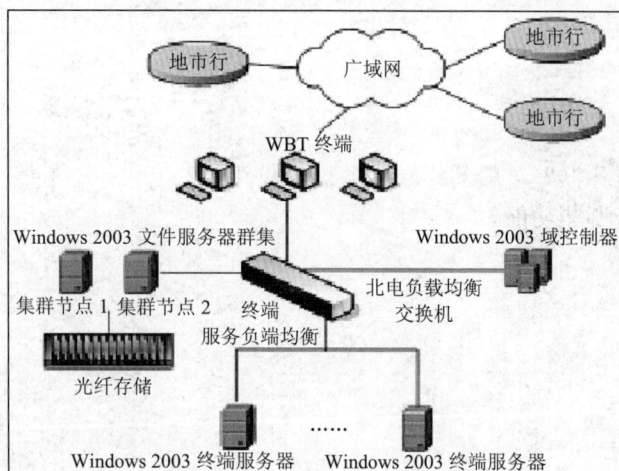

图 13.27　某省建行终端服务器整体架构

13.6　项　目　实　训　要　求

实训　终端服务器的架设

[**实训目的**]
掌握架设终端服务器的方法。

[实训环境]

装有 Windows Server 2003 操作系统的计算机，局域网环境。

[实训内容]

1. 终端服务器架设
2. 终端服务器的配置
3. 安装和配置客户端
4. 学会使用终端服务管理器

[实现过程]

[实训总结]

[实训思考题]

1. 什么叫终端服务器？一般的终端服务器分成几种？
2. 终端服务器有哪些功能？

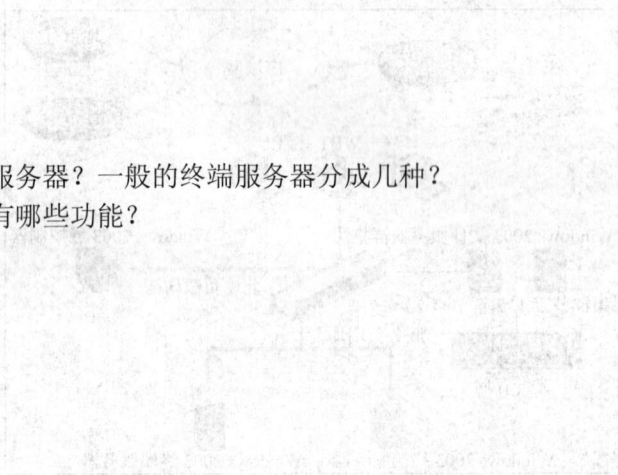

第 14 章　Windows Server 2003 中的远程访问/VPN 服务器

☆ **预备知识**
（1）远程访问概述
（2）实现远程访问服务
（3）远程访问策略

☆ **技能目标**
（1）熟练掌握 Windows Server 2003 中的网络配置方法
（2）掌握配置远程访问与路由中的路由配置

☆ **项目案例**

当公司的业务代表或经理出外洽谈生意的时候，如果需要一份重要文件，只能让公司内部的工作人员通过 E-mail 或传真发过来，但如果是在晚上，或周末，公司放假，没有人能够迅速反应，可能就要耽误一大笔生意。现在有了 Windows Server 2003 的远程访问服务，一切问题就迎刃而解了。Windows Server 2003 的远程服务可以实现公司员工即使在外地出差，也可以通过电话或 Internet 拨号连接到公司的服务器上，读取所需要的信息，这样就可以保证 7*24 小时的信息快捷与有效性。

14.1　远程访问概述

远程访问服务（RAS，Remote Access Service）理解起来并不困难，可以通过例子来进行解释：上网需要拨号，当通过电话线拨号到 163 或 263 等 ISP 时，那就是远程访问，而 ISP 即为用户提供了远程访问服务。所以远程访问是指客户端利用某种广域网技术，通过某种远程连接方式（如 Modem+电话线）登录到公司本地局域网中。远程访问服务主要应用在为那些没有条件与本地网络直接相连的用户提供接入服务。

Windows Server 2003 服务器内提供的远程网络服务有不少新增的特点：首先，远程访问服务可以和 Windows Server 2003 Active Directory 集成在一起，作为 Windows 2000 域的一部分；其次，提供更可靠的安全控制（如 MS-CHAP V2、可扩展的身份验证协议、RADIUS 客户、账户锁定等），更方便的管理手段（如路由和远程访问管理、带宽分配协议、远程访问策略），更多的远程服务协议（如支持第二层隧道协议、支持 AppleTalk Macintosh 客户端远程访问、转发 IP 多播通信）。

Windows Server 2003 的远程访问的客户端与本地的客户端的操作相比，只是接入方式不同而已，客户使用标准工具（Windows 资源管理器）访问资源。Windows Server 2003 的远程访问服务器，是作为"路由和远程访问"服务的一部分，可以提供两种不同的远程访问连接方式，一种是拨号连接，另外一种是虚拟专用网络 VPN（ Virtual Private Network）。

14.1.1 远程访问的方式

1. 拨号连接

拨号连接需要通过拨号网络，拨号网络有 PSTN 公用交换电话网络、V.92、ISDN 综合业务数字网和 ADSL 非对称数字用户线路。常见的通过电话线+Modem 方式就是这种连接方式。此方式下，远程客户端使用非永久的物理连接，连接到远程访问服务器的物理端口上。一旦建立连接后，拨号网络客户端和拨号网络服务器之间就有了直接的物理连接。

2. 虚拟专用网络 VPN（Virtual Private Network）

虚拟专用网络 VPN 是远程客户端使用基于 TCP/IP 协议的专门的隧道协议（如 PPTP、L2TP），通过虚拟专用网络服务器的虚拟端口，穿越其他网络（如 Internet），实现一种逻辑上的直接连接。常见的虚拟连接的例子是，异地员工通过拨号网络连接到当地的IAP，经由 Internet 连入公司的远程访问服务器，此服务器应答客户端的虚拟呼叫，在客户端和公司内部的局域网之间传递数据，就像在 Internet 上打了个隧道。

14.1.2 拨号网络的连接方式

1. PSTN 公用交换电话网络

PSTN（Public Switched Telephone Network）就是日常生活中接触到最多的电话网络，它是一个主要为语音通信服务的线路交换网络。PSTN 并不是数字网络，因而在它上面传输的数字信号必须经过调制转换成模拟信号，所以受最大频率（56Kb/s）的限制。通过 PSTN 的远程客户是通过 Modem（调制解调器）连接到远程访问服务器的。

2. ISDN 综合业务数字网

ISDN（Integrated Services Digital Network）可提供 Internet 接入、会议电视、局域网互联、专线备用等多种业务。中国电信俗称 ISDN 为"一线通"。其提供的通信能力有两种：一种是 2B+D，即 144Kb/s；另一种是 30B+D，即 2Mb/s。ISDN（2B+D）标准化接口，使一对电话线最多能连接 8 个不同的终端，可实现两个终端同时通信。

ISDN 是一种为数字化传输而设计的网络，适于各个领域的数字化办公，例如远程医疗、保险、法律、印刷业的预出版等也是 ISDN 应用的主要部分。但近些年由于 ATM 技术的高速发展，为普通用户应用而设计的窄带 ISDN 已经慢慢淡出市场了。

3. ADSL 非对称数字用户线路

ADSL（Asymmetrical Digital Subscriber Loop，非对称数字用户环路）是 xDSL 家族成员中的一员，被欧美等发达国家誉为"现代信息高速公路上的快车"。它因其下行速率高、频带宽、性能优等特点而深受广大用户的喜爱，成为继 Modem、ISDN 之后的又一种全新的更快捷、更高效的接入方式，其特点如下。

（1）速率高：ADSL 支持的常用下行速率高达 8Mb/s，是普通 56K 调制解调器的 150 倍，上行也达 640Kb/s；

（2）频带宽：ADSL 支持的频带宽度是普通电话用户频带的 256 倍以上；

（3）业务多：ADSL 常用的业务有数据业务、Internet/Extranet/Intranet 业务、帧中继 FR 接入业务、ATM 业务、语音业务、视频业务、VPN 虚拟专用网业务等；

（4）应用广：它可以应用于家庭办公、远程办公、高速上网、远程教育、远程医疗、VOD 视频会议、网间互联等。

14.1.3　VPN 数据传输协议及其工作原理

VPN（Virtual Private Network）可以使用户通过 Internet 或其他网络连接到远程访问服务器来安全地访问网络资源。如果服务器和客户端都连接到 Internet 上，它们可以进行直接访问，但由于 Internet 传输的透明性，机密数据很容易被截取到；而如果直接使用电话远程访问，花费会比较大，而且也相对较慢。所以，为了保证数据传输的安全性、快捷性和稳定性，可以采用 VPN 连接。

使用 VPN 连接首先需要保证客户端和服务器都正常连接到 Internet，如果客户端没有 Internet 连接，需要先拨叫本地的 ISP 接入 Internet，然后再进行服务器的 IP 地址拨叫，最后在两个 IP 地址之间建立一个经过加密的传输隧道，而这种远程的 IP 地址的拨叫连接就是 VPN 连接。连接时使用自动安装在计算机上的点对点隧道协议（PPTP）或第二层隧道协议（L2TP）连接后，客户端不仅可以访问远程服务器上的内容，还可以通过远程访问服务器来访问企业内部的网络资源，连接过程如图 14.1 所示。

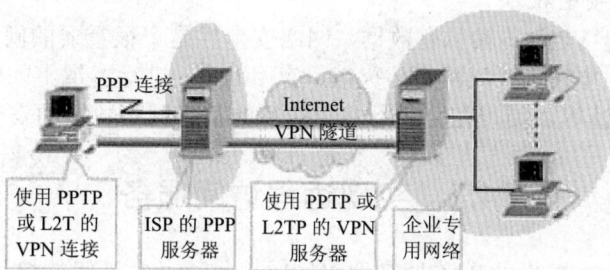

图 14.1　VPN 连接示意图

1. 企业应用 VPN 的益处

降低费用：Internet 可以代替远程的长途电话接入，节省了电话接入费用。而且因为有 ISP 维护通信硬件，例如调制解调器和 ISDN 适配器，所以购买设备和管理的费用也会更少。

增强的安全性：通过 Internet 的连接是加密的和安全的。新的身份验证和加密协议由远程访问服务器强制执行。敏感数据对 Internet 用户来说是隐藏的，但合法的用户可以通过 VPN 安全地访问。

网络协议支持：由于支持最常用的网络协议（包括 TCP/IP 和 IPX），因此可以远程运行任何依赖于这些特殊网络协议的程序。

IP 地址安全：因为 VPN 是加密的，所以网络内部的地址会受到保护，Internet 仅能看到外部 IP 地址，而不必担心地址信息会通过 Internet 泄漏。

2. VPN 中应用的网络隧道技术

网络隧道（Tunnelling）技术是 VPN 的核心技术，主要利用网络隧道协议来实现两个网络协议之间的传输，网络隧道技术涉及了三种网络协议：网络隧道协议、隧道协议下面的承载协议和隧道协议所承载的被承载协议。现有两种类型的隧道协议，一种是二层隧道协议，用于传输二层网络协议，主要应用于构建 Access VPN；另一种是三层隧道协议，用于传输三层网络协议，主要应用于构建 Intranet VPN 和 Extranet VPN。

二层隧道协议现阶段主要有两种：第一种是微软、Ascend、3COM 等公司支持的 PPTP（Point to Point Tunnelling Protocol，点对点隧道协议）；第二种是由 IETF 起草，微软 Ascend、Cisco、3COM 等公司参与的 L2TP（Layer 2 Tunnelling Protocol，二层隧道协议），由于此协议的优良特性，所以很快就成为 IETF 有关二层隧道协议的工业标准。

三层隧道协议用于传输第三层网络的协议。三层隧道协议并非是一种很新的技术，早已出现的 RFC1701Generic Routing Encapsulation（GRE）协议就是个三层隧道协议。新出来的 IETF 的 IP 层加密标准协议 IPSec 协议也是个三层隧道协议。IPSec 协议不是一个单独的协议，它给出了应用于 IP 层上网络数据安全的一整套体系结构，包括网络安全协议 AH（Authentication Header）协议和 ESP（Encapsulating Security Payload）协议、密钥管理协议 IKE（Internet Key Exchange）协议和用于网络验证及加密和一些算法等。IPSec 规定了如何在对等层之间选择安全协议、确定安全算法和密钥交换，向上提供了访问控制、数据源验证、数据加密等网络安全服务。

3. VPN 中的网络安全技术

在公用网络上构建 VPN 传输私有数据，网络安全性是个很重要的问题。在 VPN 应用中应用了一系列的网络安全技术，如网络防火墙、应用 IPSec 进行隧道上的网络数据加密、进行 L2TP 隧道端的相互验证等，使得在公用网络上传输的私有网络数据的安全性得到了保证。

14.2 实现远程访问服务

Windows Server 2003 提供的 RAS 服务器可同时提供通过电话线的拨号连接和通过 Internet 的 VPN 连接。下面分别讲解如何配置这两种服务。

14.2.1 配置远程拨号服务器端

如图 14.2 远程拨号 VPN 结构图，让远程访问的客户端登录到服务器上，需要对远程访问服务器经过 3 个步骤的配置：首先配置服务器，启动服务；然后配置设备和端口；最后配置用户的拨入权限。

1. 启动远程访问服务

（1）在"管理工具"中找到"路由和远程访问"，打开控制台，右键单击服务器，选择"配置并启用路由和远程访问"，启动向导，单击"下一步"按钮，如图 14.3 所示。

（2）选择"远程访问"，然后单击"下一步"按钮，如图 14.4 所示。

（3）如图 14.5 所示，选择远程访问服务所支持的接口，在这里选择与 Internet 相连接的，单击"下一步"按钮。

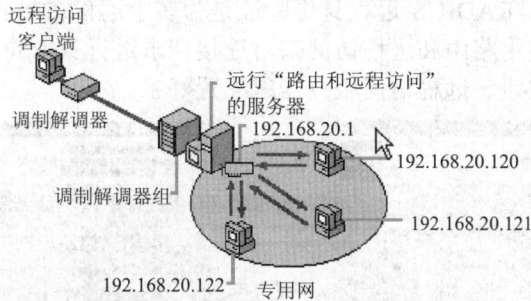

图 14.2　远程拨号 VPN 结构图

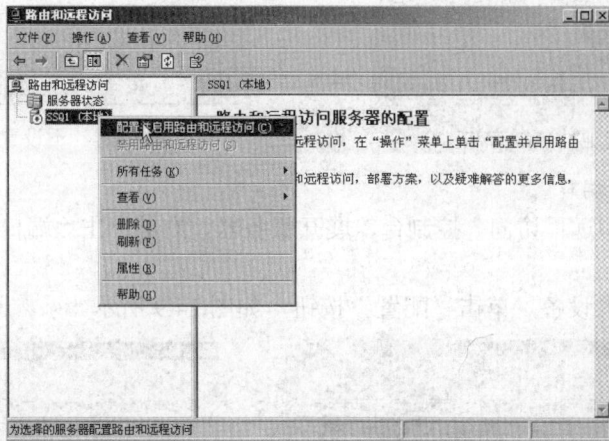

图 14.3　启动远程访问服务

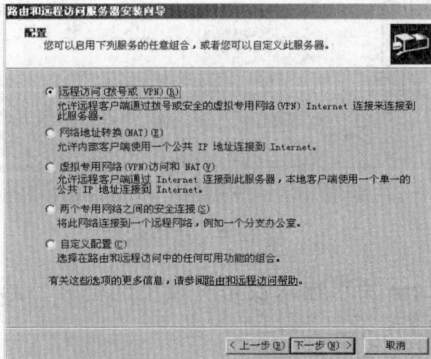

图 14.4　选"远程访问"

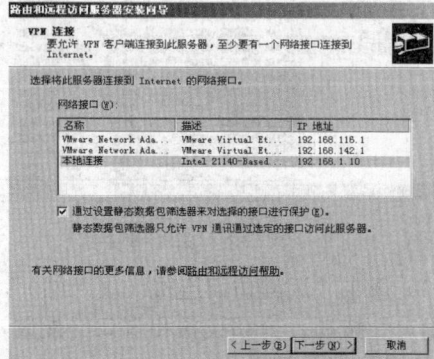

图 14.5　选远程访问服务所连接的接口

（4）若希望为客户端动态分配 IP 地址，则选择"自动"。若为远程客户端指定特定的 IP 地址，则选择"来自一个指定的地址范围"，在这里选择"自动"，然后单击"下一步"按钮，如图 14.6 所示。

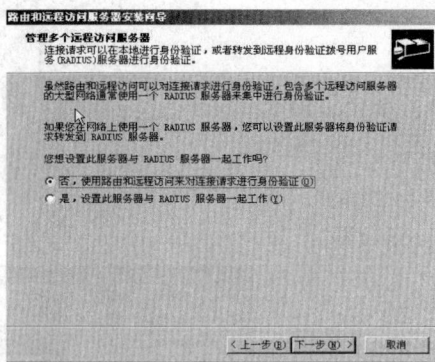

（5）如图 14.7 所示，RADIUS 远程身份验证是为多个远程访问服务器提供集中的身份验证，在这里选择"否，使用路由和远程访问来对连接请求进行身份验证"，单击"下一步"按钮，然后单击"完成"按钮，远程访问服务器就配置好了。

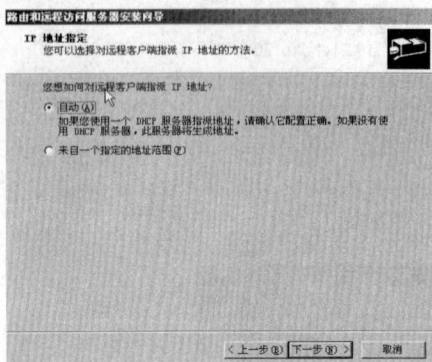

图 14.6　选地址分配方法　　　　　　　　　　图 14.7　不设置 RADIUS

2．配置远程访问端口

（1）打开"路由和远程访问"控制台，展开服务器，右键单击"端口"，选择"属性"，如图 14.8 所示。

（2）选中要配置的设备，单击"配置"按钮，如图 14.9 所示。

图 14.8　设置端口　　　　　　　　　　　　图 14.9　选中端口

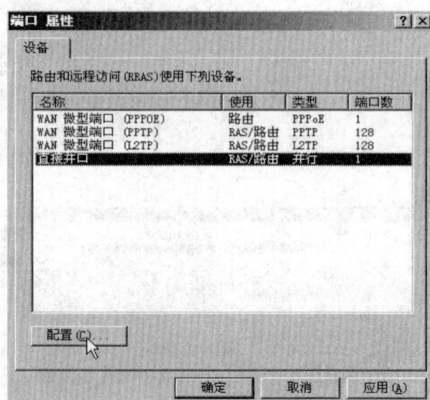

（3）选中"远程访问连接（仅入站）"，若是 Modem 要求输入设备所使用的电话号码，单击"确定"按钮，介绍设备和端口的配置，如图 14.10 所示。

3．用户拨入设置

在"管理工具"中打开"Active Directory 用户和计算机"，找到要进行远程访问的用户 Ruser，双击打开该用户的属性页，转到"拨入"选项卡，如图 14.11 所示，选择"允许访问"，然后单击"确定"按钮完成用户配置。

远程访问权限选项介绍：

"允许访问"：表示允许此用户使用远程访问。

"拒绝访问"：表示拒绝使用远程访问连接到远程访问服务器。

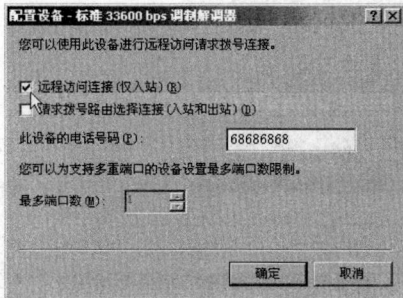

图 14.10　选择"远程访问连接（仅入站）"

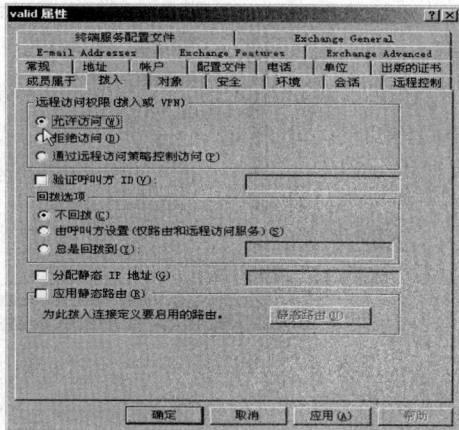

图 14.11　用户的拨入属性

"通过远程访问策略控制访问"：更加灵活的设置，表示由远程访问策略决定用户是否有拨入权限，策略可以是特定的时间段、特定的拨入电话号码、特定的组等。此选项只有在本机模式域中的用户才可选。

验证呼叫方 ID 是指服务器将确认呼叫方的电话号码，如果呼叫方的电话号码与服务器默认的电话号码不同，则服务器将拒绝此次连接，此选项需要特殊设备支持。

回拨选项主要是指服务器在收到用户的远程访问请求后，将连接挂断，再回拨用户重新建立连接，启用回拨可以提高安全性。

"不回拨"：用户拨入后直接连接，服务器不挂断连接。

"由呼叫方设置"：用户拨入时由用户自己设置回拨的电话号码，通过此设置，可节省电话费用。

"总是回拨到"：用户拨入时，总是回拨到某个固定的电话号码，防止盗窃到用户名和密码的非法用户拨入。

使用静态 IP 地址表示当用户通过远程访问连接到服务器时，服务器将把一个静态的 IP 地址分配给该用户。

应用静态路由表示网络管理员需定义一系列静态 IP 路由，当生成一个连接时就会将这些静态路由添加到远程访问服务器的路由表中，此选项与请求拨号路由一同使用。

14.2.2　配置远程拨号客户端

（1）右键单击"网上邻居"，选择"属性"，双击"新建连接"启动连接向导，单击"下一步"，选"拨号到专用网络"，单击"下一步"按钮，如图 14.12 所示。

（2）首先选择拨号使用的设备，单击"下一步"按钮，然后输入远程服务器的电话号码，再单击"下一步"按钮，如图 14.13 所示。

（3）选择"所有用户使用此连接"，单击"下一步"，如图 14.14 所示。

（4）最后输入连接的名称，单击"完成"按钮，结束配置。

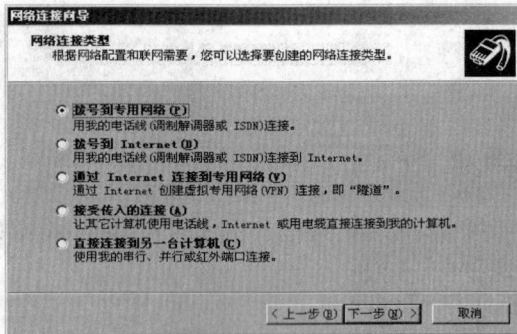

图 14.12　拨号到专用网络

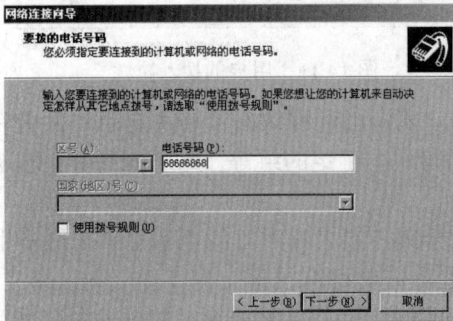

图 14.13　输入远程服务器的电话号码　　　　　图 14.14　允许所有用户使用连接

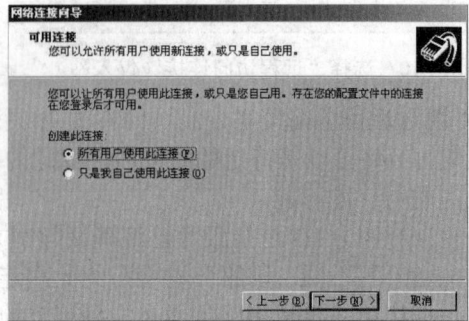

14.2.3　配置 VPN 服务器端

如图 14.15，VPN 服务器端的配置与拨号远程访问服务器的配置步骤相同，也需要经过 3 个步骤：首先配置服务器，启动服务；然后配置设备和端口；最后配置用户的拨入权限。

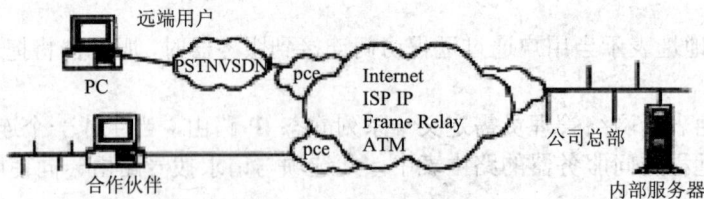

图 14.15　虚拟专用网服务器

1. 启动 VPN 服务

（1）在 Windows Server 2003 计算机上单击"开始"→"程序"→"管理工具"，选择"路由和远程访问",打开路由和远程访问控制台,如图 14.16 所示。

(2)在图 14-16 中右键单击"SSQ1(本地)",选择"配置并启用路由和远程访问",如图 14.17 所示。

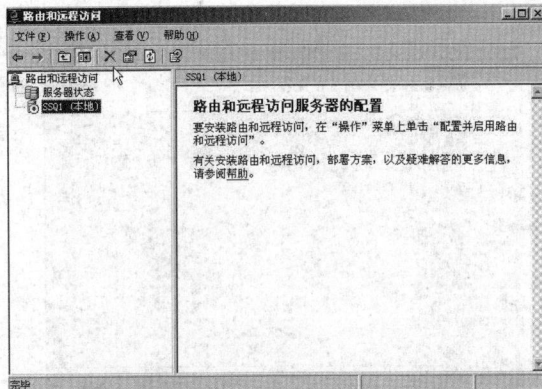

图 14.16　路由和远程访问控制台

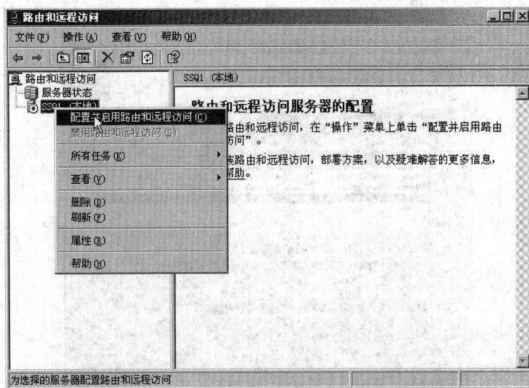

图 14.17　配置并启用路由和远程访问

(3)出现"路由和远程访问服务器安装向导",如图 14.18 所示。

(4)单击"下一步"按钮,出现如图 14.19 所示对话框,在此可以选择服务器的类型。

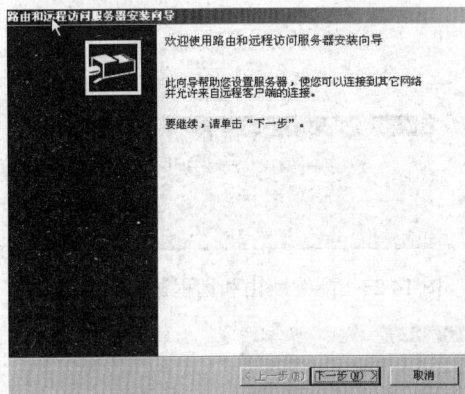

图 14.18　路由和远程访问服务器安装向导对话框

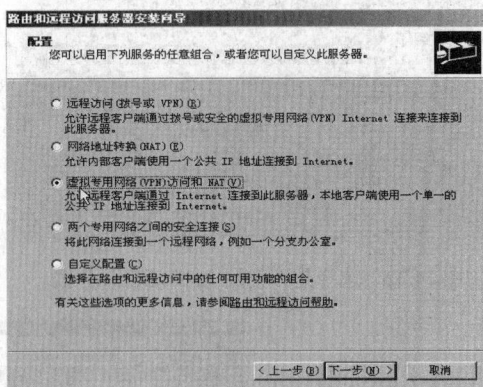

图 14.19　选择创建虚拟专用网络服务器

(5)单击"下一步"按钮,出现如图 14.20 所示对话框。在此指定服务器使用的 Internet 连接。

注意: 图 14.20 中所示为无 Internet 连接,如果服务器通过本地连接 Internet,可选择本地连接,如果通过拨号连接就选择相应的拨号连接。

(6)单击"下一步"按钮,出现如图 14.21 所示的对话框。在此选择一种为客户端提供 IP 地址的方式。

(7)选择"自动"方式,单击"下一步"按钮,出现如图 14.22 所示的对话框。在此选择是否要使用 RADIUS 服务器对 VPN 服务器进行验证。

（8）单击"下一步"按钮，然后单击"完成"按钮，即完成 VPN 服务器的配置。系统会显示"正在完成初始化"，如图 14.23 所示。

（9）初始化完成后返回路由和远程访问控制台，可以看到 VPN 服务器已经创建成功，如图 14.24 所示。

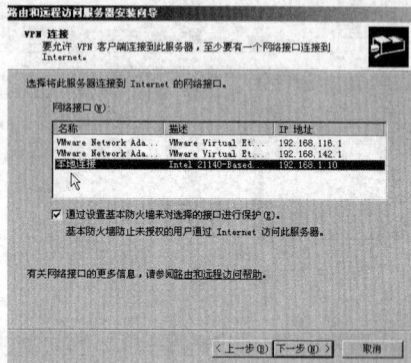

图 14.20　选择服务器所使用的 Internet 连接

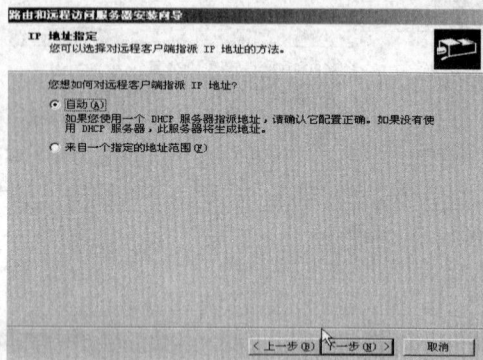

图 14.21　选择对远程客户端指定 IP 地址的方法

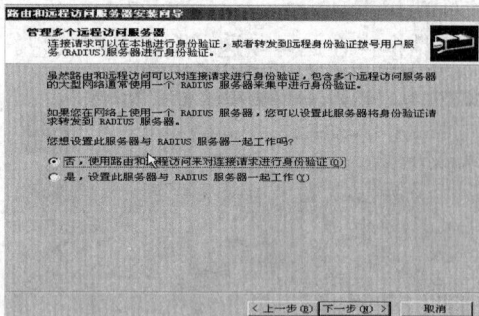

图 14.22　选择是否使用 RAIDUS 服务器

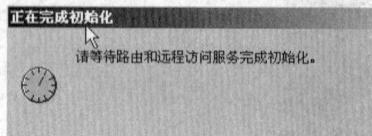

图 14.23　配置路由和远程访问服务器

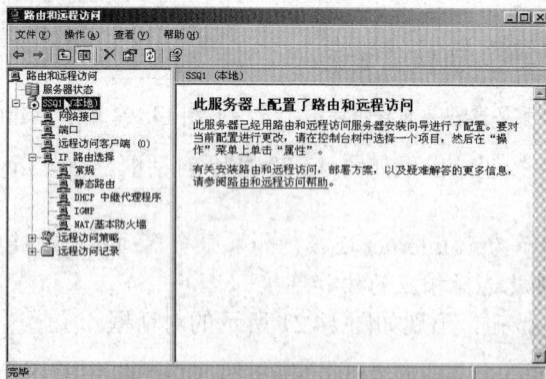

图 14.24　在路由和远程访问服务器控制台下查看服务器状态

2. 配置 VPN 端口

（1）在图 14.24 所示的对话框中，右键单击"端口"，选择"属性"，出现如图 14.25 所示的对话框。在此可以看到已经为 VPN 服务器创建了 PPTP 端口和 L2TP 端口各 128 个。下面仅以 PPTP 端口为例。

（2）选择"WAN 微型端口（PPTP）"，单击"配置"按钮，出现如图 14.26 所示的对话框。在此可以设置 VPN 服务器的"入站"连接或"出站"连接，以及最多端口数。

注意：在这里的端口数是虚拟的，表示同时可以有多少台远程计算机通过 PPTP 协议拨入 VPN 服务器。

（3）单击"确定"按钮返回路由和远程访问控制台。

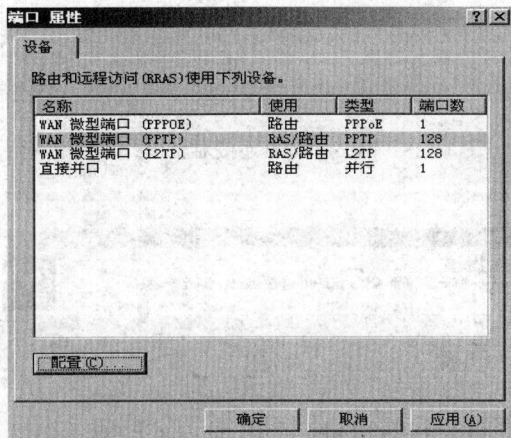

图 14.25　路由和远程访问服务器
"端口"属性对话框

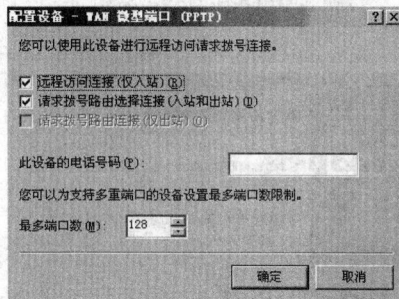

图 14.26　配置路由和远程访问
服务器端口对话框

3. 用户拨入设置

按照前面介绍的方法设置用户 Administrator 的拨入属性为"允许访问"，如图 14.27 所示。其他选项因在前面已有介绍，就不再详述了。

14.2.4　配置 VPN 客户端

使用远程访问的客户端可以是运行 Windows 2000 Sever、Windows 2000 Professional、Windows XP 和 Windows vista 的计算机，也可以是运行早版本 Windows 操作系统的计算机。

配制步骤如下：

（1）在客户端计算机桌面上右键单击"网上邻居"，选择"属性"，打开"网络和拨号连接"对话框，如图 14.28 所示。

（2）右键单击"新建连接"，选择"新建连接"，打开"网络连接向导"对话框，如图 14.29 所示。

（3）单击"下一步"按钮，出现如图 14.30 所示的对话框，在此可以选择一种连接方式。

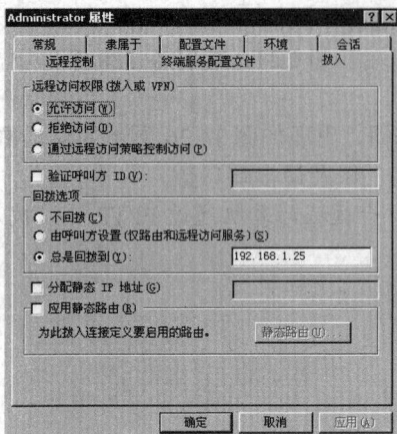

图 14.27　设置用户账号访问权限

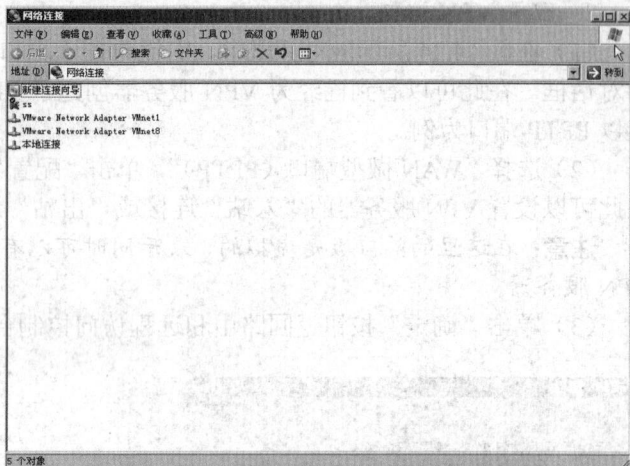

图 14.28　网络和拨号连接对话框

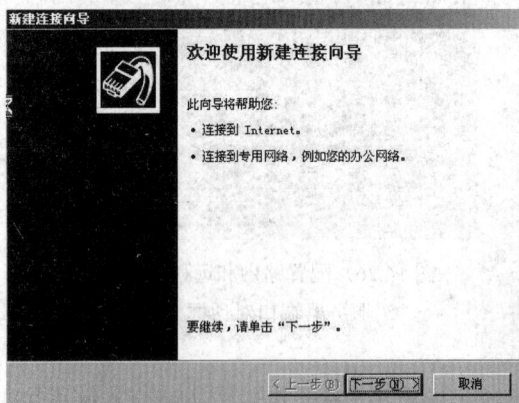

图 14.29　"网络连接向导"对话框

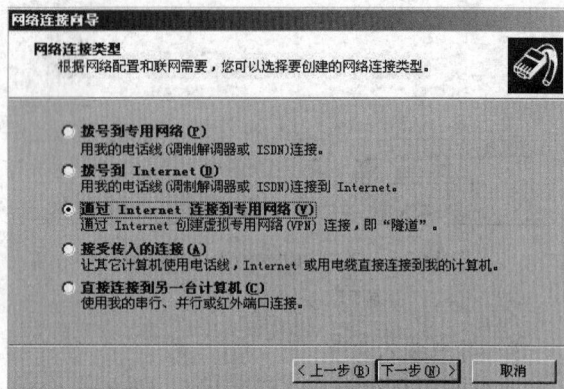

图 14.30　选择网络连接类型对话框

（4）选择"通过 Internet 连接到专用网络"，单击"下一步"按钮，出现如图 14-31 所示的对话框，在此应输入所要连接的 VPN 服务器的主机名或 IP 地址。

（5）输入 VPN 服务器的 IP 地址 192.168.1.25，单击"下一步"按钮，出现如图 14.32 所示的对话框。在此可以选择这个 VPN 连接对所有用户有效还是仅对当前用户有效。

（6）单击"下一步"按钮，出现如图 14.33 所示的对话框，为此连接命名为"VPN 连接"。

（7）单击"完成"按钮，即完成连接的设置。

（8）在客户端上打开"网络和拨号连接"对话框，右键单击"VPN 连接"，选择"连接"，如图 14.34 所示，输入 Administrator 的密码与 VPN 服务器建立连接，接着会进行用户身份的验证，验证通过后建立 VPN 连接。

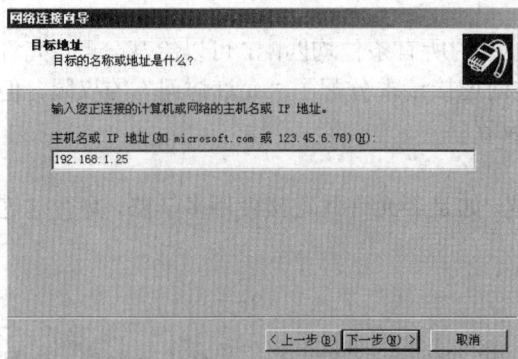

图 14.31　输入 VPN 服务器的 IP 地址

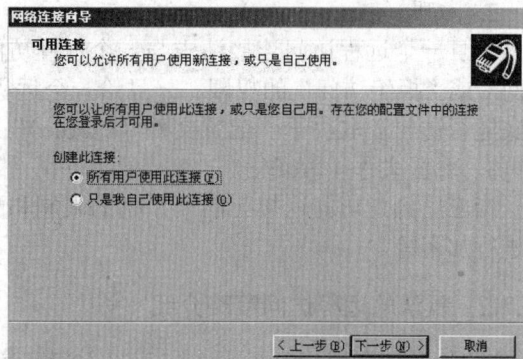

图 14.32　选择"所有用户使用此连接"或只是自己使用

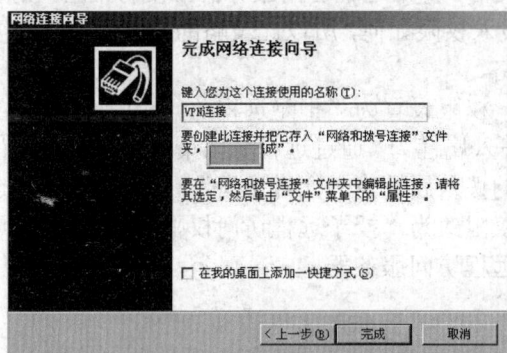

图 14.33　输入网络连接名称对话框

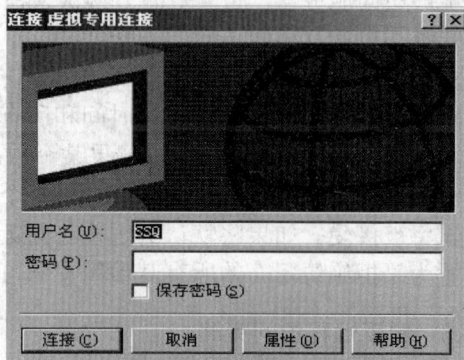

图 14.34　进行 VPN 连接

14.3　远程访问策略

前面已经讲过在配置用户拨入属性时有 3 个选项，一个是允许访问，一个是拒绝访问，另外一个是通过远程访问策略控制访问。前两项比较绝对，不能设置在某种条件下允许用户访问，某种条件下不允许用户访问。而通过远程访问策略，就可以设置允许用户访问的条件，如果条件成立，则拒绝用户拨入，所以远程访问策略使远程访问更加人性化，配置起来更加灵活。

14.3.1　远程访问策略的基本要素

一个远程访问策略包含 3 个基本要素，这 3 个基本要素是条件、权限和配置文件。如果想配置远程访问策略，那么首先应该理解的就是这 3 个基本要素。

1．条件（Conditions）

指一个远程访问连接请求要与之匹配的条件。如连接者连接的时间、所属的用户组等，如果一条策略存在多个条件，则这些条件必须全部匹配才表示连接用户匹配本策略的条件。

2．权限（Permission）

一旦一个远程访问连接请求与一个远程访问策略的所有条件均匹配，可以给其分配"允许访问"或"拒绝访问"的权限。一旦给一个远程访问连接请求分配了"允许访问"的权限，但到底能否访问还取决于"配置文件（Profile）"的设置。

3．配置文件（Profile）

指应用到此访问连接上的一系列的限制和配置。如是否允许此连接使用多链路，是否对连接进行加密等。

14.3.2　默认的远程访问策略介绍

远程访问服务器安装后，可以看见在远程访问策略容器中已经有了一条名为"如果启用拨入许可，就允许访问"的策略。这条策略设置的目的是为了让所有属性设置为"允许访问"的用户能够访问服务器，此策略即为默认远程访问策略。如果远程访问服务器上没有策略，则所有用户都不能进行远程访问，而不管它们各自的拨入权限如何，所以此策略的设置是非常必要的，而管理员应尽量不要删除默认的远程访问策略。

默认策略的条件设置为所有时间和所有日期，权限设置为"拒绝远程访问权限"，配置文件的各种属性均为默认值。所以如果某个用户的拨入属性为"通过远程访问策略来控制访问"，则所有的连接尝试都将被拒绝。但如果某个用户的拨入属性为"允许访问"，那么该用户的连接尝试将被接受。如果将默认的远程访问策略的权限改为"授予远程访问权限"，则除拨入属性设置为"拒绝访问"的所有其他用户都可拨入远程访问服务器。

14.3.3　配置远程访问策略

（1）将计算机设置为 VPN 服务器。

注意：远程访问策略在混合模式的域中是不可用的，因为要与以前版本的 Windows 兼容，屏蔽了这一在 Windows 2003 中的新特性，所以在混合模式的域中，用户拨入属性只能设置"允许访问"或"拒绝访问"。

（2）设置属性。

在 VPN 服务器上设置用户 Administrator 的拨入属性的远程访问权限为"通过远程访问策略控制访问"，如图 14.35 所示。

（3）单击"确定"按钮，即完成用户拨入属性的设置，在客户端新建 VPN 连接。

（4）在客户端建立 VPN 连接，输入 Administrator 的密码与 VPN 服务器建立连接，接着会出现如图 14.36 所示的画面，说明用户没有拨入的权限，无法和 VPN 服务器建立连接。

（5）在 VPN 服务器上打开"路由和远程访问控制

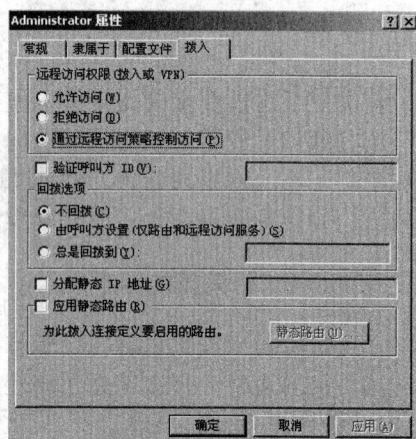

图 14.35　设置用户账号远程访问权限对话框

台",单击"远程访问策略",如图 14.37 所示。

（6）在窗口右边右键单击默认的远程访问策略,选择"属性",出现如图 14.38 所示的对话框。

（7）在图 14.38 所示的对话框中单击"编辑"按钮,出现如图 14.39 所示的画面。在此可以对用户拨入的时间进行设置。

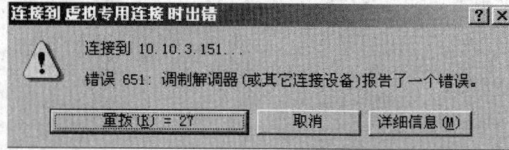

图 14.36　核对 VPN 连接出错

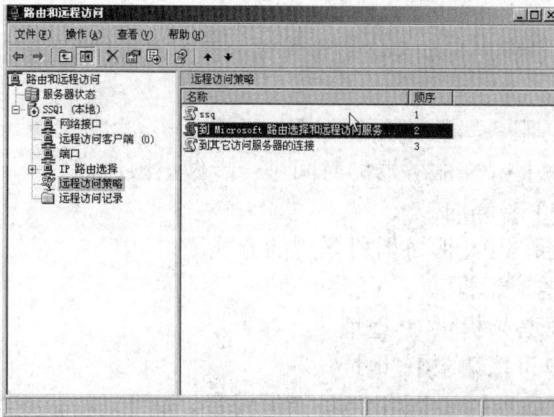

图 14.37　路由和远程访问控制台　　　　图 14.38　设置远程访问策略对话框

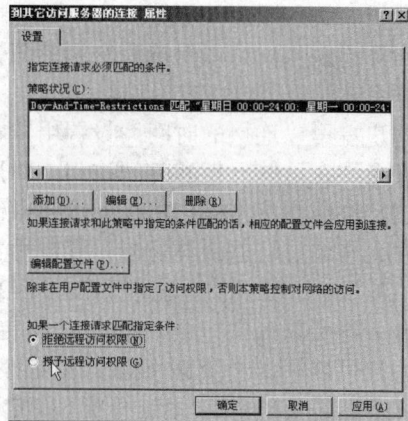

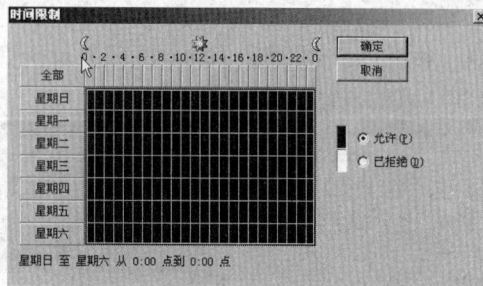

图 14.39　设置拨入条件的时间限制

（8）在图 14.38 所示的对话框中单击"添加"按钮,出现如图 14.40 所示的画面。在此可以添加用户拨入的条件。

（9）在图 14.38 所示的对话框中单击"编辑配置文件"按钮,出现如图 14.41 所示的对话框。在此可以对配置文件进行编辑。

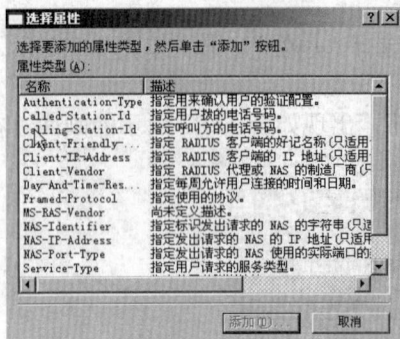

图 14.40　设置远程访问策略条件对话框

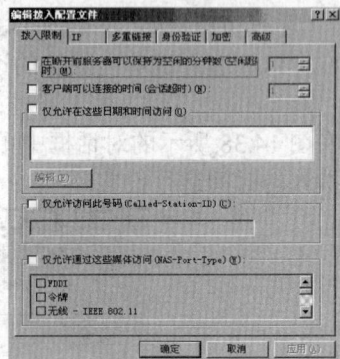

图 14.41　拨入配置文件"拨入限制"选项对话框

选择"拨入限制"标签：

断开前服务器可以保持为空闲的分钟数：设置用户如果在规定时间内没有与 VPN 服务器进行联系就断开此次 VPN 连接。

客户端可以连接的时间：设置用户和 VPN 服务器保持会话的最长时间。

仅允许在这些日期和时间访问：对用户使用 VPN 服务器的时间进一步做出限制。

仅允许访问此号码：将拨入访问限制在单个号码内。

仅允许通过这些媒体访问：限制用户拨入到 VPN 服务器所采用的方式。

（10）单击 IP 标签，出现如图 14.42 所示的对话框。

服务器必须提供一个 IP 地址：指定服务器必须提供 IP 地址。

客户可以请求一个 IP 地址：指定拨入用户可以请求 IP 地址。

服务器设置确定 IP 地址分配：指定使用服务器的 TCP/IP 地址指派设置。如可以将服务器配置为当用户连接时动态指派 TCP/IP 地址。

分配一个静态 IP 地址：如果在客户配置文件中指定了 IP 地址分配方法，它将覆盖这些设置。

IP 数据包筛选器：对 IP 数据包进行筛选。

（11）单击"输入筛选器"按钮，出现如图 14.43 所示的对话框。在此可以设置允许或拒绝基于目标地址、目标掩码和协议的入站通信。

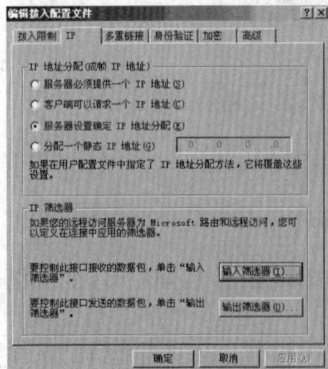

图 14.42　拨入配置文件 IP 选项对话框

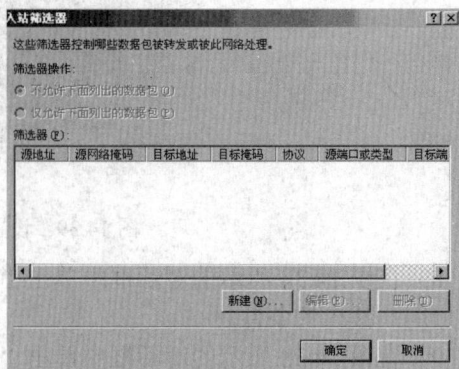

图 14.43　"入站筛选器"对话框

（12）单击"添加"按钮，出现如图 14.44 所示的对话框，在"目标网络"中可以输入目标网络的网络 ID 和子网掩码。单击"协议"框的下拉按钮可以选择协议类型。

（13）在图 14.42 所示的对话框中单击"输出筛选器"按钮，出现如图 14.45 所示的对话框。在此可以设置允许或拒绝基于源地址、源掩码和协议的出站通信。

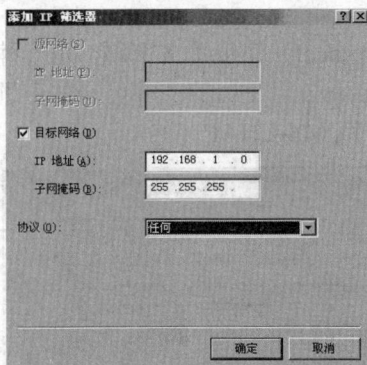

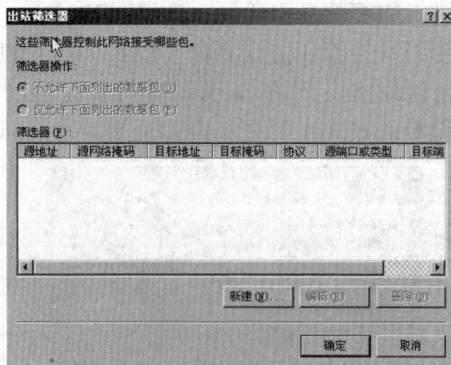

图 14.44　"添加 IP 筛选器"对话框　　　　图 14.45　输出筛选器对话框

（14）单击"多重链接"标签，出现如图 14.46 所示的对话框。

多重链接设置包括：

服务器设置确定多重链接使用率：指定服务器的设置决定"多链路"的使用。

禁用多重链接（限制客户到一个端口）：指定拨入连接被限制在单个线路中。

允许多重链接：指定拨入连接可以使用多条线路。

允许的最大端口数量：设置"多链路"可以使用的拨入端口的最大数。

带宽分配协议设置：指定其他多链路的连接是否要求使用"带宽分配协议"（BAP）。

（15）单击"身份验证"标签，出现如图 14.47 所示的对话框。

选择允许此连接使用的身份验证方法：

①可扩展身份验证协议（EAP）。EAP 允许远程访问客户端和身份验证者之间的自由会话。EAP 支持很多身份验证方法，包括令牌卡、一次性密码和使用智能卡的公钥身份验证。

②Microsoft 加密身份验证版本 2（MS-CHAP V2）。此协议提供了相互身份验证、更加强大的初始数据加密密钥以及用于发送和接收数据的不同加密密钥。对于 VPN 连接，Windows 2000 Server 在提供 MS-CHAP 之前先提供 MS-CHAP V2。当提供 MS-CHAP V2 时，更新后的 Windows 客户将接受 MS-CHAP V2，拨号连接不会受到影响。

③Microsoft 加密身份验证（MS-CHAP）。MS-CHAP 是不可逆加密密码的身份验证协议，此协议需要在响应时加密的挑战响应机制。

④加密身份验证（CHAP）。质询握手身份验证协议（Challenge Handshake Authentication Protocol）是一种使用工业标准"信息摘要 5"（Message Digest 5）的质询响应方式的身份验证协议。

"信息摘要 5"是工业标准的散列法方案。散列法方案是传输数据的一种方法，传输方式是：结果唯一且不能将该结果更改回其原始的形式。在响应时，CHAP 使用具有单向 MD5 散列法的挑战响应。通过这种方式，在实际不通过向网上发送密码的情况下，就可以向服务器证明知道自己的密码。通过支持 CHAP，使用加密身份验证的 Windows Server 2003 客户几乎可以连接所有其他的 PPP 服务器。

⑤未加密的身份验证（PAP、SPAP）。

密码身份验证协议 PAP（Password Authentication Protocol）使用明文密码，是一种最简单的身份验证协议。Shiva 密码身份验证协议 SPAP 是 Shiva 公司使用的一种可逆加密机制。这种身份验证方式比明文身份验证更安全，但没有 CHAP 或 MS-CHAP 安全。

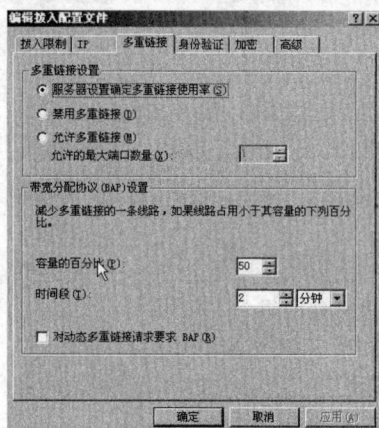

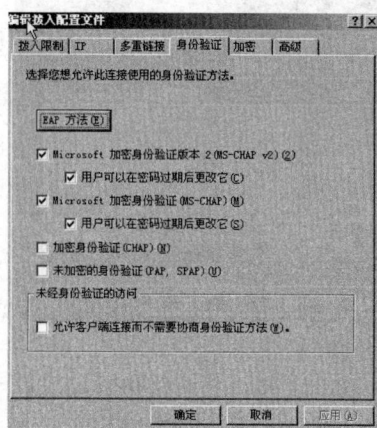

图 14.46　拨入配置文件"多重链接"选项对话框　　图 14.47　拨入配置文件"身份验证"选项对话框

未身份验证的访问：①允许远程 PPP 客户连接而不需要协商任何身份验证方法；②有时会因为某种需要使 PPP 用户可以拨入而无需经过身份验证，如作为 Guest 访问远程访问服务器。

（16）单击"加密"标签，出现如图 14.48 所示的对话框。在此可以设置配置文件允许的加密级别。

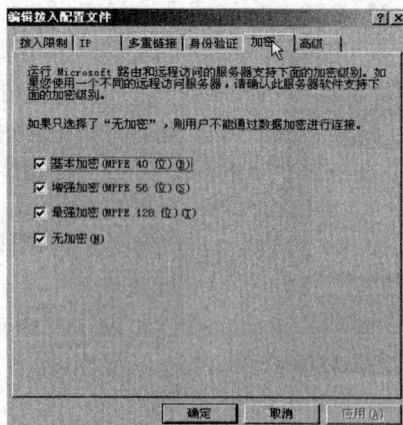

图 14.48　拨入配置文件"加密"选项对话框

无加密：配置文件的成员不能使用加密文件进行连接。

基本加密：指定使用 IPSec56 位的 DES 或使用 MPPE40 位的数据加密。

强加密：指定使用 IPSec56 位的 DES 或使用 MPPE56 位的数据加密。

（17）单击"高级"标签，出现如图 14.49 所示的对话框。在此可以指定返回给远程访问服务器的附加连接属性。

（18）采用默认的配置文件设置，返回如图 14.38 所示的对话框，设置用户符合上面的条件时"授予远程访问权限"，如图 14.50 所示。

（19）在客户端计算机上利用"VPN 连接"和 VPN 服务器进行连接，发现连接成功。

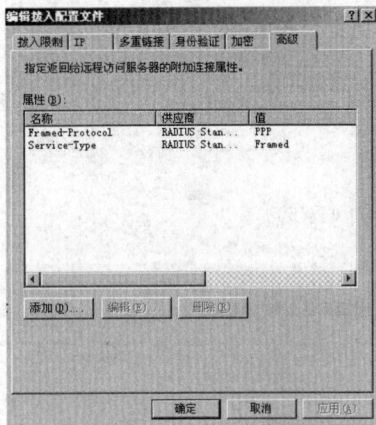

图 14.49　拨入配置文件"高级"选项的对话框　　　　图 14.50　设置"授予远程访问权限"对话框

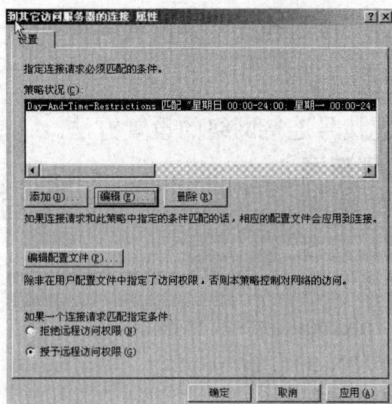

14.4　知　识　拓　展

配置多个远程访问策略

当公司需要对不同的用户设置不同的限制策略时，必须配置多个远程访问策略。用户试图连接时，会按照从上到下的顺序对用户的拨入进行检查。只有当用户的拨入条件符合其中的一个策略时才会授权连接。如果没有策略符合则不允许连接。如果有一个策略不允许用户连接，即使下面的策略符合用户的条件也不会继续向下检查，而是马上终止连接。

如果用户的条件与策略的条件匹配，则依据配置文件和该配置文件的用户账号设置值来评估这个连接尝试，如果这个连接尝试与配置文件不匹配，该连接尝试将被拒绝，并且不再检查其他的策略。所以，在配置多个策略时，应调整策略的顺序来满足不同的要求。

14.5　技　能　挑　战

任务：在 Windows 2003 服务器的基础上，可以增加 ISA 2004，它提供单独的 VPN 支持，也可以在路由器和 PIX 上安装 VPN 专业模块独立管理。

要求：
（1）进一步理解远程访问的概念和方法。
（2）掌握客户端设置的方法。
（3）掌握 VPN 服务器端和客户端的设置。
（4）综合运用以上知识，考虑安全性，写出设计方案。

14.6　项 目 实 训 要 求

实训　拨号连接网络设置以及 VPN 的设置

[实训目的]
掌握拨号连接网络的设置方法。

[实训环境]
装有 Windows Server 2003 操作系统的计算机，局域网环境。

[实训内容]
1．拨号网络连接
2．Internet 连接共享网络
3．VPN 的设置

[实现过程]

[实训总结]

[实训思考题]
1．如何进行拨号连接的设置？
2．简述虚拟专用网络（VPN）的作用以及客户端和服务器端的设置方法。

第 15 章　Windows Server 2003 中的
流媒体服务器

☆ **预备知识**
（1）熟练 Windows 2003 中的网络配置操作
（2）了解 DNS 服务器配置
（3）流式媒体基础知识

☆ **技能目标**
（1）流式媒体系统的定义与组成
（2）流式媒体安装与配置
（3）流式媒体文件发布与测试

☆ **项目案例**
如：一个学校要实现在线影院、视频点播、视频广播等服务，首先要架设一个流媒体服务器，这就是本章要介绍的主要内容。

15.1　流式媒体与流式媒体系统

流式媒体通常也称为流媒体，它指的是将实况或预录制的音频和视频内容，通过网络或 Internet 传递到客户端计算机。与下载的文件不同，当流式媒体的内容传输结束之后，不会在用户硬盘中保存任何数据。

流式媒体的内容指的是数字媒体文件或流中包含的音频、视频、图像、文本或其他信息。流媒体的发布点是向用户分发内容的途径。内容可通过创建将客户端重定向到发布点的公告文件来发布，也可通过分发指向发布点的 URL 来发布。可将内容作为发布点的源，并通过 Windows Media Services 在网络上流式传输内容。流式播放是一种以数据包形式传输数字媒体的方法，这种方法在接收的同时呈现内容，从而可以连续地播放数据，而不必等待下载整个文件。

15.1.1　流式媒体概述

为了能够观看或收听网络上的视频或音频内容，通常可使用流式播放或下载方法通过网络将数字媒体文件传递到客户端。

为了通过使用下载方法将内容传递给用户，通常需要将内容保存到 Web 服务器并通过在网页上添加指向该内容的链接。于是用户可单击链接，将文件下载到其本地硬盘上，然后使用播放机播放内容，如图 15.1 所示。

图 15.1　下载音频文件

　　下载需要用户首先将既耗费时间又耗费磁盘空间的整个文件复制到其计算机中，然后才能播放。另外，因为整个文件必须在下载之后才能播放，所以下载不能用于实况流。

　　下载不能高效地使用可用带宽。当客户端开始下载数字媒体文件时，所有可用网络带宽用于尽可能快地传输数据。因此，其他网络功能可能会减慢或被中断。

　　而使用流式播放则与下载完全不同。要通过使用流式播放方法将内容传递给用户，可以将内容保存到 Windows Media 服务器，再将该内容分配给发布点。然后，可以通过创建公告文件或通过向用户提供发布点的 URL 来向用户提供对该内容的访问。可以将公告文件或 URL 嵌入到网页中或将其以电子邮件形式发送。当用户单击链接或公告文件时，播放机就打开并连接相应的流，如图 15.2 所示。

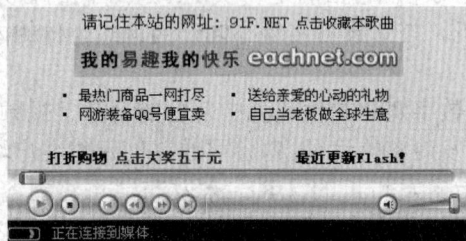

图 15.2　连接到流媒体

　　因为流式播放只以客户端正确呈现它所必需的速度通过网络发送数据，所以它比下载更高效地使用带宽。这有助于防止网络变得过载并有助于维持系统的可靠性。因为播放机必须首先缓冲数据以防在流中存在延迟或间歇，所以在播放机接收流的时间和它开始播放流的时间之间通常有一个延迟。因为对数据进行流式播放和呈现是同时发生的，所以流式播放还允许传递实况内容。

　　要流畅地传输内容，内容的比特率必须低于网络带宽。如果内容的比特率高于可用带宽，则播放机将试图减弱流，以便它可以通过使用一个名为流缩减的过程来正确地呈现流。因此，播放机可以只呈现带有音频的视频流的关键帧以便视频不再运转，并创建一个类似于幻灯片演示的观看体验。如果比特率要求大大超过可用带宽，则视频播放可能会完全停止，而将只播放音频部分。

如果传输的是多比特率（MBR）内容，则客户端的可用带宽不足所带来的影响可以降到最小。MBR 内容允许播放机请求从服务器传输比特率较低的流，这样就无需减弱流。Windows Server 2003 所使用的 Windows Media Services 9 系列包括的"快速流式播放"提供多项结合了流式播放和下载优点的功能。

服务器可使用快速启动功能来确保客户端可以在传输开始之后尽可能快地开始播放内容。该功能允许播放机在开始播放内容之前，以网络所允许的最快速度从服务器下载和缓存一小部分内容。当在播放机上建立了缓冲区之后，服务器减慢流的传输，直到与播放机的呈现速度一致。

当服务器使用快速缓存功能时，服务器以尽可能高的比特率将所有内容传输到播放机，以使用网络阻塞或中断所带来的影响降到最小。与普通的流式播放一样，当缓存了所需数量的数据之后，播放机流即开始呈现内容。数据的其余部分存储在客户端上的临时缓冲区中。

如果要传输可变比特率（VBR）内容，那么传输该流所需的带宽量会因所传输内容的复杂程度而变化。快速流式播放可通过向播放机发送额外数据以补充内容缓冲区来利用低带宽周期，并使得 VBR 内容从服务器传输时流畅地播放。

15.1.2　流式媒体系统概述

基于 Windows Media 技术的流式播放媒体系统通常由运行编码器（如 Microsoft Windows Media 编码器）的计算机、运行 Windows Media Services 的服务器和播放机组成。编码器允许将实况内容和预先录制的音频、视频以及计算机屏幕图像转换为 Windows Media 格式。运行 Windows Media Services 的服务器名为 Windows Media 服务器，它允许服务器通过网络分发内容。用户通过使用播放机（如 Windows Media Player）接收服务器分发的内容，如图 15.3 所示。

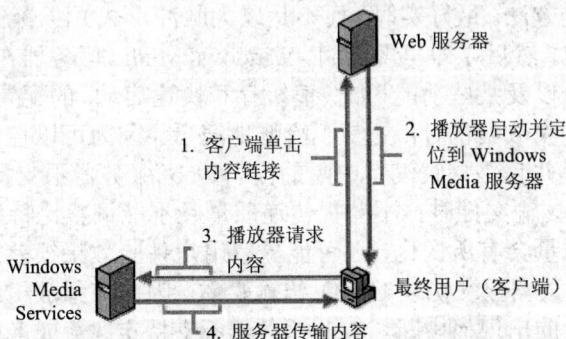

图 15.3　流式媒体请求

通常情况下，用户通过在网页上单击链接来请求内容。Web 服务器将请求重新定向到

Windows Media 服务器，并在用户的计算机上打开播放机。此时，Web 服务器在流式播放媒体过程中不再充当角色，Windows Media 服务器与播放机建立直接连接，并开始直接向用户传输内容。

Windows Media 服务器可从多种不同的源接收内容，如图 15.4 所示。预先录制的内容可以存储在本地服务器上，也可以从联网的文件服务器上提取。实况事件则可以使用数字录制设备记录下来，经编码器处理后发送到 Windows Media 服务器进行广播。Windows Media Services 还可以重新广播从远程 Windows Media 服务器上的发布点传输过来的内容。

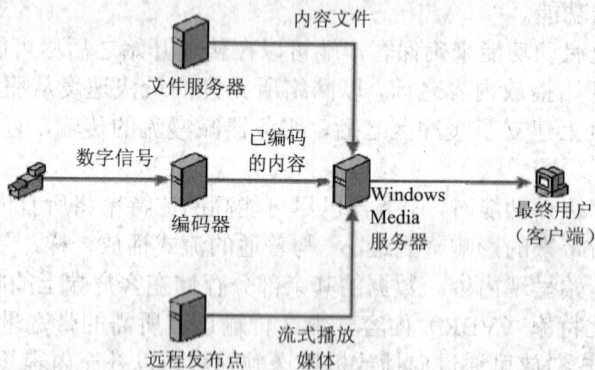

图 15.4　流式播放媒体源

从运行 Windows Media Services 的服务器或从 Web 服务器可以传递基于 Windows Media 的内容。只不过，Windows Media 服务器是专门为传输基于 Windows 的内容而设计的，而标准的 Web 服务器却不是。如果决定使用 Web 服务器，请注意在内容的传递方式上存在下列区别，它们可能会影响播放质量。

Web 服务器和 Windows Media 服务器发送数据的方法不同。Web 服务器旨在以尽可能快的速度发送尽可能多的数据。这是发送静态图像、文本和网页脚本的首选方法，但它不是传输流式数字媒体的最佳方法。最好实时（而不是以大脉冲形式）传递流式媒体内容的数据包，且播放机应当先接收包，然后立即呈现它们。Windows Media 服务器在将流发送到播放机时，按照它收到的反馈信息以及某些功能（如快速缓存和快速启动）的配置来调整数据包的传递。当播放机以这种方式接收数据包时，更易于流畅地演示。因为可以控制带宽的使用，所以可同时连接更多的用户，并且仍接收没有中断的流。Web 服务器不支持多比特率（MBR）视频。当从 Web 服务器传输文件时，不监视传递质量且不能调整比特率，这可能导致在流持续传输的过程中播放质量会有所变化，还可能导致用户体验效果很差。Web 服务器不能使用首选的传递协议（用户数据报文协议 UDP）传输媒体，因此在播放机缓存数据时，流的传递更有可能由于空白片段的出现而中断。Web 服务器不支持实况流或多播流。Web 服务器不支持 Windows Media 索引文件（索引为用户提供一种在正在传输的文件中进行快进和倒回的方法）。Windows Media 服务器包括内置的监视和日志记录功能，可以利用它们收集有关流式媒体会话及其观众的有价值的信息。为了确保流式媒体系统稳定、冗余并且能够承受预期负载，需牢记下列内容。

如果打算对实况内容进行编码，建议将编码器和 Windows Media Services 分开安装在不同的计算机上。实况编码要求大量的处理能力，响应客户端请求带来的额外负载会降低编码流的质量。使用多个编码器对内容进行编码，以便 Windows Media 服务器上的发布点在最初的编码源出现问题时可切换到备用源。如果想对编码内容进行存档以便日后播放，请不要使用编码器来创建存档文件，而是将 Windows Media 服务器配置为创建存档副本。这将降低编码计算机上的处理负载。

在多个 Windows Media 服务器之间分发内容。这使服务器能够将内容提供到不同的网络段，从而减少流为了到达客户端而必须经过的路由器的数量，并改善流的总体质量。另外，如果出现任何服务器问题，则多余的服务器将提供冗余和附加功能。如果打算传输大量的 Windows Media 文件，请考虑专门使用单独的 NTFS 卷来存储这些文件。NTFS 卷允许针对内容文件使用访问控制列表（ACL）检查以及更好的文件管理功能。考虑结合使用多播流式播放和单播翻转。多播流式播放可将内容从单个流传递到任意数量的客户端。当其他客户端通过启用了多播的网络连接时，它们无需从服务器那里要求额外的带宽，也不会为网络带来额外的负载，从而提高传输效率。

15.2　协　议　与　格　式

15.2.1　协议概述

数据传输协议是指在两台设备之间传输数据的标准化格式。协议类型可以确定诸如错误检查方法、数据压缩方法，以及文件结束确认之类的变量。如果所有的网络都是以同一方式构建的，并且所有网络软件和设备的行为都类似，那么只需要一种协议即可处理所有的数据传输需求。而在现实中，Internet 是由数百万运行各种软硬件组合的不同网络组成的。因此，为了以可靠方式向客户端传输数字媒体内容，需要有一组设计良好的协议。下列协议可用于传输基于 Windows Media 的内容：

（1）实时流式传输协议（RTSP）。

（2）Microsoft Media 服务器（MMS）协议。

（3）超文本传输协议（HTTP）。

Windows Media Services 通过使用控制协议插件来管理这些协议的使用。Windows Media Services 包括 WMS MMS 控制协议插件、WMS RTSP 控制协议插件和 WMS HTTP 控制协议插件。除 WMS HTTP 控制协议插件外，其他插件在默认情况下都是启用的。

控制协议插件接收传入客户端请求，确定该请求表示什么操作（例如，启动或停止流式播放），将请求转换为命令形式，然后将该命令传递给服务器。在出现错误或状态变化时，控制协议插件还可以向客户端返回通知信息。

图 15.5 描述了 Windows Media Services 如何使用不同的协议在 Windows Media 服务器、编码器、内容源，以及客户端之间协商连接。

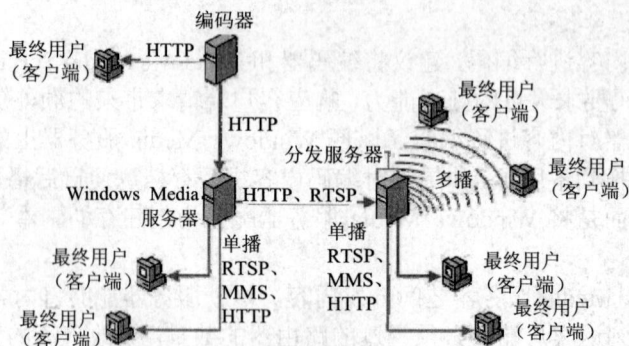

图 15.5　不同协议协商连接

Windows Media Services 9 系列包括下列附加的网络功能。

（1）多播传输。可以从服务器上的广播发布点以多播流方式传递内容。以多播流方式接收内容的客户端不使用基于连接的协议。相反，它们通过加入多播广播来接收流。在客户端定位并加入多播流时需要的信息位于一个带有.nsc 文件扩展名的多播信息文件中。客户端首先通过 Web 服务器或电子邮件中的链接打开该文件，然后使用其中包含的信息连接到多播流。

（2）无线优化。可以使用转发纠错在流中发送额外的数据包以纠正由无线网络使用的有损耗传输方法引起的错误。

15.2.2　协议的格式

1. 使用 MMS 协议

Microsoft Media 服务器（MMS）协议是 Microsoft 为 Windows Media Services 的早期版本开发的专有流式媒体协议。在以单播流方式传递内容时，可以使用 MMS 协议。此协议支持快进、倒回、暂停、启动和停止索引数字媒体文件等播放机控制操作。如果要支持使用 Windows Media Player 早期版本的客户端，需要使用 MMS 或 HTTP 协议满足其流请求。

如图 15.6 由播放机指定的连接 URL 使用了 MMS（例如，mms://server_name/publishing_point_name/file_name），那么播放机就可以使用协议翻转协商使用最佳协议。MMSU 和 MMST 是 MMS 协议的专门化版本。MMSU 基于用户数据报协议（UDP），是流式播放的首选协议。MMST 基于传输控制协议（TCP），用在不支持 UDP 的网络上。

如果需要强制服务器使用特定的协议，可以在公告文件中标明要使用的协议。用户还可以在内容地址中指定协议（例如，mms://server_name/publishing_point_name /file_name）。为了利用协议翻转，建议在 URL 中使用通用的 MMS 协议。这样，播放机便可以使用 MMSU 或 MMST 协议连接到流。如果播放机无法通过两种协议中的任一种成功连接到流，则会尝试使用超文本传输协议（HTTP）进行连接。有关协议翻转的详细信息，请参阅协议翻转的工作原理。

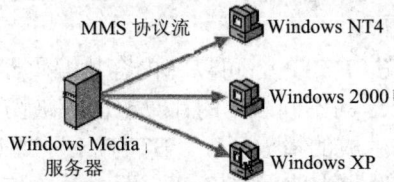

图 15.6　MMS 传输协议

Windows Media Services 通过 WMS MMS 服务器控制协议插件实现 MMS 协议。在 Windows Media Services 的默认安装中，此插件是启用的，并且绑定到 TCP 端口 1755 和 UDP 端口 1755。

2．使用 RTSP 协议

可以使用实时流式传输协议（RTSP）以单播流方式传递内容。这是一个应用程序级别的协议，是为控制实时数据（如音频和视频内容）的传递而专门创建的。此协议是在面向纠错的传输协议基础上实现的，支持停止、暂停、倒回及快进索引 Windows Media 文件等播放机控制操作。可以使用 RTSP 将内容传输到运行 Windows Media Player 9 系列或 Windows Media Services 9 系列的计算机。RTSP 是一个控制协议，该协议与数据传递实时协议（RTP）依次发挥作用，实现向客户端提供内容。

如图 15.7 连接 URL 中使用了 RTSP（例如，rtsp://server_name/publishing_point_name/file_name），那么 RTSP 会自动协商内容的最佳传递机制。然后该协议指示 RTP 协议使用用户数据报协议（UDP）传递流式内容，或者在不支持 UDP 的网络上使用一种以传输控制协议（TCP）为基础的协议进行传递。

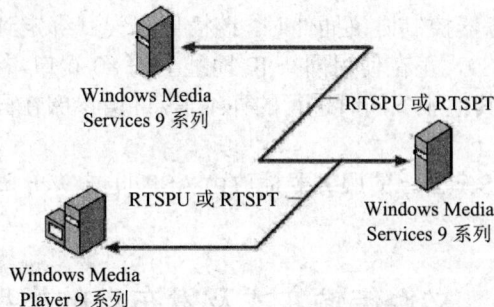

图 15.7　RTSP 传输协议

如果需要强制服务器使用特定的协议，可以在公告文件中标明要使用的协议。用户还可以在内容地址中指定协议（例如，rtsp://server_name/publishing_point_name/ file_name）。为了利用协议翻转，建议在 URL 中使用通用的 RTSP 协议。这样，播放机便可以使用 RTSPU 或 RTSPT 协议连接到流。如果播放机无法通过任意一种 RTSP 协议成功连接到流，则会尝试使用某种 MMS 协议进行连接。有关协议翻转的详细信息，请参阅协议翻转的工作原理。

Windows Media Services 通过 WMS RTSP 服务器控制协议插件实现 RTSP。在 Windows

Media Services 的默认安装中，此插件是启用的，并且绑定到 TCP 端口 554。

3. 使用 HTTP 协议

通过使用超文本传输协议（HTTP），可以将内容从编码器传输到 Windows Media 服务器，在运行 Windows Media Services 的不同版本的计算机间或被防火墙隔开的计算机间分发流，以及从 Web 服务器上下载动态生成的播放列表。HTTP 对于通过防火墙接收流式内容的客户端特别有用，因为 HTTP 通常设置为使用端口 80，而大多数防火墙不会阻断该端口。

图 15.8 可以通过 HTTP 向所有 Windows Media Player 版本和其他 Windows Media 服务器传递流。如果客户端通过 HTTP 连接到服务器，那么就不会发生协议翻转。

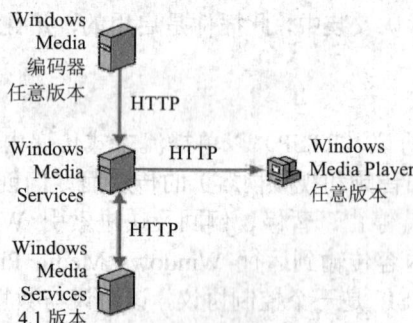

图 15.8　HTTP 传输协议

Windows Media Services 使用 WMS HTTP 服务器控制协议插件控制基于 HTTP 的客户端连接。必须启用此插件才能允许 Windows Media Services 通过 HTTP 向客户端传输内容或从 Windows Media 编码器接收流。

在启用 WMS HTTP 服务器控制协议插件时，该插件会尝试绑定到端口 80。如果另一个服务，如 Internet 信息服务（IIS），正在使用同一 IP 地址上的 80 端口，那么就不能启用该插件。有关允许 HTTP 流式播放与其他服务同时进行的详细信息，请参阅在同一计算机上使用 HTTP 流式播放和其他服务。

当运行 Windows Media Services 的服务器播放由 ASP 页或 Web 脚本生成的动态播放列表时，也会用到 HTTP 协议。

15.3　文件传输方式及发布点的类型

15.3.1　传输点方式

1. 单播流方式传递内容

单播流是服务器和客户端之间的一对一连接，这意味着每个客户端都接收不同的流且只有那些请求流的客户端才接收流。以单播流方式传递内容时既可以采用点播发布点又可以采用广播发布点。单播流式传输是 Windows Media 服务器用来传递内容的默认方法。它由 WMS 单播数据写入器插件自动启用，在默认情况下处于启用状态。

图 15.9 显示通过使用点播发布点以单播流方式传递内容的示例。

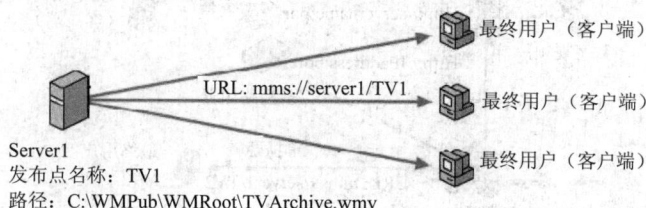

图 15.9　单播传输

正如上图所示，在名为 Server1 的 Windows Media 服务器上有一个名为 TV1 的点播发布点。该发布点标识要传输的内容的位置。内容可在本地服务器或网络文件系统上安置。可以将特定文件、播放列表文件或目录作为来源。在上例中，发布点将存储在本地 Server1 上的播放列表文件作为来源。当准备让用户开始传输时，可创建一个为用户提供指向内容的 URL 的公告。因为内容是以单播流方式传递的，所以每个播放机都有一个到 Server1 的唯一连接。

2. 多播流方式传递内容

多播流是指 Windows Media 服务器和接收流的客户端之间的一对多关系。利用多播流，服务器向网络上的一个多播 IP 地址传输，客户端通过向该 IP 地址订阅来接收流。所有的客户端都接收相同的流。因为无论有多少个接收流的客户端，服务器只传输一个流，所以多播流需要的带宽量与包含相同内容的单个单播流的带宽量相同。使用多播流会节省网络带宽，且对于带宽较低的局域网可能非常有用。

以多播流方式传递内容时只能采用广播发布点。另外，网络路由器必须已启用多播，这意味着它们可以传输 D 类 IP 地址。如果网络路由器未启用多播，仍可以通过局域网的本地网段以多播流方式传递内容。

图 15.10 显示通过使用广播发布点以多播流方式从编码器分发内容的示例。

可多播编码器的实况内容的方法，如图 15.10 所示。将实况图像从数字摄像机发送到运行 Windows Media 编码器的计算机上的视频捕获卡。图像被编码成 Windows Media 格式，然后使用 HTTP 传输到服务器。

在名为 Server1 的 Windows Media 服务器上，使用"添加发布点向导"添加将编码器作为来源的广播发布点。作为向导的一部分，可以选择允许进行单播翻转。单播翻转确保不能访问多播流的播放机仍可以通过切换到可用的单播流来接收内容。例如，如果网络路由器未启用多播，或者如果播放机超出了多播流的生存时间（TTL）范围，则播放机可能无法访问多播流。

使用"多播公告向导"创建一个公告以便向用户提供指向内容的 URL。使用该向导可创建一个多播信息文件（文件扩展名为.nsc）、一个公告文件（文件扩展名为.asx）、在网页中嵌入公告所需的代码或者 3 个选项的任意组合。

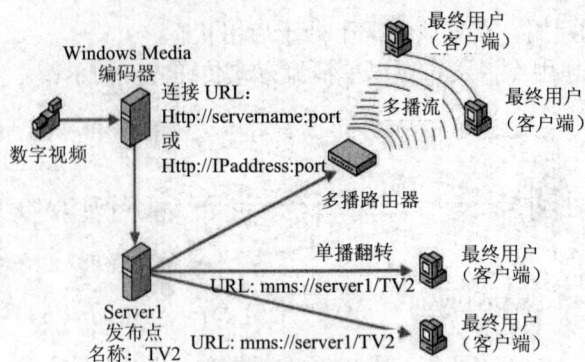

图 15.10　多播传输

15.3.2　发布点的类型

1. 使用点播发布点

如果希望用户能够控制正在传输的内容的播放，则最适于从点播发布点传输内容。这种类型的发布点最常用于安置以文件、播放列表或目录为来源的内容。当客户端连接到该发布点时，将从头开始播放内容，最终用户可以使用播放机上的播放控件来暂停、快进、倒回、跳过播放列表中的项目或停止。

只有当客户端已连接且可以接收流时，点播发布点才可以传输内容。从点播发布点传输的内容总是以单播流的形式传递，这意味着服务器维护与每个客户端的单独连接。

点播发布点还可以用于从编码器、远程服务器或另一个发布点传递广播流。其中的任意一个都可被选作内容的唯一来源或者作为内容播放列表的一部分。当内容从源（而非 Windows Media 服务器）发起时，用户不能使用播放机上的播放控件来暂停、快进、倒回、跳过播放列表中的项目或停止。

注意：通过服务器端播放列表播放内容时，只有 Windows Media Player 9 系列或使用 Windows Media Player 9 系列 ActiveX 控件的播放机才支持快进、跳过、倒回和暂停功能。使用本播放机早期版本进行连接的用户将无法对服务器端播放列表中的内容进行播放控制。如果这些用户停止并重新启动播放机，则内容播放将从播放列表的起始位置开始。

如果发布点以运行 Windows 2000 Server 的计算机上的文件为内容源，那么可能会在传输内容时遇到困难，原因是 Windows 2000 Server 和 Windows Server 2003 处理用户账户授权与权限的方式是不同的。如果这两台计算机是同一个域的成员，则启用了 WMS NTFS ACL 授权插件的点播发布点，若要尝试从运行 Windows 2000 Server 的计算机上检索内容，则远程客户端将接收到一条错误消息，指明"访问被拒绝"。本地客户端，例如 Windows Media Services 的测试流功能，不会受到影响。

2. 使用广播发布点

如果希望创造与观看电视节目类似的体验，则最适于从广播发布点传输内容——在源或服务器上控制和传输内容。这种类型的发布点最常用于从编码器、远程服务器或其他广播发布点传递实况流。当客户端连接到广播发布点时，客户端就加入了已在传递的广播中。例如，如果公司范围内的会议在上午 10:00 进行广播，在上午 10:18 连接的客户端将错过会议的前 18 分钟。客户端可以启动和停止流，但是不能暂停、快进、倒回或跳过。还可以在广播发布点传输文件和文件的播放列表。当广播发布点将文件或播放列表作为来源时，由服务器将其作为广播流发送，播放机不能像控制点播流那样控制播放，用户感觉就好像是接收实况编码流的广播。

通常，广播发布点在启动时立即传输，并一直继续，直到它被停止或传输完内容。但是，可以将广播发布点配置为只有在连接了一个或多个客户端时才自动启动和运行，这样就可在没有客户端连接时节省网络和服务器资源。

可以将广播发布点的内容作为单播或多播流来传递。可将来自广播发布点的流保存为存档文件，并将该文件以原广播的点播重放形式提供给最终用户。

15.4　流式媒体服务器的配置

Windows Server 2003 所具有的"配置您的服务器向导"提供了一个中心位置，可供用户安装或删除运行 Windows Server 2003 的服务器上可用的服务器角色。安装服务角色后，可以使用"管理您的服务器"来管理该角色。

"管理您的服务器"提供一个中心位置，可供用户管理通过"配置您的服务器向导"安装的服务器角色。"管理您的服务器"在首次通过管理凭据登录到服务器上时自动启动。

服务器角色是 Windows Server 2003 提出的一个新概念。Windows Server 2003 家族产品提供若干服务器角色。若要配置服务器角色，请使用"配置您的服务器向导"安装服务器角色，使用"管理您的服务器"管理服务器角色。在完成服务器角色的安装后，"管理您的服务器"会自动启动。

15.4.1　流式媒体服务器的安装

可以使用 Windows Server 2003 的"配置您的服务器向导"来为服务器配置流式媒体服务角色，也就是创建流式媒体服务器。

在将计算机配置为流式媒体服务器之前，首先需要验证当前是否已经正确配置了操作系统和当前硬盘是否使用 NTFS 文件系统。在 Windows Server 2003 家族中，Windows Media Services 依赖于操作系统及其服务的正确配置。如果是安装 Windows Server 2003 操作系统，则可使用默认的服务配置，无需执行任何操作。如果是升级到 Windows Server 2003 操作系统，或者如果希望确认服务是否为最佳性能和安全性做了正确配置，则可使用服务的默认设置中的表验证服务设置。

所有现有的磁盘卷都应当使用 NTFS 文件系统。FAT32 卷缺乏安全性，而且不支持文件和文件夹压缩、磁盘配额、文件加密或单个文件权限。

若要配置流式媒体服务器，请依次单击"开始"→"控制面板"，双击"管理工具"，再双击"管理您的服务器"，打开"管理您的服务器"对话框，如图 15.11 所示。默认情况下，登录时将自动启动"管理您的服务器"。

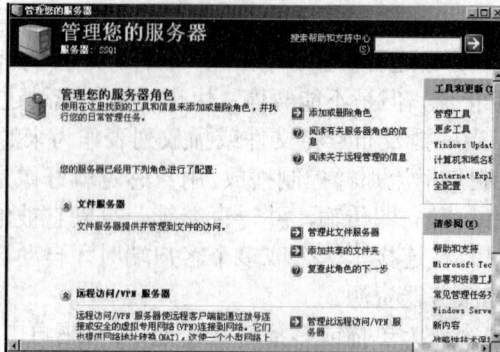

图 15.11 "管理您的服务器"对话框

从"管理您的服务器"中，单击"添加或删除角色"，在打开的"预备步骤"对话框中，提示在继续向前，先确认准备工作已经完成，如图 15.12 所示。

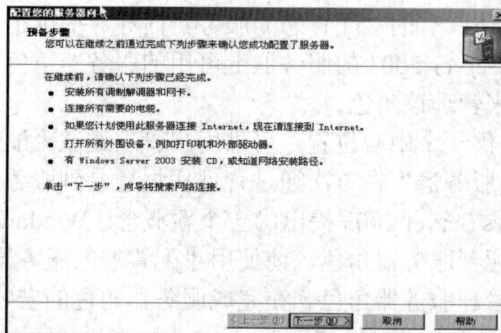

图 15.12 确认准备工作已完成

在"预备步骤"对话框中单击"下一步"按钮，打开"服务器角色"对话框，从中可以设置此服务器担当的角色，如图 15.13 所示。

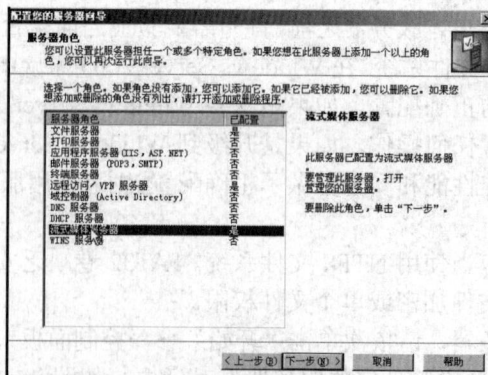

图 15.13 "服务器角色"对话框

在"服务器角色"页面上，单击右下方"查看'配置您的服务器向导'日志"，将以记事本方式打开日志文件，如图 15.14 所示。

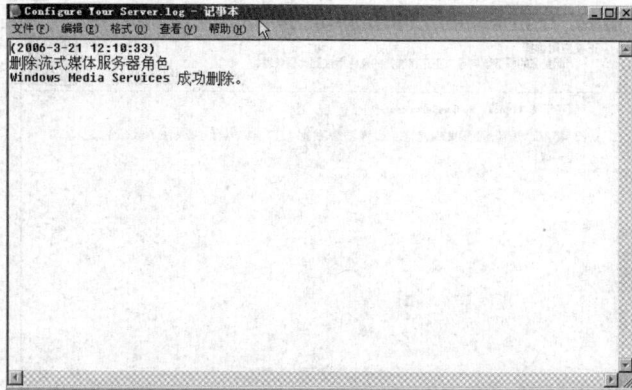

图 15.14　配置您的服务器向导日志

在"服务器角色"页面上，单击"流式媒体服务器"选项，然后单击"下一步"按钮，打开"选择总结"对话框。在"选择总结"页面上，查看和确认已经选择的选项。如果在"服务器角色"页面上选择"流式媒体服务器"，就会出现以下内容：安装 Windows Media Services，如图 15.15 所示。

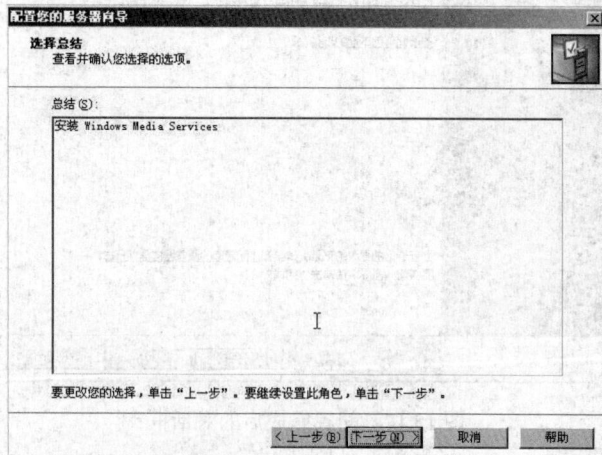

图 15.15　"选择总结"对话框

要应用"选择总结"页面上显示的选择，请单击"下一步"按钮，之后，将出现"正在应用选择"对话框，同时会出现 Windows 组件向导的"配置组件"页面，然后自动关闭。不能单击该页上的"上一步"或"下一步"，如图 15.16 所示。

在"选择总结"页面上单击"下一步"后，"配置您的服务器向导"会安装 Windows Media Services。和许多其他服务不同，Windows Media Services 无需管理员进行任何输入就可以安装，直到配置自动完成。

组件配置完成之后，"配置您的服务器向导"显示"此服务器现在是流式媒体服务器"页面，如图 15.17 所示。

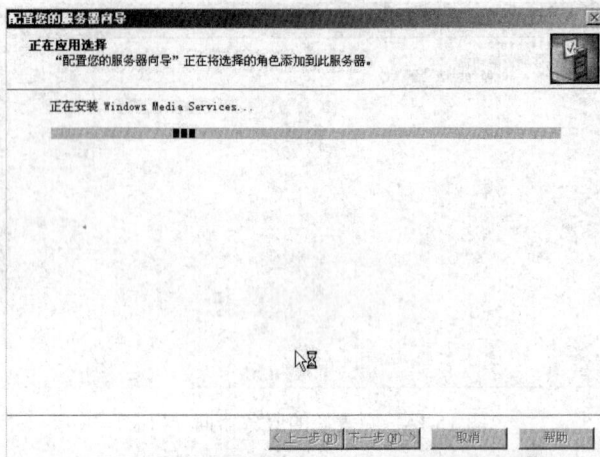

图 15.16　正在应用选择

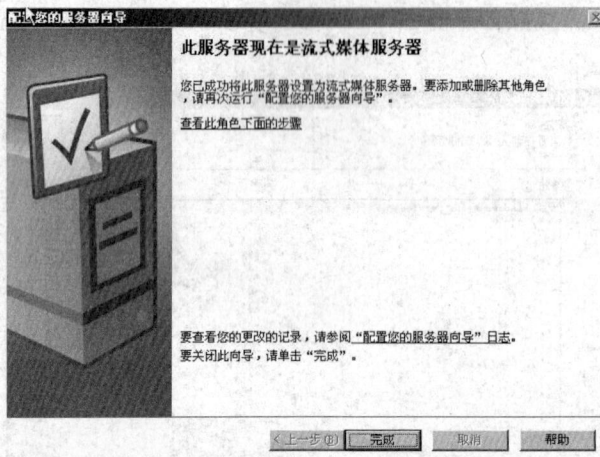

图 15.17　配置完成后的对话框

要复查由"配置您的服务器向导"对服务器所做的所有更改，或者要确保新的角色已成功安装，请单击"'配置您的服务器向导'日志"。"配置您的服务器向导"日志位于 %systemroot%Debug\Configure Your Server.log。要关闭"配置您的服务器向导"，请单击"完成"按钮。

从菜单中选择"开始"→"管理工具"→Windows Media Services 命令，可以打开 Windows Media Services，如图 15.18 所示。

完成"配置您的服务器向导"之后，计算机就可以用作基本的流式媒体服务器，它可以将内容提供给客户端和其他流式媒体服务器。通常需要额外的配置，具体步骤取决于用户的需求。

本节说明为配置流式媒体服务器必须采取的基本决策。

　　流式媒体服务器角色支持许多方案,大多数方案都要求重新配置现有的发布点或创建新的发布点。用户需要做出决策,结果取决于所使用的 3 个主要发布点配置中的哪个。如表 15.1 所示,显示决策如何与配置相关。

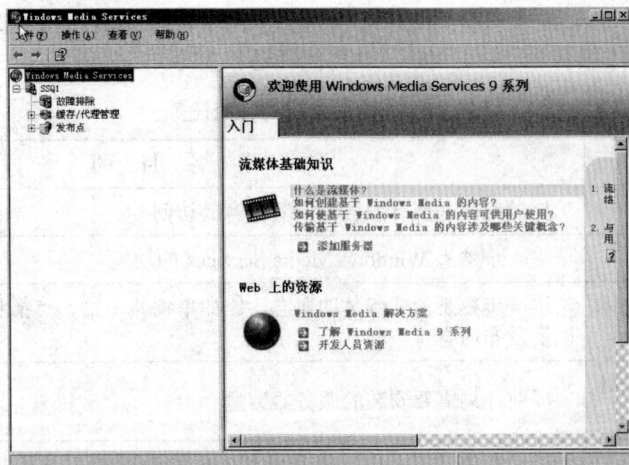

图 15.18　Windows Media Services

表 15.1　决策与配置的关系

如 果 您	您希望使用	使用该发布点配置
希望客户端控制播放	每个客户端一个服务器连接	点播、单播
不希望客户端控制播放	每个客户端一个服务器连接	单播广播
不希望客户端控制播放	所有客户端共享一个服务器连接	多播广播

　　播放的控制意味着:客户端应该能够开始、停止、暂停、倒带和快进。通过点播、单播,客户端控制播放,用户的体验类似于通过 VCD 或 DVD 播放电影。这类播放要求有点播发布点。点播发布点分发预先记录的内容,比如音频和视频文件。希望添加流式媒体服务器角色时,该向导会创建名为<Default>的点播发布点。可以在该发布点分发媒体文件,也可以创建发布点。如果选择使用点播发布点,就必须使用单播交付。

　　如果客户端不控制播放,用户的体验就类似于观看电视节目。这类播放需要有广播发布点。这类发布点分发预先记录和实况转播的内容。当添加流式媒体服务器角色时,该向导会创建名为 Sample_Broadcast 的广播发布点,其中包含示例内容。不要对该示例进行任何改动,并创建一个新的广播发布点。

　　通过单播广播,服务器将对每台客户端单独创建一个连接。结果,单播交付可能会消耗大量的网络带宽。例如,将同样的内容交付给 100 台客户端所消耗的网络带宽是交付给一台客户端的 100 倍。但是,单播交付不需要对网络路由器和转换器进行任何配置。

　　通过多播广播,服务器不会创建与任何客户端的连接。相反,服务器会将内容交付到网络上的 D 类 Internet 协议（IP）地址，网络上的任何客户端都能接收它。这样会保存网络带宽。例如，多播交付给 100 台客户端所消耗的带宽和交付给一台客户端的一样多。但是，许多网络在默认情况下不支持多播交付。若要支持多播交付，服务器和客户端之间的网络路由器和交换器必须配置为传输 D 类 IP 地址并解释多播信息包。

　　Windows Media Services 安装完成的同时，创建了两个包含示例内容的发布点。同时，可能还需要在此流式媒体服务器上执行的一些其他任务，如表 15.2 所示。

表 15.2　需要执行的其他任务

任　　务	任　务　目　的
配置安全选项	控制对流式媒体服务器及其内容的访问
浏览	进一步熟悉 Windows Media Services 的功能
查看流式媒体服务的术语和概念	进一步熟悉流式媒体的概念，比如单播和多播、点播和广播、存档、发布点以及发布内容
决定需要多少流式媒体服务器	提前计划需要安装的服务器数量
确定端口冲突	防止在尝试使用和 Web 服务器同样的 TCP 端口时发生问题
查看有关升级 Windows Media Services 的早期版本的说明	确保了解如何升级其他运行 Windows Media Services 早期版本的服务器
启用 Windows Audio 服务	Windows Audio 服务在默认情况下在 Windows Server 2003 Datacenter Edition 或 Windows Server 2003 Enterprise Edition 的新安装上是禁用的。这样不会阻止服务器将音频传输给客户端，但为了在服务器上测试内容播放，应启用音频
启动 Windows Media Services 的管理界面	配置流式媒体服务器
管理流式媒体服务器	配置流式媒体服务器，以便通过 Intranet 或 Internet 传输内容。在开始传输内容之前，必须为运行 Windows Media Services 的服务器配置设置，添加并配置发布点，设置您的内容
记录数据和事件	记录与内容连接的客户端的活动
管理和生成内容	内容管理方法和优先级将根据多种因素（比如，观众人数统计、内容类型、可用设备和部署者经验）在不同的项目中有所不同
决定如何从 Windows Media 编码器中获得内容	决定是配置编码以便向服务器发送流，还是配置服务器从编码中拉出流
实施缓存/代理系统	存储最近传输的内容，以便其他寻找同样材料的客户端使用。在实况广播中，缓存/代理服务器可以执行称为流拆分的任务，该任务允许许多单播客户端在只有单个流从源服务器中发送时接收内容

15.4.2　流式媒体服务器的删除

如果需要将服务器重新配置为另外一个角色，则可删除现有服务器的角色。如果删除流式媒体服务器角色，客户端就无法再与该服务器的发布点连接，编码器就无法再通过服务器发送媒体流，只有在该服务器上存储或分发的内容才可用。

若要删除流式媒体服务器角色，首先选择"开始"→"管理工具"→"配置您的服务器向导"命令，启动"配置您的服务器向导"，双击"下一步"按钮，打开"服务器角色"对话框，如图 15.19 所示。

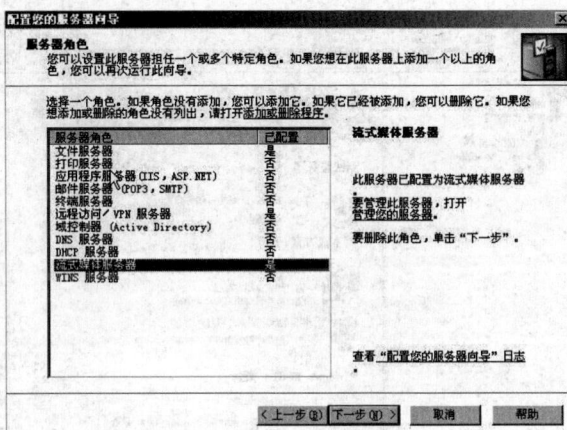

图 15.19　选择服务器角色

在"服务器角色"页面上，单击"流式媒体服务器"选项，然后单击"下一步"按钮。在"角色删除确认"页面上，检查"总结"下所列的项目后，选择"删除该流式媒体服务器角色"复选框，并单击"下一步"，如图 15.20 所示。

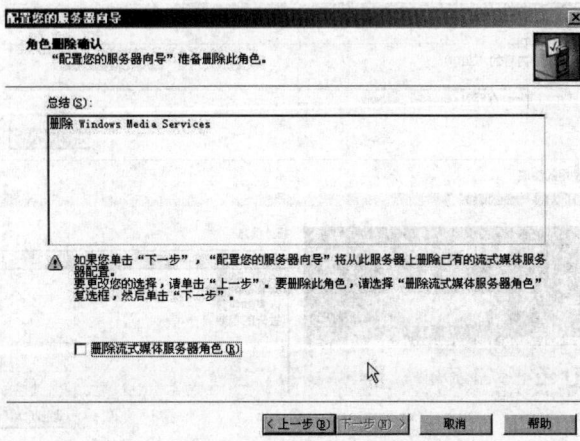

图 15.20　角色删除确认

单击"下一步"后，将出现 Windows 组件向导的"配置组件"页面，然后自动关闭。不能单击该页上的"上一步"或"下一步"按钮。在"删除了流式媒体服务器角色"页面上，单击"完成"按钮，即可完成删除任务。

15.4.3　流式媒体服务器的测试

流式媒体服务器安装和配置完成后，随附 Windows Media Services 安装了一些示例内容，可以使用这些示例测试自己的服务器。在 Windows Media Services 窗口中单击"入门"选项卡，在打开的页面中单击"测试服务器"按钮，如图 15.21 所示。

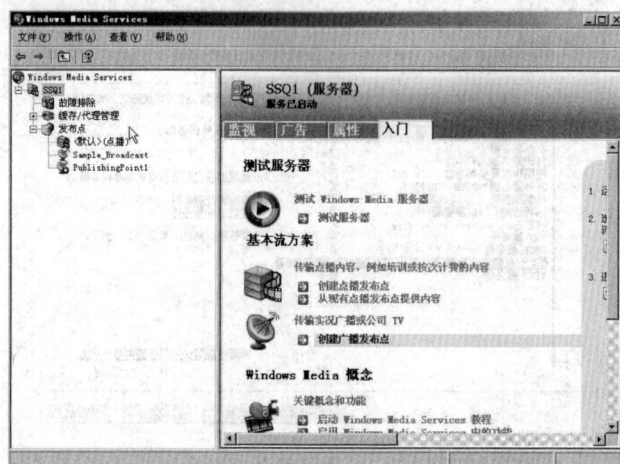

图 15.21　单击测试服务器

Windows Media Service 将打开流测试应用程序，以测试服务器。测试过程将使用"默认"发布点测试服务器，"默认"发布点是自动创建的，如图 15.22 所示。

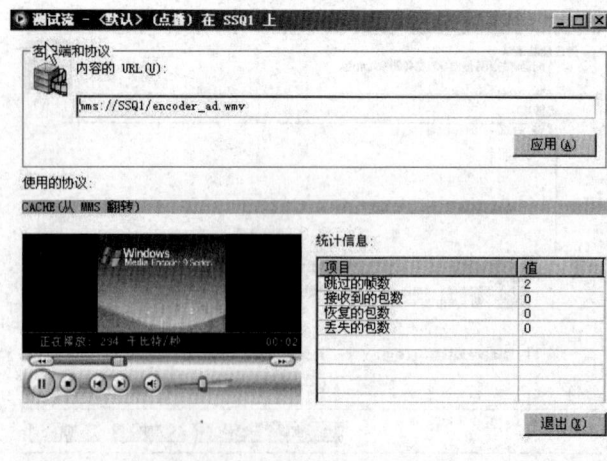

图 15.22　流测试应用程序

看到测试流正常播放的画面，同时音箱中响起其对应的声音，说明测试成功，流式媒体服务器的配置已经全部完成。

15.5　流式媒体服务器的管理

Windows Media Services 有两种管理界面：Microsoft 管理控制台（MMC）的 Windows Media Services 管理单元和用于 Web 的 Windows Media Services 管理器。后者是一种基于 Web 的管理界面，该界面使用安置在 Microsoft Internet 信息服务（IIS）上的 Active Server Page（ASP）。通常采用的管理界面是 MMC 的用户界面，如图 15.23 所示。

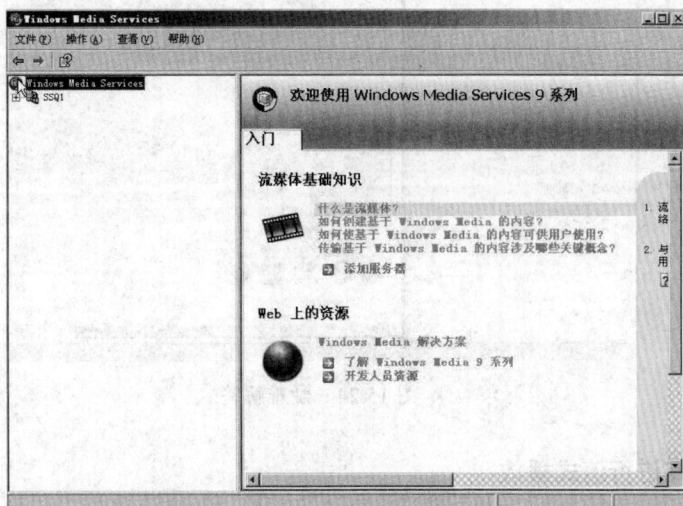

图 15.23　用户界面

Windows Media Services 用户界面分为两部分：左侧的控制台目录树和右侧的细节窗格。将控制台目录树组织成由组、服务器和发布点项目构成的层次结构。细节窗格中显示的信息将根据在控制台目录树中单击的项目发生改变。

如果单击控制台目录树中的服务器或发布点，则细节窗格中将显示一些选项卡，使用户能监视和配置服务器或发布点。如果单击控制台目录树中的组或"疑难解答"项目，则细节窗格中将显示有关该项目的统计信息的摘要，在细节窗格的底部有一排可用于执行管理任务的按钮，如图 15.24 所示。

Windows Media Services 管理单元除具有控制台目录树和细节窗格外，还具有 4 个向导来帮助创建发布点、包装播放列表和公告文件。每个向导都会通过一个分步操作的过程，该过程能帮助用户了解正在执行的操作，这 4 个向导分别是：

（1）添加发布点向导。该向导帮助选择内容源和分发方法。它还能帮助用户创建播放列表、日志文件和存档文件。如果不用向导创建发布点或要在点中包含高级功能，则可以使用"添加发布点（高级）"命令。

（2）创建包装向导。该向导帮助用户将广告或其他内容添加到单播广播的开头和结尾。

（3）单播公告向导。该向导帮助用户创建可由单播客户端用于访问发布点的公告文件，也可以使用向导创建具有连到发布点的嵌入式链接的简单网页。

（4）多播公告向导。该向导帮助创建客户端可用于连接到多播流的公告文件和多播信息。

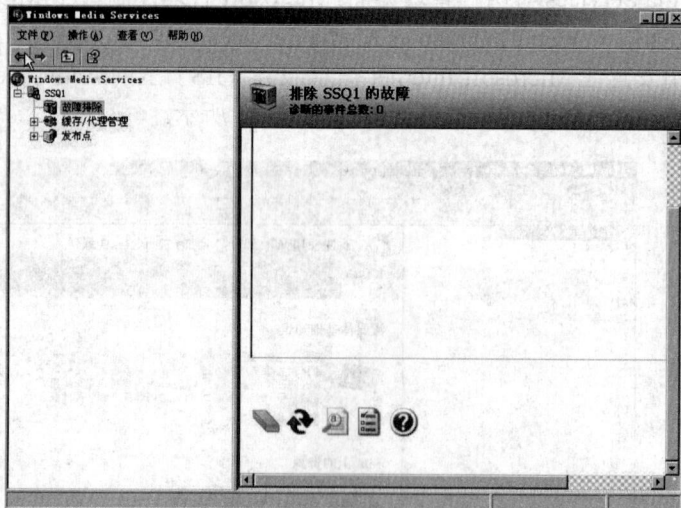

图 15.24　疑难解答

15.5.1　从发布点进行流式播放

接下来，简单介绍一下在接到用户请求时如何使用 Windows Media Services 从服务器传输单个文件，也称点播流式播放。用户可以通过使用播放机上的控件对请求的内容执行开始、停止、暂停、快进和倒回等操作。从用户的角度看，点播流式播放类似于在 DVD 或 CD 播放机上播放内容。

Windows Media Services 无需经过额外配置即可开始从事点播流式播放。需要做的仅仅是将要传输的文件放置在默认的 Windows Media Services 内容目录下。该文件既可以是 Windows Media 文件，也可以是 MP3 文件。例如，要将文件"无晦.mp3"以点播流式播放，操作方法如下所述。

双击"我的电脑"图标，然后找到要传输的文件，如图 15.25 所示。

将该文件复制到 Windows Media 服务器上的"%systemdrive%\Wmpub\WMRoot"文件夹中，如图 15.26 所示。

现在，流式媒体服务器就可以传输这个"无晦.mp3"音乐文件了。打开用户管理界面，在左侧的树状结构中单击"发布点"下面的"<默认>点播项"，在右窗格中单击"源"选项卡，如图 15.27 所示。

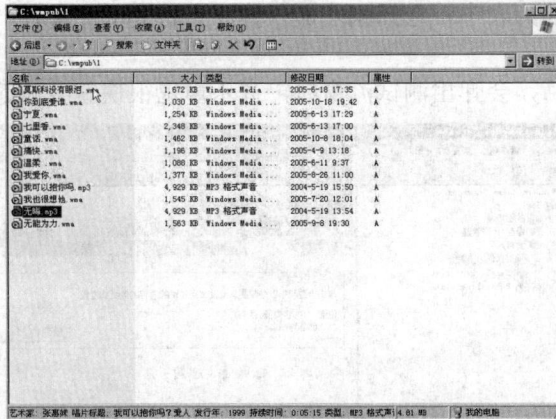

图 15.25　找到源文件

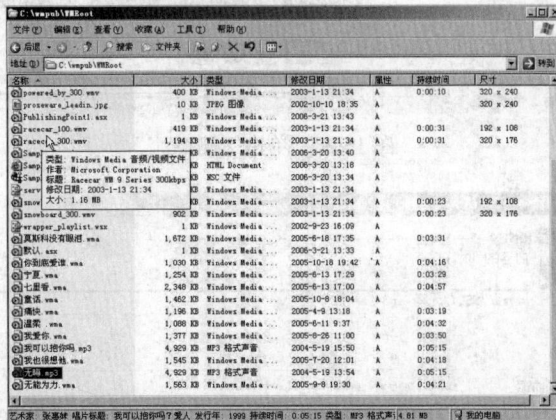

图 15.26　复制到目的文件夹中

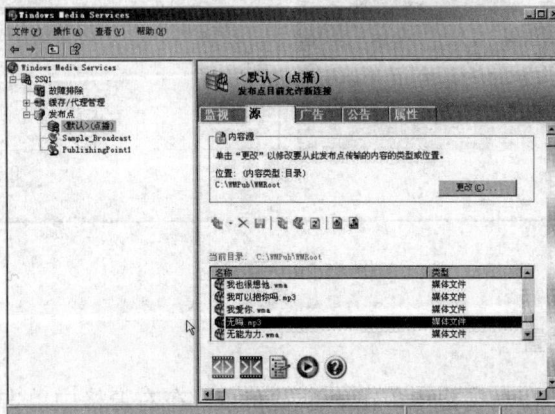

图 15.27　选择"源"选项卡

在右侧窗格下方的列表中，选择刚才加入的"无晦.mp3"文件，并单击下方的"测试流"按钮，如图 15.28 所示。

如果设置正确的话，会弹出测试流窗口，音乐声也很快就会响起来，如图 15.29 所示。

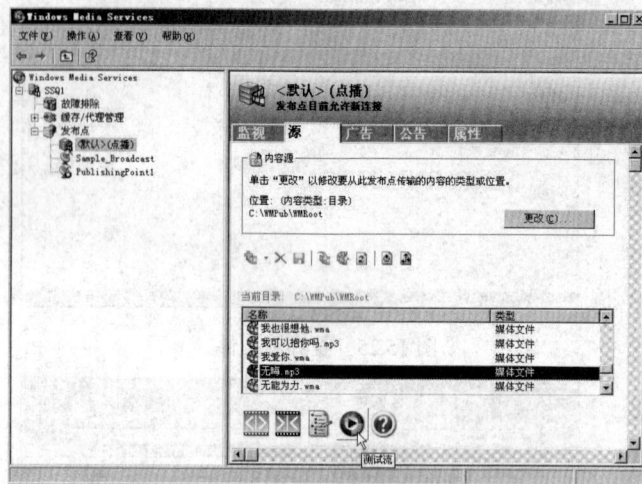

图 15.28 单击"测试流"

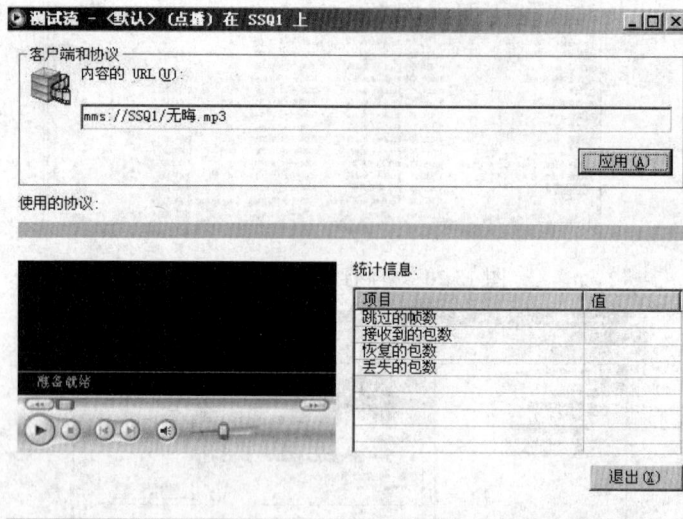

图 15.29 测试流

15.5.2 发布点的属性设置

在用户管理界面中，在左窗格中单击一个发布点，在右窗格中单击"属性"选项卡，可以在打开的界面中修改该发布的属性，如图 15.30 所示。

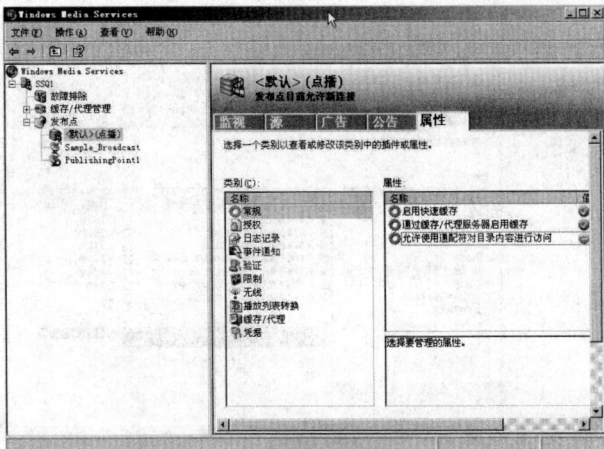

图 15.30　"属性"选项卡

　　例如，为了保证服务器的性能，需要对每个文件的同时连接数进行限制，设置每个发布点最多同时连接 10 个客户端播放机。如果想要实现这个限制，则首先在"类别"列表中选择"限制"选项，如图 15.31 所示。

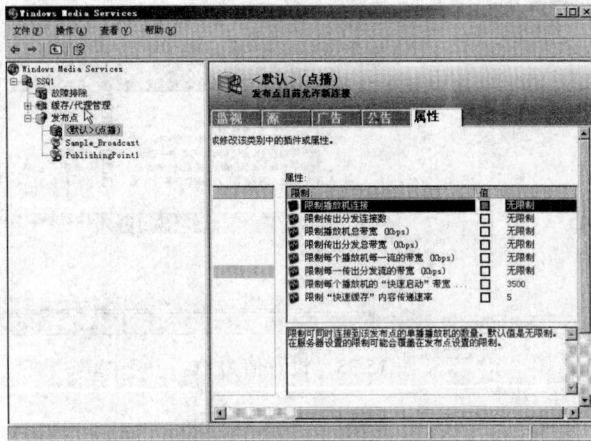

图 15.31　选择"限制"项

　　选择了"限制"项后，在"属性"列表框中即显示出很多相关的限制设置，所要设置的"限制播放机连接"也在其中，单击该选项，则该选项的意义与作用就显示在下方区域，如图 15.32 所示。

　　选中该选项的复选框，并在后面的区域中输入"10"，即设置了每个发布点最多只能有 10 个播放机，如图 15.33 所示。

　　在这个属性对话框中，共提供了 10 类数十个选项，对播放点的很多控制和设置都是在这里完成的，当选择了某个设置项后，其意义都会显示出来，在此不再一一表述了。

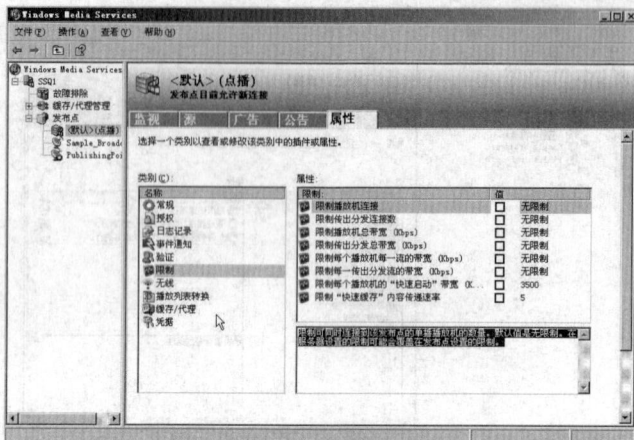

图 15.32　该选项的意义

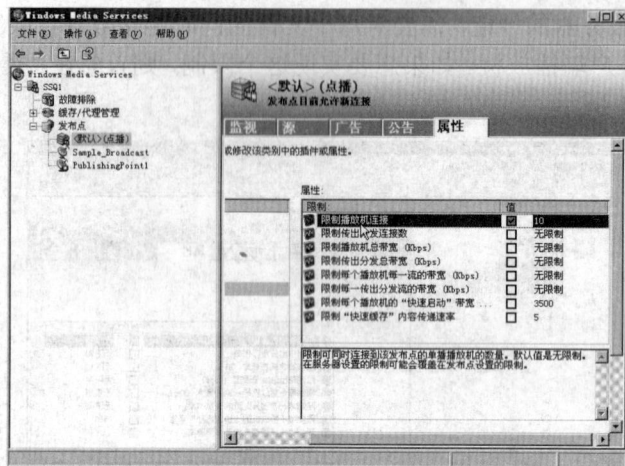

图 15.33　设置值为 10

15.6　知　识　拓　展

在 Windows Server 2003 中快速搭建超酷视频服务器

随着 Internet 和 Intranet 应用日益丰富，视频点播也逐渐应用于宽带网和局域网。人们已不再满足于浏览文字和图片，越来越多的人更喜欢在网上看电影、听音乐。而视频点播和音频点播功能的实现，则必须依靠流媒体服务技术。就目前来看，最流行的流媒体点播服务器只有两种，即 Windows Media 服务和 Real Server。在这里主要讨论在 Windows Server 2003 环境下如何搭建视频点播服务器。

大家知道，Windows Media 服务采用流媒体的方式来传输数据。通常格式的文件必须完全下载到本地硬盘后才能够正常打开和运行。而由于多媒体文件通常都比较大，所以完全下载到本地往往需要较长时间的等待。而流媒体格式文件只需先下载一部分在本地，然后可以一边下载一边播放。Windows Media 服务支持 ASF 和 WMV 格式的视频文件，以及 WMA 和 MP3 格式的音频文件。

1. Windows Media 服务的安装

Windows Media 服务虽然是 Windows Server 2003 系统的组件之一，但是在默认情况下并不会自动安装，而是需要用户来手动添加。而在 Windows Server 2003 操作系统中，除了可以使用"Windows 组件向导"安装 Windows Media 服务之外，还可以通过"配置您的服务器向导"来实现。

2. 制作流式文件

（1）安装 Windows Media 编码器。Windows Server 2003 中并没有自带 Windows Media 编码器，需要到 Microsoft 官方网站上下载 Windows Media 编码器的简体中文版，然后再执行安装过程。需要注意的是，编码器既可以安装在 Windows Media 服务器上，同时也可以安装在其他计算机上。也就是说，编码器只需安装在执行编码（即转换文件格式）工作的计算机上。

（2）转换文件格式。转换文件格式的标准描述应当是"对存储信息源编码"，其实也就是将保存在硬盘或光盘上的多媒体文件转换为 Windows Media 服务可使用的流媒体文件格式，这个文件格式转换过程叫做编码。Windows Media 编码器可以将 MPG 和 AVI 格式的多媒体文件编码为 WMV 格式。

15.7　技　能　挑　战

任务：如何在一个学校实现计算机流式媒体服务器的安装与配置、流式媒体文件发布与测试等，以提高网络的利用率，更好地为学校提供多媒体服务。

要求：

（1）提高校园网网络的速度，配置流媒体服务器。

（2）配置多台流媒体服务器。

（3）硬盘改为磁盘阵列。

15.8　项　目　实　训　要　求

实训　在 Windows Server 2003 中搭建流媒体服务器

[实训目的]

掌握架设流媒体服务器的方法。

[实训环境]

装有 Windows Server 2003 操作系统的计算机，局域网环境。

［实训内容］

1．流媒体服务器架设
2．Windows Media Services 的安装
3．发布点的创建

［实现过程］

［实训总结］

［实训思考题］

1．如何利用 RealHelix 创建流媒体服务器？
2．点播类型和广播类型的区别是什么？

第 16 章　Windows Server 2003 安全设置

☆ **项目案例**

　　一个公司根据管理需求，对公司的员工分为不同层次，每个层次有不同权限，按照管理权限对用户分为不同的组。对组里用户，Windows Server 2003 进行管理，并制定一定的访问控制策略。

16.1　Windows Server 2003 安全概述

16.1.1　权利与权限

　　当用户登录时，该用户将收到一个带有用户权利的访问令牌。用户权利将授予登录计算机或网络的用户可以在系统上执行某种指定的操作。如果用户没有适当的权利来执行某项操作，那么该用户的尝试将被禁止。

　　管理员可以指派特定权利组账户或单个用户账户。这些权利批准用户执行特定的操作，如交互式登录系统或备份文件和目录。

　　用户权利定义了本地级别上的功能。虽然用户权利可以应用于单个的用户账户，但最好是在组账户基础上管理。这样可以确保作为组成员登录的账户将自动继承该组的相关权利。通过对组而不是对单个用户指派用户权利，可以简化管理员对用户账户管理的任务。当组中的用户都需要相同的用户权利时，管理员可以一次对该组指派用户权利，而不是重复地对每个单独的用户账户指派相同的用户权利。

　　管理员对组指派的用户权利将应用到该组的所有成员。如果用户是多个组的成员，则用户权利是累积的，这意味着用户有多组权利。指派给某个组的权利只有在特定登录权利的情况下才会与指派给其他组的权利发生冲突。而指派给某个组的用户权限通常不会与指派给其他组的权限冲突。要删除用户的权利，管理员只需简单地从组中删除该用户。在这种情况下，用户不再拥有指派给这个组的权利。

用户权利将作用到整个系统，而不是一个指定的资源，并且它将影响整个计算机或域的运行。所有访问网络资源的用户必须在他们所要使用的计算机上拥有适当的权利，例如登录计算机、修改计算机的系统时间。管理员可以为组或单个用户分配指定的用户权利。另外，在默认情况下，Windows Server 2003 将为 Builtin 组的用户预先分配某些用户权利。

注意：Windows Server 2003 允许管理员为用户或用户组分配权利。

通常有两种类型的用户权利：特权和登录权利。

1. 特权

特权就是用户执行特定任务的权利。特权通常会影响整个计算机系统，而不是某个对象。特权作为计算机安全设置的一部分由管理员指派给单个用户或组。要减轻用户账户的管理任务，管理员应该主要对组账户指定特权，而不是对单个的用户账户。对组账户指定特权时，当用户成为该组成员时将自动指派那些特权。这种管理特权的方法比创建账户时对每个用户账户指定单独的权限要容易得多。

管理员可以授予用户的常用特权通常有如下几种。

（1）更改系统时间。此用户权限确定哪些用户和组可以更改计算机内部时钟的时间和日期。指派了此用户权限的用户可能影响事件日志的外观。如果系统时间被更改，记录的事件将反映新的时间而不是反映事件实际发生的时间。该用户权限在 Default Domain Controller 组策略对象（GPO）和工作站及服务器的本地安全策略中定义。

（2）装载和卸载设备驱动程序。此用户权限确定了可动态地将设备驱动程序或其他代码加载到内核模式或从中进行相应卸载的用户。此用户权限不适用于即插即用设备驱动程序，建议不要将此特权指派给其他用户。

（3）关闭系统。此安全设置确定从本地登录到计算机的用户中，可以使用 Shut down 命令关闭操作系统的用户，误用此用户权限可能会导致服务被拒绝。

（4）备份文件和目录。用户权限确定了能够在进行系统备份时，跳过文件和目录、注册表和其他永久的对象权限的用户。

（5）还原文件和目录。此安全设置确定了在还原备份文件和目录时可以跳过文件、目录、注册表和其他持续存在的对象权限的用户，并且确定了可作为对象的所有者设置任何有效的安全原则的用户。具体说来，该用户权限类似于为正在请求系统中所有文件和文件夹权限的用户或组授予以下权限：遍历文件夹/执行文件权限和写入权限。

2. 登录权利

登录权利就是指派给用户并指定登录系统时所用方式的用户权利。管理员可以授予用户的常用登录权利通常有如下几种。

（1）从网络访问计算机。此用户权利允许用户从网络上的任何一台计算机来访问运行 Windows Server 2003 的计算机。

（2）允许在本地登录。允许用户登录到本地计算机或从本地计算机登录到域。此登录权限确定了可交互式登录到该计算机的用户。通过按所连接的 Ctrl+Alt+Del 来启动的登录要求用户具有这种登录权限。

（3）允许通过终端服务登录。该安全设置确定了有权作为终端服务客户登录的用组。

用户权利与权限不同，因为用户权利适用于用户账户，而权限则附加给对象。权限就是与对象相关联的规则，用来控制谁可以访问对象以及访问的方式如何，权限由对象的所有者授予或拒绝。权限定义了授予一个用户或组对某个对象或对象属性的访问类型。例如，管理员可以将文件夹 Folder l 的 Read 和 Write 权限授予 Editl 组。

管理员可以为任何安全对象授予权限，例如文件、Active Directory 目录服务中的对象或注册表对象。管理员可以为任何用户、计算机或组授予权限。当管理员向客户提供到位于一台运行 Windows Server 2003 计算机上的文件资源访问时，管理员可以控制哪些客户可以访问该文件资源，并且可以为这些客户授予对文件资源的访问权限。权限定义了分配给客户或组的对资源的访问类型。

Windows Server 2003 使用 NTFS 文件系统为一个单独的文件或文件夹授予权限。管理员也可以控制客户访问共享资源和网络打印机的权限。

16.1.2　默认组的用户权利

默认组（如 Domain Admins 组）是当管理员创建 Active Directory 域时自动创建的安全组。管理员可以使用这些预定义的组来控制对共享资源的访问，并委派特定的域范围的管理角色。许多默认组被自动指派一组用户权利，授权组中的成员执行域中的特定操作，例如登录到本地系统或备份文件和文件夹。例如，Backup Operators 组的成员有权对域中的所有域控制器执行备份操作。

1. 默认本地组

表 16.1 提供了有关默认本地组的描述，并列出了为每个组指派的默认的用户权利。

表 16.1　有关默认本地组的描述

组	描　　述	默认用户权利
Power Users	该组的成员可以创建用户账户，然后修改并删除所创建的账户。他们可以创建本地组，然后在他们已创建的本地组中添加或删除用户。还可以在 Power Users 组、Users 组和 Guests 组中添加或删除用户。成员可以创建共享资源并管理所创建的共享资源。他们不能取得文件的所有权、备份或还原目录、加载或卸载设备驱动程序，或者管理安全性以及审核日志	从网络访问此计算机；允许本地登录；忽略遍历检查；更改系统时间；调整单一进程；从扩展中取出计算机；关闭系统
Remote Desktop Users	该组的成员可以远程登录服务器	允许通过终端服务登录
Users	该组的成员可以执行一些常见任务，例如远程应用程序、使用本地和网络打印机以及锁定服务器。用户不能共享目录或创建本地打印机	从网络访问此计算机；允许本地登录；忽略遍历检查

2. Builtin 容器中的组

表 16.2 提供了有关位于 Builtin 容器中默认组的描述，并列出了为每个组指派的默认的用户权利。

表 16.2　有关位于 Builtin 容器中默认组的描述表

组	描　　述	默认用户权利
Account Operators	该组的成员可以创建、修改和删除位于 Users 或 Computers 容器中的用户、组和计算机的账户以及该域中的组织单位，除了 Domain Controllers 组织单位。该组的成员无权修改 Administrators 或 Domain Admins 组，也无权修改这些组的成员的账户。该组的成员可在本地登录到该域的域控制器中，并可将其关闭。由于该组在此域中有重要的作用，因此在添加用户时要特别谨慎	允许本地登录；关闭系统
Administrators	该组的成员具有对域中所有域控制器的完全控制。默认情况下，Domain Admins 和 Enterprise Admins 组是 Administrators 组的成员。Administrator 账户也是默认成员。由于该组在此域中具有完全控制作用，因此在添加用户时要特别谨慎	从网络上访问该计算机；调整进程的内存配额；备件文件和目录；跳过遍历检查；更改系统时间；创建页面文件；调试程序；为委派启用要受信任的计算机和用户账户；从远程系统强行关机；提高调度优先级；允许本地登录；管理审核和安全日志；修改固件环境值；简述单个进程；简述系统性能；从插接站删除计算机；还原文件和目录；关闭系统；获得文件或其他对象的所有权
Backup Operators	该组的成员可备份和还原该域中域控制器上的所有文件，不论其各自对这些文件的权限如何。Backup Operators 还可以登录到域控制器并将其关闭。该组中没有默认的成员。由于该组对域控制器有重要作用，因此在添加用户时要特别谨慎	备份文件和目录；允许本地登录；还原文件和目录；关闭系统
Server Operators	在域控制器上，该组的成员可进行交互式登录、创建和删除共享资源、启动和停止某些服务、备份和还原文件、格式化硬盘，以及关闭计算机。该组中没有默认的成员。由于该组对域控制器有重要作用，因此在添加用户时要特别谨慎	备份文件和目录；更改系统时间；从远程系统强行关机；允许本地登录；还原文件和目录；关闭系统
Print Operators	该组的成员可管理、创建、共享和删除连接到该域中域控制器上的打印机。它们可以管理该域中的 Active Directory 打印机对象。该组的成员可在本地登录到该域的域控制器中，并可将其关闭该组中没有默认的成员。由于该组的成员可在该域的所有域控制器上加载和卸载设备驱动程序，因此在添加用户时要特别谨慎	允许本地登录；关闭系统

3. Users 容器中的组

表 16.3 提供了有关位于 Users 容器中默认组的描述，并列出了为每个组指派的默认的用户权利。

表 16.3　有关位于 Users 容器中默认组的描述

Domain Admins	该组的成员具有对该域的完全控制权。默认情况下，该组是加入到该域中的所有域控制器、所有域工作站和所有域成员服务器上的 Administrators 组的成员。默认情况下，Administrator 账户是该组的成员。由于该组在此域中有完全控制作用，因此在添加用户时要特别谨慎	从网络上访问该计算机；调整进程的内存配额；备份文件和目录；跳过遍历检查；更改系统时间；创建页面文件；调试程序；为委派启用要受信任的计算机和用户账户；从远程系统强行关机；提高调度优先级；加载和卸载设备驱动程序；允许本地登录；管理审核和安全日志；修改固件环境值；简述单个进程；简述系统性能；从插接站删除计算机；还原文件和目录；关闭系统；获得文件或其他对象的所有权
Enterprise Admins（仅出现在森里根域中）	该组的成员具有对林中所有域的完全控制作用。默认情况下，该组是林中所有域控制器上 Administrators 组的成员。默认情况下，Administrator 账户是该组的成员。由于该组在林中有完全控制权限，因此在添加用户时要特别谨慎	从网络上访问该计算机；调整进行的内存配额；备份文件和目录；跳过遍历检查；更改系统时间；创建页面文件；调试程序；为委派启用要受信任的计算机和用户账户；从远程系统强行关机；提高调度优先级；加载和卸载设备驱动程序；允许本地登录；管理审核和安全日志；修改固件环境值；简述单个进程；简述系统性能；从插接站删除计算机；还原文件和目录；关闭系统；获得文件或其他对象的所有权

16.1.3　分配用户权利

通常管理员可以采用将用户或组添加到默认组的方式来为用户或组分配用户权利。采用这种方法使为用户或组分配权利的工作变得非常简单，但 Windows Server 2003 为默认组分配的默认权利有时并不能满足管理员的需求，这就需要管理员采用手动的方式为用户或组分配用户权利。具体的过程如下：

（1）单击 Start，单击 Run，输入"mmc"，然后单击 Enter，再单击 Console。

（2）单击 File 菜单，然后单击 Add/Remove Snap.in。

（3）在 Add Standalone Snap.in 对话框中双击 Group Policy Object Editor。

（4）单击 Close 关闭 Group Policy Wizard Welcome 页。

（5）单击 Close 关闭 Add Standalone Snap.in 对话框。

（6）单击 Close 关闭 Add/Remove Snap.in 对话框。

（7）展开 Local Computer Policy，展开 Computer Configuration→Windows Settings→Security Settings，然后展开 Local Policies。

（8）单击 User Rights Assignment。

（9）根据需要添加或删除一个组或一个用户的权利。

16.2 IIS 的安全管理

当架设好一个网站后，必须让它能在 Internet 复杂的环境中安全地为大家服务，避免发生不可预知的结果与损失。Web 服务器计算机的正确安全措施，可以降低或消除来自怀有恶意的个人以及以外获准访问的限制信息或无意中更改重要文件的善意用户的各种安全威胁。

为确保 Windows 管理员不会因安装 IIS 而要处理不必要的安全威胁，IIS6.0 安装时启用了静态网页请求处理功能，但禁用了所有其他请求处理功能。从安装 IIS 开始，IIS6.0 的锁定安全配置文件可最大限度地减少入侵者的攻击面。IIS6.0 安装和服务启用功能简化了与管理 IIS 服务有关的用于提高安全性的管理任务。例如仅当需要启用额外的服务时，才需要管理员进行进一步地干预。当需要额外的服务时 Windows 管理员可通过 IIS 管理器中的 Web 服务扩展节点启用这些服务。当不再需要已启用的功能时，Windows 管理员可通过 IIS 管理器中的 Web 服务扩展节点禁用这些功能。

为确保 IIS 的安全，在使用与配置 IIS 时可采用以下操作。

（1）限制 IUSR_computername 账户的写入访问控制，这将有助于限制匿名用户访问计算机。

（2）将可执行文件存储在单独目录中，这样可便于为管理员指派访问权限和审核。

（3）为所有匿名用户账户创建一个组，可以根据此组成员身份来拒绝对资源的访问权限。

（4）拒绝匿名用户对 Windows 目录和子目录中所有可执行文件的执行权限。

（5）如果远程管理 IIS，则使用 IP 地址限制。

（6）尽可能指派最具限制性的权限。例如，如果网站仅用于查看信息，则只需指派"读取"权限。如果目录或站点包含应用程序，则指派"纯脚本"权限而不是"脚本和可执行文件"权限。

（7）不要指派"写入"和"脚本资源访问"或"脚本和可执行文件"权限。使用该组合时需特别谨慎。它允许用户将潜在有害的可执行文件上传到服务器并运行这些文件。

16.2.1 用户身份验证

通常，所创建的网站都允许匿名进入浏览，甚至下载文件。但是若是有数据安全或用户身份的考虑时可以使用验证的功能来加以限制。在 Windows Server 2003 中提供了匿名（Anonymous）、基本验证、Windows 域服务器的简要验证以及集成 Windows 验证。通常在关闭匿名连接或匿名对于资源无访问权时，会用其他的验证来验证用户身份。想要设置网络的身份验证，请进入该站点的属性对话框，然后单击"目录安全性"选项卡，如图 16.1 所示。

如果想要设置身份验证和访问控制，可以单击"编辑"按钮，此时将出现"身份验证方法"对话框，如图 16.2 所示。

1. 匿名访问

打开"身份验证方法"对话框后，勾选"启用匿名访问"项，将会提示用户输入名称或密码。当用户尝试连接网站或 FTP 服务器时，Web 服务器会指定给用户一个称为"IUSR_电脑名称"的 Windows 用户账户（电脑名称即是执行 IIS 服务器这部电脑的名称）。在默认情况下"IUSR_电脑名称"账户是包含在 Windows 的 Guests 用户组中的。这个组有安全性的限制，可使用 NTFS 许可权指定访问等级与公共用户可用内容的类型。

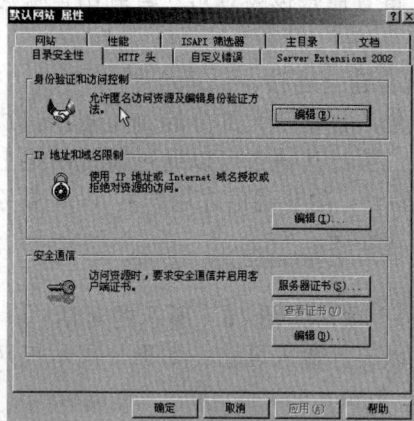

图 16.1　"目录安全性"选项卡　　　　图 16.2　"身份验证方法"对话框

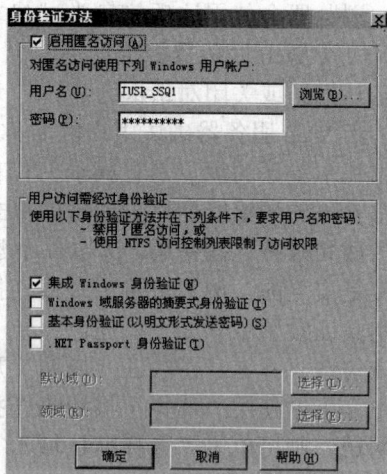

如果服务器上有多个网站，或是网站区域中需要有不同的访问权限，则可建立多个匿名账户，给每个 Web/FTP 站点、目录或文件使用。然后将每一个匿名账户都给予不同的访问权限，或指定这些账户给不同的 Windows 用户组，这么一来，就可以授予用户以匿名的方式访问不同的公共 Web/FTP 内容区域。

IIS 使用"IUSR_电脑名称"账户的方法如下：当 IIS 收到用户的要求（Request）时，IIS 先模拟"IUSR_电脑名称"账户登录系统。在传回网页给客户端之前，IIS 会检查 NTFS 文件和目录的权限，看看"IUSR_电脑名称"账户是否有权利访问这个文件。如果允许访问，使验证完成，用户就可使用资源。如果不允许访问则 IIS 会尝试使用其他的验证方法。如果没有选择使用任何的验证方法，IIS 会传回一个"HTTP 403 拒绝访问"的错误信息，并在客户端的浏览器上显示出来。

如果启用了"匿名"验证，即使启用了其他的授权方法，IIS 都一定会先使用"匿名"验证，而且在某些情况下，浏览器可能会提示用户输入用户名和密码。当 IIS 安装完成后，系统会授予"登录本机"的权限给"IUSR_电脑名称"账户，因为如果账户没有"登录本机"权限，则 IIS 就不能服务任何的匿名要求（在默认情况下，主域控制器的"IUSR_电脑名称"账户并没有赋予 Guests 账户的权利，因此一定要改成登录本机），才能允许匿名登录。

在不想使用默认的账户情况下可以单击"浏览"按钮选择其他用户，但并不建议使用权限太大的用户账户当做 Web 连接的账户，因为这样会马上危及到整个系统的安全，如图 16.3 所示。

2. 基本验证

基本验证方法是应用较为广泛的一种，它用来收集用户名和密码信息的行业标准方法。

基本验证以下列方式进行。

（1）用户的浏览器会出现一个对话框，用户可以在其中输入他们可登录 Windows Server 2003 的用户名与密码。

（2）浏览器会使用这项信息尝试建立连接（密码在被传送到网络之前会经过编码过程）。

（3）如果 Web 服务器拒绝这项信息，则浏览器会重复显示该对话框，直到用户输入有效的用户名与密码或关闭对话框为止。

（4）当 Web 服务器确认用户的名称与密码后，就会建立连接。

使用基本验证的优点是它属于 HTTP 规格的一部分，且支持大部分的浏览器；其缺点是使用基本验证的浏览器会以未加密的格式来传输密码，因此其他人可以通过监视网络上的通信轻松拦截和破解这些密码。所以并不建议使用基本验证，除非确信在用户和 Web 服务器之间的连接是安全的，例如直接用缆线连接或专线等方式连接。

基本验证设置步骤如下所述。

首先勾选"基本身份验证（以明文形式发送密码）"项，如图 16.4 所示的对话框。

其中，可以使用"选择"按钮来查找网域，也可以自行输入域名。如果使用本机网域作为验证网域，则可单击"选择默认域"。

设置完成后，使用浏览器进入该网站时，会先出现输入用户账户、密码以及网域的对话框。

在其中输入用户名与密码后，即可进入网站进行浏览。注意该信息需要在域控制器中先加以设置，否则将不能浏览网页。

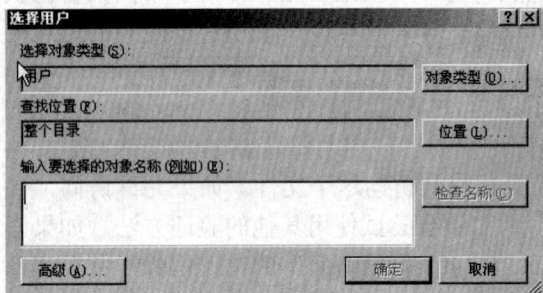

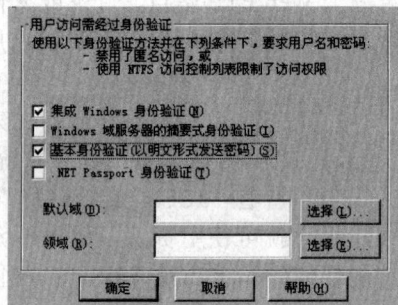

图 16.3　选择其他用户　　　　　　图 16.4　设置基本验证方法的对话框

3．Windows 域服务器的简要验证

Windows 域服务器的简要验证提供与基本验证相同的功能，但是它以不同的方式传输验证证书。验证证书通过单向的处理程序来传递，通常称为散列（Hash）。这个处理的结果称为散列或信息摘要，而它却不能解密，也就是说，原始的文字不能通过散列来识别。

Windows 域服务器的简要验证以下列方式进行。

（1）服务器会传送验证程序，将一些信息传送到客户端的浏览器。

（2）浏览器会将此信息加入用户名、密码以及其他的信息，并执行散列操作。加入其他的信息可以防止他人复制散列值与再次使用它而危及安全性。

（3）散列的结果会连同其他纯文本的信息通过网络传送到服务器。

（4）服务器会将其他信息加入到一个客户端密码的纯文本副本，并对所有的信息执行散列操作。

（5）服务器会将所收到的散列值与刚才产生的散列值做比较，只有在两个数字完全相同时，才会授予访问权。

由上面所述，可以明显地看出"Windows 域服务器的简要验证"优于"基本验证"，因为基本验证的密码会被拦截且被未经授权的人使用，但是由于 Windows 域服务器的简要验证是 HTTP1.1 的功能，因此并不是所有浏览器都可以支持。如果有一个不兼容的浏览器对服务器提出 Windows 域服务器的简要验证要求，则服务器会拒绝要求，并传回错误信息给客户端。只有在具有 Windows Server 2003 的主域控制器的网域才能使用"Windows 域服务器的简要验证"。只有处理要求的域服务器上有一份提出要求的用户密码的纯文本副本时，才能完成"Windows 域服务器的简要验证"。因为主域控制器上有一份密码的纯文本副本，故应谨防网络遭受入侵。散列值是由少量的二进制数据组成，通常不超过 160 个字节的长度且该值是使用散列算法产生的。

4．集成 Windows 验证

集成 Windows 验证也是一种安全的验证形式，因为用户名和密码不会跨越网络传送。当启用集成 Windows 验证时，用户的浏览器会通过一种加密机制来验证密码，并与 Web 服务器做交换，包括散列。集成 Windows 验证可以使用 Kerberos V5 验证通信协议以及其本身的挑战/回应验证通信协议。集成 Windows 验证以下列方式进行。

（1）集成 Windows 验证会使用客户端电脑上目前 Windows 的用户信息，而不是如基本验证那样，出现提示用户输入用户名与密码的对话框。

（2）如果验证交换一开始就失败而不能识别用户，则浏览器会提示用户输入 Windows 用户账户的名称与密码，以供集成 Windows 验证使用。而且浏览器会一直提示用户，直到用户输入有效的名称与密码，或关闭提示对话框为止。在设置身份验证的选项中可以复选，但在验证用户身份时会依照其优先权。这里，匿名验证具有最高的优先权。

16.2.2　IP 地址及域名限制

除了能使用客户端的信息来限制连接之外，还可以使用电脑的 IP 地址或网域作为限制的条件。在"目录安全性"选项卡中，单击"IP 地址和域名限制"旁的"编辑"按钮，系统就会弹出如图 16.5 所示的对话框。

这里，可以设置只有特定的 IP 地址或不能访问网站。例如，选择"授权访问"选项后单击"添加"按钮，此时会出现"拒绝访问"对话框，如图 16.6 所示。

其中，只要依指示输入单机的 IP 地址、一组计算机或域名就可以拒绝访问，先使用"一台计算机"的方式，输入其 IP 地址，如果不知其 IP 也可以单击"DNS 查找"按钮，让 DNS 服务器依电脑名称找出相应的 IP 地址。输入正确的 IP 地址后单击"确定"按钮回到"IP 地址和域名限制"对话框，如图 16.7 所示。

现在，如果使用 IP 地址为 192.168.1.11 的电脑进行连接，则会出现拒绝访问该网站的画面，如图 16.8 所示。

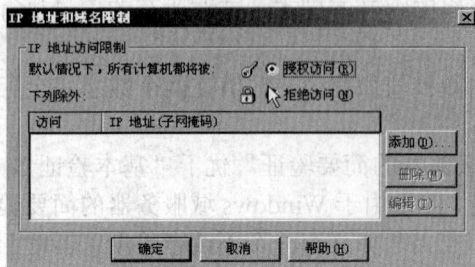

图 16.5　设置"IP 地址和域名限制"对话框

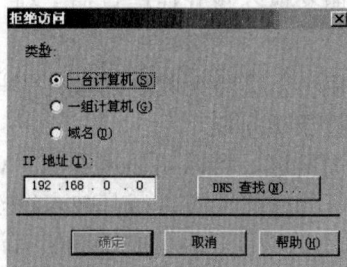

图 16.6　添加拒绝访问的地址

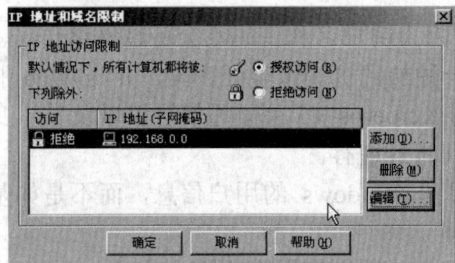

图 16.7　拒绝访问网站

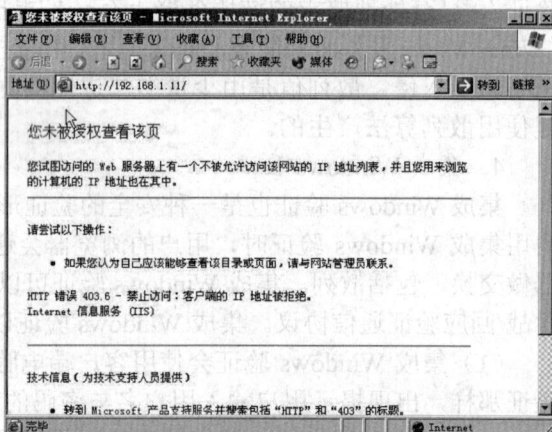

图 16.8　未授权浏览网页的画面图

在此，选择"授权访问"项来设置拒绝连接电脑。同样，选择"拒绝访问"项用来设置允许连接的电脑。

如果想要设置一组计算机来设置访问权限，则需要设置"网络标识"与"子网掩码"，如图 16.9 所示。

在此设置"网络标识"与"子网掩码"，会将 IP 地址为 192.168.0.*的电脑加入拒绝访问的列表中，如图 16.10 所示。

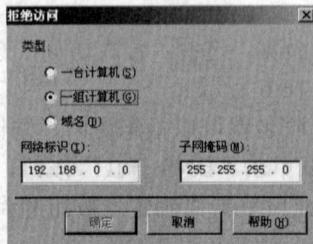

图 16.9　设置拒绝访问的一组计算机画面

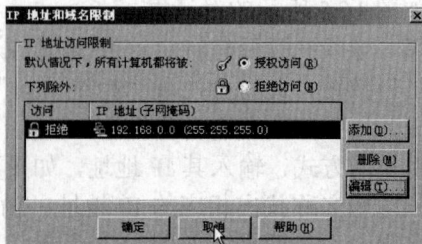

图 16.10　拒绝某电脑组访问网站的画面

16.3　访　问　控　制

匿名访问是访问网站中最为普遍的一种访问方式，它一方面允许所有人进入 Web 站点的公共区域，而另一方面，则防止未经授权的用户进入服务器的重要管理区域及私人信息区域。

在设置 Web 服务器匿名访问的时候，就可应用 NTFS 权限来防止一般人进入私人文件和目录。在默认情况下，Web 服务器会让所有的用户通过匿名账户来登录。在安装的时候，服务器就会建立一个匿名用户账户，称为"IUSR_电脑名称"。例如，电脑名称为 LEON，那么匿名账户就称为 IUSR_LEON。

服务器上的每一个 Web 站点都可选用相同或不同的匿名用户登录账户。利用 Windows 的"本机用户与组"公用程序，就能建立一个新的"匿名登录"用户账户。这也就是说，如果在同一台服务器上创建多个网站，然后不同的网站可以使用不同的"匿名登录"用户账户，而不同的"匿名登录"用户账户可以设置不同的 NTFS 访问权限。

访问控制处理程序的一般情况是：客户端向服务器提出资源要求，如果服务器被设置成需要身份验证，则此时服务器会向客户端提出验证信息要求。客户端 IP 地址会和 IIS 中所有的 IP 地址限制相互核对，如果该 IP 地址遭到拒绝，则要求失败，然后用户会收到"403 禁止访问"的信息。IIS 检查用户的 Windows 用户账户是否有效，如果无效，则要求失败，用户会收到"403 禁止访问"的信息。IIS 检查用户是否有该要求资源的 Web 访问权限，如果无此访问权，则要求失败，用户会收到"403 禁止访问"的信息。任何 Web 站点管理员所附加的使用厂商安全模式都在此使用。IIS 检查是否有该资源的 NTFS 权限，如果用户没有该资源的 NTFS 权限，则请求失败，用户收到"401 访问拒绝"的信息。如果用户通过这些检查，则服务器会回应所提出的要求。

接下来，再对这些步骤中的每个设置做详细地说明。

（1）身份验证。可使用匿名访问、基本验证、Windows 域服务器的简要验证以及集成 Windows 验证。

（2）IP 地址访问限制。可以设置服务器防止某些特定的电脑、电脑组，甚至整个网络进入访问 Web 服务器的内容。在用户第一次尝试访问 Web 服务器的内容时，服务器会拿客户端电脑的 IP 地址和所有在服务器中的 IP 地址限制设置作比对。

（3）Web 服务器权限。可以针对某些特定的站点、目录以及文件来设置服务器上的访问权限，无论用户原来拥有哪种访问权限，这些权限都适用于所有的用户。例如，如果正在更新一个站点的内容，那么便可临时停止该站点的"读取"权限，以防止用户访问。如果用户试图访问，服务器会返回"禁止访问"的信息，而另一方面，然后启用"读取"权限，那么便表示所有的用户都可读取此网站，除非 NTFS 限制某些用户进入站点浏览。Web 权限的等级包括：读取（用户可浏览文件内容及属性）、写入（用户可变更文件内容及属性）、命令文件来源访问（用户可访问来源文件）、浏览目录（用户可以查看文件列表）、日志查阅（每次访问 Web 站点都会建立一个日志项目）以及编制这个资源的索引（允许"索引服务"编制资源的索引）。

（4）NTFS 权限。Internet Information Services 可以依靠 NTFS 权限来确保个别文件和目录不会受到未经授权访问。Web 服务器权限适用于所有的用户，而 NTFS 权限则用来明确定义用户访问内容的资格以及处理内容的方式。而 NTFS 权限的等级有完全控制（用户可修改、添加、移动、删除文件及文件相关的属性与目录）、修改（用户可浏览修改文件及文件属性）、读取与运行（用户可以执行文件）、列出文件夹内容（用户可查看文件夹中内容的列表）、读取（用户可查看文件及文件属性）、写入（用户可写入文件）以及不允许访问（如果没有任何选择框，那么用户绝对不能访问资源，就算用户拥有高级上层目录访问权也不行）。

（1）例如，右击某一文件，在弹出的快捷菜单中选择"属性"命令，在打开的属性对话框中单击"安全"选项卡，此时将会出现如图 16.11 所示的画面。

此时，可以看到该目录的 NTFS 权限设置画面，由于任何用户都属于 Everyone 组，因此使用匿名登录的"IUSR_电脑名称"用户也可以访问目录。

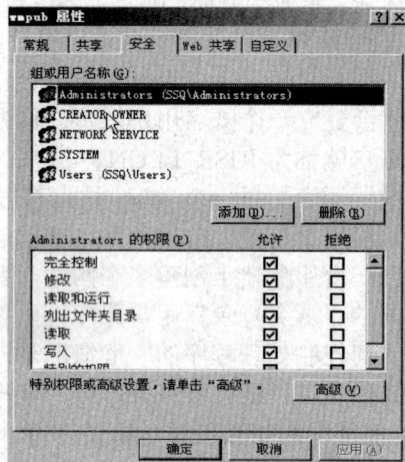

图 16.11 "安全"选项卡

（2）如果想要设置其他用户的 NTFS 权限，请单击"添加"按钮，此时将会出现如图 16.12 所示的选择用户、计算机或组的对话框页面。

（3）选择 ISUR_SERVER 项，然后单击"确定"按钮，在"属性"对话框中设置拒绝该用户所有权限，如图 16.13 所示。

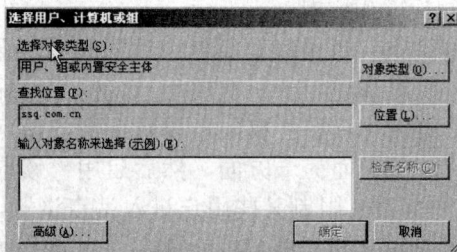

图 16.12 "选择用户、计算机或组"对话框

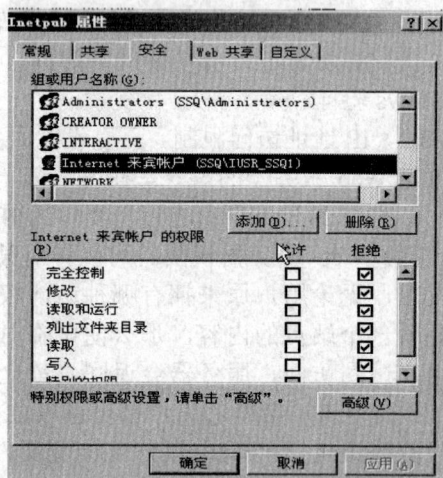

图 16.13 拒绝用户任何权利的画面

将"IUSR_电脑名称"账户设置为"拒绝完全控制"之后，则所有的匿名用户都不能访

问该文件，除非使用其他的身份验证方式进入的用户，如图 16.14 所示。

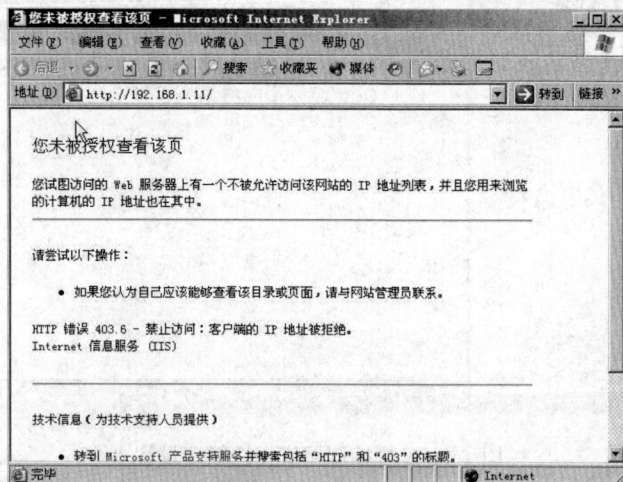

图 16.14　匿名用户不能打开

16.4　审　　核

审核是 Windows Server 2003 中用于追踪电脑上用户的活动与资源访问的程序。通过审核的追踪，可以将 Windows Server 2003 中的一些事件记录到安全性记录文件中，安全性记录文件会记录执行的动作、执行者以及执行的时间，然后可以通过事件查看器来查看记录的内容。

在安装好 Windows Server 2003 之后，审核的功能在默认状态下为关闭，因此，如果想要启动审核功能，必须先在该电脑上设置审核。

审核可追踪事件有用户的登录与注销，验证用户账户，文件、文件夹与打印机的访问，用户账户与组的变更，访问 Active Directory 对象，关机与重新启动。

16.4.1　设置审核策略

了解审核的功能与所能追踪的事件后，接着介绍如何设置审核策略。在设置审核策略之前，必须要注意是否具有 Manage Auditing And Security Log 的权限（Windows Server 2003 会将该权限授予 Administrators 组），接着需要根据服务器的类型来设置组策略。例如：本机若为域控制器，则请选择"开始"→"管理工具"→"域控制器安全策略"命令，此时屏幕上会出现如图 16.15 所示的对话框。

在左侧的树型结构中选择"安全设置"→"本地策略"→"审核策略"项，此时，可以在右窗格中看到审核的策略。由于默认值都是"无审核"，因此可以通过选择某策略的"属性"命令或双击该策略来设置其审核策略，如图 16.16 所示。

选择"属性"命令，进入属性对话框，可以选择所要审核的事件，如图 16.17 所示。

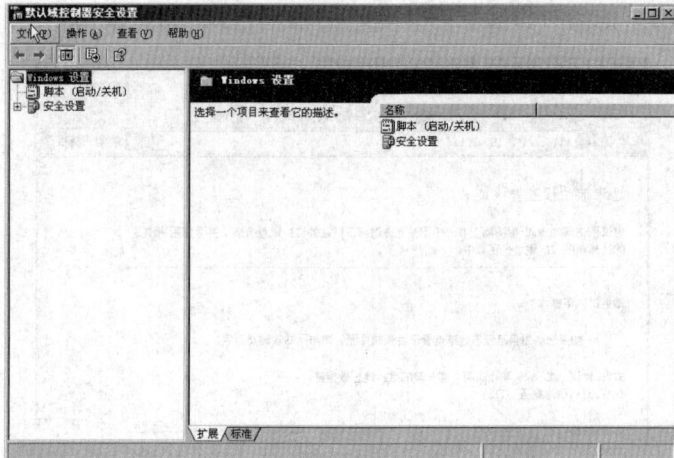

图 16.15　域控制器安全性策略设置

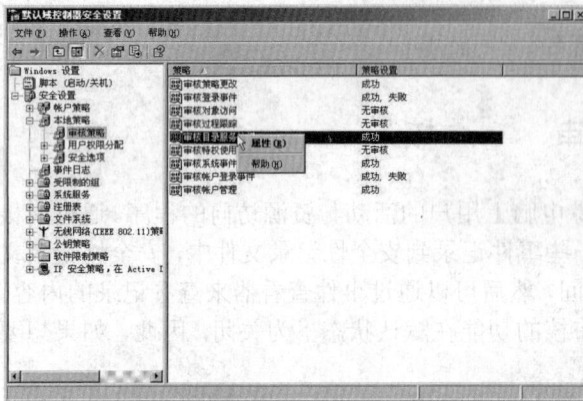

图 16.16　设置审核目录服务访问的安全性

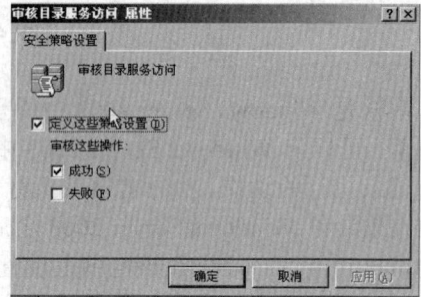

图 16.17　安全策略设置

　　如果勾选"成功"选项，则会对成功的事件进行审核，如果勾选"失败"选项，则会对失败事件进行审核。单击"确定"按钮，回到域控制器安全策略对话框，如图 16.18 所示。

　　"默认域控制器安全设置"对话框中共有 9 项可供设置，各项意义如下所述。

　　（1）审核策略更改：用户策略的更改。

　　（2）审核登录事件：某个用户的登录与退出事件。

　　（3）审核对象访问：用户访问某个文件、目录或是打印机等对象。

　　（4）审核过程追踪：追踪某个程序。

　　（5）审核目录服务访问：用户访问某个 Active Directory 对象。

　　（6）审核特权使用：用户使用了某些特殊的权限，例如改变系统日期。

　　（7）审核系统事件：用户关闭或重新打开电脑，也有可能是危害 Windows Server 2003 的安全性事件。

（8）审核账户登录事件：验证使用账户的事件。

（9）审核账户管理：管理员建立、编辑、删除用户/群组或是其他的用户账户变更。

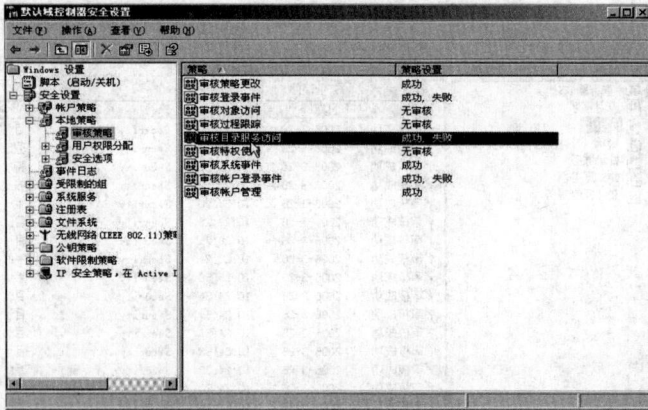

图 16.18　设置审核策略后的界面

完成审核策略设置之后，打开"命令提示符"，然后输入"Secedit/RefreshPolicymachine_policy"之后按下 Enter 键让所设置的审核生效，但是需要等待片刻后，变更的策略才会生效。

16.4.2　查看访问情况

除了可以查阅 IIS 记录外，还可以查看 Windows 安全记录以定期监视安全事件。在"Windows 安全记录"中，可以通过查看警告或错误的记录项，检测出不正常的访问尝试。当然这些记录也可以将这些存储成文件以供日后使用。想要查看安全性记录，可选择"开始"→"管理工具"→"事件查看器"命令，启动事件查看器，如图 16.19 所示。

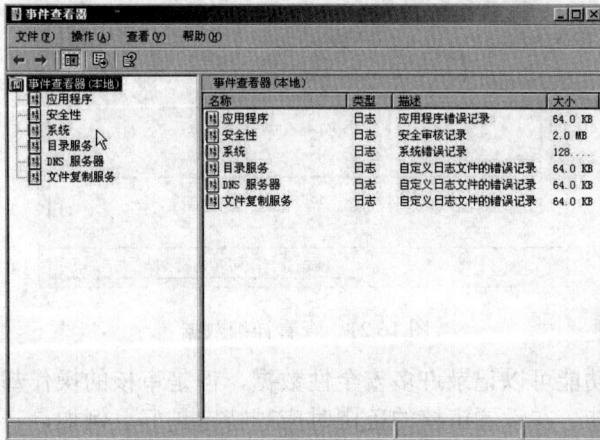

图 16.19　事件查看器

单击左窗格的"安全性"选项，此时就可以在右窗格中看到审核项的详细数据，如图 16.20 所示。

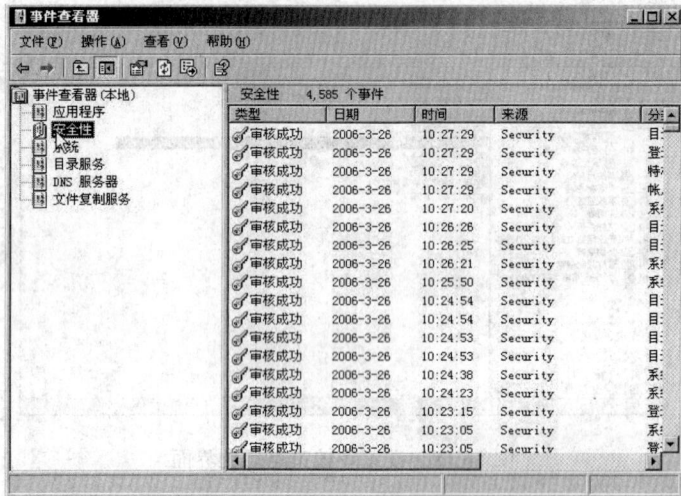

图 16.20　查看安全性记录

从中可以看到成功与失败的审核，如果想要查看更详细的数据，则双击该项即可，如图 16.21 所示。

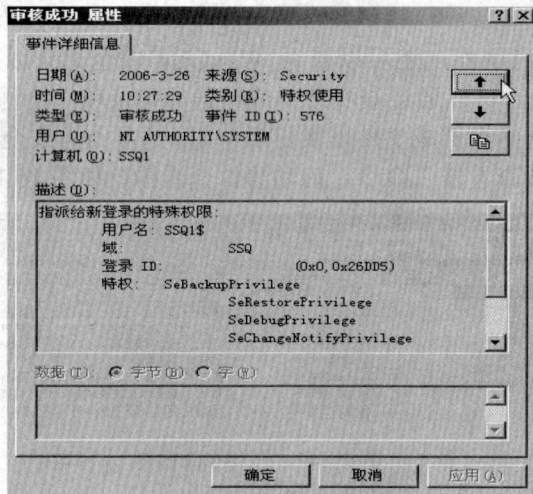

图 16.21　查看详细数据

虽然使用审核的功能可以记录许多安全性数据，但是审核的操作却相当耗费资源，为了保证服务器的执行性能，在设置审核的范围时应越特定越好。例如，一个文件夹内若有 200 个文件，其中只有 10 个文件需要进行审核，则应该只对这 10 个文件设置审核，而不是对整个目录设置审核。

16.5　知　识　拓　展

Windows Server 2003 Service Pack 2（SP2）是 Windows Server 2003 最新累积升级程序包，大幅提高该操作系统的安全性以及稳定性。具有以下几个方面的特点：安全更新/热修补，Windows Server 2003 SP2 将让所有 Windows Server 2003 和 Windows XP Professional x64 版本拥有最新的安全公告更新程序和热修补程序，确保最高级别的安全性、可靠性、稳定性、可管理性、可支持性以及兼容性；更有力地部署操作系统，基于以前的部署解决方案，Windows 部署服务（WDS）提供给客户一种完全"即开即用"的供应方案，WDS 提供给组织机构可管理的镜像存储、远程引导、PXE 引导支持等技术，全都在一个经过很大改进的管理接口之中。WDS 也使用了全新的基于文件的 Windows 镜像格式（WIM），简化了 Windows Vista 和 Windows Server "Longhorn" 上的部署；超强的网络性能，Windows Server 2003 SP2 提供了应对数吉比特（multi-Gigabit）以太网时代流量挑战的解决方案，用来处理大流量网络通信的 CPU 资源的增长可以潜在地抑制增长并有效地减少性能获取，才可能增加连接速度。

Windows Server 2003 SP2 Scalable Networking Pack （SNP），引入了新技术帮助组织进行基于网络的应用程序的成本有效性衡量，以符合日益增长的需求。Scalable Networking Pack 通过释放 CPU 周期增强网络和应用程序性能，并更有效地使用处理器资源。要获得更多关于 SNP（Scalable Networking Pack）的信息可以访问 www.microsoft.com/snp；对 IPsec 增强的可管理性服务器和域离析是 Microsoft 网络提供的关键安全优势。通过使用活动目录，域成员和组策略，服务器和域离析使得公司可以理论上分割它们的网络。这意味着用户可以限制不由企业级管理的非域成员计算机（实验室计算机、来宾或其他不安全的系统）与非域成员之间的通信。Service Pack 2 通过将需要管理的 IPsec 过滤器集合从潜在的数百个减少到两个来改进了服务器和域离析。要获得更多关于服务器和域解决方案的信息可以访问 www.microsoft.com/sdisolation.；实用工具增强 SP2 引入了域控制器诊断工具（DCDIAG）和 MS 配置（MSCONFIG）工具的客户被动改进，使得日常任务更加简便。SP2 也提供了一个新版的访问控制列表（ICACLS）程序，使得备份访问控制列表时更有弹性，管理工具更易。使用 SP2 包含了 Microsoft 管理控制台 3.0（MMC 3.0）。MMC 提供了一个统一和简化了 Windows 上日常系统管理任务的框架，包括提供通用导航、菜单、工具栏和工作流程交叉变换工具。

MMC 工具（称为管理单元）可用来管理网络、计算机、服务、应用程序和其他系统组件。MMC 不具有管理功能，但是可以主管各种 Windows 和非 Microsoft 的管理单元进行工作；单一安装包 SP2 同时应用于 Windows Server 2003 R2 和非 R2 版本。这样就极大地减少了一个企业的补丁管理量；对更多语言的支持 Service Pack 2 将为 Windows Server 2003 x64 版本发布额外的 9 种本地化语言，包括：德语、法语、韩语、简体中文、繁体中文、意大利语、俄语以及葡萄牙语（巴西）；性能增强，Service Pack 2 为高级处理器中断控制器（APIC）高工作率下的 Virtual Server 客户 Windows Server 2003 系统提供了性能增强。还增强了大工作量环境中的 SQL Server 的性能。这两个改进带来了更高的数据处理效能；管理新的无线网络设置毫无麻烦，SP2 提供了管理无线网络 WPA2 协议的可能，支持和简化了在家中或旅途中发现并连接到无线网络的过程。

16.6 技 能 挑 战

任务：利用 Windows Server 2003 提供的日志处理功能，加上 IDS 设备，记录日志和入侵检测达到安全审查的功能。

要求：

（1）使用安全模板、测试安全模板设置功能。

（2）配置审核策略及安全日志管理。

（3）使用安全配置向导进行安全配置。

16.7 项 目 实 训 要 求

实训　系统的安全管理与配置

[实训目的]

掌握组、权限、策略的相关知识，掌握 SP2 的新特性。

[实训环境]

装有 Windows Server 2003 操作系统的计算机，局域网环境。

[实训内容]

1．组的分类，权限的设置

2．利用全权模板管理计算机

3．组策略的使用

[实现过程]

[实训总结]

[实训思考题]

1．脚本的作用有哪些？

2．如何管理安全日志？

附录 A 网络资源

1. 中国服务器网

   http://www.fuwuqi.com.cn/

2. 如何更好地了解服务器

   http://www.microsoft.com/china/smallbusiness/products/howto/understandserversbetter.mspx

3. 网页中国

   http://www.chinahtm.cn

4. 网络拓扑图——解决方案

   http://www.vlan9.com

5. 巧巧图文,网络方案

   http://www.qqread.com

6. 久久网络,网络学堂

   http://www.99net.net

7. Windows 服务器中文站

   http://www.winsvr.org

8. eNet 硅谷动力

   http://www.enet.com.cn

9. 微软,Windows Server 2003 Service Pack 2

   http://www.microsoft.com/downloads/details.aspx?familyid=95AC1610-C232-4644-B828-C55EEC605D55&displaylang=zh-cn

10. MicroSoft TechNet,China

    http://technet2.microsoft.com/WindowsServer/zh-CHS

11. 智能建站

    http://www.mambofan.net

12. 中国网管联盟

    http://www.bitscn.com

13. 网络信息安全主导媒体

    http://www.315safe.com

14. 天极网

    http://www.chinabyte.com

15. 中国 IT 实验室

    http://www.chinaitlab.com

16. 邮件技术资讯网

    http://www.5dmail.net

17. 数字网校

    http://www.1010school.com/

参 考 文 献

1. 王隆杰. Windows Server 2003 网络管理实训教程 [M]. 北京：清华大学出版社，2006.

2. 袁桂林. Windows Server 2003 高级管理教程与上机指导[M]. 北京：清华大学出版社，2005.

3. 罗斌. 实现 Server 2003 网络服务基础结构 [M]. 北京：清华大学出版社，2006.

4. 丛日权. Windows Server 2003 网络架构 [M]. 北京：机械工业出版社，2005.

5. 王红. 操作系统原理及应用：Windows Server 2003 [M]. 北京：中国水利水电出版社，2005.

6. 刘永华. Windows Server 2003 实用技术 [M]. 北京：科学出版社，2005.

7. 张浩军. 计算机网络操作系统：Windows Server 2003 管理与配置 [M]. 北京：中国水利水电出版社，2005.

8. 王鲜芳等编. Windows Server 2003 组网教程 [M]. 北京：电子工业出版社，2005.

9. 杨洪振. 实现和维护 Windows Server 2003 网络基础结构：网络服务 [M]. 北京：北京希望电子出版社，2005.

10. 丁宇. 中文 Windows Server 2003 网络管理与网站构建 [M]. 北京：冶金工业出版社，2005.

11. 陶海. Windows Server 2003 配置与管理 [M]. 北京：清华大学出版社，2005.

12. 杨洪振. 计划和维护 Windows Server 2003 网络基础结构[M]. 北京：北京希望电子出版社，2005.

13. 陶英华. Windows Server 2003 网络配置详解 [M]. 北京：中国水利水电出版社，2004.

14. [美] 鲍斯威尔（Boswell W.），周靖，尤晓东. Windows Server 2003 技术内幕（基础篇）——系统与安全丛书 [M]. 北京：清华大学出版社，2004.

15. [美] 艾文斯等，王超，袁毅译. Windows Server 2003（中文版）实用大全 [M]. 北京：清华大学出版社，2004.

16. [美] Joseph Davies，[英]. Thomas Lee. Microsoft Windows Server 2003 TCP/IP 协议和服务技术参考 [M]. 北京：清华大学出版社，2004.

17. [美] Scambray J.（美）McClure S. Windows Sever 2003 黑客大曝光 [M]. 北京：清华大学出版社，2004.

18. [美] Jerry Honeycutt. Windows Server 2003 简明教程 [M]. 北京：清华大学出版社，2003.

19. 赵松涛，萧卫. 中文版 Windows Server 2003 网络服务配置案例[M]. 北京：人民邮电出版社，2003.

20. SmarTraining 工作室，解宇杰，王啸宇等. Windows Server 2003 系统管理 [M]. 北京：机械工业出版社，2005.

21. 刘晓辉，王春海，盖俊飞. Windows Server 2003 组网教程（管理篇）[M]. 北京：清华大学出版社，2005.

22. 刘本军主编，魏文胜副主编. 网络操作系统教程-Windows Server 2003 管理与配置[M]. 北京机械工业出版社，2007.

23. 何艳辉，王达. 网管员必读——网络管理 [M]. 北京：飞思科技出版社，2005.